中国特色高水平高职学校项目建设成果

Building Structure

建筑结构

主　编　刘任峰

副主编　葛贝德　张建华　朱琳琳

参　编　霍堂霞　孙　勇　李　林

主　审　马利耕

机械工业出版社
CHINA MACHINE PRESS

本书是依据高职建筑工程技术专业人才培养目标和定位要求，结合以结构设计工作过程为导向构建的学习领域课程而编写的，主要包括建筑结构理论解析、钢筋混凝土受弯构件设计、钢筋混凝土受压构件设计、砌体结构设计、钢结构设计、结构施工图识读6个学习情境，共计19个任务，包括建筑结构类型辨识、建筑结构实用设计方法应用、钢筋和混凝土的材料选取、钢筋混凝土受弯构件破坏形态解析、钢筋混凝土受弯构件正截面设计、钢筋混凝土受弯构件斜截面设计、钢筋混凝土受弯构件的裂缝和变形计算、钢筋混凝土单向板肋梁楼盖设计、钢筋混凝土受压构件破坏形态解析、钢筋混凝土轴心受压构件设计、钢筋混凝土偏心受压构件设计、砌体结构的材料选取、混合结构房屋结构选型、砌体结构房屋构造措施设计、钢结构的材料选取、钢结构的连接设计、门式刚架轻型房屋钢结构设计、钢筋混凝土结构施工图识读、钢结构施工图识读。

本书可作为高职建筑工程技术专业学习用书，也可作为土建结构设计与施工职业技能培训教材及从事相关专业的企业技术人员参考用书。

图书在版编目（CIP）数据

建筑结构 / 刘任峰主编. —北京：机械工业出版社，2022.4（2025.6重印）
中国特色高水平高职学校项目建设成果
ISBN 978-7-111-70509-3

Ⅰ.①建…　Ⅱ.①刘…　Ⅲ.①建筑结构-高等职业教育-教材　Ⅳ.①TU3

中国版本图书馆CIP数据核字（2022）第057964号

机械工业出版社（北京市百万庄大街22号　邮政编码100037）
策划编辑：王靖辉　王海峰　责任编辑：王靖辉　王海峰
责任校对：张　征　王明欣　封面设计：张　静
责任印制：张　博
北京机工印刷厂有限公司印刷
2025年6月第1版第2次印刷
184mm×260mm · 22.75印张 · 517千字
标准书号：ISBN 978-7-111-70509-3
定价：69.00元

电话服务	网络服务
客服电话：010-88361066	机　工　官　网：www.cmpbook.com
010-88379833	机　工　官　博：weibo.com/cmp1952
010-68326294	金　　书　　网：www.golden-book.com
封底无防伪标均为盗版	机工教育服务网：www.cmpedu.com

中国特色高水平高职学校
项目建设系列教材编审委员会

编写说明

中国特色高水平高职学校和专业建设计划（简称“双高计划”）是我国为建设一批引领改革、支撑发展、中国特色、世界水平的高等职业学校和骨干专业（群）而推出的重大决策建设工程。哈尔滨职业技术学院入选了“双高计划”建设单位，对学院中国特色高水平学校建设进行了顶层设计，编制了站位高端、理念领先的建设方案和任务书，并扎实开展了人才培养高地、特色专业群、高水平师资队伍与校企合作等项目建设，借鉴国际先进的教育教学理念，开发中国特色、国际标准的专业标准与规范，深入推动“三教改革”，组建模块化教学创新团队，实施“课程思政”，开展“课堂革命”，校企双元开发活页式、工作手册式、新形态教材。为适应智能时代先进教学手段应用需求，学校加大优质在线资源的建设，丰富教材的载体，为开发以工作过程为导向的优质特色教材奠定基础。

按照教育部印发的《职业院校教材管理办法》要求，教材编写总体思路是：依据学校双高建设方案中教材建设规划、国家相关专业教学标准、专业相关职业标准及职业技能等级标准，服务学生成长成才和就业创业，以立德树人为根本任务，融入课程思政，对接相关产业发展需求，将企业应用的新技术、新工艺和新规范融入教材之中，教材编写遵循技术技能人才成长规律和学生认知特点，适应相关专业人才培养模式创新和优化课程体系的需要，注重以真实生产项目、典型工作任务、生产流程及典型工作案例等为载体开发教材内容体系，理论与实践有机融合，满足“做中学、做中教”的需要。

本套教材是哈尔滨职业技术学院中国特色高水平高职学校项目建设的重要成果之一，也是哈尔滨职业技术学院教材改革和教法改革成效的集中体现，教材体例新颖，具有以下特色：

第一，教材研发团队组建创新。按照学校教材建设统一要求，遴选教学经验丰富、课程改革成效突出的专业教师担任主编，确定了相关企业作为联合建设单位，形成了一支学校、行业、企业和教育领域高水平专业人才参与的开发团队，共同参与教材编写。

第二，教材内容整体构建创新。教材内容体系精准对接国家专业教学标准、职业标准和职业技能等级标准，参照行业企业标准，有机融入新技术、新工艺、新规范，构建基于职业岗位工作需要的体现真实工作任务和流程的内容体系。

第三，教材编写模式形式创新。与课程改革相配套，按照“工作过程系统化”“项目+任务式”“任务驱动式”“CDIO 式”四类课程改革需要设计教材编写模式，创新新形态、活页式和工作手册式教材三大编写形式。

第四，教材编写实施载体创新。依据本相关专业教学标准和人才培养方案要求，在深入企业调研、岗位工作任务和职业能力分析基础上，按照“做中学、做中教”的编写思路，以企业典型工作任务为载体进行教学内容设计，将企业真实工作任务、业务流程、生产过程融入教材之中，同时开发了与教学内容配套的教学资源，以满足教师线上、线下混合式教学的需要。教材配套资源同时在相关教学平台上线，可随时进行下载，也可以满足学生在线自主学习的需要。

第五，教材评价体系构建创新。从培养学生良好的职业道德、综合职业能力与创新创业能力出发，设计并构建评价体系，注重过程考核以及由学生、教师、企业、行业、社会参与的多元评价，在学生技能评价上借助社会评价组织的“1+X”技能考核评价标准和成绩认定结果进行学分认定，每种教材根据专业特点设计了综合评价标准。

为确保教材质量，组建了中国特色高水平高职学校项目建设系列教材编审委员会。教材编审委员会由职业教育专家组成，同时聘请企业技术专家指导。组织了专业与课程专题研究组，建立了常态化质量监控机制，为提升教材的品质提供稳定支持，确保教材的质量。

本套教材是在学校骨干院校教材开发的基础上，经过几轮修改，融入课程思政内容和课堂革命理念，既具积累之深厚，又具改革之创新，凝聚了校企合作编写团队的集体智慧。本套教材由机械工业出版社出版，充分展示了课程改革成果，为更好地推进中国特色高水平高职学校和专业建设及课程改革做出积极贡献！

哈尔滨职业技术学院

中国特色高水平高职学校项目建设系列教材编审委员会

前言

“建筑结构”是高职建筑工程技术专业的核心课程。本书根据高职院校的培养目标，按照高职院校教学改革和课程改革的要求，以企业调研成果为基础，确定工作任务，明确课程目标，制定课程设计标准，以能力培养为主线，与企业合作，共同进行课程的开发和设计。本课程的教学任务是使学生具有土建施工岗位的职业能力，在讲述基本结构理论的基础上，侧重培养学生对混凝土结构、砌体结构和钢结构的设计能力，以满足企业对学生知识、技能及素质等方面的要求。在教学中，以理论够用为度，着重培养学生的设计方法运用能力以及分析和解决问题的能力。

本书在内容设计上选择真实的土建工程结构设计工作任务，以任务为导向，以任务驱动为手段，注重理论联系实际，以培养学生的设计方法运用能力为重点，以培养学生分析和解决问题的能力为终极目标，采用新形态形式编写，使学习者更加方便地利用网络获取学习资源。

本书的特色与创新有如下几个方面：

1. 本书采用“学习情境—工作任务”式的结构形式。本书打破了传统知识体系章节的结构形式，与典型土建企业合作，校企合作开发了全新的以土建技术与管理人员的工作任务为载体的任务结构形式；设计的教学模式对接岗位工作模式，开发了利于学生自主学习的任务单、计划单、决策单、实施单、作业单、检查单、评价单、教学反馈单等能力训练的工作单（具体形式如学习情境一任务 1 所示，其他任务的工作单以二维码形式呈现，使用本书作为教材的教师可登录机工教育服务网 www. cmpedu. com 下载），通过完成真实的工作任务掌握工作流程，实现学习过程与工作过程一致。

2. 本书全面融入行业技术标准、素质教育与能力培养。将土建行业工程技术标准和学生就业岗位的职业资格标准融入本书中，突出了职业道德和职业能力培养。通过学生自主学习，在完成学习性工作任务中训练学生对于知识、技能和职业素养方面的综合职业能力，锻炼学生分析问题、解决问题的能力，注重多种教学方法和学习方法的组合使用。

3. 本书采用新形态式设计，引导学生学习工作过程系统化。本书的设计逻辑是以学生学习为中心，情境导入、学习目标、工作任务、任务单、知识思维导图、自测训练、实施单、作业单、评价单、教学反馈单等内容均是以工作过程系统化为指导原则，融知识点、技能点和思政点于其中，学生可以按照完成工作任务的需要随时利用网络获取学习资源，实现了教材教学功能利用的最大化与实时共享。

4. 本书配套教学资源丰富，课程在线平台开放。本课程在学银在线（超星尔雅网络课程平台）上线，2017 年被评审为黑龙江省精品在线开放课程，教学资源丰富，每年更新资源 15%左右。

本书由哈尔滨职业技术学院刘任峰任主编，哈尔滨职业技术学院葛贝德、张建华、朱琳琳任副主编。本书编写分工如下：刘任峰编写学习情境二，葛贝德编写学习情境三，张建华编写学习情境五、学习情境六的任务 2，朱琳琳编写学习情境四，哈尔滨职业技术学院霍堂霞编写学习情境一，黑龙江科技大学孙勇、哈尔滨正大建筑企业集团有限责任公司李林编写学习情境六的任务 1。本书由刘任峰负责确定教材编写的体例及统稿，葛贝德、张建华、朱琳琳、霍堂霞负责工作任务的实践性审核。

本书由黑龙江省教学名师马利耕教授任主审。马教授对本书的编写给予了重要的指导，对本书提出了很多专业技术性修改建议。特别感谢哈尔滨职业技术学院教材编审委员会领导给予本书编写的指导和大力支持。

由于编者水平有限，书中难免有不妥和疏漏之处，恳请读者批评指正。

编　者

工作单二维码索引

序号	二维码名称	图形	页码	序号	二维码名称	图形	页码
1	建筑结构实用设计方法应用		35	8	钢筋混凝土受压构件破坏形态解析		169
2	钢筋和混凝土的材料选取		60	9	钢筋混凝土轴心受压构件设计		183
3	钢筋混凝土受弯构件破坏形态解析		67	10	钢筋混凝土偏心受压构件设计		198
4	钢筋混凝土受弯构件正截面设计		102	11	砌体结构的材料选取		217
5	钢筋混凝土受弯构件斜截面设计		120	12	混合结构房屋结构选型		227
6	钢筋混凝土受弯构件的裂缝和变形计算		130	13	砌体结构房屋构造措施设计		246
7	钢筋混凝土单向板肋梁楼盖设计		161	14	钢结构的材料选取		266

（续）

序号	二维码名称	图形	页码	序号	二维码名称	图形	页码
15	钢结构的连接设计		290	17	钢筋混凝土结构施工图识读		321
16	门式刚架轻型房屋钢结构设计		307	18	钢结构施工图识读		333

目 录

学习情境一 建筑结构理论解析

学习指南

情境导入

某教学楼工程在进行结构设计过程中，需要综合考虑建筑的功能、安全、经济等因素确定建筑结构类型，并合理采用建筑结构设计的基本原则。本学习情境以建筑结构类型辨识、建筑结构实用设计方法应用两个工作任务为载体，使学生掌握作为技术员、质检员、监理员等应具备的建筑结构基本知识，掌握建筑结构实用设计方法的基本原则，以胜任这些岗位的工作。

学习目标

通过教师的讲解和引导，使学生明确工作任务目标和建筑结构理论的关键要素。通过完成工作任务，使学生掌握建筑结构的基本概念，掌握结构基本构件的受力特点，了解建筑结构的类型、特点及应用，了解建筑结构的发展概况；使学生能够辨识建筑结构类型，能够合理选用建筑结构设计基本原则，能够描述建筑结构的应用与发展情况；使学生能够正确认识建筑行业发展形势，具备勇于承担时代责任和历史使命的担当精神。

工作任务

1. 建筑结构类型辨识；
2. 建筑结构实用设计方法应用。

知识模块 2 建筑结构的类型及特点

一、建筑结构的类型

1. 按所用材料分

建筑结构按照使用的材料不同可分为混凝土结构、钢结构、木结构、砌体结构和组合结构，如图 1-1 所示。混凝土结构是以混凝土为主建造的结构，包括素混凝土结构、钢筋混凝土结构、预应力混凝土结构、型钢混凝土结构和钢纤维混凝土结构等。钢结构是以钢材为主建造的结构。木结构是以木材为主建造的结构。砌体结构是以块材和砂浆砌筑的砌体为主建造的结构，包括砖砌体结构、石砌体结构和砌块砌体结构。组合结构是由两种或两种以上材料建造的结构，包括钢—混凝土组合结构、钢管混凝土结构、纤

钢结构

木结构

膜结构—空间钢架结构

钢筋混凝土结构

钢结构—钢筋混凝土结构

图 1-1 建筑结构形式

维增强聚合物（FRP）结构以及 FRP 混凝土组合结构等。工程中常用的结构形式主要有钢筋混凝土结构和砌体结构。

2. 按受力和构造特点分

建筑结构按照受力和构造特点不同分为框架结构、剪力墙结构、框架剪力墙结构、筒体结构、排架结构、刚架结构、桁架结构、拱结构等，如图 1-2 所示。框架结构是指由梁和柱组成框架作为主要承重体系的结构。剪力墙结构是由钢筋混凝土墙体承受竖向和水平荷载，并起围护和分隔作用的结构。框架剪力墙结构是在框架结构中布置一定数量的剪力墙，由框架和剪力墙共同承受荷载的结构。筒体结构是将剪力墙或密柱框架集中到房屋的内部和外围，形成空间封闭式的筒体，由筒体来承受荷载的结构。排架结构

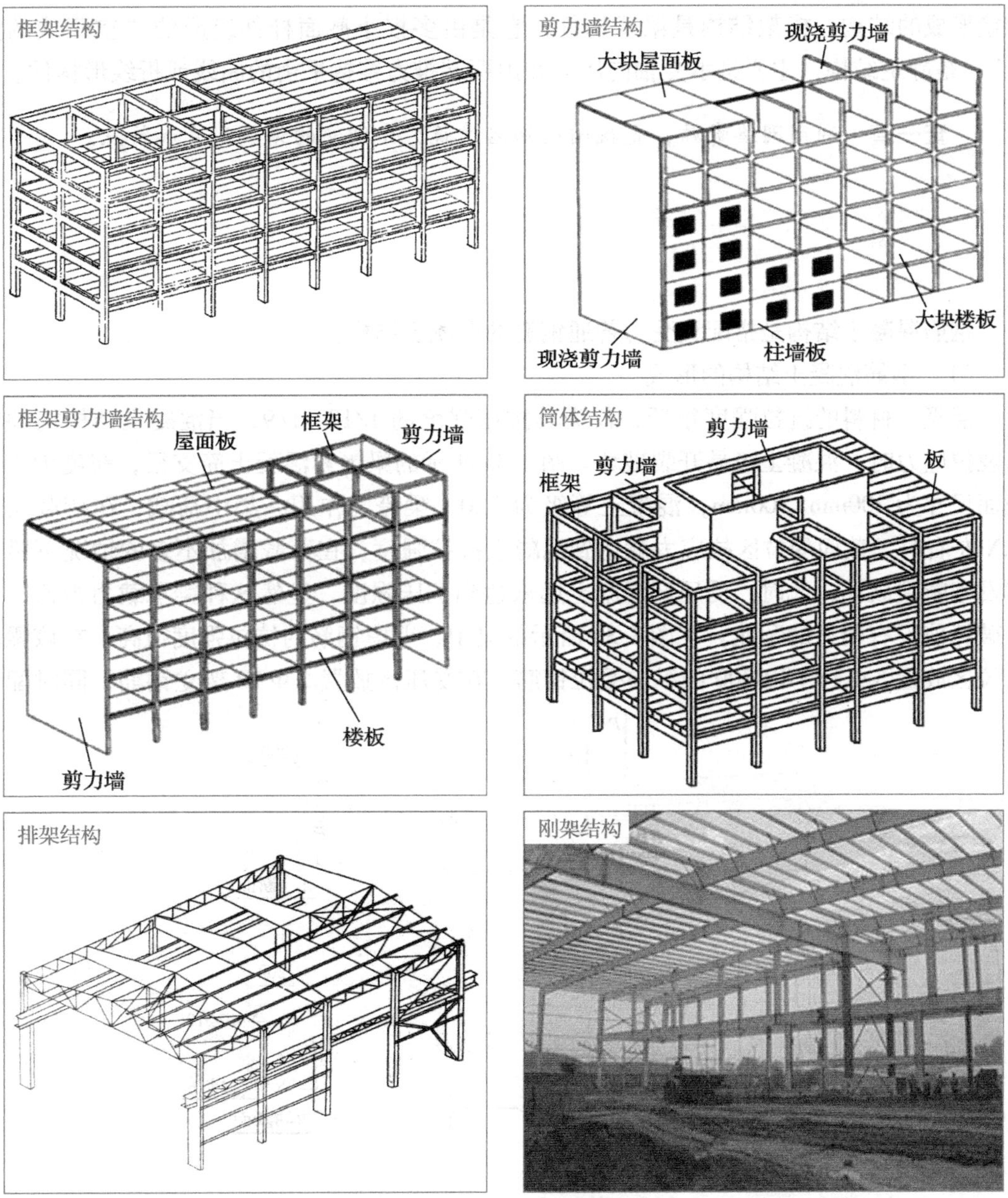

图 1-2　建筑结构体系

图 1-2 建筑结构体系（续）

是指屋架与柱铰接、柱与基础固接形成的结构。刚架结构是指屋架与柱刚接、柱与基础铰接形成的结构。桁架结构是梁式构件，它是由多根小截面杆件组成的“空腹式的大梁”，是静定结构，主要是承受轴向压力并由两端推力维持平衡的曲线或折线形构件。

查一查 利用网络资源，查找国内知名建筑，介绍它的结构形式和特点。

二、常用建筑结构的类型及特点

1. 钢筋混凝土结构

钢筋混凝土结构是指配置受力普通钢筋的混凝土结构。

（1）钢筋混凝土结构的形成

混凝土材料的抗拉强度很低，仅为其抗压强度的 1/18～1/9，当混凝土结构构件中出现拉应力时，混凝土极易开裂破坏。图 1-3a 所示的梁为素混凝土简支梁，跨度为 4m，截面尺寸为 200mm×300mm，混凝土等级为 C20，梁跨中作用一集中荷载，在荷载只有 8kN 左右时，截面受拉区拉应力就达到混凝土抗拉强度，在荷载增加不多的情况下梁突然发生断裂破坏，此时，受压区混凝土远未达到抗压强度，显然这种梁承载力很低，而且破坏前没有明显的预兆。在图 1-3b 所示的梁中，考虑钢筋的抗拉强度很高，在该梁的受拉区放置 3Φ16 HPB300 的纵向受拉钢筋，在受压区放置 2Φ10 架立钢筋，同时配置

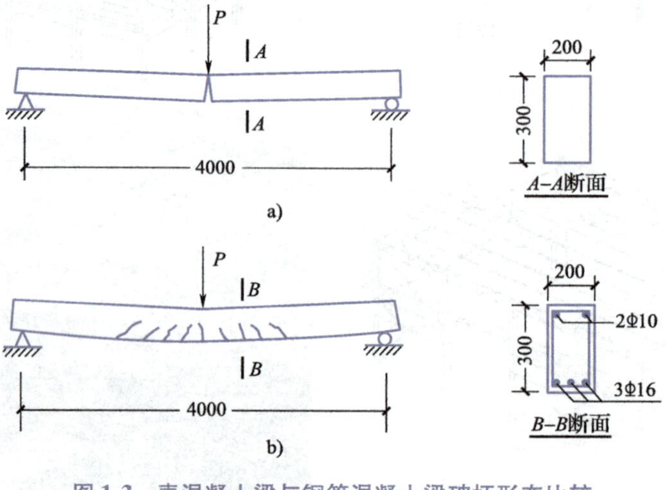

图 1-3 素混凝土梁与钢筋混凝土梁破坏形态比较

适量的箍筋，试验表明，当荷载不大时，混凝土开裂，但试件没有发生断裂破坏，拉力全部转由钢筋承担，当荷载达到 46kN 左右时，钢筋发生屈服，受压区混凝土被压坏，试件破坏，显然这种梁承载力远大于前述的素混凝土梁，而且破坏前有明显的预兆，结构的受力性能得到了明显的改善。

钢筋混凝土由钢筋和混凝土两种不同的材料组成，钢筋和混凝土材料物理、力学性能不同，它们之间之所以能有效地共同工作，主要有如下三方面原因：

1）混凝土硬化后与钢筋之间具有良好的黏结力，使两者之间能传递力和变形，这是两种不同性质的材料能够共同工作的基础。

2）钢筋和混凝土具有相近的温度线膨胀系数。钢筋的温度线膨胀系数为 $1.2\times10^{-5}/℃$，混凝土的温度线膨胀系数为 $(1.0\sim1.5)\times10^{-5}/℃$，这使两者间的黏结力不致因温度变化而破坏。

3）混凝土包裹钢筋使钢筋免受锈蚀，保证了构件的耐久性。

（2）钢筋混凝土结构的特点

1）钢筋混凝土结构的优点。钢筋混凝土结构与其他结构相比有很多优点，主要优点如下：

①强度高。相对于砌体结构、木结构，钢筋混凝土结构有较高的强度，在一定条件下可用来代替钢结构，达到节约钢材、降低造价的目的。

②耐久性好。相对于钢结构，钢筋混凝土结构有较好的耐久性。钢筋埋放在混凝土中，受混凝土保护不易发生锈蚀，而且混凝土的强度随着时间的增长还会有所增长，因而提高了结构的耐久性。

③耐火性好。相对于钢结构、木结构，钢筋混凝土结构有较好的耐火性。当发生火灾时，钢筋有混凝土保护层包裹，不会像钢结构那样很快达到软化温度而破坏。

④可模性好。相对于其他结构，钢筋混凝土结构可根据需要浇筑成各种形状和尺寸的结构。

⑤整体性好。相对于砌体结构、木结构，整体浇筑的钢筋混凝土结构整体性好，对抵抗地震和爆炸等冲击作用有利。

⑥易于就地取材。相对于钢结构，在混凝土结构中用量最多的是砂、石等材料，这些材料可以就地取材。

2）钢筋混凝土结构的缺点。钢筋混凝土结构除具有以上优点外，也存在一些缺点，主要缺点如下：

①自重大。钢筋混凝土结构自重大，高层结构施工时竖向运输耗时耗能，同时，使地基承重增大。

②抗裂性差。由于混凝土的抗拉强度很低，荷载作用下极易开裂，过早开裂虽不影响承载力，但对构件的刚度和耐久性都带来不利影响。

③现浇结构需大量模板和支撑，施工复杂，工期长，并受施工环境和气候条件限制，冬季和雨季混凝土施工必须对混凝土浇筑振捣和养生等工艺采取相应的措施，以保证施工质量。

④补强维修或拆除困难。

2. 砌体结构

砌体结构是由块体和砂浆砌筑而成的墙、柱作为建筑物主要受力构件的结构，是砖砌体、砌块砌体和石砌体结构的统称。砌体是指用各种砖、砌块与砌筑砂浆（或其他黏结材料）砌筑而成的墙、柱等构件。

砌体结构具有以下特点：

1）取材方便，造价低廉。砌体结构所需用的原材料，如黏土、砂子、天然石材等几乎到处都有。砌块砌体还可节约土地，使建筑向绿色建筑、环保建筑方向发展。

2）具有良好的耐火性及耐久性。一般情况下，砌体能耐受400℃的高温。砌体的耐蚀性能良好，完全能满足预期的耐久年限要求。

3）具有良好的保温、隔热、隔声性能，节能效果好。

4）施工简单，技术容易掌握和普及，也不需要特殊的设备。

5）自重大，砌筑工作繁重，整体性差。在一幢砖混结构住宅建筑中，砖墙自重约占建筑物总重的1/2。

6）普通黏土砖砌体的黏土用量大，要占用农田，影响农业生产。为了保护土地资源，国家已对黏土砖的使用做出明确限制。

3. 钢结构

钢结构是用钢板、热轧型钢或冷加工成型的薄壁型钢制造而成的。钢结构具有以下特点：

1）轻质高强、质地均匀。钢与混凝土、木材相比，虽然质量密度较大，但其屈服强度比混凝土和木材要高得多，其质量密度与屈服强度的比值相对较低。在承载力相同的条件下，钢结构与钢筋混凝土结构、木结构相比，构件较小，自重较轻，便于运输和安装。钢材质地均匀，各向同性，弹性模量大，有良好的塑性和韧性，为理想的弹塑性体，完全符合目前所采用的计算方法和基本理论。

2）生产、安装工业化程度高，施工周期短。钢结构生产具备成批大件生产和安装准确性高的特点，可以采用工厂制作、工地安装的施工方法，所以其生产作业面多，可缩短施工周期，进而为降低造价、提高效益创造条件。

3）密闭性能好。钢材组织非常密实，采用焊接连接可做到完全密封不渗漏。一些要求气密性和水密性好的高压容器、大型油库、煤气罐、输送管道等板壳结构，最适宜采用钢结构。

4）抗震及抗动力荷载性能好。钢结构因自重轻、质地均匀，具有较好的延性，因而抗震及抗动力荷载性能好。

5）有利于保护环境、节约资源。采用钢结构可大大减少砂、石、灰的用量，减轻对不可再生资源的破坏。钢结构拆除后可回炉再生循环利用，有的还可以搬迁复用，可大大减少建筑垃圾。工程资料表明，1t钢结构可减少7t混凝土用量，因此采用钢结构有利于保护环境、节约资源。

6）钢结构的耐热性好，但防火性差。温度在250℃以内，钢的性能比较稳定；温度达到300℃以上时，强度逐渐下降；温度达到600℃时，会完全失去承载能力。因此，钢结构可用于温度不高于250℃的场合。在自身有特殊防火要求的建筑中，钢结构必须使用耐火材料进行保护。当防火设计不当或者当防火层处于破坏的状态下，有可能将产生灾难性的后果。

7）钢结构耐蚀性较差。钢结构的最大缺点是易于锈蚀。新建造的钢结构一般都需仔细除锈、镀锌或刷涂料。以后隔一定时间又要重新刷涂料，这就使钢结构维护费用比钢筋混凝土结构高。目前，国内外正在发展不易锈蚀的耐候钢，可大量节约维护费用，但还未能广泛采用。随着科学技术的发展，钢结构易锈蚀、防火性能比混凝土差的问题将逐渐得到解决。一方面从钢材本身解决，如采用耐候钢和耐火高强度钢；另一方面采用高效防腐涂料，特别是防腐、防火合一的涂料。

想一想　我们的教学楼是什么结构形式？结合所学知识，谈谈它的特点。

知识模块 3　建筑结构的发展概况

19世纪50年代，钢筋混凝土开始被用来建造各种简单的板、柱、基础等。在19世纪后期，随着水泥和钢铁工业的发展，钢筋混凝土结构开始发展起来。20世纪以后，混凝土结构在计算理论、材料和工程应用等方面得到了很大的发展，许多国家陆续使用钢筋混凝土建造了一些建筑、桥梁、码头和堤坝。20世纪30年代，钢筋混凝土薄壳、折板开始应用于空间结构，而且预应力混凝土结构开始研究与应用。

1. 在计算理论方面

在20世纪初期，由于人们对混凝土结构材料的性能认识不够，多数国家采用以弹性理论为基础的容许应力设计方法。实践证明，这种设计方法与结构的实际情况出入很大，不能如实地反映构件截面的应力状态，不能正确计算出构件承载能力，因此现在已不再采用。到20世纪30年代，出现了按破坏阶段进行设计的方法，这种方法考虑了混凝土和钢筋的塑性，与材料的实际情况接近，但仍需根据经验主观确定总安全系数。在20世纪50年代，人们提出了极限状态设计方法，这种方法是破坏阶段计算方法的发展，其采用的计算系数将单一的安全系数改为三个分项系数，即荷载系数、材料系数和工作条件系数，各系数是根据荷载及材料强度的变异性由统计规律确定的，并考虑了影响结构构件承载力的非统计因素，这种设计方法又称为半经验、半概率极限状态设计方法。这种方法概念比较明确，设计方法合理，到了20世纪70年代已被多数国家接受。随着结构设计理论的进一步发展，结构及其构件的安全系数或分项系数更趋合理，结构可靠度理论得到完善，人们提出了以失效概率度量结构安全性的以概率理论为基础的极限状态设计方法。这种方法对各种荷载、材料强度的变异规律进行了大量的调查、统计、分析，合理地确定了各分项系数，而且用失效概率和可靠度指标能够比较明确地说明结构"可靠"或"不可靠"的概念，目前已被多数国家采用。我国现行《混凝土结构设计规范》（GB 50010—2010）（2015年版）即采用以概率理论为基础的极限状态设计方法。

2. 在材料方面

目前国内常用的混凝土强度等级为20~40N/mm^2，国外常用的混凝土强度等级为

60N/mm^2，实验室内，我国已制成强度等级为100N/mm^{2}以上的混凝土。不久的将来，混凝土强度将普遍达到100N/mm^2，在特殊结构中可配制出更高强度的混凝土。目前国内常用的钢筋强度为400~500N/mm^2，强度达600N/mm^{2}的钢筋也已开始使用，今后将会出现强度超过1000N/mm^{2}的钢筋。

混凝土材料主要的发展方向是高强、轻质、耐久、抗裂和易于成型。目前国内正在大力发展轻质混凝土，如加气混凝土以及利用工业废渣的"绿色混凝土"，不但减轻了结构自重，改善了混凝土的性能，而且对节能和保护环境具有重要的意义。在混凝土中掺入高分子化合物，能够提高混凝土的抗裂性和耐久性，同时提高混凝土的强度。此外，防射线、耐磨、耐腐蚀、防渗透、保温等特殊需要的混凝土以及智能型混凝土及其结构也正在研究中。

钢筋材料的发展方向是高强、防腐、较好的延性和较好的黏结锚固性能。螺旋肋钢筋强度高、延性好，与混凝土的黏结性好。在钢筋表面涂环氧树脂可提高钢筋的防腐性能。

随着高强度钢筋、高强度高性能混凝土及高性能外加剂和混合材料的研制使用，纤维混凝土和聚合物混凝土的研究和应用得到了快速的发展。

3. 在结构方面

大跨度结构向空间钢网架、悬索结构、薄壳结构方向发展。空间钢网架最大跨度已超过100m。钢管混凝土、型钢混凝土、钢骨混凝土、钢与钢筋混凝土组合结构、钢框架与内核芯筒体系等已得到广泛应用。高层砌体结构开始使用，考虑砌体结构水平承载力低，可采用砖墙-筒体体系，由墙体承受竖向荷载，由钢筋混凝土内核芯筒承受水平荷载，也可采用预应力砌体，在孔洞内或槽口内放置预应力钢筋，以提高砌体的抗裂性能或满足变形要求。

4. 在工程应用方面

尽管混凝土结构比其他结构出现得晚，但其发展和应用速度却非常快，混凝土结构的应用范围也在不断地扩大。目前，钢筋混凝土结构和预应力混凝土结构已成为土木工程的主要结构，广泛应用在房屋建筑、铁路、公路、城市的立交桥、高架桥、地铁隧道，以及水利港口等交通工程中，用钢筋混凝土建造的桥梁、水闸、水电站、码头等已是星罗棋布，在大跨度钢筋混凝土桁架、门式刚架、拱、薄壳等结构形式中也有广泛应用。混凝土已成为现代最主要的工程材料之一，并在未来很长时间内仍将是一种重要的工程材料。目前世界上最高的钢筋混凝土结构-钢结构组合建筑是阿联酋迪拜的哈利法塔，总高为828m，如图1-4所示；中国最高的钢筋混凝土结构-钢结构组合建筑是上海环球金融中心，总高为492m，如图1-5所示；世界上最大跨度的预应力混凝土连续梁桥为巴西瓜纳巴拉桥，跨度为300m；世界上最高的钢筋混凝土重力坝是瑞士的大狄克桑斯坝，高285m。未来将会建造更高的钢筋混凝土建筑，跨度更大的钢筋混凝土桥梁，以及钢筋混凝土海上浮动城市、海底城市、地下城市等。所有这些都显示了现代混凝土结构设计和施工水平正发生着日新月异的变化。

图 1-4　迪拜哈利法塔

图 1-5　上海环球金融中心

计划单

<table>
<tr><td>课程</td><td colspan="5">建筑结构</td></tr>
<tr><td>学习情境一</td><td colspan="3">建筑结构理论解析</td><td>学时</td><td>6</td></tr>
<tr><td>任务 1</td><td colspan="3">建筑结构类型辨识</td><td>学时</td><td>2</td></tr>
<tr><td>计划方式</td><td colspan="5">小组讨论、团结协作共同制订计划</td></tr>
<tr><td>序号</td><td colspan="4">实施步骤</td><td>使用资源</td></tr>
<tr><td>1</td><td colspan="4"></td><td></td></tr>
<tr><td>2</td><td colspan="4"></td><td></td></tr>
<tr><td>3</td><td colspan="4"></td><td></td></tr>
<tr><td>4</td><td colspan="4"></td><td></td></tr>
<tr><td>5</td><td colspan="4"></td><td></td></tr>
<tr><td>6</td><td colspan="4"></td><td></td></tr>
<tr><td>7</td><td colspan="4"></td><td></td></tr>
<tr><td>8</td><td colspan="4"></td><td></td></tr>
<tr><td>9</td><td colspan="4"></td><td></td></tr>
<tr><td>制订计划
说明</td><td colspan="5"></td></tr>
<tr><td rowspan="3">计划评价</td><td>班级</td><td></td><td>第　组</td><td>组长签字</td><td></td></tr>
<tr><td>教师签字</td><td colspan="2"></td><td>日期</td><td></td></tr>
<tr><td colspan="4">评语：</td><td></td></tr>
</table>

决策单

<table>
<tr><td>课程</td><td colspan="5">建筑结构</td></tr>
<tr><td>学习情境一</td><td colspan="2">建筑结构理论解析</td><td colspan="2">学时</td><td>6</td></tr>
<tr><td>任务 1</td><td colspan="2">建筑结构类型辨识</td><td colspan="2">学时</td><td>2</td></tr>
<tr><td colspan="6">方案讨论</td></tr>
<tr><td rowspan="11">方案对比</td><td>组号</td><td>合理性</td><td>可操作性</td><td>安全性</td><td>综合评价</td></tr>
<tr><td>1</td><td></td><td></td><td></td><td></td></tr>
<tr><td>2</td><td></td><td></td><td></td><td></td></tr>
<tr><td>3</td><td></td><td></td><td></td><td></td></tr>
<tr><td>4</td><td></td><td></td><td></td><td></td></tr>
<tr><td>5</td><td></td><td></td><td></td><td></td></tr>
<tr><td>6</td><td></td><td></td><td></td><td></td></tr>
<tr><td>7</td><td></td><td></td><td></td><td></td></tr>
<tr><td>8</td><td></td><td></td><td></td><td></td></tr>
<tr><td>9</td><td></td><td></td><td></td><td></td></tr>
<tr><td>10</td><td></td><td></td><td></td><td></td></tr>
<tr><td>方案评价</td><td colspan="5">评语：</td></tr>
</table>

班级		组长签字		教师签字		月　日

实施单

课程	建筑结构		
学习情境一	建筑结构理论解析	学时	6
任务 1	建筑结构类型辨识	学时	2
实施方式	小组成员合作；动手实践		

序号	实施步骤	使用资源
1		
2		
3		
4		
5		
6		
7		
8		
9		
10		
11		
12		
13		
14		
15		
16		

实施说明：

班级		第　组	组长签字	
教师签字			日期	
评语				

作业单

课程	建筑结构			
学习情境一	建筑结构理论解析		学时	6
任务 1	建筑结构类型辨识		学时	2
实施方式	小组成员查阅分析资料，辨识工程案例的结构类型，并分析其结构特点			
班级		第　组	组长签字	
教师签字			日期	
评语				

检查单

课程	建筑结构			
学习情境一	建筑结构理论解析		学时	6
任务 1	建筑结构类型辨识		学时	2
序号	检查项目	检查标准	学生自查	教师检查
1				
2				
3				
4				
5				
6				
7				
8				
9				
10				
11				
12				
13				
14				
15				

检查评价	班级		第 组	组长签字	
	教师签字		日期		
	评语：				

评价单

1. 工作评价单

<table>
<tr><td>课程</td><td colspan="8">建筑结构</td></tr>
<tr><td>学习情境一</td><td colspan="4">建筑结构理论解析</td><td colspan="2">学时</td><td colspan="2">6</td></tr>
<tr><td>任务 1</td><td colspan="4">建筑结构类型辨识</td><td colspan="2">学时</td><td colspan="2">2</td></tr>
<tr><td>评价类别</td><td>项目</td><td colspan="2">个人评价</td><td>组内互评</td><td colspan="2">组间互评</td><td colspan="2">教师评价</td></tr>
<tr><td rowspan="6">专业能力</td><td>资讯
(10%)</td><td colspan="2"></td><td></td><td colspan="2"></td><td colspan="2"></td></tr>
<tr><td>计划
(5%)</td><td colspan="2"></td><td></td><td colspan="2"></td><td colspan="2"></td></tr>
<tr><td>实施
(20%)</td><td colspan="2"></td><td></td><td colspan="2"></td><td colspan="2"></td></tr>
<tr><td>检查
(10%)</td><td colspan="2"></td><td></td><td colspan="2"></td><td colspan="2"></td></tr>
<tr><td>过程
(5%)</td><td colspan="2"></td><td></td><td colspan="2"></td><td colspan="2"></td></tr>
<tr><td>结果
(10%)</td><td colspan="2"></td><td></td><td colspan="2"></td><td colspan="2"></td></tr>
<tr><td rowspan="2">社会能力</td><td>团结协作
(10%)</td><td colspan="2"></td><td></td><td colspan="2"></td><td colspan="2"></td></tr>
<tr><td>敬业精神
(10%)</td><td colspan="2"></td><td></td><td colspan="2"></td><td colspan="2"></td></tr>
<tr><td rowspan="2">方法能力</td><td>计划能力
(10%)</td><td colspan="2"></td><td></td><td colspan="2"></td><td colspan="2"></td></tr>
<tr><td>决策能力
(10%)</td><td colspan="2"></td><td></td><td colspan="2"></td><td colspan="2"></td></tr>
<tr><td rowspan="2">评价评语</td><td>班级</td><td></td><td>姓名</td><td></td><td>学号</td><td></td><td>总评</td><td></td></tr>
<tr><td>教师签字</td><td></td><td>第　组</td><td>组长签字</td><td colspan="2"></td><td>日期</td><td></td></tr>
</table>

2. 小组成员素质评价单

课程	建筑结构		
学习情境一	建筑结构理论解析	学时	6
任务 1	建筑结构类型辨识	学时	2
班级	第　组	成员姓名	
评分说明	每个小组成员评价分为自评和小组其他成员评价两部分，取平均值计算，作为该小组成员的任务评价个人分数。评价项目共设计 5 个，依据评分标准给予合理量化打分。小组成员自评后，要找小组其他成员采取不记名方式打分，成员互评分为其他小组成员的平均分		
对象	评分项目	评分标准	评分
自评（100 分）	核心价值观（20 分）	是否有违背社会主义核心价值观的思想及行动	
	工作态度（20 分）	是否按时完成负责的工作内容、遵守纪律，是否积极主动参与小组工作，是否全过程参与，是否吃苦耐劳，是否具有工匠精神	
	交流沟通（20 分）	是否能良好地表达自己的观点，是否能倾听他人的观点	
	团队合作（20 分）	是否与小组成员合作完成，做到相互协助、相互帮助、听从指挥	
	创新意识（20 分）	看问题是否能独立思考，提出独到见解，是否能够利用创新思维解决遇到的问题	
成员互评（100 分）	核心价值观（20 分）	是否有违背社会主义核心价值观的思想及行动	
	工作态度（20 分）	是否按时完成负责的工作内容、遵守纪律，是否积极主动参与小组工作，是否全过程参与，是否吃苦耐劳，是否具有工匠精神	
	交流沟通（20 分）	是否能良好地表达自己的观点，是否能倾听他人的观点	
	团队合作（20 分）	是否与小组成员合作完成，做到相互协助、相互帮助、听从指挥	
	创新意识（20 分）	看问题是否能独立思考，提出独到见解，是否能够利用创新思维解决遇到的问题	
最终小组成员得分			
小组成员签字		评价时间	

教学反馈单

课程	建筑结构		
学习情境一	建筑结构理论解析	学时	6
任务 1	建筑结构类型辨识	学时	2

序号	调查内容	是	否	理由陈述
1	你是否喜欢这种上课方式？			
2	与传统教学方式比较，你认为哪种方式学到的知识更适用？			
3	针对每个学习任务，你是否学会如何进行资讯？			
4	计划和决策感到困难吗？			
5	你认为学习任务对将来的工作有帮助吗？			
6	通过本任务的学习，你掌握建筑结构的概念了吗？			
7	通过本任务的学习，你了解建筑结构的类型有哪些吗？			
8	通过本任务的学习，你了解各种建筑结构形式的特点了吗？			
9	你对小组成员之间的合作是否满意？			
10	你认为本情境还应学习哪些方面的内容？（请在下面空白处填写）			

你的意见对改进教学非常重要，请写出你的建议和意见

被调查人签名		调查时间	

自测训练

一、填空题

1. 建筑结构按照使用的材料不同可分为________、________、________、________和组合结构。

2. 建筑结构按照受力和构造特点不同分为________、________、________、筒体结构、排架结构、刚架结构、桁架结构、拱结构等。

3. 框架结构是指由________和________组成框架作为主要承重体系的结构。

4. 砌体结构是由________和________砌筑而成的墙、柱作为建筑物主要受力构件的结构。

5. 钢筋混凝土结构的优点包括________、________、________、可模性好、整体性好、易于就地取材等。

二、简答题

1. 什么是建筑结构？

2. 建筑结构根据使用材料的不同可以分为哪几种类型？

3. 建筑结构基本构件有哪几种？

任务 2 建筑结构实用设计方法应用

任务单

<table>
<tr><td>课程</td><td colspan="6">建筑结构</td></tr>
<tr><td>学习情境一</td><td colspan="3">建筑结构理论解析</td><td>学时</td><td colspan="2">6</td></tr>
<tr><td>任务 2</td><td colspan="3">建筑结构实用设计方法应用</td><td>学时</td><td colspan="2">4</td></tr>
<tr><td colspan="7">布置任务</td></tr>
<tr><td>任务目标</td><td colspan="6">1. 了解荷载的分类及其分布形式；
2. 了解结构的功能要求以及可靠性的概念；
3. 了解正常使用极限状态设计表达式；
4. 掌握荷载的代表值与设计值；
5. 掌握荷载效应与结构抗力的概念；
6. 掌握极限状态的概念、分类以及结构极限状态方程；
7. 掌握承载能力极限状态设计表达式；
8. 能够在完成任务过程中培养学生认真负责的工作态度，培养学生勤于思考、善于分析的职业能力。</td></tr>
<tr><td>任务描述</td><td colspan="6">某教学楼工程某层钢筋混凝土楼板，分析其承受的各种荷载，按承载能力极限状态和正常使用极限状态计算板的跨中弯矩值，并提交计算书。
1. 分析楼板承受的荷载类型，确定荷载大小；
2. 计算永久荷载引起的跨中弯矩标准值；
3. 计算可变荷载引起的跨中弯矩标准值；
4. 确定可变荷载组合系数、频遇值系数、准永久值系数；
5. 按承载能力极限状态计算板的跨中弯矩值；
6. 按正常使用极限状态计算板的跨中弯矩值。</td></tr>
<tr><td>学时安排</td><td>布置任务与资讯
1 学时</td><td>计划
0.5 学时</td><td>决策
0.5 学时</td><td>实施
1 学时</td><td>检查
0.5 学时</td><td>评价
0.5 学时</td></tr>
<tr><td>对学生的要求</td><td colspan="6">1. 每名同学均能按照知识思维导图自主学习，并完成知识模块中的自测训练；
2. 严格遵守课堂纪律，学习态度认真、端正，能够正确评价自己和同学在本任务中的素质表现，积极参与小组工作任务讨论，严禁抄袭；
3. 小组讨论任务实施方案，能够小组分工查找楼板承受的荷载，确定荷载值的大小，确定可变荷载组合系数、频遇值系数、准永久值系数；
4. 独立计算永久荷载和可变荷载引起的跨中弯矩标准值；
5. 独立按承载能力极限状态和正常使用极限状态计算板的跨中弯矩值；
6. 讲解任务完成过程，接受教师与学生的点评，同时参与小组自评与互评。</td></tr>
</table>

任务知识

知识思维导图

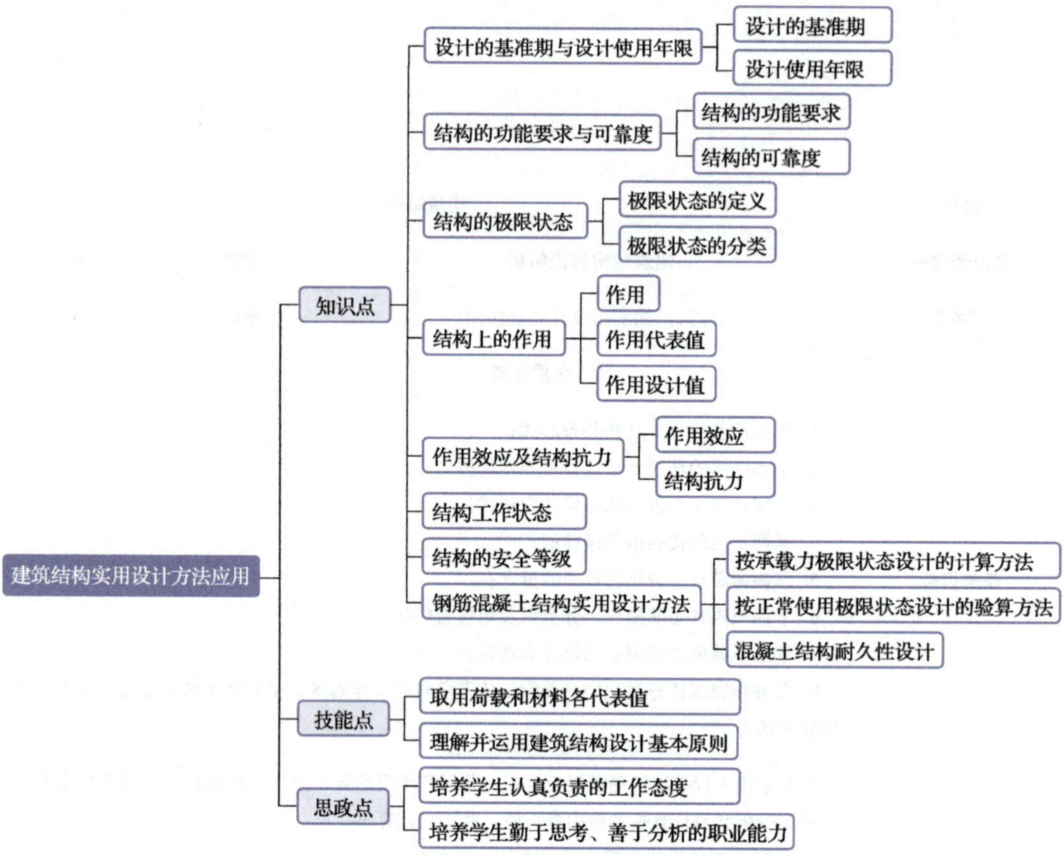

知识模块 1 设计的基准期与设计使用年限

一、设计基准期

结构的设计基准期是指为确定可变作用及与时间有关的材料性能等取值而选用的时间参数，它不等同于建筑结构的设计使用年限，也不等同于建筑结构的寿命。设计基准期是一个基准参数，它的确定不仅涉及可变作用（荷载），还涉及材料性能，是在对大量实测数据进行统计的基础上提出来的，一般情况下不能随意更改。我国所采用的设计基准期为 50 年。当建筑结构的使用年限达到或超过设计基准期后，并不意味该结构立即报废不能再使用，而是指它的可靠性水平已经明显降低。

二、设计使用年限

设计使用年限是指设计规定的结构或结构构件不需进行大修即可达到其预定目的的使用年限，即建筑结构在正常设计、正常施工、正常使用和一般维护下所应达到的使用年限。

结构的设计使用年限应按表 1-1 确定。当建筑结构达到设计使用年限后，经过鉴定和维修，可继续使用。因而设计使用年限不同于使用寿命，同一建筑中不同专业的设计使用年限可以不同。在结构施工图总说明中应该写明设计使用年限，而不应写设计基准期。

表 1-1　结构的设计使用年限

类别	设计使用年限/年	示例
1	5	临时性结构
2	25	易于替换的结构构件
3	50	普通房屋和构筑物
4	100	纪念性建筑和特别重要的建筑物

想一想　设计基准期、设计使用年限、建筑寿命三者间有什么区别？谈谈你的看法。

知识模块 2　结构的功能要求与可靠度

一、结构的功能要求

结构设计必须满足预定的功能要求。结构的功能要求是具有可靠性。可靠性是指结构在规定的设计基准期内，在规定的条件下，完成预定功能的能力。“规定的时间”是指结构的设计基准期。“规定的条件”是指正常设计、正常施工、正常使用和正常维修的条件，不考虑人为过失。“预定的功能”是指结构构件的安全性、适用性、耐久性等。

结构的可靠性包括安全性、适用性、耐久性三个方面。

1. 安全性

结构能承受正常设计、正常施工、正常使用时可能出现的各种作用，在偶然荷载作用下或偶然事件发生时和发生后仍能保持必要的整体稳定性，不发生倒塌或连续破坏。

2. 适用性

结构在正常使用时具有良好的工作性能，如不发生超过规定限度的过大变形、裂缝和振动等。

3. 耐久性

结构或构件在正常使用和正常维护条件下，在规定的使用期限内维持其适用性的能力，如不发生由于混凝土碳化、腐蚀、脱落和钢筋锈蚀而影响寿命的情况。

二、结构的可靠度

结构的可靠度是指在规定的时间内在规定的条件下完成预定功能的概率。结构的可靠度是结构可靠性的概率度量。

想一想　影响结构可靠度的因素有哪些？

知识模块 3 结构的极限状态

一、极限状态的定义

整个结构或构件超过某一特定状态时（如到达极限承载力、失稳、变形过大、裂缝过宽等）就不能满足设计规定的某一功能要求，此特定状态为该功能的极限状态。

二、极限状态的分类

《混凝土结构设计规范》（GB 50010—2010）（2015 年版）将极限状态分为承载力极限状态和正常使用极限状态两类。

1. 承载力极限状态

结构或构件达到最大承载能力或达到不宜继续承载的变形或变位的状态称为承载力极限状态。当结构或构件出现了下列状态之一时，即认为超过了承载力极限状态：

1）整个结构或结构的一部分作为刚体失去平衡，如滑动和倾覆等。

2）结构构件或其连接处因超过材料强度而破坏（包括疲劳破坏），如轴心受压构件钢筋达到抗压强度。

3）结构转变为机动体系而丧失承载力，如构件发生三铰共线形成机动体系。

4）结构或构件丧失稳定，如细长杆柱达到临界荷载后压屈失稳。

5）结构构件产生过大的塑性变形而不能继续承载。

承载力极限状态涉及结构的安全性问题，一旦不满足可能导致人员伤亡和大量财产损失，后果严重，所以必须要有较高的可靠度。

2. 正常使用极限状态

结构或构件达到正常使用或耐久性能的某项规定限值的状态称为正常使用极限状态。当结构或构件出现了下列状态之一时，即认为超过了正常使用极限状态：

1）影响正常使用或有碍观瞻的变形，如吊车梁变形过大使吊车不能正常行驶。

2）影响正常使用或耐久性能的局部破坏，如水池壁开裂漏水。

3）影响正常使用的振动，如机器振动而导致结构振幅超过规定限值。

4）影响正常使用的其他特定状态，如相对沉降量过大。

正常使用极限状态涉及结构的适用性和耐久性，不满足时对人的生命危害较小，因此其可靠度与承载力极限状态比可以适当降低，但也仍引起足够重视。

知识模块 4 结构上的作用

一、作用

结构上的作用是指使结构产生内力和变形的所有原因，包括施加在结构上的集中荷载或分布荷载及引起结构外加变形或约束变形的所有原因。

结构上的作用分为直接作用和间接作用。施加在结构上的集中荷载或分布荷载称为直接作用，如结构自重、风荷载等。引起结构外加变形或约束变形的其他作用称为间接作用。如基础不均匀沉降、温度变化、混凝土收缩等作用。

根据《建筑结构可靠性设计统一标准》（GB 50068—2018），作用可以根据特点不同进行分类，按照作用随时间的变异特点，将作用分为永久作用、可变作用和偶然作用三类。

1. 永久作用

在设计基准期内其值不随时间变化，或其变化与平均值相比可以忽略不计的作用，如结构的自重、预加应力等。

2. 可变作用

在设计基准期内其值随时间变化，且其变化与平均值相比不可忽视的作用，如风荷载、温度变化等。

3. 偶然作用

设计基准期内不一定出现，一旦出现量值很大，且持续时间很短的作用，如地震、爆炸、汽车撞击等。

二、作用代表值

荷载是结构上的直接作用，由于结构设计与荷载的关系最为密切，因此本书将重点介绍荷载这种作用代表值。

荷载是随机变量，任何一种荷载的大小都具有不同程度的变异性，因此，进行结构设计时，对于不同的设计情况采用不同的荷载代表值。

1. 永久荷载代表值

永久荷载只有一个代表值就是它的标准值。荷载标准值是指结构设计基准期内可能达到的最大值。由于作用是随机变量，其量值的大小在客观上具有某个统计分布。

永久荷载标准值可按结构设计给定的尺寸和材料重力密度计算。常见材料的重力密度见表 1-2。对某些变异性较大的结构构件，其单位自重应根据对结构的最不利状态，取其上限值或下限值。

表 1-2　常见材料的重力密度

名　称	自重/(kN/m^3)	名　称	自重/(kN/m^3)
素混凝土	22~24	石灰砂浆、混合砂浆	17
钢筋混凝土	24~25	普通砖砌体	18~19
水泥砂浆	20		

2. 可变荷载代表值

可变荷载应根据设计要求分别取标准值、组合值、准永久值和频遇值作为代表值。

（1）可变荷载标准值

可变荷载的确定相对比较复杂，根据调查、统计和分析，《建筑结构荷载规范》（GB 50009—2012）给出了各种可变荷载的标准值，部分民用建筑楼面可变荷载标准值及其组合值、频遇值和准永久值系数见表 1-3。

挠度、转角、裂缝等），这种内力和变形称为作用效应。由荷载引起的内力和变形，称为荷载作用效应，用符号 S 表示。作用效应是不确定的随机变量。

$$S=CQ \tag{1-4}$$

式中 S——作用效应；

C——作用效应系数；

Q——某种荷载代表值。

二、结构抗力

结构或构件承受内力和变形的能力称为结构抗力，如构件的承载能力和刚度等，其大小取决于结构几何参数和材料性能等，用符号 R 表示。结构抗力是不确定的随机变量。

想一想 作用效应都是由外部荷载引起的。这种说法正确吗？

知识模块 6 结构工作状态

结构或构件在使用期间的工作情况称为结构工作状态。结构或构件工作状态可由该结构构件所承受的作用效应 S 和结构抗力 R 的关系来表示：

$$Z=R-S=g(R \cdot S) \tag{1-5}$$

上式称为结构功能函数。

结构能够满足各项功能要求为可靠或有效，反之为不可靠或失效。可靠状态与失效状态之间为极限状态。即随着条件的变化，结构的工作状态有以下三种可能：

$Z>0$，即 $R>S$，结构能完成预定功能，结构处于可靠状态；

$Z=0$，即 $R=S$，结构处于极限状态；

$Z<0$，即 $R<S$，结构不能完成预定功能，结构处于失效状态。

由于作用效应 S 和结构抗力 R 均为随机变量，所以引入概率论的概念，结构的失效概率就是结构功能函数小于零的概率，即

$$P_f=P[Z=R-S<0] \tag{1-6}$$

式中 P_f——失效概率。

结构设计要求失效概率要不大于允许失效概率，即

$$P_f \leqslant [P_f] \tag{1-7}$$

式中 $[P_f]$——允许失效概率。

我国的《建筑结构可靠性设计统一标准》（GB 50068—2018）在大量统计的基础上，对一般工业与民用建筑的失效概率规定不得超过如下限值：延性破坏的结构，$[P_f]=6.9\times10^{-4}$；脆性破坏的结构，$[P_f]=1.1\times10^{-4}$。

工程上可利用结构可靠指标代替结构失效概率来度量结构的可靠性。结构设计目标可靠度的大小对结构设计的影响较大。目标可靠度定的高，结构可靠度大，造价大，但结构的可靠度低会使人产生不安全感。考虑结构的重要性因素、结构破坏性质因素、公众心理因素和社会经济因素，《建筑结构可靠性设计统一标准》（GB 50068—2018）根据

结构的安全等级和破坏类型，在对代表性的构件进行可靠度分析的基础上，规定了各类结构构件按承载力极限状态设计时采用的可靠指标。常用可靠指标与构件失效概率的对应关系见表 1-4。

表 1-4　可靠指标 β 值与构件失效概率的对应关系

可靠指标 β	2.7	3.2	3.7	4.2
失效概率 P_f	3.5×10^{-3}	6.9×10^{-4}	1.1×10^{-4}	1.3×10^{-5}

按表 1-4 的可靠指标进行设计的准则，称为按可靠指标的设计准则。这个设计准则虽然直接运用了概率论的原理，但在确定可靠指标时，将作用效应和结构抗力作为两个服从正态分布的独立随机变量，只考虑其平均值和标准差，没有考虑两者的联合分布特点等因素，计算中又作了一些假定和简化，所以这个准则只能称为近似概率准则。

知识模块 7　结构的安全等级

结构设计时应根据结构破坏可能产生的各种后果的严重性，对不同的建筑结构采用不同的安全等级。我国《建筑结构可靠性设计统一标准》（GB 50068—2018）对建筑结构的安全等级划分为三级，见表 1-5。建筑结构构件的安全等级宜与整个结构相同，其中部分构件的安全等级也可以调整。

表 1-5　建筑结构的安全等级

安全等级	破坏后果	建筑物类型
一级	很严重	重要的房屋
二级	严重	一般的房屋
三级	不严重	次要的房屋

知识模块 8　钢筋混凝土结构实用设计方法

结构按预先设定的目标可靠度进行设计是很复杂的，因此《建筑结构可靠性设计统一标准》（GB 50068—2018）给出了易于理解和应用的实用设计表达式。

结构构件应按承载力极限状态设计，按正常使用极限状态校核。

一、按承载力极限状态设计的计算方法

（1）承载力极限状态设计的计算内容

1）结构构件应进行承载力计算，包括失稳计算。

2）直接承受重复荷载的构件应进行疲劳验算。

3）有抗震设防要求的结构应进行抗震承载力计算。

4）对可能发生倾覆、滑移、漂浮的结构应进行倾覆、滑移、漂浮验算。

5）对可能遭受偶然作用且倒塌可引起严重后果的重要结构，宜进行防连续倒塌设计。

（2）承载力极限状态设计的计算公式

《建筑结构可靠性设计统一标准》（GB 50068—2018）采用以概率理论为基础的极限状态设计法和用多个分项系数表达的设计式进行设计。其结构构件的承载力设计应考虑作用效应的基本组合和偶然组合，采用下面设计表达式：

$$r_0 S \leqslant R \tag{1-8}$$

式中 r_0——结构重要性系数。安全等级为一级或设计使用年限≥100 年：$r_0=1.1$；安全等级为二级或设计使用年限 50 年：$r_0=1$；安全等级为三级或设计使用年限≤5 年：$r_0=0.9$；

S——荷载效应设计值，分别表示为弯矩设计值、剪力设计值、轴力设计值、扭矩设计值等；

R——结构构件抗力设计值。

1）荷载效应设计值。对于基本组合，荷载效应组合的设计值应从下列组合值中取最不利值确定：

$$S=\gamma_G S_{Gk}+\gamma_{Q1} S_{Q1k}+\sum_{i=2}^{n} \Psi_{ci}\gamma_{Qi} S_{Qik} \tag{1-9}$$

式中 S_{Gk}——永久荷载标准值；

S_{Q1k}——第 1 个可变荷载标准值，为可变荷载标准值最大的一个；

S_{Qik}——其他第 i 个可变荷载标准值；

γ_G——永久荷载分项系数；

γ_{Q1}，γ_{Qi}——第 1 个和其他第 i 个可变荷载分项系数；

Ψ_{ci}——第 i 个可变荷载的组合系数。对民用建筑楼面活荷载，一般情况下 $\Psi_{ci}=0.7$；对书库、档案库等 $\Psi_{ci}=0.9$；其他按有关规定选用；

n——参与组合的可变荷载数。

对于偶然组合，内力的组合设计值宜按下列规定确定：偶然荷载（如地震）的代表值不乘分项系数；与偶然荷载同时出现的其他荷载，可以根据观测资料或工程经验采用适当的代表值。各种情况下荷载效应的设计值公式，可由有关规范另行规定。

2）结构抗力设计值。结构抗力设计值的大小取决于截面几何尺寸、截面材料种类与强度等级等多种因素，它的一般形式为：

$$R=R(f_c, f_y, \alpha_d \cdots\cdots)$$

式中 f_c——混凝土的强度设计值；

f_y——钢筋的强度设计值；

α_d——几何参数标准值。

二、按正常使用极限状态设计的验算方法

（1）正常使用极限状态设计的验算内容

1）对需要控制变形的构件，应进行变形验算。

2）对不允许出现裂缝的构件，应进行混凝土拉应力验算。

3）对允许出现裂缝的构件，应进行裂缝宽度验算。

4）对有舒适要求的楼盖结构，应进行竖向自振频率验算。

（2）正常使用极限状态设计的验算公式

对于正常使用极限状态，结构构件应根据不同的设计要求，采用荷载效应标准组合、频遇组合或准永久组合进行设计，采用下面设计表达式：

$$S \leqslant C \tag{1-10}$$

式中 S——正常使用极限状态的荷载效应组合值；

C——结构或构件达到正常使用要求的规定限值，如裂缝、变形等限值。

1）荷载效应组合值。

荷载效应的标准组合式

$$S = S_{Gk} + S_{Q1k} + \sum_{i=2}^{n} \Psi_{ci} S_{Qik} \tag{1-11}$$

荷载效应的准永久组合式

$$S = S_{Gk} + \sum_{i=2}^{n} \Psi_{qi} S_{Qik} \tag{1-12}$$

式中 Ψ_{qi}——第 i 个可变荷载的准永久值系数。

荷载效应的频遇组合式

$$S = S_{Gk} + \Psi_{f1} S_{Q1k} + \sum_{i=2}^{n} \Psi_{qi} S_{Qik} \tag{1-13}$$

式中 Ψ_{f1}——第 1 个可变荷载频遇组合系数。

2）正常使用要求的规定限值。根据正常使用阶段对结构构件裂缝的不同要求，将裂缝的控制等级分为三级：严格要求不出现裂缝的构件属于一级，一般要求不出现裂缝的构件属于二级，允许出现裂缝的构件属于三级。裂缝控制等级及最大裂缝宽度限值见表 1-6。受弯构件的挠度限值见表 1-7。

表 1-6 裂缝控制等级及最大裂缝宽度限值

环境类别	钢筋混凝土结构		预应力混凝土结构	
	裂缝控制等级	w_{lim}/mm	裂缝控制等级	w_{lim}/mm
一	三级	0. 30（0. 40）	三级	0. 20
二 a	三级	0. 20	三级	0. 10
二 b	三级	0. 20	二级	—
三 a、三 b	三级	0. 20	一级	—

注：1. 对处于年平均相对湿度小于 60% 地区一级环境下的受弯构件，其最大裂缝宽度限值可采用括号内的数值。

2. 在一类环境下，对钢筋混凝土屋架、托架及需作疲劳验算的吊车梁，其最大裂缝宽度限值取为 0. 20mm，对钢筋混凝土屋面梁和托梁，其最大裂缝宽度限值取为 0. 30mm。

3. 在一类环境下，对预应力混凝土屋架、托架及双向板体系，应按二级裂缝控制等级进行验算，对一类环境下的预应力混凝土屋面梁、托梁、单向板，按表中二 a 级环境的要求进行验算，在一类和二类环境下的需作疲劳验算的预应力混凝土吊车梁，应按一级裂缝控制等级进行验算。

4. 表中规定的预应力混凝土构件的裂缝控制等级和最大裂缝宽度限值仅适用于正截面的验算，预应力混凝土构件的斜截面裂缝控制验算应符合本规范第 7 章的要求。

5. 对于烟囱、筒仓和处于液体压力下的结构构件，其裂缝控制要求应符合专门标准的有关规定。

6. 对于处于四、五类环境下的结构构件，其裂缝控制要求应符合专门标准的有关规定。

7. 表中的最大裂缝宽度限值为用于验算荷载作用引起的最大裂缝宽度。

表 1-7 受弯构件的挠度限值

构件类型	挠度限值
吊车梁： 手动吊车 电动吊车	 $l_0/500$ $l_0/600$
屋盖、楼盖及楼梯构件： 当 $l_0<7\text{m}$ 时 当 $7\text{m}\leq l_0\leq 9\text{m}$ 时 当 $l_0>9\text{m}$ 时	 $l_0/200(l_0/250)$ $l_0/250(l_0/300)$ $l_0/300(l_0/400)$

三、混凝土结构耐久性设计

（1）混凝土结构的耐久性

混凝土结构的耐久性是指结构对气候变化、化学侵蚀、物理作用或任何其他破坏过程的抵抗能力。由于混凝土的缺陷（如裂隙、孔道、气泡、孔穴等），环境中的水及侵蚀性介质就可能渗入混凝土内部，产生碳化、冻融、锈蚀作用而影响结构的受力性能，并且结构在使用年限内还会受到各种机械物理损伤（磨损、撞击等）及冲刷、溶蚀、生物侵蚀的作用。混凝土结构的耐久性问题表现为：混凝土损伤（裂缝、破碎、酥裂、磨损、溶蚀等）；钢筋的锈蚀、脆化、疲劳、应力腐蚀；钢筋与混凝土之间黏结锚固作用的削弱等三个方面。对短期而言，这些问题影响结构的外观和使用功能；从长远看，这些问题将降低结构安全度，成为发生事故的隐患，影响结构的使用寿命。

（2）影响混凝土结构耐久性的因素

1）混凝土的碳化。混凝土中因水泥石含有氢氧化钙［$Ca(OH)_2$］而呈碱性，在钢筋表面形成碱性薄膜而保护钢筋免遭酸性介质的侵蚀，起到“钝化”保护作用。但大气中存在的酸性介质及水通过各种孔道、裂隙而渗入混凝土可以中和这种碱性，从而形成混凝土的“碳化”。

混凝土碳化的速度十分缓慢，并且与混凝土强度等级、水灰比、施工质量、结构所处环境、表面状态、气候环境等因素有关。

2）混凝土碱集料反应。碱集料反应是指混凝土中的水泥在水化过程中释放出的碱金属，与含碱性集料中的碱活性成分发生化学反应，生成碱活性物质。这种物质吸水后产生体积膨胀，造成混凝土开裂。碱集料反应引起的混凝土开裂一般在混凝土表面形成网状裂缝，并在裂缝处渗出白色凝胶物质。

碱集料反应一旦发生，很难加以控制，一般不到两年就会使结构出现明显开裂，所以有时也把碱集料反应认为是混凝土结构的“癌症”。

3）化学侵蚀。水可以渗入混凝土内部，当其中溶入有害化学物质时，即对混凝土的耐久性造成影响。酸性物质对水泥水化物的侵蚀作用最大，酸性侵蚀的混凝土呈黄色，水泥剥落，集料外露。工业污染、酸雨、酸性土壤及地下水均可能构成对混凝土的酸性腐蚀。

此外，浓碱溶液渗入后结晶使混凝土胀裂和剥落；硫酸盐溶液渗入后与水泥发生化学反应，体积膨胀也会造成混凝土破坏。

4）温度变化。混凝土会热胀冷缩，同样也会在干燥失水时收缩，而在浸水后膨胀。这种作用的交替进行，特别是在骤然发生时，会因混凝土表层与内部体积变化不协调而产生裂缝。这些因胀缩不均引起的损伤日积月累，导致混凝土内部组织破坏，最终会削弱结构抗力。渗入混凝土中的水在低温下结冰膨胀，从内部破坏混凝土的微观结构。经多次冻融循环后，损伤积累将使混凝土剥落酥裂，强度降低，发生冻融破坏。

5）钢筋腐蚀。钢筋腐蚀是影响钢筋混凝土结构耐久性和使用寿命的重要因素。混凝土中钢筋腐蚀的首要条件是混凝土的碳化和脱钝，只有将覆盖钢筋表面的碱性钝化膜破坏，加之有水分和氧的侵入，才有可能引起钢筋的腐蚀。钢筋腐蚀伴有体积膨胀，使混凝土出现沿钢筋纵向的裂缝，造成钢筋与混凝土之间的黏结力破坏，钢筋截面面积减小，使结构构件的承载力降低，变形和裂缝增大等一系列不良后果，并随着时间的推移，腐蚀会逐渐恶化，最终可能导致结构的完全破坏。钢筋腐蚀一般可分为电化学腐蚀、化学腐蚀和应力腐蚀等三种形式。

从上面分析的影响混凝土耐久性的因素可以看出，几乎所有侵蚀混凝土和钢筋的作用都需要有水作介质。另一方面，几乎所有的侵蚀作用对钢筋混凝土结构的破坏，都与侵蚀作用引起混凝土膨胀，并最终导致混凝土结构开裂有关。而且当混凝土结构开裂后，侵蚀速度将大大加快，混凝土结构的耐久性将进一步恶化。

（3）混凝土结构耐久性设计的内容

1）确定结构所处的环境类别。

2）提出材料的耐久性质量要求。

3）确定构件中钢筋的混凝土保护层厚度。

4）满足耐久性要求相应的技术措施。

5）在不利的环境条件下应采取的防护措施。

6）提出结构使用阶段检测与维护的要求。

（4）混凝土结构环境类别的划分

混凝土结构的环境类别见表 1-8。

表 1-8　混凝土结构的环境类别

环境类别	条件
一	室内干燥环境；无侵蚀性静水浸没环境
二 a	室内潮湿环境；非严寒和非寒冷地区的露天环境；非严寒和非寒冷地区与无侵蚀性的水或土壤直接接触的环境；严寒和寒冷地区的冰冻线以下与无侵蚀性的水或土壤直接接触的环境
二 b	干湿交替环境；水位频繁变动环境；严寒和寒冷地区的露天环境；严寒和寒冷地区冰冻线以上与无侵蚀性的水或土壤直接接触的环境
三 a	严寒和寒冷地区冬季水位变动区环境；受除冰盐影响环境；海风环境
三 b	盐渍土环境；受除冰盐作用环境；海岸环境

自测训练

一、填空题

1. 建筑结构的可靠性包括________、________和________。

2. 结构的两种极限状态是__________________和__________________。材料强度的破坏是超过了________极限状态。

3. 作用按其随时间的变异分为____________、____________、____________。

4. 我国《建筑结构设计统一标准》规定结构的设计基准期一般为________年。

5. 承载力极限状态与结构的安全性相对应，正常使用极限状态与结构的________性和________性相对应。

6. 荷载的设计值可由荷载的标准值乘以对应的________计算。

7. 材料的强度设计值可由材料的强度标准值除以对应的________计算。

8. 结构的安全等级分为________级。其中安全等级为二级的构件，重要性系数为________。

9. 混凝土结构的________是指结构对气候变化、化学侵蚀、物理作用或任何其他破坏过程的抵抗能力。

10. 钢筋强度标准值应具有不少于________的保证率。

二、判断题

1. 偶然作用发生的概率很小，持续的时间较短，对结构造成的损害也小。（ ）
2. 荷载的设计值一定大于荷载的标准值。（ ）
3. 材料的强度设计值一定小于材料的强度标准值。（ ）
4. 结构抗力的大小取决于荷载的大小。（ ）
5. 当结构抗力大于荷载效应时，结构处于可靠状态。（ ）
6. 对结构或构件进行承载力设计时，荷载应取标准值。（ ）
7. 结构使用年限超过设计基准期后，其可靠性减小。（ ）
8. 建筑结构在规定的时间和规定的条件下，完成预定功能的能力叫结构的可靠度。（ ）
9. 地震、爆炸、撞击都属于可变荷载。（ ）
10. 风荷载的大小与建筑物的体形尺寸有关。（ ）

三、选择题

1. 结构在使用年限超过设计基准期后（ ）。

A. 结构立即丧失其功能　B. 不失效则可靠度不变　C. 可靠度减小

2. 建筑结构按承载力极限状态设计时，计算式中荷载值应取（ ）。

A. 荷载的平均值　B. 荷载的标准值

C. 荷载的设计值　D. 荷载的准永久值

3. 现行规范规定材料强度标准值为（ ）。

A. 材料强度的平均值

B. 材料强度的设计值

C. 材料的强度设计值乘以分项系数

4. 结构在使用期间不随时间而变化的荷载称为（　　）。

A. 永久荷载　　B. 可变荷载　　C. 偶然荷载

5. 当结构抗力小于荷载作用效应时，结构处于（　　）。

A. 可靠状态　　B. 失效状态　　C. 极限状态

6. 雪荷载属于（　　）。

A. 永久荷载　　B. 可变荷载　　C. 偶然荷载

7. 计算荷载在短期效应组合下梁的变形时，应取荷载的（　　）。

A. 标准值　　B. 最大值　　C. 设计值

8. 现行规范中混凝土结构的设计理论是（　　）。

A. 以弹性理论为基础的容许应力计算法

B. 以概率理论为基础的极限状态设计方法

C. 考虑钢筋混凝土塑性性能的破坏阶段设计方法

9. 结构或构件出现（　　）时，我们认为其超过了正常使用极限状态。

A. 结构变成可变体系　　B. 挠度超过允许值

C. 构件出现了倾覆　　D. 超过了材料的强度

10. 结构在正常使用荷载下，具有良好的工作性能称为结构的（　　）。

A. 安全性　　B. 适用性　　C. 耐久性　　D. 可靠性

学习情境二 钢筋混凝土受弯构件设计

学习指南

情境导入

某教学楼工程为钢筋混凝土框架结构，在进行结构设计过程中，受弯构件设计是整个结构设计中的重要一环。本学习情境以钢筋和混凝土的材料选取、钢筋混凝土受弯构件破坏形态解析、钢筋混凝土受弯构件正截面设计、钢筋混凝土受弯构件斜截面设计、钢筋混凝土受弯构件的裂缝和变形计算、钢筋混凝土单向板肋梁楼盖设计六个真实的工作任务为载体，使学生通过工作任务掌握作为技术员、质检员、监理员等应具备的混凝土结构的基本知识，掌握混凝土结构的设计方法，从而胜任这些岗位的工作。

学习目标

通过教师的讲解和引导，使学生明确工作任务目标和进行钢筋混凝土受弯构件设计的关键要素。通过完成工作任务，使学生掌握钢筋混凝土结构的基本知识和构造要求，明确钢筋混凝土受弯构件设计内容和设计步骤，掌握钢筋混凝土受弯构件正截面及斜截面破坏形态；使学生能够借助设计资料合理确定受弯构件截面尺寸，进行正截面抗弯承载力计算和斜截面抗剪承载力计算，确定所需要的钢筋，能对钢筋进行合理布置，并绘出配筋图；使学生在学习过程中不断提升职业素质，树立起严谨认真、吃苦耐劳、诚实守信的工作作风。

工作任务

1. 钢筋和混凝土的材料选取；
2. 钢筋混凝土受弯构件破坏形态解析；
3. 钢筋混凝土受弯构件正截面设计；
4. 钢筋混凝土受弯构件斜截面设计；
5. 钢筋混凝土受弯构件的裂缝和变形计算；
6. 钢筋混凝土单向板肋梁楼盖设计。

任务 1 钢筋和混凝土的材料选取

任务单

<table>
<tr><td>课程</td><td colspan="6">建筑结构</td></tr>
<tr><td>学习情境二</td><td colspan="3">钢筋混凝土受弯构件设计</td><td>学时</td><td colspan="2">32</td></tr>
<tr><td>任务 1</td><td colspan="3">钢筋和混凝土的材料选取</td><td>学时</td><td colspan="2">2</td></tr>
<tr><td colspan="7">布置任务</td></tr>
<tr><td>任务目标</td><td colspan="6">1. 掌握钢筋的品种、力学性能的相关知识，能够在设计过程中正确选用钢筋；
2. 掌握混凝土强度、变形的相关知识，能够在设计过程中正确选用混凝土；
3. 学会查阅钢筋和混凝土材料强度标准值和设计值；
4. 能够在完成任务过程中树立质量意识和安全意识，养成认真严谨的工作态度。</td></tr>
<tr><td>任务描述</td><td colspan="6">某教学楼工程，查阅该工程施工图，查找该工程所有型号的钢筋和混凝土，确定各种型号钢筋和混凝土的强度值，并列出清单。工作如下：
1. 整理施工图，找出有钢筋、混凝土材料信息的图样；
2. 按结构构件记录钢筋信息；
3. 按结构构件记录混凝土信息；
4. 查阅钢筋强度表，确定本工程各种型号钢筋的强度值；
5. 查阅混凝土强度表，确定本工程各种型号混凝土的强度值；
6. 编制材料强度清单。</td></tr>
<tr><td>学时安排</td><td>布置任务与资讯
0.5 学时</td><td>计划
0.25 学时</td><td>决策
0.25 学时</td><td>实施
0.5 学时</td><td>检查
0.25 学时</td><td>评价
0.25 学时</td></tr>
<tr><td>对学生的要求</td><td colspan="6">1. 每名同学均能按照知识思维导图自主学习，并完成知识模块中的自测训练；
2. 严格遵守课堂纪律，学习态度认真、端正，能够正确评价自己和同学在本任务中的素质表现，积极参与小组工作任务讨论，严禁抄袭；
3. 小组讨论任务实施方案，能够小组分工协作查阅施工图，记录各种结构构件的材料信息；
4. 独立查阅钢筋强度表，确定本工程各种型号钢筋的强度值；
5. 独立查阅混凝土强度表，确定本工程各种型号混凝土的强度值；
6. 讲解任务完成过程，接受教师与学生的点评，同时参与小组自评与互评。</td></tr>
</table>

任务知识

知识思维导图

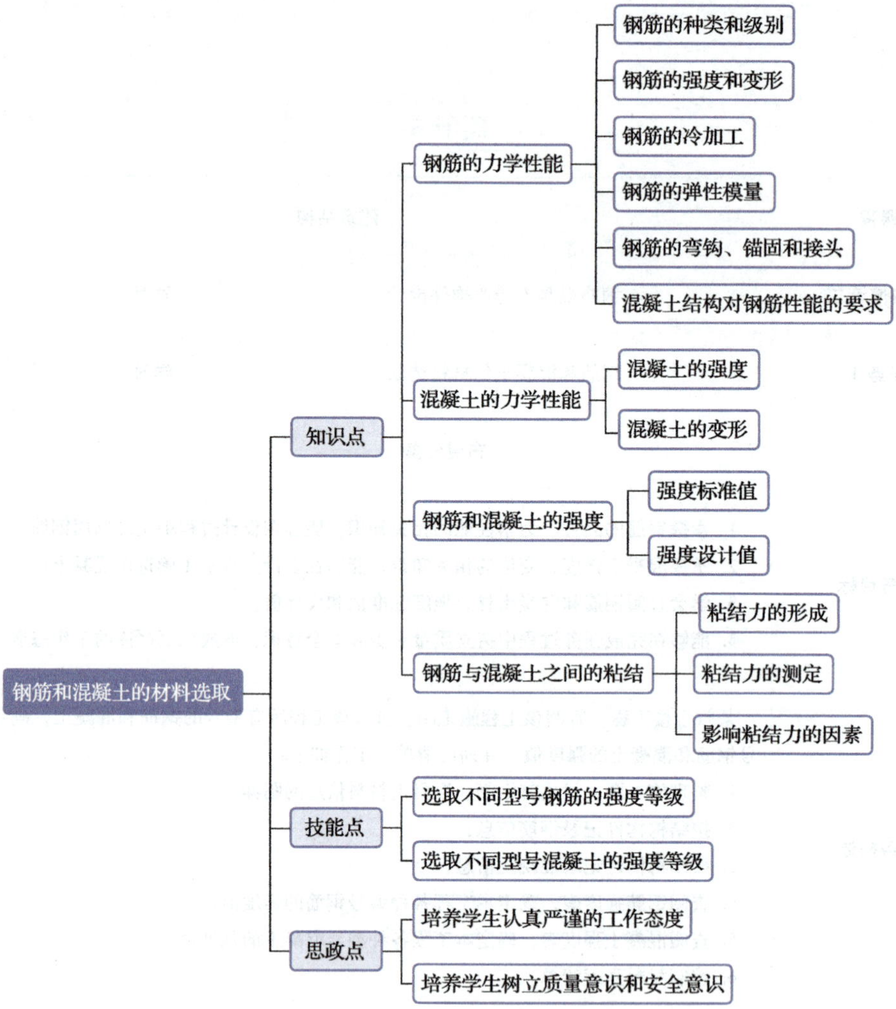

知识模块 1 钢筋的力学性能

一、钢筋的种类和级别

钢筋的主要化学成分是铁元素，同时含有少量碳、硅、锰、硫、磷、氮、氧等元素。钢筋按所含元素不同分为碳素钢和普通低合金钢。碳素钢按碳含量的不同又可分为低碳钢（含碳量少于0.25%）、中碳钢（含碳量0.25%~0.6%）和高碳钢（含碳量大于0.6%）。碳含量越高，钢筋强度越高，塑性和焊接性越差。普通低合金钢是在普通碳素钢中加入少量的合金元素，如硅（Si）、锰（Mn）、钛（Ti）、钒（V）等，由于加入了合金元素，有效地改善了钢材的性能。

钢筋按生产加工工艺不同分为热轧钢筋、冷加工钢筋、热处理钢筋、钢丝。热轧钢筋是由低碳钢、普通低合金钢在高温状态下轧制而成；冷加工钢筋是对热轧钢筋进行冷拉、冷拔或冷轧而成；热处理钢筋是用 RRB400 级热轧钢筋通过加热淬火和回火等工艺处理而成；钢丝是对热轧钢筋进行冷拔而成，包括光面钢丝、刻痕钢丝、螺旋肋钢丝和钢绞线（用光面钢丝绞织而成）。

1. 热轧钢筋

热轧钢筋按表面特征的不同可分为光面钢筋和带肋钢筋。带肋钢筋有螺纹钢筋、月牙纹钢筋和刻痕钢筋，如图 2-1 所示。目前常用的是月牙纹钢筋，它避免了纵横相交处的应力集中现象。热轧钢筋分为普通热轧钢筋和细晶粒热轧钢筋。

图 2-1　钢筋形式
a）光面钢筋　b）螺纹钢筋　c）月牙纹钢筋　d）刻痕钢丝

（1）普通热轧光面钢筋

普通热轧光面钢筋牌号由 HPB 和屈服强度特征值构成，为 HPB300，其中，H、P、B 分别为热轧（Hotrolling）、光面（Plain）、钢筋（Bar）三个词的英文第一个字母。HPB300 钢为低碳钢，厂家生产的公称直径的范围为 8～20mm，是光面圆钢筋，强度较低，质量稳定，塑性、焊接性好，多用于小型钢筋混凝土构件中的受力筋及箍筋、构造筋。

（2）普通热轧带肋钢筋

普通热轧带肋钢筋牌号由 HRB 和屈服强度特征值构成，有 HRB335 级、HRB400 级和 HRB500 级，其中，R 为带肋（Ribbed）的英文第一个字母。HRB335、HRB400 和 HRB500 为低合金钢，厂家生产的公称直径的范围为 6～50mm，是带肋钢筋，一般表面均为月牙纹形，随强度逐渐提高，塑性、焊接性依次逐渐降低，多用于大型钢筋混凝土结构的受力钢筋及预应力构件中的非预应力钢筋。

（3）细晶粒热轧钢筋

细晶粒热轧钢筋牌号由 HRBF 和屈服强度特征值构成，有 HRBF335 级、HRBF400 级和 HRBF500 级，其中，F 为细（Fine）的英文第一个字母。HRBF335、HRBF400 和 HRBF500 为低合金钢，厂家生产的公称直径的范围为 6～50mm，是带肋钢筋，一般表面均为月牙纹形，随强度逐渐提高，塑性、焊接性依次逐渐降低，多用于大型钢筋混凝土结构的受力钢筋及预应力构件中的非预应力钢筋。

（4）余热处理钢筋

余热处理钢筋牌号由 KL 和屈服强度特征值构成，为 KL400，其中，K 为“控制”的汉语拼音字头。钢筋热轧后立即穿水，进行表面控制冷却，然后利用芯部余热自身完成回火处理所得的成品钢筋，厂家生产的公称直径的范围为 8～40mm，这种钢筋强度较高，塑性、韧性较好，但焊接时强度会有降低，使用时应注意。这种钢筋一般经冷拉后作预应力钢筋。

2. 碳素钢丝

碳素钢丝按外形分为光面钢丝、螺旋肋钢丝和刻痕钢丝三种，其代号分别为 P、H、I。碳素钢丝又称为高强钢丝，一般将 ϕ8 热轧高碳钢盘条加热到 850~950℃，并在 500~600℃的铅浴中淬火，使其具有较高的塑性，再经酸洗、镀铜、拉拔、矫直、回火、卷盘等工艺生产所得的钢筋。

（1）光面钢丝（消除应力钢丝）

消除应力钢丝是将钢筋拉拔后，校直，经中温回火消除应力并稳定化处理的光面钢丝。一般以多根钢丝组成钢丝束或若干根钢丝扭结成钢绞线的形式应用。桥梁中常用的钢绞线有：1×2（二股）、1×3（三股）、1×7（七股）。其中，采用最多的是七股钢绞线。其公称直径有 9.5mm、11.1mm、12.7mm 和 15.2mm 四种规格。

（2）螺旋肋钢丝和刻痕钢丝

螺旋肋钢丝是以普通低碳钢或低合金钢热轧的圆盘条为母材，经冷轧减径后，在其表面冷轧成二面或三面有月牙肋的钢筋。刻痕钢丝是在光面钢丝的表面上进行机械刻痕处理，以增加与混凝土的黏结能力，我国生产的规格直径可分为 ϕ4、ϕ5、ϕ6、ϕ7、ϕ8、ϕ9 六个级别。

查一查 查找资料，谈谈建筑工程常用的钢筋种类有哪些，各自有什么特点？

二、钢筋的强度和变形

钢筋的强度、变形都可以用拉伸试验所得的应力—应变曲线来说明。钢筋的种类、级别不同，其应力—应变曲线也不同。热轧钢筋、冷拉钢筋的应力—应变曲线具有明显流幅，这类钢筋称为软钢，其变形性能好，但强度相对较低；热处理钢筋、钢丝、钢绞线的应力—应变曲线中没有明显流幅，这类钢筋称为硬钢，其强度高，但变形性能差。

1. 钢筋的强度

（1）软钢

将钢筋在拉伸机上拉伸，得应力—应变曲线，如图 2-2 所示，当应力达到 a 点之前，应力应变成正比，此时钢筋具有理想的弹性性质，若此时卸去荷载，则应变恢复为零，a 点对应的应力称为比例极限，oa 段称为弹性阶段。应力超过比例极限后，应变较应力增长快，曲线开始弯曲，在应力达到 b 点后，钢筋的应力—应变性质发生明显变化，超过 b 点后，钢筋应力将下降到 c 点，钢筋开始流塑，即应力基本不变，应变急剧增加，应力—应变曲线出现一个波动的小平台，这种现象称为屈服，b、c 两点被称作上、下屈服点，与下屈服点对应的应力称为屈服强度。这种塑性应变一直延续到 d 点，cd 段为屈服平台，cd 间的应变称为钢筋的“流幅”，$abcd$ 段称为屈服阶段。超过 d 点后，应力又继续增长，但这时曲线的斜率变得远比弹性阶段小，而且随着应力的增长越来越小，直到 e 点处钢筋达到极限抗拉强度，de 段称为强化阶段。超过 e 点后试件在最薄弱处应变急剧增长，截面迅速变小，出现颈缩现象，应力随之下降，直至 f 点断裂破坏，ef 段称为破坏段。

对软钢，当结构构件中某一截面钢筋应力达到屈服强度后，它将在荷载基本不增加的情况下产生持续的塑性变形，构件可能在钢筋尚未进入强化阶段前就已经破坏或产生过大的变形与裂缝。因此，钢筋混凝土结构计算时，取屈服强度为设计强度的取值依据，不能取极限强度。钢筋的屈服强度是最重要的力学指标，钢筋的极限强度只作为检验钢筋质量的一个强度指标。

（2）硬钢

硬钢的应力—应变曲线如图 2-3 所示，当应力未超过图中 a 点的比例极限（约相当于极限抗拉强度的 65%）时，钢筋具有理想的弹性性质。超过 a 点后，钢筋将表现出明显的塑性性质，应力应变持续增长，直到曲线最高点，此前曲线没有明显的屈服点，曲线最高点对应的应力称为极限抗拉强度。曲线达到最高点后，钢筋出现颈缩现象，曲线下降，直到钢筋被拉坏。为防止构件突然破坏并防止裂缝和变形过大偏于安全考虑，钢筋混凝土结构计算时，取条件屈服强度为硬钢设计强度的取值依据，不能取抗拉极限强度。条件屈服强度是指卸荷后残余应变为 0.2%时所对应的应力 $\sigma_{0.2}$，《混凝土结构设计规范》(GB 50010—2010)(2015 年版) 规定，条件屈服强度为极限抗拉强度的 0.85 倍，即 $\sigma_{0.2}=0.85\sigma_b$。

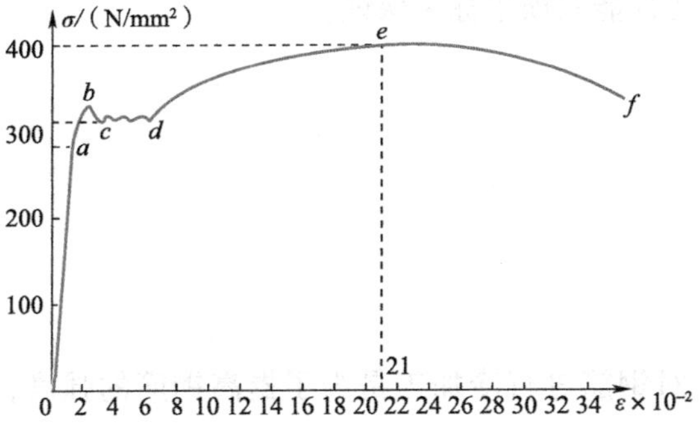

图 2-2　有明显流幅的钢筋应力—应变曲线

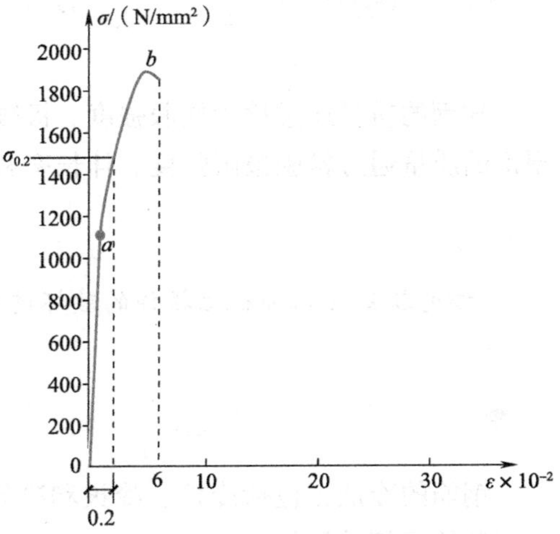

图 2-3　无明显流幅的钢筋应力—应变曲线

2. 钢筋的变形

反映钢筋变形性能的基本指标是"总伸长率"和冷弯性能。

（1）总伸长率

如图 2-4 所示，钢筋在达到最大应力 σ_b 时的变形包括塑性残余变形 ε_r 和弹性变形 ε_e 两部分，最大力下的总伸长率 δ_{gt} 可用下式表示：

$$\delta_{gt}=[(l-l_0)/l_0+\sigma_b/Es]\times100\% \quad (2\text{-}1)$$

式中　σ_b——钢筋最大应力；

Es——钢筋的弹性模量；

l——试件拉断时的标距长度；

l_0——试件受力前的标距长度。

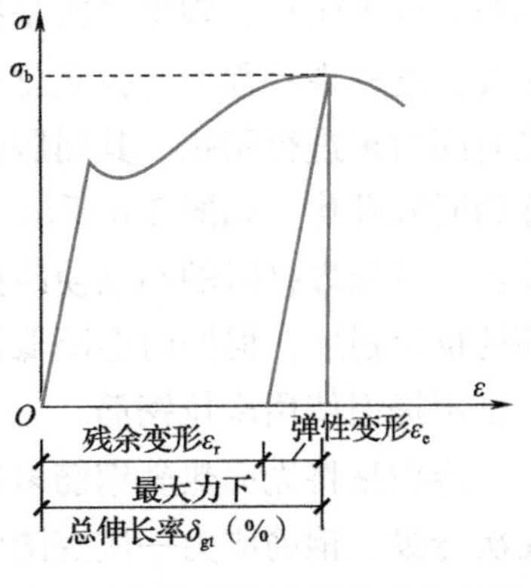

图 2-4　钢筋最大力下的总伸长率

伸长率越大，钢筋塑性越好，变形能力越强，钢筋拉断前有明显的预兆；伸长率越小，钢筋塑性越差，破坏突然发生，呈脆性特征。软钢伸长率较大，硬钢伸长率很小。

（2）冷弯性能

冷弯性能是将钢筋在常温下绕某一规定直径 D 的辊轴进行弯折达到一定冷弯角度 α 而不发生裂纹、起皮或断裂的能力。如图 2-5 所示。冷弯性能可以间接反应钢筋的塑性和内在质量。D 越小，α 越大，塑性越好，变形能力越强。几种钢筋的伸长率及冷弯试验要求见表 2-1。

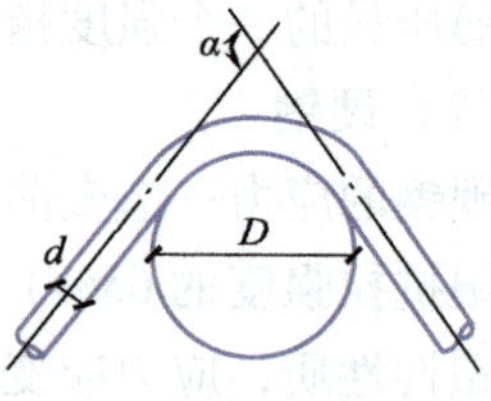

图 2-5 钢筋冷弯性能

表 2-1 钢筋的伸长率及冷弯试验要求

钢筋种类		HPB300	HRB335、HRBF335、HRB400、HRBF400、HRB500、HRBF500	RRB400
伸长率（%）	δ_{gt}	10.0	7.5	5.0
冷弯试验要求	α	180°	180°	90°
	D	1d	3d	3d

软钢的质量通过检验屈服强度、极限强度、伸长率和冷弯性能四项指标来保证，而硬钢的质量通过检验极限强度、伸长率和冷弯性能三项指标来保证。

练一练

描述软钢在拉伸机上拉伸的破坏过程。

三、钢筋的冷加工

钢筋的冷加工包括冷拉、冷拔和冷轧。对钢筋进行冷加工是为了提高钢筋的强度，达到节约钢筋的目的。

冷拉是在常温下用卷扬机或其他张拉设备将热轧钢筋进行张拉，使其应力超过原来的屈服强度进入强化阶段，然后卸荷，使钢筋应力恢复为零，则完成冷拉。对冷拉的钢筋立即再张拉，则第二次张拉时获得比原来更高的屈服强度，这种现象称为冷拉强化。若经过冷拉的钢筋放置一段时间后再进行张拉，其屈服强度又有所提高，这种现象称为时效硬化，如图 2-6 所示。需焊接的钢筋应先焊好再冷拉，以免焊接时的高温使冷拉强化消失。冷拉能提高钢筋的抗拉强度，但同时会降低钢筋的塑性，因此目前工程上已不提倡使用冷拉钢筋。

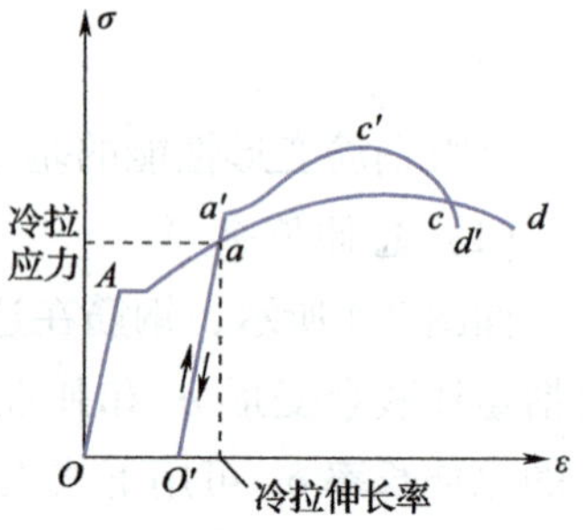

图 2-6 钢筋冷拉前后的应力—应变曲线

冷拔是将光面热轧钢筋多次用强力拔过直径比它本身还小的硬质合金拔丝模。经过几次冷拔，钢筋应力—应变图中已没有明显的屈服点，钢筋的强度比原来提高很多，同时塑性也降低很多，钢筋已由软钢转为硬钢。冷拔的钢筋受到纵向拉力和横向压力的作用，其抗拉强度和抗压强度均得到提高。

冷轧钢筋是使低碳钢丝通过硬质轧辊，在钢丝表面轧制出成一定规律分布的轧痕。钢筋经过冷轧后强度和硬度大大提高，与混凝土的黏结强度也提高了，但塑性和韧性显著下降。

四、钢筋的弹性模量

钢筋在屈服前（严格讲是钢筋应力在达到比例极限之前），应力—应变为直线关系，其比值即为弹性模量：

$$E_s = \sigma_s / \varepsilon_s \tag{2-2}$$

式中　σ_s——钢筋屈服时的应力；

ε_s——钢筋屈服时的应变。

钢筋弹性模量是一项很稳定的材料常数，即使强度级别相差很大的钢筋，弹性模量也很接近，而且强度高的钢筋弹性模量反而偏低。各种钢筋的弹性模量根据受拉试验测定，同一种钢筋的受拉和受压弹性模量相同。钢筋弹性模量的具体数值见表 2-2。

表 2-2　钢筋弹性模量

牌号或种类	弹性模量 E_s
HPB300 钢筋	2.10
HRB335、HRB400、HRB500 钢筋 HRBF335、HRBF400、HRBF500 钢筋 RRB400 钢筋 预应力螺纹钢筋、中强度预应力钢丝	2.00
消除应力钢丝	2.05
钢绞线	1.95

注：必要时可采用实测的弹性模量。

五、钢筋的弯钩、锚固和接头

1. 钢筋的弯钩、锚固

为了防止承受拉力的光圆钢筋在混凝土内滑动，需把钢筋两端做成半圆弯钩或进行机械锚固。受压的光圆钢筋可以不设弯钩，带肋的钢筋及焊接钢筋网、焊接钢筋骨架与混凝土的握裹较好，可不设半圆形弯钩，也可采用直角形弯钩。钢筋弯钩形状和锚固形式如图 2-7 所示。

2. 钢筋的接头

为了方便运输，只有小直径的钢筋盘圆，其他钢筋每根长度多为 10~12m。实际工程中，钢筋的设计长度经常超过此长度，所以在施工时就要把钢筋连接接长。钢筋的连接有焊接、绑扎搭接及机械连接三种方法。连接时宜优先考虑焊接和机械连接，只有当没有焊接条件或施工有困难时才采用绑扎连接。另外直径小于等于 25mm 的螺纹钢筋和光圆钢筋可采用铁丝绑扎连接，但对于轴心受拉和小偏心受拉构件中主筋均应焊接，不得采用绑扎连接。

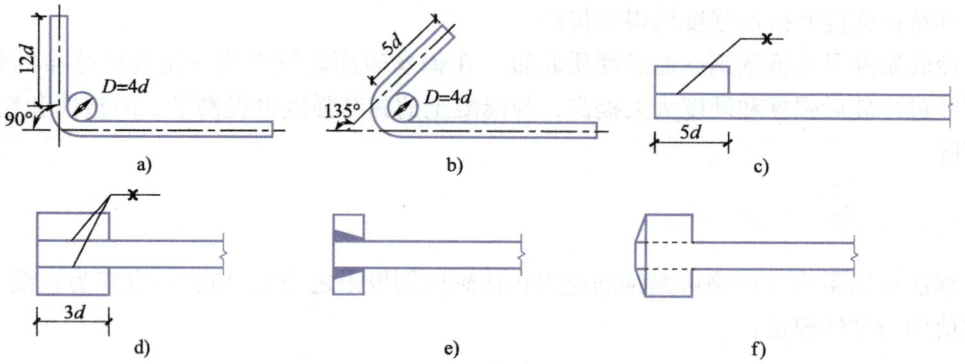

图 2-7 钢筋弯钩形状和锚固形式

a）末端带 90°弯钩 b）末端带 45°弯钩 c）末端一侧贴焊锚筋
d）末端两侧贴焊锚筋 e）末端与钢板穿孔塞焊 f）末端带螺栓锚头

（1）焊接接头

焊接接头是通过闪光接触对焊、电弧焊、电渣压焊、气压焊等方式形成的接头。在两根钢筋接头处采用焊接可大大缩短接头长度。在工程中应用的最多的是闪光接触对焊和电弧焊。

钢筋焊接前，必须根据施工条件进行试焊，并按国家规定标准《钢筋焊接接头试验方法标准》（JGJ/T 27—2014）进行试验，其施工技术条件和质量要求符合国家标准《钢筋焊接及验收规程》（JGJ 18—2012）的有关规定，确认试焊合格后方可施焊。

当焊接受力钢筋接头时，设置在同一构件内的焊接接头应相互错开，在 35 倍钢筋直径且不小于 500mm 的区段范围内，同一根钢筋不得有两个接头；在该区段内受拉钢筋焊接截面面积不超过 50%，对受压区钢筋焊接可不受此限制。

（2）机械连接接头

机械连接接头是通过连接件的机械咬合作用或钢筋端面的承压作用，将一根钢筋中的力传递至另一根钢筋的连接方法。这种连接具有接头性能可靠，质量稳定，不受气候影响，连接速度快，安全且不需要较大功率的电源及可焊与不可焊钢筋均能可靠连接等优点。机械连接接头有挤压套筒接头和墩粗直螺纹接头两种形式。

1）挤压套筒接头。挤压套筒接头是通过挤压力使连接用钢套塑性变形与带肋钢筋紧密咬合形成的接头。其适用于直径为 16~40mm 的 HRB335、HRB400 牌号带肋钢筋的径向挤压连接。直径相差不应大于 5mm。当混凝土结构中挤压接头部位的温度低于 -20℃时，宜进行专门的试验。

2）墩粗直螺纹接头。墩粗直螺纹接头是将钢筋的连接端先行墩粗，再加工成圆柱螺纹，并用连接套连接的接头。其适用于直径为 18~40mm 的 HRB335、HRB400 钢筋的连接。

（3）绑扎接头

将两根钢筋搭接一定长度并用铁丝绑扎，钢筋通过与混凝土的黏结力传递内力。绑扎钢筋的直径不宜大于 28mm，轴心受压和偏心受压构件中的受压钢筋不大于 32mm。轴心受拉和小偏心受拉构件不得采用绑扎接头。

接头长度区段内受拉钢筋搭接截面面积不超过 25%，受压钢筋搭接截面面积不超过 50%。受压钢筋绑扎接头搭接长度应取受拉钢筋绑扎接头搭接长度的 0.7 倍。

查一查　查找资料，钢筋混凝土柱的受力钢筋通常采用哪种连接方法，为什么？

六、混凝土结构对钢筋性能的要求

1. 强度要求

不同种类的钢筋，对其屈服强度和极限强度都有相应的要求，采用较高强度的钢筋可以节省钢筋，获得较好的经济效益。屈服强度和极限强度的比值称为屈强比，它是衡量结构可靠性潜力的重要技术指标，屈强比小说明结构的可靠性高，但屈强比过小时，钢筋强度的有效利用率低，所以宜保持适当的屈强比。

2. 变形要求

钢筋在拉断前要有足够的塑性，破坏前能有明显的预兆，保证安全。各类合格钢筋都应满足伸长率和冷弯性能要求。

3. 焊接性要求

在很多情况下，钢筋的接长和钢筋之间的连接需要通过焊接，要求在一定的工艺条件下，钢筋焊接后不产生裂纹及过大的变形，保证焊接后的接头性能良好。钢筋的焊接性与其碳及合金元素的含量有关。碳、锰含量增加，焊接性降低，若含钛可改善焊接性能。

4. 黏结力要求

为了保证钢筋与混凝土之间共同工作，两者之间应有足够的黏结力。

5. 良好的抗低温性能

在寒冷地区要求钢筋具备良好的抗低温性能，防止钢筋低温冷脆导致破坏。

知识模块 2 ▶▶ 混凝土的力学性能

一、混凝土的强度

混凝土是由水、水泥、砂和石子按一定比例经过搅拌、养护，逐步凝结硬化而形成的人造石材，是多向复合材料。

混凝土的强度是混凝土的重要力学性能指标，直接影响到结构的安全性和耐久性。混凝土的强度不仅与水泥强度等级、水灰比有关，还与骨料的性质、混凝土的级配及制作方法、养护条件和龄期有关，另外，不同的受力情况、不同的试件形状和尺寸、不同的试验方法所测得的混凝土强度也不同。常用的混凝土强度可分为立方体抗压强度、轴心抗压强度及轴心抗拉强度。

1. 混凝土立方体抗压强度

国际上确定混凝土抗压强度所采用的混凝土试件形状有圆柱体和立方体两种。我国采用边长为150mm的立方体作为标准尺寸试件，并根据立方体抗压强度作为混凝土各种力学指标的代表值。这种试件制作和试验比较简便，而且离散性较小。混凝土的立方体抗压强度标准值是对边长为150mm的立方体试块，在温度20±3℃及相对湿度不低于

90%的环境里养护 28 天，依照标准试验方法，测得的具有 95%保证率的抗压强度，用符号 f_{cuk} 表示。

《混凝土结构设计规范》（GB 50010—2010）（2015 年版）规定应按立方体抗压强度标准值确定混凝土强度等级，共 14 个级别，即 C15、C20、C25、C30、C35、C40、C45、C50、C55、C60、C65、C70、C75、C80。字母 C 表示混凝土，C 后的数字表示混凝土的立方体抗压强度标准值，单位为 N/mm^2。C50 以下为普通混凝土，C50~C80 为高强混凝土。

混凝土的立方体抗压强度受多种因素影响。

（1）试验方法

试件在试验机上受压，当试件上下表面不涂润滑剂时，混凝土受压横向变形受到摩擦力的约束，形成套箍作用，试件与试验机垫板的接触面局部混凝土处于三向受压应力状态，试件破坏时形成两个对顶的角锥形破坏面，如图 2-8a 所示。如果在试件上下表面涂润滑剂，则试件与试验机垫板间几乎没有摩擦力，混凝土受压横向没有约束作用，试件沿着力的作用方向将产生平行的几条裂缝而破坏，此时测得的极限抗压强度变小，如图 2-8b 所示。《混凝土结构设计规范》（GB 50010—2010）（2015 年版）规定的标准试验方法是不涂润滑剂的。

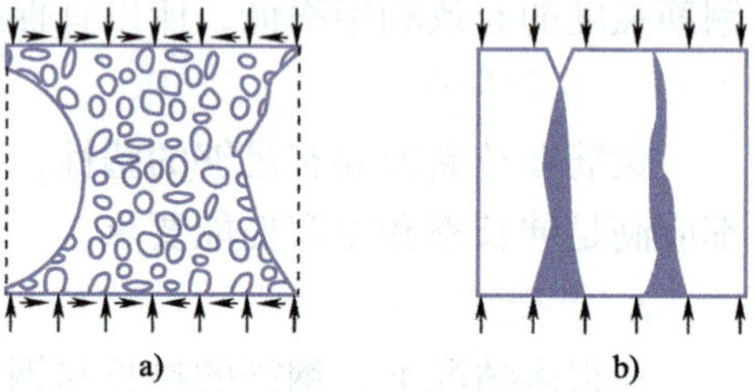

图 2-8 混凝土立方体试块受压破坏情况

（2）试件尺寸

试件的尺寸越小，测得的抗压强度值越高，对此现象说法不一。一种观点认为是材料自身的原因，认为与试件内部缺陷分布、粗细粒径分布、材料内摩擦角不同和分布、试件表面与内部硬化程度不同有关。另一种观点认为是试验方法的原因，认为与试块受压面和试验机之间的摩擦力分布、试验机垫板刚度有关。《混凝土结构设计规范》（GB 50010—2010）（2015 年版）规定，采用 100mm 或 200mm 立方体试块，测得的极限抗压强度应分别乘以 0.95 和 1.05 的换算系数。

（3）养护条件与龄期

混凝土养护温度越高，混凝土的早期强度越高；混凝土潮湿环境下养护，混凝土的强度越高。混凝土的强度随龄期逐渐增长，开始快，后来慢，强度增长过程持续几年，潮湿环境下延续更长。

（4）加载速度

试验时加载速度越快，测得的混凝土强度越高。当混凝土的强度等级低于 C30 时，加载速度通常取每秒 0.3~0.5N/mm^2；当混凝土的强度等级高于或等于 C30 时，加载速度通常取每秒 0.5~0.8N/mm^2。

在实际工程中，混凝土构件的形状、尺寸都与立方体试块大不相同，混凝土的工作条件与立方体试块试验时的工作条件也不相同，因而表现出的强度也不相同，因此，立方体抗压强度不能直接用于结构设计，而只是衡量混凝土强度大小的基本指标。

2. 混凝土轴心抗压强度

通常钢筋混凝土构件的长度比它的截面边长要大得多，因此混凝土棱柱体试件的受力状态更接近于实际构件中混凝土的受力情况。试验证明，截面边长相同的混凝土试件，随着高度的增加，其抗压强度将下降，但当高宽比在 2~4 之间时，测出的混凝土抗压强度值比较稳定。《混凝土结构设计规范》(GB 50010—2010)(2015 年版) 规定：用 150mm×150mm×450mm 的棱柱体作为标准试件，在标准条件下进行抗压试验，测得的具有 95%保证率的混凝土抗压强度称为混凝土的轴心抗压强度。用符号 f_{ck} 表示。棱柱体试件与立方体试件制作条件和试验方法相同，但由于该试件高度比立方体试件大得多，在其高度中央的混凝土不再受上下压力机钢板的约束，所以其抗压强度低于立方体抗压强度。混凝土轴心抗压强度与混凝土强度成正比，经试验分析《混凝土结构设计规范》(GB 50010—2010)(2015 年版) 对 C50 及以下的混凝土取 $f_{ck}=0.67f_{cuk}$，对 C80 取系数为 0.72，其间线性内插确定。混凝土轴心抗压强度是最基本的强度指标。

3. 混凝土轴心抗拉强度

混凝土的抗拉强度取决于水泥石的强度和水泥石与骨料的黏结强度，因此混凝土的抗拉强度很低，一般只有抗压强度的 1/18~1/8，混凝土强度等级越高，比值越小。在构件的承载力计算中一般不考虑混凝土的抗拉能力，但是，混凝土的抗拉强度对钢筋混凝土构件很多方面的工作性能是有重要影响的，因此也是一项必须确定的重要指标。混凝土的轴心抗拉强度用 f_{tk} 表示。

测定混凝土抗拉强度的方法分为两类：一类为直接测试方法，如图 2-9 所示，用钢模浇筑成型的 100mm×100mm×500mm 的棱柱体试件两端预埋钢筋，钢筋位于试件轴线上，将试验机的夹具夹住钢筋，对试件加力，使试件均匀受拉，破坏时，裂缝产生在试件的中部或钢筋埋入端的截面上，试件破坏时的平均拉应力即为混凝土的轴心抗拉强度。这种测试对试件尺寸及钢筋位置要求较严。

另一类为间接测试方法，如劈裂试验、弯折试验等。劈裂抗拉试验如图 2-10 所示。对圆柱体或立方体试件通过垫条施加线荷载，试件破坏时，在破裂面上产生与该面垂直且基本均匀分布的拉应力即为混凝土的轴心抗拉强度。

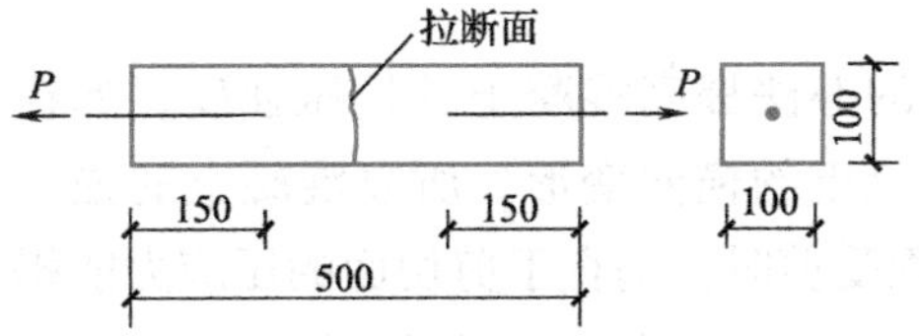

图 2-9　混凝土抗拉试验

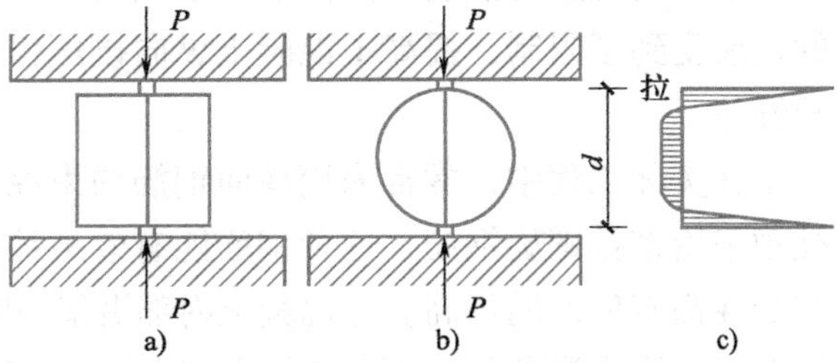

图 2-10　劈裂抗拉试验

4. 复合应力状态下混凝土的强度

在钢筋混凝土结构中，混凝土一般都处于复合应力状态，受到轴力、剪力、弯矩和扭矩的组合作用。由于混凝土材料特点，对于复合应力状态下的强度至今尚未建立完善的强度理论。

(1) 双向应力状态下混凝土的强度

如图 2-11 所示，在两个相互垂直平面作用着法向应力 σ_1 和 σ_2，第三个平面上应力为零，其强度变化特点如下：

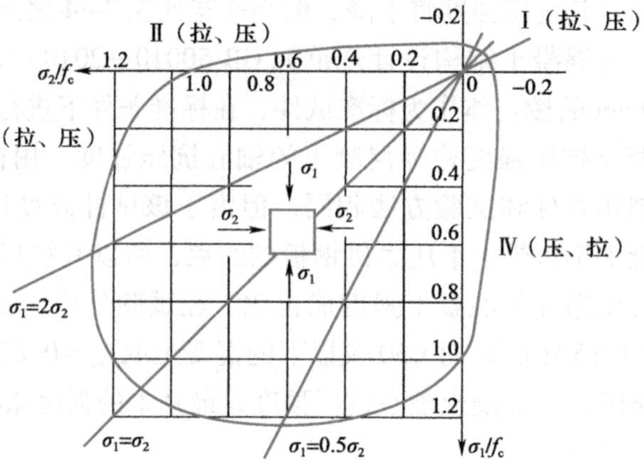

图 2-11　双向应力状态下混凝土强度变化曲线

1）双向受拉：图中第一象限为双向受拉区，σ_1 和 σ_2 相互影响不大，即不同应力比值 σ_1/σ_2 下的双向受拉强度均接近于单向受拉强度。

2）双向受压：第三象限为双向受压区，由于一个方向的压应力对另一个方向压应力引起的横向变形起到了一定的约束作用，限制了试件的内部混凝土微裂缝的扩展，所以一个方向的强度随另一个方向压力的增加而增加。当 $\sigma_1/\sigma_2 \approx 2$ 或 0.5 时，混凝土双向受压强度比单向受压强度提高约 25%，当 $\sigma_1/\sigma_2=1$ 时，提高约 16%。

3）拉-压状态：第二、四象限为拉—压应力状态，由于两个方向同时受拉、受压时，相互助长了试件在另一个方向上的受拉变形，加速了混凝土内部微裂缝的发展，因此混凝土的强度均低于单向拉伸或压缩时的强度。

（2）三向受压状态下混凝土的强度

混凝土在三向受压的情况下，由于受到侧向压力的约束作用，混凝土的抗压强度明显高于单向受压时强度，其值取决于侧向压应力的约束程度，侧向压应力增加，微裂缝的发展受到了限制，提高了混凝土纵向抗压强度，并使混凝土的变形性能接近理想的弹塑性体。

在实际工程中，常常采用横向钢筋约束混凝土的办法提高混凝土的抗压强度，如在柱中采用密排螺旋钢筋，这种钢筋能有效地约束混凝土的横向变形，所以混凝土的强度和延性都有较大的提高。当混凝土内部沿某一剪切面受剪时，垂直于剪切面的压应力能提高混凝土的抗剪能力，但压应力过大时会削弱混凝土的抗剪能力。垂直于剪切面的拉应力总会削弱混凝土的抗剪能力，在计算混凝土构件的抗剪能力时要考虑上述这种影响。

忆一忆　我们学过混凝土配合比，谈谈它对混凝土强度的影响。

二、混凝土的变形

混凝土的变形可以分成两类：一类是由荷载引起的受力变形，包括一次短期加荷时的变形、重复加荷时的变形及长期加荷时的变形；另一类是由环境引起的体积变形，包括混凝土的收缩变形及温度、湿度变化产生的变形。

1. 混凝土在一次短期加荷时的变形

（1）混凝土在一次短期加荷时的应力—应变关系

混凝土在一次短期加荷时的应力—应变关系是研究钢筋混凝土构件强度、裂缝、变形、延性所必需的依据，通常用棱柱体试件进行测定。混凝土在一次短期加载下的应力—应变曲线如图 2-12 所示。

OA 段：当 $\sigma \leqslant 0.3f_c$ 时，应力—应变呈直线，混凝土表现出理想的弹性性质，混凝土内部的初始微裂缝没有发展。

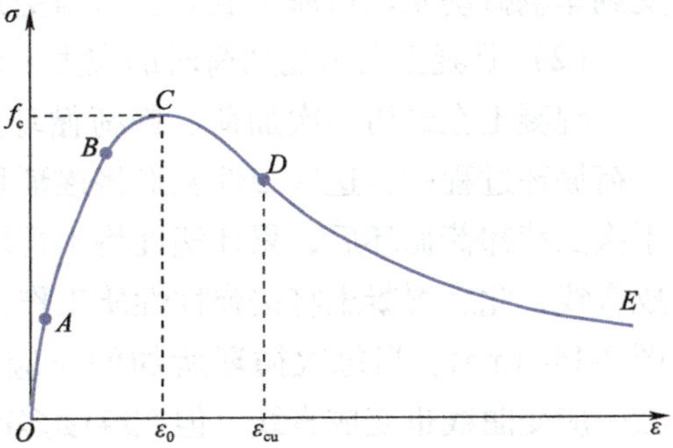

图 2-12　混凝土在一次短期加载下的应力—应变曲线

AB 段：当 $\sigma = 0.3f_c \sim 0.8f_c$ 时，应力—应变呈曲线，应变的增长速度超过应力的增长速度，混凝土表现出明显的塑性性质，混凝土内部的微裂缝有所发展，但仍处于稳定状态。

BC 段：当 $\sigma = 0.8f_c \sim 1.0f_c$ 时，应力—应变曲线的斜率急剧减小，应变的增长速度进一步加快，混凝土内部微裂缝进入非稳定发展阶段。

C 点：当 $\sigma = f_c$ 时，混凝土发挥出它受压时的最大承载能力，与之对应的应变 $\varepsilon_0 \approx 0.002$，此时，内部微裂缝已延伸扩展成若干通缝，试件开始破坏。

CD 段：试件的承载力随应变增长逐渐减小，应力开始下降，应变仍在增长，混凝土中裂缝迅速发展且贯通，出现了主裂缝，内部结构破坏严重，试件表面出现一些不连续的纵向裂缝。

DE 段：应力下降变慢，应变增长加快，混凝土内部结构处于磨合和调整阶段，主裂缝宽度进一步加大，内部结构发生破坏。

从混凝土的应力—应变曲线可以看出，混凝土是一种弹塑性材料，只有当压应力很小时，才可视为弹性材料。曲线分为上升段和下降段，说明混凝土在破坏过程中，承载力有一个从增加到减少的过程，当混凝土的压应力达到最大值时，并不意味着立即破坏，当应变达到极限值时，混凝土破坏。混凝土最大应变对应的不是最大应力，最大应力对应的也不是最大应变。

（2）影响混凝土应力—应变曲线的因素

影响混凝土应力—应变曲线的因素主要有混凝土强度，组成材料的性质、配合比、试验方法、加荷速度及横向钢筋的约束作用等。

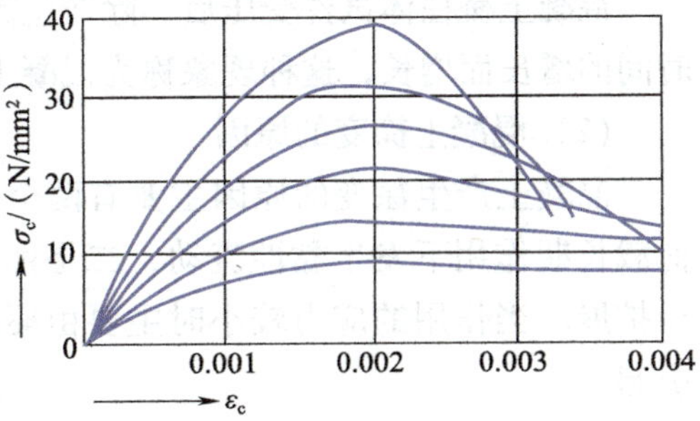

图 2-13　混凝土应力—应变曲线与强度等级的关系曲线

如图 2-13 所示为不同强度等级混凝土的应力—应变曲线，可以看出，对不同强度等级的混凝土，其相应的应力—应变曲线有着相似的形状，但也有区别。随着混凝土强度的提高，曲线上升段和峰值应变的变化不很显著，而下降段形状有较大的差异。强度越高，下降段越陡。

2. 混凝土在重复加荷时的变形

（1）重复加荷

重复加荷是在混凝土棱柱体试块上施加荷载，然后再卸掉荷载，如此循环多次。混凝土在多次重复加荷时引起的破坏称为疲劳破坏。这种破坏大量存在于工程中，如桥梁受到车辆振动及港口海岸混凝土结构受到波浪冲击而发生的破坏均属于疲劳破坏。

（2）混凝土在重复加荷时的应力—应变关系

混凝土在经历一次加荷、卸荷循环后就有一部分塑性变形不能恢复，在多次加荷、卸荷循环过程中，这些塑性变形将逐渐积累。当每次循环所加的压应力较小时，经过若干次加荷卸荷循环后，累计塑性将不再增长，混凝土的加荷、卸荷应力—应变曲线将变成直线，此后混凝土将按弹性性质工作，加荷卸荷循环几百万次混凝土也不会破坏，如图 2-14a 所示。当每次循环所加的压应力超过了某个限值，则经历若干次循环后，应力—应变曲线也变成直线，但在继续多次重复加荷、卸荷后，曲线将从凸向应力轴逐渐凸向应变轴，混凝土趋近疲劳破坏，如图 2-14b 所示。

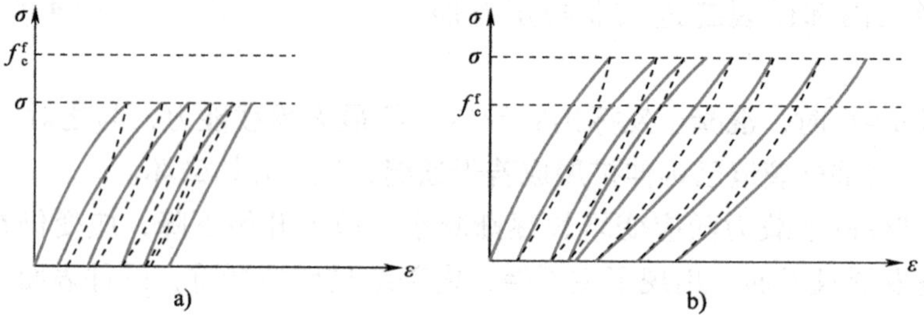

图 2-14　混凝土在重复加荷时的应力—应变曲线

（3）混凝土的疲劳强度

通常把能使混凝土试件在重复加荷卸荷循环 200 万次时才发生破坏的压应力称为混凝土的疲劳强度，用符号 f_c^f 表示。混凝土的疲劳强度低于其轴心抗压强度，并与混凝土的强度等级、荷载的重复次数、重复作用的应力大小等因素有关，其值大约在 $0.5f_c$ 左右。

3. 混凝土在长期加荷时的变形

（1）混凝土的徐变

混凝土棱柱体试件受压后，除产生瞬时应变外，在压力不变的条件下其应变还将随时间的增长而增长，这种现象称为混凝土的徐变。

（2）混凝土徐变的原因

混凝土产生徐变的原因主要有两个，一是由于尚未转化为结晶体的水泥凝胶体在荷载长期作用下发生黏性流动，二是由于混凝土内部的微裂缝在荷载长期作用下进一步扩展。当作用的应力较小时主要由凝胶体引起，当作用的应力较大时主要由微裂缝引起。

（3）混凝土徐变与时间的关系

如图 2-15 所示为 100mm×100mm×400mm 的棱柱体混凝土试件在相对湿度为 65%、

温度为20℃的环境里，在压应力为0.5f_c的应力长期作用下，应变随时间变化的关系曲线。

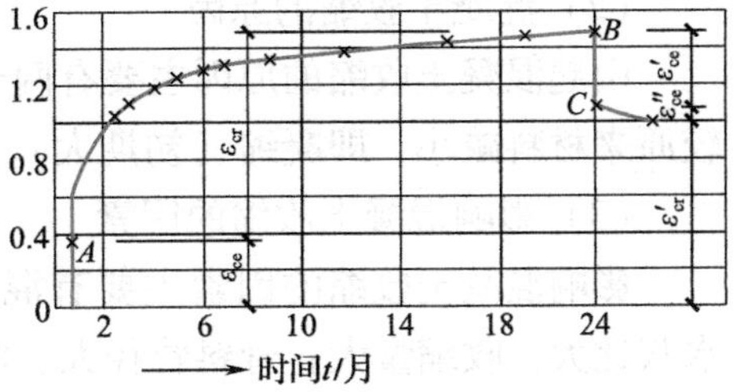

图 2-15　混凝土徐变与时间的关系

混凝土试件受压瞬间产生的应变为瞬时应变ε_{ce}，随着受压时间增长而产生的应变为徐变应变ε_{cr}。徐变应变开始时发展很快，6个月可完成最终徐变量的70%~80%，一年可完成90%左右，以后增长逐渐减慢，2~5年基本结束，两年产生的徐变应变约为瞬时应变ε_{ce}的2~4倍。若卸去全部荷载，则应变会瞬时恢复一部分，瞬时恢复的这部分应变称为瞬时恢复应变ε'_{ce}；经历一段时间后（约为20天），又有一部分应变逐渐恢复，逐渐恢复的这部分应变称为弹性后效ε'_{ce}，其值约为徐变变形的1/2′；最后留下相当一部分不能恢复的应变，称为残余应变ε_{cr}。混凝土徐变应变ε_{cr}与瞬时应变ε_{ce}的比值称为徐变系数φ_{cr}，$\varphi_{cr}=\varepsilon_{cr}/\varepsilon_{ce}$，其最终徐变系数值$\varphi_{cr}=2\sim4$。

（4）影响混凝土徐变的因素

1）内在因素。水泥用量小，水灰比小，骨料弹性模量大，骨料体积在混凝土中所占比重高，徐变就小。

2）环境因素。养护温度低，湿度大，则水泥水化作用充分，徐变就小，采用蒸汽养护可使徐变减小约20%~35%，环境温度70℃受荷一年后比温度20℃的徐变大一倍；构件体表比越小，徐变越大；龄期越长，徐变越小；加载龄期越短，即混凝土越“年轻”，徐变越大。

3）应力因素。当混凝土应力$\sigma\leqslant0.5f_c$时，徐变与应力成正比，当混凝土应力$\sigma=0.5f_c\sim0.8f_c$时，徐变比应力增长要快，当混凝土应力$\sigma>0.8f_c$时，徐变的发展是非收敛的，最终导致混凝土破坏。

（5）混凝土徐变对构件受力性能的影响

混凝土的徐变对构件的受力性能有重要影响，一方面对钢筋混凝土受压构件的受力是有利的，钢筋混凝土受压构件在荷载长期作用下，构件变形增加，在截面中引起钢筋与混凝土压应力重分布，使钢筋应力增加，混凝土应力减少，钢筋的抗压强度是很高的，这样提高了构件破坏时的承载力，充分利用了钢筋的抗压强度；另一方面对构件受力是不利的，徐变会使预应力混凝土构件中预应力钢筋中的应力发生损失。徐变变形还可能超过弹性变形，甚至达到弹性变形的2~4倍，这就要改变超静定结构的应力状态。

4. 混凝土的收缩变形

（1）混凝土的收缩

混凝土在空气中结硬时体积减小的现象称为收缩。混凝土在水中结硬时体积略有膨胀。混凝土的收缩随时间而增长，一般两周可完成全部收缩的25%，一个月可完成全部收缩的50%，三个月以后增长缓慢，两年趋于稳定。最终收缩值约为$(2\sim5)\times10^{-4}$，如图2-16所示。

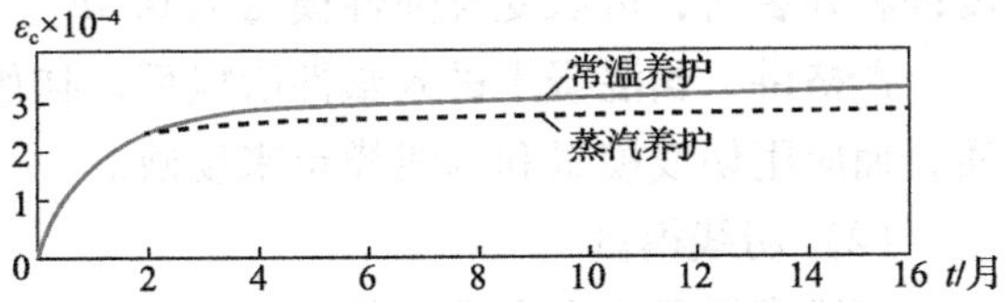

图 2-16　混凝土的收缩

（2）混凝土收缩的原因

引起混凝土收缩的原因主要有两个，一是由于水泥水化作用形成的水泥结晶体体积较原来材料减小，即凝缩（初期大），二是由于混凝土内自由水分蒸发，即干缩。

（3）影响混凝土收缩的因素

影响混凝土收缩的因素主要有混凝土的组成成分和配合比。水泥强度高、用量大、水灰比大，收缩量大；骨料粒径大、混凝土弹性模量大、级配均匀、混凝土密实，收缩量小；构件的体表比大、环境湿度大、蒸汽养护，收缩量小。

（4）混凝土收缩对结构的影响

混凝土收缩对结构的受力是有害的。当混凝土收缩受到外部或内部的约束时，将使混凝土中产生拉应力，使混凝土产生裂缝，而且混凝土收缩会使预应力混凝土构件产生预应力损失。但是，混凝土在水中结硬时，体积则膨胀，膨胀值一般比收缩值小很多，且常起有利作用，因此，在计算中不予考虑。

5. 混凝土的变形模量

在不同的应力状态下，应力与应变的比值是一个变数。混凝土的变形模量有四种表示方法。

（1）原点模量

当应力较小时，混凝土具有弹性性质，这时的弹性模量可用应力—应变曲线的原点切线的正切表示，称为初始弹性模量，简称弹性模量，如图 2-17 所示。

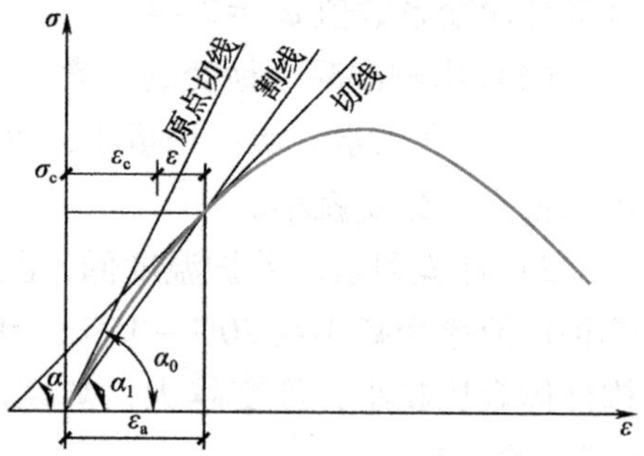

图 2-17　混凝土弹性模量及变形模量

$$E_c = \tan\alpha_0 \tag{2-3}$$

式中　α_0——过原点所作应力—应变曲线的切线与应变轴间的夹角。

实际工程中，混凝土结构都是多次重复受荷的，因此混凝土的弹性模量应由混凝土多次重复加荷的应力—应变曲线的斜率来确定。一般情况下，只要重复加载的最大应力不超过 $0.5f_c$，随着加载次数增加，残余应变逐渐减小，应力—应变曲线近于直线并与第一次加载时的原点切线大致平行。通常取 10 次加载卸载循环后应力差与相应的应变差的比值来计算初始弹性模量，即

$$E_c = \sigma_c / \varepsilon_c \tag{2-4}$$

混凝土的弹性模量与它的立方体强度有关。我国《混凝土结构设计规范》（GB 50010—2010）(2015 年版）给出的混凝土弹性模量与立方体强度的关系为

$$E_c = 10^5/(2.2+34.7/f_{cu}) \tag{2-5}$$

式（2-5）适用于大多数情况下的结构内力分析和结构设计。

混凝土受拉弹性模量与受压弹性模量基本一致，可取相同值。当混凝土达到极限强度即将开裂时，可取受拉弹性模量为 $0.5E_c$。

严格讲，当混凝土进入塑性阶段后，初始弹性模量已不能反映这时的应力—应变性质，而应用切线模量和割线模量来反映。

（2）切线模量

切线模量是指在混凝土的应力—应变曲线上某点做一切线，该点对应的应力为 σ_c，

该切线的斜率为相应于应力 σ_c 的切线模量，如图 2-17 所示。

$$E'_c = \tan\alpha \tag{2-6}$$

式中　α——应力—应变曲线上某点的切线与应变轴间的夹角。

混凝土切线模量是一个变数，随应力的增加而减小。在应变相同的条件下，混凝土强度越高，切线模量越大。

（3）割线模量

割线模量是指在混凝土的应力—应变曲线原点与曲线上某点做割线，割线的斜率为割线模量，如图 2-17 所示。

$$E''_c = \tan\alpha_1 \tag{2-7}$$

式中　α_1——应力—应变曲线上某点的割线与应变轴间的夹角。

混凝土割线模量是一个变数，随应力的增加而减小。在应变相同的条件下，混凝土强度越高，割线模量越大。

（4）剪切模量

混凝土的剪切模量一般根据混凝土抗压试验中测得的弹性模量 E_c 来确定。即

$$G_c = E_c/2(1+\nu) \tag{2-8}$$

式中　ν——混凝土横向变形系数。

混凝土纵向受压时会横向伸长，横向伸长值与纵向压缩值的比值称为混凝土横向变形系数，用符号 ν 表示。混凝土处于弹性工作阶段时，该比值又称为泊松比。《混凝土结构设计规范》（GB 50010—2010）(2015 年版）规定，可近似取 0.2；当混凝土接近破坏时，泊松比可达 0.5 以上。

《混凝土结构设计规范》（GB 50010—2010）(2015 年版）规定，混凝土的剪切弹性模量 $G_c = 0.4E_c$。混凝土弹性模量见表 2-3。

表 2-3　混凝土弹性模量

混凝土强度等级	C40	C35	C30	C25	C20	C15
弹性模量 E_c	3.25×10^4	3.15×10^4	3.00×10^4	2.80×10^4	2.55×10^4	2.20×10^4

知识模块 3 ▶▶ 钢筋和混凝土的强度

一、强度标准值

材料强度具有离散性，即同一批材料实际强度可能不一致，因此在进行材料强度取值时，需分析大量试验结果，在此基础上，通过数理统计，根据结构安全和经济条件进行确定。通常在材料强度总体实测值中，选取某一个具有 95%保证率的强度值作为材料强度标准值。

普通钢筋强度标准值见表 2-4，预应力钢筋强度标准值见表 2-5，混凝土强度标准值见表 2-6。

表 2-4　普通钢筋强度标准值

牌号	符号	公称直径 d/mm	屈服强度标准值 f_{yk}/(N/mm^2)	极限强度标准值 f_{stk}/(N/mm^2)
HPB300	Φ	6~22	300	420
HRB335 HRBF335	Φ Φ^{F}	6~50	335	455
HRB400 HRBF400 RRB400	Φ Φ^{F} Φ^{R}	6~50	400	540
HRB500 HRBF500	Φ Φ^{F}	6~50	500	630

表 2-5　预应力钢筋强度标准值

种类		符号	公称直径 d/mm	屈服强度标准值 f_{pyk}/(N/mm^2)	极限强度标准值 f_{ptk}/(N/mm^2)
中强度预应力钢丝	光面 螺旋肋	Φ^{PM} Φ^{HM}	5、7、9	620	800
				780	970
				980	1270
预应力螺纹钢筋	螺纹	Φ^{T}	18、25、32、40、50	785	980
				930	1080
				1080	1230
消除应力钢丝	光面 螺旋肋	Φ^{P} Φ^{H}	5	—	1570
				—	1860
			7	—	1570
			9	—	1470
				—	1570
钢绞线	1×3（三股）	Φ^{S}	8.6、10.8、12.9	—	1570
				—	1860
				—	1960
	1×7（七股）		9.5、12.7、15.2、17.8	—	1720
				—	1860
				—	1960
			21.6	—	1860

注：极限强度标准值为 1960N/mm^2 的钢绞线作后张预应力配筋时，应有可靠的工程经验。

表 2-6　混凝土强度标准值　（单位：N/mm^2）

强度种类	混凝土强度等级													
	C15	C20	C25	C30	C35	C40	C45	C50	C55	C60	C65	C70	C75	C80
f_{ck}	10.0	13.4	16.7	20.1	23.4	26.8	29.6	32.4	35.5	38.5	41.5	44.5	47.4	50.2
f_{tk}	1.27	1.54	1.78	2.01	2.20	2.39	2.51	2.64	2.74	2.85	2.93	2.99	3.05	3.11

二、强度设计值

考虑实际材料强度存在低于材料强度标准值的可能性，因此结构承载力设计时应采用材料强度设计值。材料强度设计值相当于设计基准期内可能出现的材料强度最小值，其值由材料强度标准值除以相应材料分项系数确定。材料分项系数取值如下：

（1）钢筋材料分项系数 r_s

热轧钢筋分项系数取 1.1；对强度为 500N/mm^2 的钢筋取 1.15；对预应力钢丝、钢绞线取 $r_s=1.2$。

（2）混凝土材料分项系数 r_c

一般均取 $r_c=1.4$。

普通钢筋强度设计值见表 2-7，预应力钢筋强度设计值见表 2-8，混凝土强度设计值见表 2-9。

表 2-7　普通钢筋强度设计值　（单位：N/mm^2）

牌　号	抗拉强度设计值 f_y	抗压强度设计值 f'_y
HPB300	270	270
HRB335、HRBF335	300	300
HRB400、HRBF400、RRB400	360	360
HRB500、HRBF500	435	410

表 2-8　预应力钢筋强度设计值　（单位：N/mm^2）

种类	极限强度标准值 f_{ptk}	抗拉强度设计值 f_{py}	抗压强度设计值 f'_{py}
中强度预应力钢丝	800	510	410
	970	650	
	1270	810	
消除应力钢丝	1470	1040	410
	1570	1110	
	1860	1320	
钢绞线	1570	1110	390
	1720	1220	
	1860	1320	
	1960	1390	
预应力螺纹钢筋	980	650	410
	1080	770	
	1230	900	

表 2-9　混凝土强度设计值　（单位：N/mm^2）

强度种类	混凝土强度等级													
	C15	C20	C25	C30	C35	C40	C45	C50	C55	C60	C65	C70	C75	C80
f_c	7.2	9.6	11.9	14.3	16.7	19.1	21.1	23.1	25.3	27.5	29.7	31.8	33.8	35.9
f_t	0.91	1.10	1.27	1.43	1.57	1.71	1.80	1.89	1.96	2.04	2.09	2.14	2.18	2.22

练一练

查表选取 C25 混凝土的强度设计值。

知识模块 4 钢筋与混凝土之间的黏结

一、黏结力的形成

钢筋与混凝土之间的黏结是保证钢筋和混凝土这两种力学性质不同的材料在构件中共同工作的基础之一。黏结应力是指钢筋与混凝土接触面上的分布剪应力，它在钢筋与混凝土之间起传递内力的作用，使钢筋应力沿其长度发生变化，因此，在构件内由于黏结应力的存在，阻止了钢筋与混凝土之间的相对滑动，使钢筋在混凝土内很好的工作。钢筋与混凝土的黏结面上单位面积的黏结力称为黏结强度。

黏结作用产生原因主要有三方面，一是混凝土内水泥颗粒的水化作用形成凝胶体对钢筋表面产生的，称为胶结力；二是混凝土结硬时体积收缩，将钢筋裹紧产生的，称为摩阻力；三是钢筋表面凸凹不平与混凝土之间产生的机械咬合作用形成的，占一半以上，称为机械咬合力。光面钢筋的黏结力主要来自胶结力和摩阻力，带肋钢筋的黏结力主要来自机械咬合力。

二、黏结力的测定

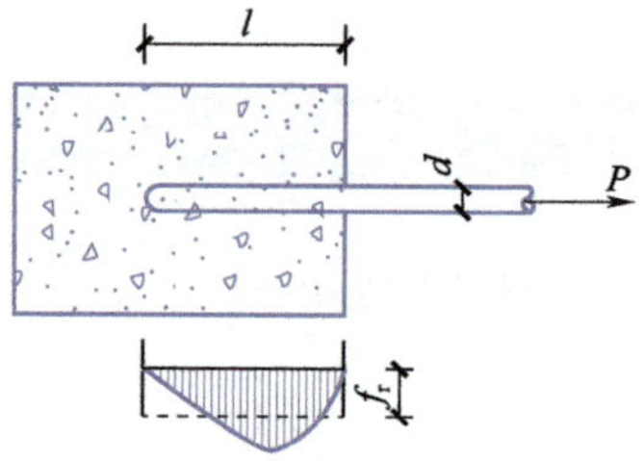

图 2-18 钢筋拔出试验中黏结应力分布图

黏结力的测定常采用拔出试验，将钢筋埋入混凝土内，在另一端施加拉力将钢筋拔出，如图 2-18 所示。试验黏结强度 f_τ 是指钢筋即将屈服时被拔出，钢筋与混凝土黏结面上的平均剪应力。根据拔出试验可知，黏结应力按曲线分布，最大黏结应力在离端头某一距离处，且随拔出力的大小而变化。钢筋埋入长度越长，拔出力越大，但埋入过长则尾部的黏结力很小，甚至为零；混凝土强度越高，黏结力越大；带肋钢筋表面凸凹不平，黏结力大，光面钢筋的黏结力小，在端部做弯钩拔出力大。

根据试验资料，光面钢筋的黏结强度为 1.5～3.5N/mm^2，带肋钢筋的黏结强度为 2.5～6.0N/mm^2。

三、影响黏结力的因素

1. 钢筋锚固长度

锚固长度是指为了保证构件内的纵向钢筋很好地受力，将钢筋伸入支座一定长度或在跨中切断时伸出一定长度，依靠这个长度上的黏结力把钢筋锚固在混凝土中，此长度称为锚固长度。钢筋锚固长度越长，锚固作用越大，黏结力越大。

《混凝土结构设计规范》(GB 50010—2010)(2015 年版) 规定，当计算中充分利用钢筋的抗拉强度时，受拉钢筋的基本锚固长度按下式计算：

$$l_{ab}=\alpha f_y d/f_t \tag{2-9}$$

式中　l_{ab}——受拉钢筋的基本锚固长度；

f_y——锚固钢筋的抗拉强度设计值；

d——锚固钢筋的公称直径；

f_t——锚固区混凝土的抗拉强度设计值；

α——锚固钢筋的外形系数，光面钢筋为 0.16，带肋钢筋为 0.14。

受拉钢筋的锚固长度按下式计算，且不应小于 200mm：

$$l_a=\xi_a l_{ab} \tag{2-10}$$

式中　l_a——受拉钢筋的锚固长度；

ξ_a——锚固长度修正系数，对普通钢筋，当多于一项时，可连乘计算，但不应小于 0.6，对预应力钢筋，取 1.0。

纵向受拉普通钢筋的锚固长度修正系数 ξ_a 按下列规定取用：

1）当带肋钢筋的公称直径大于 25mm 时修正系数 ξ_a 取 1.1。

2）环氧树脂涂层带肋钢筋修正系数 ξ_a 取 1.25。

3）施工过程中易受扰动的钢筋修正系数 ξ_a 取 1.1。

4）当纵向受力钢筋的实际配筋面积大于其设计计算面积时，修正系数 ξ_a 取设计计算配筋面积与实际配筋面积的比值，对抗震设防要求及直接承受动力荷载的结构构件，不应考虑此项修正。

5）锚固钢筋的保护层厚度为 $3d$ 时修正系数 ξ_a 可取 0.8，保护层厚度为 $5d$ 时修正系数 ξ_a 可取 0.7，期间内插。

2. 端部的横向钢筋

横向钢筋能够限制混凝土内部微裂缝发展，提高黏结强度。横向钢筋还可以限制到达构件表面的裂缝宽度，从而提高黏结强度。所以在支座锚固区和搭接长度范围内，均应设置一定数量的横向钢筋。纵向受力钢筋锚固长度范围内应配至少 3 个箍筋，箍筋直径不宜小于锚固钢筋直径或锚固并筋等效直径的 0.25 倍；间距不应大于单根锚固钢筋直径的 10 倍；当混凝土保护层厚度不小于钢筋的直径或并筋的等效直径时，不受以上限制。

3. 钢筋表面形状

钢筋表面形状凸凹不平，黏结力大，钢筋表面光滑，黏结力小。当其他条件相同时，光面钢筋的黏结强度约比带肋钢筋的黏结强度低 20%。

4. 混凝土强度

由于组成黏结力的胶结力、摩阻力和机械咬合力均与混凝土强度有关，因此混凝土强度越高，黏结力越大。

5. 钢筋净距

混凝土构件截面上有多根钢筋并列在一排时，钢筋净距对黏结强度有重要影响，钢筋净距过小，将影响钢筋下面混凝土的密实性，混凝土将发生水平劈裂，形成贯穿整个梁宽的劈裂裂缝，造成整个混凝土保护层剥落，黏结强度显著降低。

6. 钢筋末端的弯钩

钢筋作弯钩可增加黏结强度。光面钢筋黏结性能差，一般除直径 12mm 以下的受压钢筋及焊接网或焊接骨架中的光面钢筋外，其余光面钢筋的末端均应设置弯钩。

7. 混凝土的保护层

混凝土的保护层不仅保证黏结力传递，同时还保护钢筋在自然环境和使用环境条件下不受有害介质侵蚀、防止钢筋锈蚀、保证构件的耐火性。混凝土的保护层对黏结强度影响显著，混凝土的保护层过薄，在保护层最薄弱位置容易出现纵向劈裂裂缝而使黏结强度降低，但黏结强度随保护层厚度加大而提高的程度是有限的。

8. 混凝土浇筑质量

混凝土浇筑质量越好，黏结强度越高。由于混凝土浇筑后会出现沉淀收缩和离析泌水现象，对水平放置的钢筋，钢筋下部会形成疏松层，而上部则由于混凝土下沉会产生纵向裂缝，导致黏结强度降低。因此对高度较大的梁应分层浇筑和采用二次振捣。

本任务工作单

自测训练

一、填空题

1. 要使配筋后的混凝土发挥作用，就要求钢筋与混凝土两者共同受力，________一致，同时，钢筋的数量和位置等必须正确。

2. 在混凝土中配置钢筋的主要作用是提高结构和构件的________和________。

3. 对软钢取________强度为设计强度的取值依据，对硬钢取____________强度为设计强度的取值依据。

4. 钢筋按生产和加工工艺不同可分为________、________、________和________。

5. ________是指材料或由材料所做成的构件抵抗破坏的能力。

6. ________是指材料或由材料所做成的构件抵抗变形的能力。

7. 混凝土在长期不变荷载作用下将产生________变形。

8. 混凝土立方体抗压强度是指采用边长为________的立方体试快，在温度为________，相对湿度在________的环境下养护________天，按________试验方法加压到破坏，所测得的具有　________保证率的抗压强度极限值。

9. 钢筋与混凝土间的黏结力主要由________、________、________三部分组成。

10. 混凝土收缩由________和________两部分组成。

二、判断题

1. 混凝土立方体试块的尺寸越大，强度越低。（　　）
2. 冷拉钢筋可以提高抗拉强度，但塑性降低。（　　）
3. 水灰比越大，混凝土的收缩徐变也越大。（　　）
4. 混凝土的徐变与水泥用量有关，水泥用量越高，徐变越小。（　　）
5. 混凝土的强度等级是由其立方体抗压强度确定的。（　　）
6. 一般来说，低强度的混凝土受压时的延性比高强度混凝土好。（　　）
7. 混凝土在双向压力作用下其单向抗压强度会降低。（　　）
8. 经过冷拔的钢筋强度和塑性都会提高。（　　）
9. 混凝土在不变压力的作用下，其应变会随时间增长。（　　）
10. 在正常情况下，混凝土的强度会随时间增长。（　　）

三、选择题

1. 以下（　　）是混凝土强度等级的依据。

A. 立方体抗压强度标准值　　B. 棱柱体抗压强度标准值

C. 圆柱体抗压强度标准值　　D. 棱柱体抗压强度设计值

2. 混凝土立方体抗压强度标准值是由混凝土立方体试块测得的，以下关于龄期和保证率的表述中正确的是（　　）。

A. 龄期为 21 天，保证率为 90%　　B. 龄期为 21 天，保证率为 95%

C. 龄期为 28 天，保证率为 95%　　D. 龄期为 28 天，保证率为 97.73%

3.《混凝土结构设计规范》(GB 50010—2010) 中混凝土的各种力学指标的基本代表值是（　　）。

A. 立方体抗压强度标准值　　B. 立方体抗压强度设计值
C. 轴心抗压强度标准值　　D. 轴心抗压强度设计值
4. 一般来说，混凝土内部最薄弱的环节是（　　）。
A. 砂浆的抗拉强度　　B. 水泥石与骨料接触面间的黏结
C. 水泥石的抗拉强度　　D. 砂浆与骨料接触面间的黏结
5. 高碳钢采用条件屈服强度，以 $\sigma_{0.2}$ 表示，即（　　）。
A. 取极限强度的 20%　　B. 取残余应变为 0.002 时的应力
C. 取应变为 0.2 时的应力　　D. 取应变为 0.002 时的应力
6.《混凝土结构设计规范》(GB 50010—2010)(2015 年版) 规定的受拉钢筋锚固长度 l_a（　　）。
A. 随混凝土强度等级的提高而增大
B. 随钢筋等级提高而减小
C. 随混凝土等级提高而减小，随钢筋等级提高而增大
D. 随混凝土及钢筋等级提高而减小
7. 混凝土在持续不变的压力长期作用下，随时间增长而增长的变形称为（　　）。
A. 徐变　　B. 应力松弛　　C. 干缩　　D. 收缩变形
8. 对热轧钢筋进行冷拉，可以提高它的（　　）。
A. 抗拉屈服强度　　B. 抗压屈服强度
C. 塑性性能　　D. 抗拉和抗压极限强度
9. 有明显屈服强度的钢筋有（　　）。
A. 热轧钢筋　　B. 热处理钢筋　　C. 冷拉钢筋　　D. 钢丝
10. 混凝土的徐变是指（　　）。
A. 加载后的瞬时应变
B. 卸载时瞬时恢复的应变
C. 不可恢复的应变
D. 在不变荷载的长期作用下，随荷载作用时间的增长而增长的应变

任务 2 钢筋混凝土受弯构件破坏形态解析

任务单

<table>
<tr><td>课程</td><td colspan="6">建筑结构</td></tr>
<tr><td>学习情境二</td><td colspan="3">钢筋混凝土受弯构件设计</td><td>学时</td><td colspan="2">32</td></tr>
<tr><td>任务 2</td><td colspan="3">钢筋混凝土受弯构件破坏形态解析</td><td>学时</td><td colspan="2">2</td></tr>
<tr><td colspan="7">布置任务</td></tr>
<tr><td>任务目标</td><td colspan="6">1. 掌握受弯构件正截面受弯破坏形态的相关知识，能够在工程中辨析受弯构件正截面受弯破坏三种不同的形态；
2. 掌握受弯构件斜截面受剪破坏形态的相关知识，能够在工程中辨析受弯构件斜截面受剪破坏三种不同的形态；
3. 能够在完成任务过程中养成注重细节、精益求精的工作精神。</td></tr>
<tr><td>任务描述</td><td colspan="6">根据工程案例，描述受弯构件破坏的特点，辨析受弯构件破坏的形态，并填写任务工作单。工作如下：
1. 整理工程资料，按正截面受弯破坏和斜截面受剪破坏进行分类；
2. 分别描述受弯构件每个破坏情况的特点；
3. 根据破坏特点，确定受弯构件的破坏形态；
4. 分析受弯构件破坏时的破坏过程；
5. 填写工作任务单。</td></tr>
<tr><td>学时安排</td><td>布置任务与资讯
0.5 学时</td><td>计划
0.25 学时</td><td>决策
0.25 学时</td><td>实施
0.5 学时</td><td>检查
0.25 学时</td><td>评价
0.25 学时</td></tr>
<tr><td>对学生的要求</td><td colspan="6">1. 每名同学均能按照知识思维导图自主学习，并完成知识模块中的自测训练；
2. 严格遵守课堂纪律，学习态度认真、端正，能够正确评价自己和同学在本任务中的素质表现，积极参与小组工作任务讨论，严禁抄袭；
3. 小组讨论任务实施方案，能够小组分工协作查阅工程资料，记录构件破坏的特征；
4. 独立辨析受弯构件的破坏形态；
5. 独立分析受弯构件的破坏过程；
6. 讲解任务完成过程，接受教师与学生的点评，同时参与小组自评与互评。</td></tr>
</table>

任务知识

知识思维导图

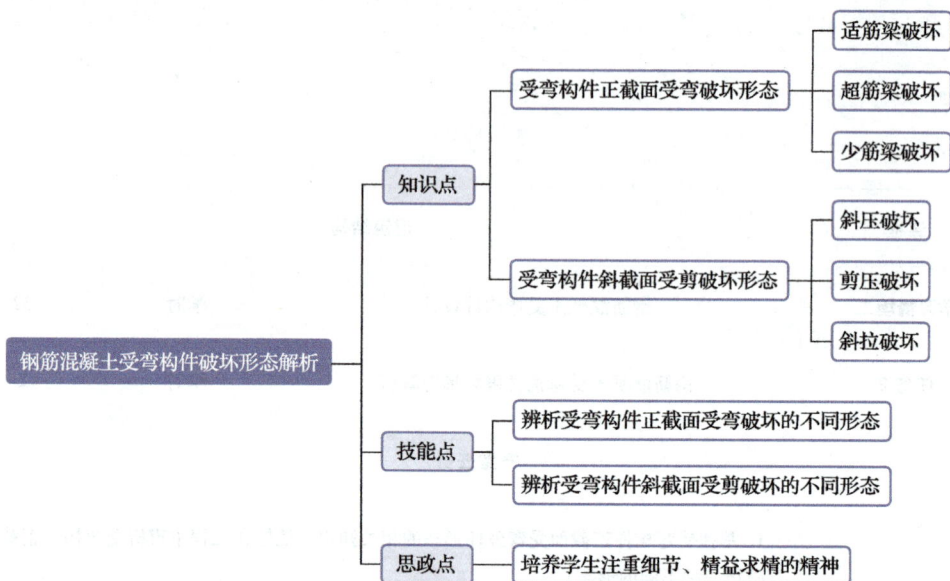

- 钢筋混凝土受弯构件破坏形态解析
  - 知识点
    - 受弯构件正截面受弯破坏形态
      - 适筋梁破坏
      - 超筋梁破坏
      - 少筋梁破坏
    - 受弯构件斜截面受剪破坏形态
      - 斜压破坏
      - 剪压破坏
      - 斜拉破坏
  - 技能点
    - 辨析受弯构件正截面受弯破坏的不同形态
    - 辨析受弯构件斜截面受剪破坏的不同形态
  - 思政点
    - 培养学生注重细节、精益求精的精神

知识模块 1 受弯构件正截面受弯破坏形态

试验和理论分析表明，钢筋混凝土受弯构件的破坏有两种可能：一种是由弯矩作用而引起的破坏，破坏面与梁的纵轴垂直，称为正截面破坏；另一种是由弯矩和剪力共同作用而引起的破坏，破坏面是倾斜的，称为斜截面破坏。

试验证明，钢筋混凝土受弯构件的正截面破坏特征与配筋率、钢筋和混凝土强度等级、截面形式等因素有关，但以配筋率对构件正截面破坏特征的影响最为明显。受弯构件的配筋率 ρ 是指构件所配置的纵向受力钢筋截面面积 A_S 与截面有效面积 bh_0 的比值，即：

$$\rho=\frac{A_S}{bh_0} \tag{2-11}$$

式中 A_S——纵向受力钢筋截面面积；

b——梁的截面宽度；

h_0——梁截面的有效高度，$h_0=h-a_s$；

a_s——纵向受力钢筋合力作用点至受拉边缘混凝土的距离。

试验表明，随配筋率变化，受弯构件正截面有三种破坏情况，分别是适筋破坏、超筋破坏和少筋破坏。

一、适筋梁破坏

纵向受力钢筋配筋率适中的梁称为适筋梁。适筋梁破坏特点是受拉钢筋首先达到屈服强度，产生较大的塑性变形，随之梁的裂缝和变形增大，受压区高度逐渐减小，最后受压区混凝土达到其极限压应变而破坏，如图 2-19a 所示。适筋梁破坏有明显的预兆，属于塑性破坏。由于适筋梁能充分利用材料强度，故实际工程中应将梁设计成适筋梁。

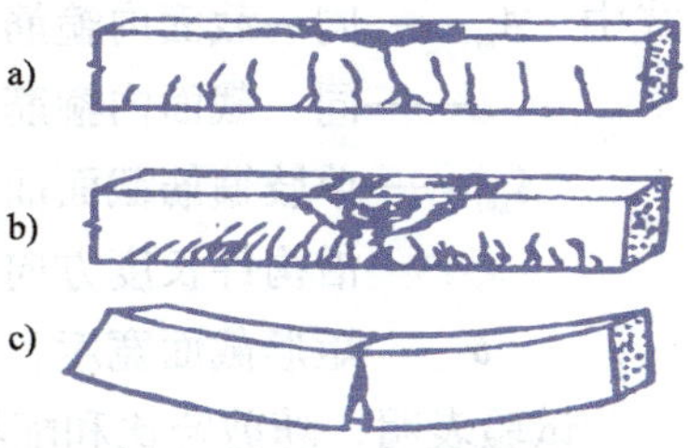

图 2-19 梁的三种破坏形态
a）适筋梁 b）超筋梁 c）少筋梁

二、超筋梁破坏

纵向受力钢筋配筋率过大的梁称为超筋梁。超筋梁破坏特点是受压区混凝土首先达到极限压应变，混凝土被压碎，而此时纵向受拉钢筋仍处于弹性工作阶段，应力尚未达到屈服强度。梁裂缝开展不宽且延伸不高，挠度尚不大，如图 2-19b 所示。超筋梁破坏没有明显的预兆，属于脆性破坏。由于超筋梁没有充分利用钢筋的强度，浪费材料，故实际工程应禁止将梁设计成超筋梁，并通过控制梁的最大配筋率 ρ_{max} 来保证。

三、少筋梁破坏

纵向受力钢筋配筋率过少的梁称为少筋梁。少筋梁破坏特点是受拉区混凝土一开裂，受拉钢筋立即达到屈服强度，经过流幅进入强化阶段，梁产生很宽的裂缝和很大的挠度，构件立即发生破坏。如图 2-19c 所示。少筋梁破坏没有明显的预兆，属于脆性破坏。由于少筋梁没有充分利用混凝土的强度，浪费材料，故实际工程应禁止将梁设计成少筋梁，并通过控制梁的最小配筋率 ρ_{min} 来保证。

练一练

依据梁破坏形态的图片，描述其破坏特点。

知识模块 2 受弯构件斜截面受剪破坏形态

试验表明，斜截面的破坏形态与弯矩和剪力的组合值有关。这种关系通常用剪跨比来表示。对于承受集中荷载作用下的梁，剪跨比是指剪跨 a 与梁有效高度 h_0 的比值，用 λ 表示，其中剪跨 a 是指集中荷载作用点到支点的距离。

$$\lambda = a/h_0 \tag{2-12}$$

剪跨比 λ 也可以表示为：$\lambda = M/Vh_0$，此式又称为广义剪跨比。

式中 M——剪切破坏截面的弯矩；

V——剪切破坏截面的剪力。

试验表明，斜截面的破坏形态还与腹筋数量有关。腹筋是指箍筋和弯起筋。配箍筋的数量一般用配箍率 ρ_{sv} 表示：

$$\rho_{sv} = \frac{A_{sv}}{bs_v} \tag{2-13}$$

式中 A_{sv}——同一截面内箍筋截面面积，$A_{sv}=nA_{sv1}$；

n——同一截面内箍筋肢数；

A_{sv1}——单肢箍筋截面面积；

s_v——沿构件长度方向上箍筋的间距；

b——矩形截面宽度，T 形截面、I 字形截面腹板宽度。

试验表明，随剪跨比和配箍率变化，受弯构件斜截面有三种破坏情况，分别是斜压破坏、剪压破坏和斜拉破坏。

一、斜压破坏

当剪跨比较小，$\lambda<1$，或梁中腹筋配置过多或截面尺寸过小时，随荷载增加，梁腹部出现若干平行的斜裂缝，混凝土梁被斜裂缝分割成若干个斜向受压短柱，在箍筋和弯起筋尚未屈服时，斜裂缝间斜向混凝土柱体首先被压碎，梁发生斜压破坏，如图 2-20a 所示。这种梁破坏时的承载力取决于混凝土斜压短柱的抗压强度，因而承载力很高。这种破坏类似于梁的正截面超筋破坏，破坏时混凝土被压碎，腹筋未达到屈服强度，破坏比较突然，属于脆性破坏。这种梁不能充分利用钢筋的强度，设计中应避免。

二、剪压破坏

当剪跨比适中，一般 $1\leqslant\lambda\leqslant3$，梁中腹筋配置适量时，随荷载增加，在剪弯区段受拉区边缘首先出现一些垂直裂缝，然后斜向延伸形成斜裂缝，梁腹部出现若干平行的斜裂缝，其中一条逐渐发展形成主要斜裂缝，称为临界斜裂缝。在斜裂缝出现前拉力由混凝土和箍筋共同承受，斜裂缝出现后，原来由混凝土承受的拉力转由与斜裂缝相交的箍筋承受，在箍筋未屈服前，箍筋能限制斜裂缝的开展和延伸，荷载尚能增加，当箍筋屈服后，箍筋不能控制斜裂缝的开展和延伸，最后斜裂缝上端剪压区混凝土被压碎，梁发生剪压破坏，如图 2-20b 所示。梁破坏时的承载力取决于混凝土的强度和腹筋数量，当截面尺寸一定时，其承载力小于斜压破坏时的承载力，大于下面所述的斜拉破坏时的承载力。这种破坏类似于梁的正截面适筋破坏，破坏时混凝土被压碎，腹筋达到屈服强度，但破坏突然，属于脆性破坏。

三、斜拉破坏

当剪跨比较大，一般 $\lambda>3$，梁中腹筋配置数量过少时，斜裂缝出现后，原来由混凝土承受的拉力转由与斜裂缝相交的箍筋承受，箍筋很快屈服，不能抑制斜裂缝开展，斜裂缝迅速向上延伸，梁被斜向拉断，发生斜拉破坏，如图 2-20c 所示。梁破坏时的承载力取决于混凝土的抗拉强度，因而承载力很低。这种破坏类似于梁的正截面少筋破坏，破坏时斜裂缝宽度很小，破坏突然，属于脆性破坏，这种破坏危险性较大，设计中应避免。

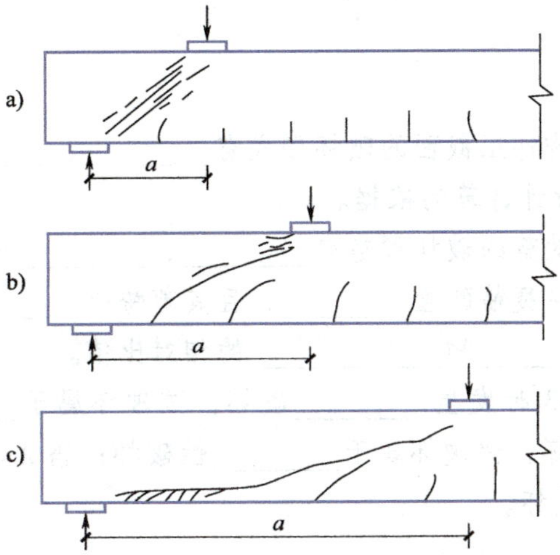

图 2-20　斜截面破坏的主要形态

a）斜压破坏　b）剪压破坏　c）斜拉破坏

查一查　利用网络资源，查找不同破坏形态的案例。

本任务工作单

自测训练

一、填空题

1. 钢筋混凝土受弯构件正截面的破坏形式有________、________、________，其中______________作为设计计算的依据。

2. 无腹筋梁斜截面受剪的破坏形态有________、________和________。

3. 斜拉破坏多发生在腹筋配置________，且其剪跨比________的情况。

4. 剪跨比反映了________和____________的相对比值。

5. 无腹筋梁，当 $\lambda>3$ 时发生________破坏，该破坏属于________性破坏；当 $1\leqslant\lambda\leqslant3$ 时发生________破坏，该破坏属于________性破坏；当 $\lambda<1$ 时发生________破坏，该破坏属于________性破坏。

二、选择题

1. 超筋梁的极限弯矩（　　）。

A. 与配筋率及混凝土等级无关

B. 基本上与配筋率无关

C. 基本上与混凝土等级无关

2. 钢筋混凝土适筋梁在即将破坏时，受拉钢筋的应力（　　）。

A. 尚未进入屈服强度

B. 正处于屈服阶段

C. 已进入强化阶段

3. 钢筋混凝土适筋梁破坏时（　　）。

A. 混凝土受压破坏先于受拉钢筋屈服

B. 受拉钢筋先屈服，然后混凝土压坏

C. 受拉钢筋先屈服，受压混凝土未压坏

4. 不能在工程中使用超筋梁的主要原因是（　　）。

A. 配筋率太不经济

B. 截面尺寸太小使构件刚度不够

C. 混凝土在钢筋屈服前已被压碎

5. 钢筋混凝土斜截面抗剪承载力计算公式是建立在（　　）基础上的。

A. 斜拉破坏　　B. 斜压破坏

C. 剪压破坏　　D. 局压破坏

6. 钢筋混凝土梁的斜拉破坏一般发生在（　　）。

A. 剪跨比很小时

B. 剪跨比较大时

C. 与剪跨比无关

D. 配箍数量很大时

任务 3 钢筋混凝土受弯构件正截面设计

任务单

<table>
<tr><td>课程</td><td colspan="6">建筑结构</td></tr>
<tr><td>学习情境二</td><td colspan="3">钢筋混凝土受弯构件设计</td><td colspan="2">学时</td><td>32</td></tr>
<tr><td>任务 3</td><td colspan="3">钢筋混凝土受弯构件正截面设计</td><td colspan="2">学时</td><td>10</td></tr>
<tr><td colspan="7">布置任务</td></tr>
<tr><td>任务目标</td><td colspan="6">1. 掌握钢筋混凝土受弯构件构造要求的相关知识，能够在受弯构件设计过程中合理设置构造措施；
2. 能够正确选择钢筋混凝土受弯构件截面形式和截面尺寸；
3. 学会计算钢筋混凝土梁荷载效应；
4. 学会配置梁中纵向受力钢筋；
5. 能够在完成任务过程中锻炼职业素养，做到工作程序严谨认真对待，完成任务能够吃苦耐劳主动承担，能够主动帮助小组落后的其他成员，有团队意识，诚实守信、不瞒骗，培养保证质量等建设优质工程的爱国情怀。</td></tr>
<tr><td>任务描述</td><td colspan="6">对某教学楼中的钢筋混凝土矩形截面简支梁进行正截面设计，提交矩形截面简支梁设计计算书。工作如下：
1. 根据设计要求，选定构件截面形式及尺寸，选择材料；
2. 确定梁的计算简图；
3. 收集作用在梁上的荷载；
4. 计算控制截面最大设计弯矩；
5. 进行正截面抗弯承载力计算，确定纵向受拉钢筋；
6. 对钢筋进行布置。</td></tr>
<tr><td>学时安排</td><td>布置任务与资讯
4 学时</td><td>计划
0.5 学时</td><td>决策
0.5 学时</td><td>实施
4 学时</td><td>检查
0.5 学时</td><td>评价
0.5 学时</td></tr>
<tr><td>对学生的要求</td><td colspan="6">1. 每名同学均能按照知识思维导图自主学习，并完成知识模块中的自测训练；
2. 严格遵守课堂纪律，学习态度认真、端正，能够正确评价自己和同学在本任务中的素质表现，积极参与小组工作任务讨论，严禁抄袭；
3. 小组讨论混凝土矩形截面梁设计方案，能够确定钢筋混凝土截面梁的一般构造要求，能够正确选择钢筋混凝土矩形截面梁材料强度等级、截面形式及截面尺寸；
4. 独立计算钢筋混凝土矩形截面梁的荷载效应；
5. 独立计算钢筋混凝土矩形截面梁配筋；
6. 讲解钢筋混凝土矩形截面梁正截面设计过程，接受教师与学生的点评，同时参与小组自评与互评。</td></tr>
</table>

任务知识

知识思维导图

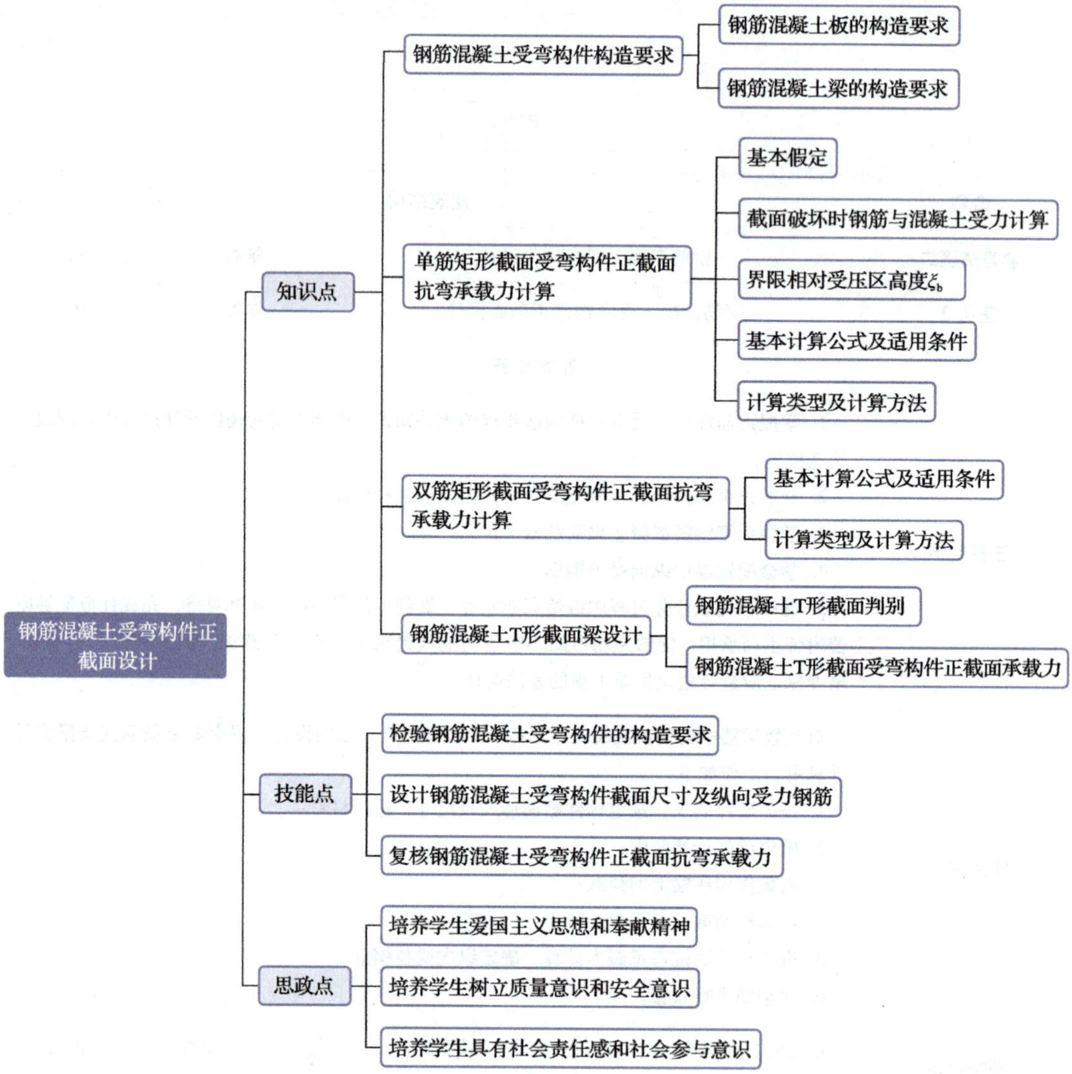

知识模块 1 钢筋混凝土受弯构件构造要求

受弯构件是指承受弯矩和剪力共同作用的构件。钢筋混凝土受弯构件主要有板和梁，它们是组成工程结构的基本构件。板和梁广泛应用于建筑结构中，如楼盖板、框架梁等都属于受弯构件。

构件设计除了要进行承载力极限状态设计和正常使用极限状态校核外，还要满足必要的构造要求，以弥补目前还不能准确控制的一些因素的影响，所以满足构造要求是构件设计的重要一项，绝不能忽视。

一、钢筋混凝土板的构造要求

1. 板的截面形式

板的截面形式主要有实心矩形、空心矩形。实心矩形截面板适用于小跨度板，空心矩形截面板适用于大跨度板，空心矩形板可减小自重和节省混凝土。板常见截面形式如图 2-21 所示。

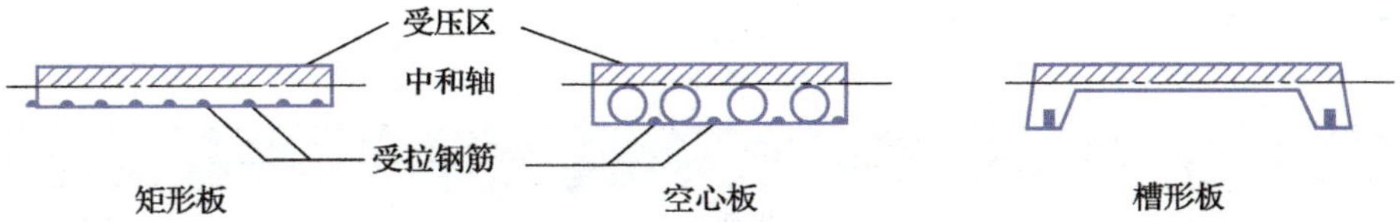

图 2-21　板常见截面形式

2. 板的类型

板的类型有单向板和双向板。只考虑一个方向受力的板称为单向板，同时考虑两个方向受力的板称为双向板。对现浇楼面板，周边均有支承，当长短边之比≥2 时，受力主要沿短边方向分配，长边方向受力很小，按单向板计算，如图 2-22a 所示；长短边之比<2 时，两个方向同时受力，按双向板计算，如图 2-22b 所示。对悬臂板及两边支承板，受力以跨度方向为主，按单向板计算。

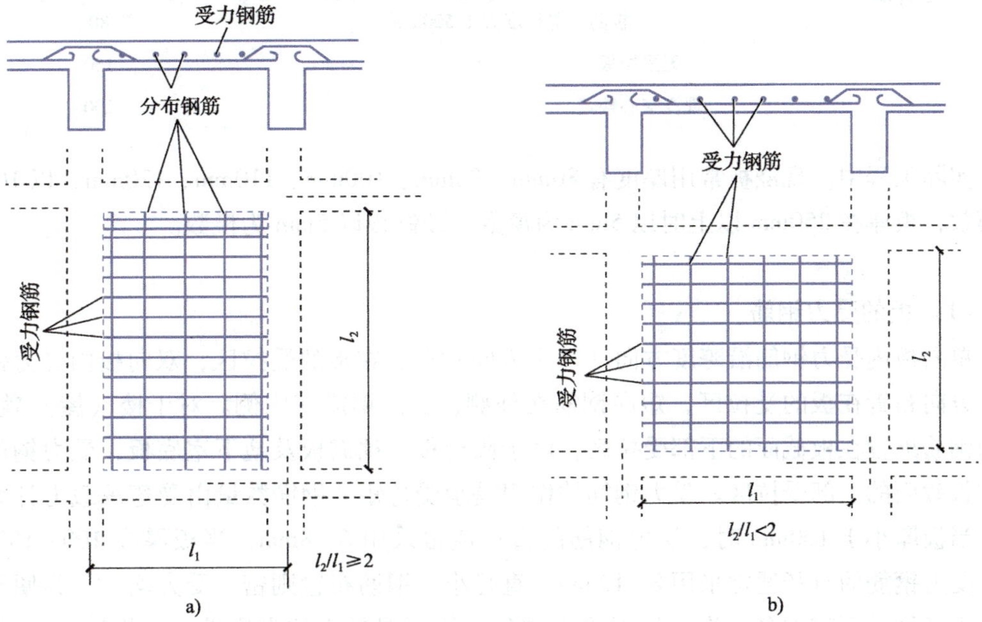

图 2-22　四边支承板

3. 板的厚度

钢筋混凝土板的厚度要满足承载力、刚度、抗裂以及构造要求。按刚度要求，板的厚度应符合表 2-10 的规定；按构造要求，板的厚度应符合表 2-11 的规定。

表 2-10　不需作挠度计算的板最小厚度

项次	构件种类		简支	两端连续	悬臂
1	平板	单向板	$L_0/35$	$L_0/40$	$L_0/12$
		双向板	$L_0/45$	$L_0/50$	
2	肋形板（包括空心板）		$L_0/20$	$L_0/25$	$L_0/10$
备注	1. L_0 为板的计算跨度（双向板时为短向计算跨度）。 2. 如计算跨度 $L_0 \geqslant 9\text{m}$ 时，表中数值应乘以 1.2 的系数。				

表 2-11　现浇钢筋混凝土板的最小厚度

板的类别		厚度/mm
单向板	屋面板	60
	民用建筑楼板	60
	工业建筑楼板	70
	行车道下的楼板	80
	现浇人行道板	80
双向板		80
密肋板	肋间距小于或等于 700mm	40
	肋间距大于 700mm	50
悬臂板	板的悬臂长度小于或等于 500mm	60
	板的悬臂长度大于 500mm	80
无梁楼板		150
现浇空心楼盖		200

实际工程中，现浇板常用厚度有 80mm、90mm、100mm、110mm、120mm，以 10mm 为模数，板厚在 250mm 以上时以 5mm 为模数，预制板以 5mm 为模数。

4. 板中钢筋构造

（1）板的受力钢筋

单向板内受力钢筋沿跨度方向（短边方向）布置在板的受拉区，双向板内受力钢筋沿两方向布置在板的受拉区，短向钢筋在外侧，长向钢筋在内侧。对于楼（屋）盖板，受力钢筋配置在板截面的下部受拉区，对于阳台板、挑檐板及地下室底板，受力钢筋配置在板截面的上部受拉区。受力钢筋的作用是承受弯矩，钢筋数量由受弯承载力计算确定。当板厚小于 100mm 时，受力钢筋的直径通常采用 6~8mm；当板厚在 100~150mm 时，受力钢筋的直径通常采用 8~12mm。直径小，钢筋布置则密，受力均匀。为便于施工，直径种类不宜太多。为了使板受力均匀，保证混凝土的密实性，当板厚 $h<150\text{mm}$ 时，纵向受力钢筋的间距不宜大于 200mm；当板厚 $h \geqslant 150\text{mm}$ 时，纵向受力钢筋的间距不宜大于 1.5h，且不宜大于 250mm。同时纵向受力钢筋的间距一般不应小于 70mm。

（2）板的分布钢筋

单向板内除沿受力方向布置受力钢筋外，还应在主钢筋内侧布置与其垂直的分布钢筋。钢筋用量按构造要求确定。其作用是将板面上的荷载更均匀地传递给主筋，并承担混凝土收缩及温度变化在垂直板跨方向产生的拉应力，同时在施工中固定主钢筋的位置，把荷载分布到板的主钢筋上去。分布钢筋宜采用 HPB300 级和 HRB335 级的钢筋。其截面面积不应小于单位长度上受力钢筋截面面积的 15%，且不宜小于该方向板截面面积的 0.15%；分布钢筋的间距不宜大于 250mm，直径不宜小于 6mm。对集中荷载较大或温度变化较大的情况，应适当增加其用量，间距不宜大于 250mm，并且在所有主钢筋的弯折处均应设置分布钢筋。单向板内配筋见图 2-23。

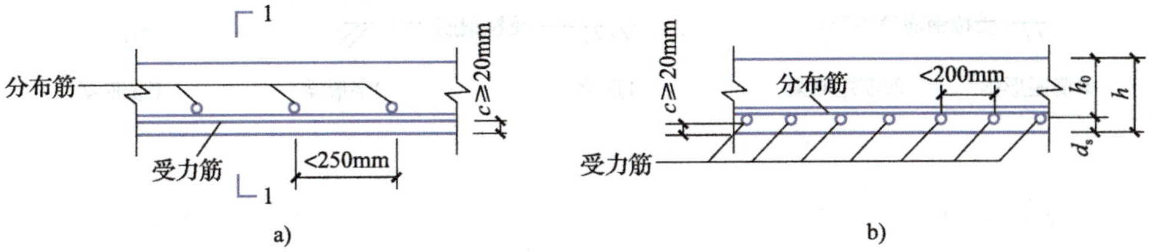

图 2-23　单向板内配筋
a）顺板跨方向　b）垂直于板跨方向（1—1 剖面）

（3）构造钢筋

板中构造钢筋的作用是承受负弯矩，布置在板端上侧。对于嵌固在墙内的现浇板及与梁整体浇筑的板，应沿支承周边配置上部构造钢筋，钢筋用量按构造确定，其直径不宜小于 8mm，间距不宜大于 200mm。

5. 混凝土保护层

钢筋混凝土板中混凝土保护层是指纵向受力钢筋的外边缘到混凝土外表面的距离，其最小厚度取决于周围环境和混凝土的强度等级。其作用一是保护钢筋不被锈蚀，保证结构的耐久性，二是保证钢筋与混凝土之间的黏结，三是在火灾发生时，避免钢筋过早软化。设计使用年限为 50 年的钢筋混凝土构件最外层钢筋的保护层最小厚度见表 2-12，设计使用年限为 100 年的钢筋混凝土构件保护层厚度不应小于表 2-12 的 1.4 倍，同时不应小于钢筋的公称直径。

表 2-12　混凝土保护层最小厚度　（单位：mm）

环境类别	板、墙、壳	梁、柱、杆
一	15	20
二 a	20	25
二 b	25	35
三 a	30	40
三 b	40	50

注：1. 混凝土强度等级不大于 C25 时，表中保护层厚度数值应增加 5mm。
2. 钢筋混凝土基础宜设置混凝土垫层，基础中钢筋的混凝土保护层厚度应从垫层顶面算起，且不应小于 40mm。

实际工程中，一类环境中，梁、板的混凝土保护层厚度当混凝土强度等级≤C20 时，一般取 30mm、20mm，当混凝土强度等级≥C25 时，一般取 25mm、15mm。

想一想　双向板受力钢筋沿两方向布置在板的受拉区，为什么短向钢筋布置在外侧，长向钢筋布置在内侧？小组讨论，说出你的想法。

二、钢筋混凝土梁的构造要求

1. 梁的截面形式

梁的截面形式主要有矩形、T 形、I 字形、倒 L 形，如图 2-24 所示。

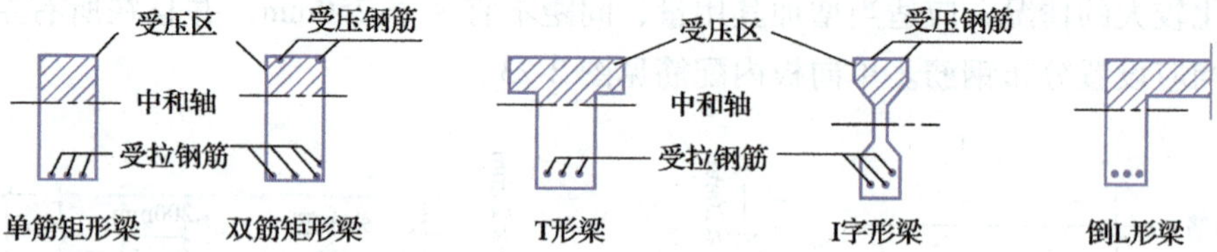

图 2-24　梁常见截面形式

2. 梁的截面尺寸

梁的截面尺寸要满足承载力、刚度和抗裂要求。按刚度要求，梁高应符合表 2-13 的规定。

矩形截面梁的高宽比 h/b 一般取 2~2.5；T 形截面梁高宽比 h/b 一般取 2.5~3。考虑施工制模方便，截面尺寸应模数化，矩形梁常用的截面宽度一般取 120mm、150mm、180mm、200mm、220mm、250mm、300mm，以后按 50mm 为一级模数增加；常用的截面高度一般取 150mm、180mm、200mm、240mm、250mm、300mm，以后按 50mm 为一级模数增加，当梁高超过 800mm 时，以 100mm 为一级模数增加。

表 2-13　不需作挠度计算的梁最小截面高度

项次	构件种类		简支	两端连续	悬臂
1	整体肋形梁	主梁	$l_0/12$	$l_0/15$	$l_0/6$
		次梁	$l_0/15$	$l_0/20$	$l_0/8$
2	独立梁		$l_0/12$	$l_0/15$	$l_0/6$
备注	1. l_0 为梁的计算跨度。 2. 梁的计算跨度 $l_0 \geqslant 9$m 时，表中数值应乘以 1.2 的系数。				

3. 梁中钢筋

梁中通常配置纵向受力钢筋、箍筋、弯起钢筋、架立钢筋、梁侧构造钢筋，如图 2-25 所示。

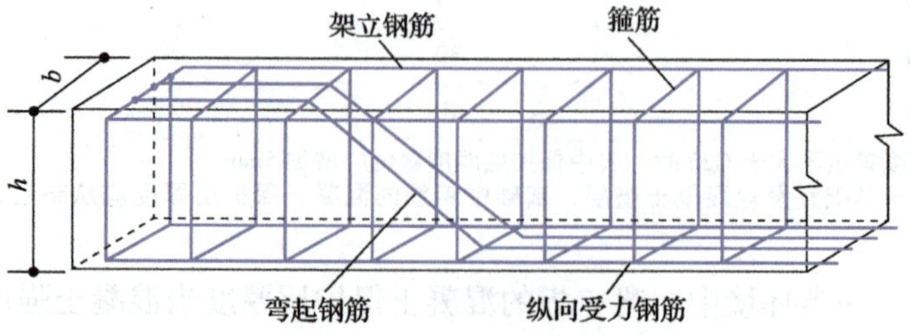

图 2-25　简支梁钢筋布置示意图

（1）纵向受力钢筋

梁中纵向受力钢筋的作用是承受弯矩，钢筋用量需计算确定。梁中纵向受力钢筋按其受力不同分为受拉及受压钢筋两种。一般当梁的截面高度受到限制、受压区混凝土承载不足时才在受压区设置受压钢筋。纵向受力钢筋常用直径为12~25mm，太粗不易加工，且与混凝土黏结力差；太细根数增加，不好布置。当采用两种不同的直径时，差值至少应为2mm，以免施工混淆，但也不宜超过6mm，保证受力均匀。纵向受力钢筋的根数不得少于2根。为了便于浇筑混凝土，保证混凝土良好的密实性，纵向受力钢筋的净距应满足图2-26所示的要求，当截面下部纵筋多于两排时，上排水平方向的中距应比下两排中距大一倍。为增大梁截面的内力臂，提高梁的抗弯能力，纵向受力钢筋尽可能排成一排，并沿梁宽均匀布置，只当纵向受力钢筋根数较多时，考虑排成两排。纵向受力钢筋的排列原则是：由下而上，下粗上细（对不同直径钢筋而言），对称布置，并应上下左右对齐，便于混凝土浇筑。

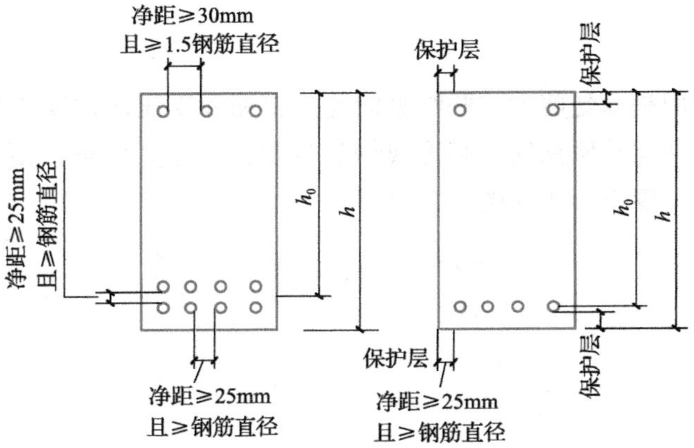

图2-26　纵向受力钢筋的净距

（2）弯起钢筋

弯起钢筋一般由纵向受拉钢筋弯起而成，有时也需要单独设置。梁中弯起钢筋斜段部分的作用是承受剪力，水平段部分的作用是承受支座负弯矩。钢筋用量需抗剪承载力计算确定。

弯起钢筋的弯终点外应留有水平锚固长度，其长度在受拉区时不应小于$20d$；在受压时区时不应小于$10d$；对光面钢筋在末端上应设置弯钩，如图2-27所示。

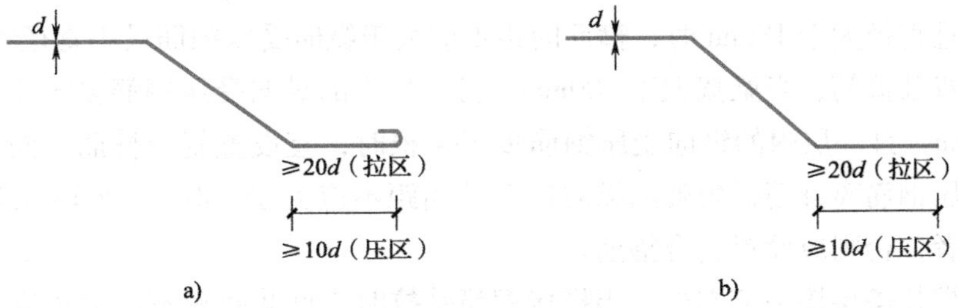

图2-27　弯起钢筋的锚固
a）光面钢筋　b）带肋钢筋

弯起角度一般取45°，当梁截面高度h>800mm时，取60°。梁底层角部钢筋不应弯起，顶层角部钢筋不应弯下。若仅将纵向受拉钢筋弯起还不足以满足斜截面抗剪强度要求，或者由于构造上的要求需增设斜钢筋时，可单独配置专门的斜钢筋，这种钢筋也称为鸭筋。弯起钢筋不得采用浮筋，如图 2-28 所示，否则一旦弯起钢筋滑动将使斜裂缝开展过大。

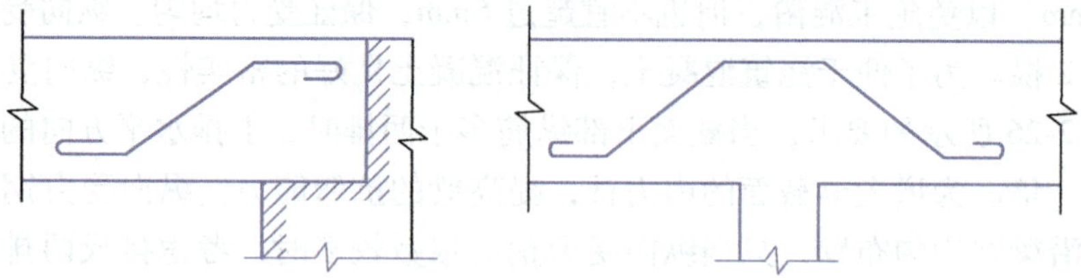

图 2-28　浮筋与鸭筋

a）浮筋　b）鸭筋

（3）箍筋

梁中箍筋的作用是承受剪力，联结纵向受拉钢筋和受压区混凝土使其共同工作，抑制斜裂缝的开展，并与其他钢筋一起形成钢筋骨架，固定其位置，便于浇灌混凝土。钢筋用量需计算确定。箍筋形式如图 2-29 所示。

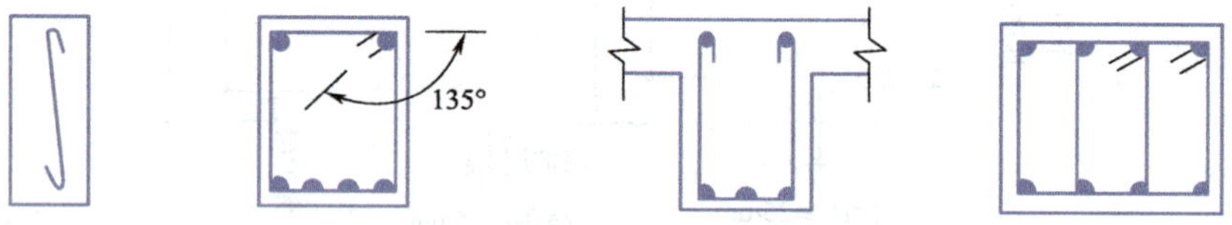

图 2-29　箍筋的形式和肢数

a）单肢箍　b）双肢封闭式　c）双肢开口式　d）复合箍

梁内只配受拉钢筋时，可采用开口箍筋；若梁内不仅配置了纵向受拉钢筋，还配有纵向受压钢筋，或者梁同时承受弯矩和扭矩作用，应采用封闭式箍筋。

当梁截面高不大于 800mm 时，箍筋直径不应小于 6mm。当梁截面高大于 800mm 时，箍筋直径不应小于 8mm。当梁内配有按计算需要的纵向受压钢筋时，箍筋直径不应小于纵向受压钢筋最大直径的 1/4。箍筋间距不应大于纵向受压钢筋最小直径的 15 倍，且不应大于 400mm。相邻箍筋的弯钩接头，其位置沿纵向应交替布置。当一层的纵向受压钢筋多于 5 根且直径大于 18mm 时，箍筋间距不应大于纵向受压钢筋最小直径的 10 倍。梁内一般采用双肢箍筋，当梁宽大于 400mm，且一层内的纵向受压钢筋多于 3 根时，或当梁宽≤400mm，且一层内的纵向受压钢筋多于 4 根时，宜设置复合箍筋。同时，同排内任一纵向受压钢筋离箍筋折角处的纵向钢筋的间距不应大于 150mm 或 15 倍箍筋直径两者中的较大者，否则应设置复合箍筋。

在钢筋绑扎搭接接头范围内，当搭接钢筋受拉时，箍筋间距不应大于纵向受力钢筋直径的 5 倍，且不大于 100mm，当搭接钢筋受压时，箍筋间距不应大于纵向受力钢筋钢筋直径的 10 倍，且不大于 200mm。近梁端第一根箍筋应设在距端面一个混凝土保护层距离处。

（4）架立钢筋

梁中架立钢筋的作用是固定箍筋，与其他钢筋一起形成钢筋骨架，并承受混凝土收缩、温度变化而产生的拉应力。架立钢筋设置在梁受压区的角部，其用量按构造要求确定。当梁中受压区设有受压钢筋时，则不再设架立钢筋。架立钢筋的直径与梁的跨度 l_0 有关。当 l_0<4m 时，架立钢筋的直径不宜小于 8mm；当 l_0>6m 时，架立钢筋的直径不宜小于 12mm；当 4m≤l_0≤6m 时，架立筋的直径不宜小于 10mm。

（5）梁侧构造钢筋

梁侧构造钢筋的作用是增加梁的钢骨架的刚性及梁的抗扭能力，承受梁侧向变形。钢筋用量按构造要求确定。当梁腹板高 h≥450mm 时，在梁的两侧应沿梁高配置直径不小于 10mm 的侧向构造筋，其截面面积不应小于腹板截面面积的 0.1%，且间距不宜大于 200mm，并用 S 形 Φ6 钢筋固定。对矩形截面梁腹板高度取有效高度，T 形截面梁取有效高度减翼缘高度，I 字形截面取腹板净高。

4. 梁有效高度 h_0

梁有效高度是指梁纵向受拉筋合力重心到截面受压边缘混凝土的距离，如图 2-26 所示。当纵向受拉钢筋配置一排时，梁有效高度近似取 $h_0=h-35$mm；当配置两排时，近似取 $h_0=h-60$mm。

练一练

某钢筋混凝土梁的截面尺寸为 300mm×600mm，梁下部纵向受力钢筋采用直径 25mm 的 HRB400 级钢筋，梁上部纵向受力钢筋采用直径 20mm 的 HRB400 级钢筋，请同学们计算该梁上部和下部一排最多能布置多少根钢筋。

知识模块 2　单筋矩形截面受弯构件正截面抗弯承载力计算

为保证受弯构件不发生正截面破坏，必须对受弯构件进行正截面抗弯承载力计算，主要确定纵向受拉钢筋和纵向受压钢筋。

仅在截面受拉区配置受力钢筋的受弯构件称为单筋截面受弯构件。单筋矩形截面梁在受拉区配置纵向受拉钢筋，在受压区配置纵向架立钢筋，纵向架立钢筋对正截面受弯承载力的贡献很小，所以在计算中不考虑架立钢筋的抗弯作用。同时在截面受压区和受拉区配置受力钢筋的受弯构件称为双筋截面受弯构件，受压钢筋不仅起架立作用，而且能够有效地抵抗弯矩，在正截面受弯承载力计算中必须考虑它的抗弯作用。

一、基本假定

要设计一个梁必须要能计算出钢筋所受的拉力和混凝土所受的压力。试验表明，受压区混凝土的应力分布随着荷载的增加是不断变化的，最初为三角形分布，逐步发展为平缓的曲线，最后发展为较丰满的曲线，因此手算混凝土所受的压力比较麻烦，需进行简化。钢筋的应力与钢筋应变及弹性模量有关。为简化计算钢筋混凝土受弯构件正截面承载力，须作基本假定。

1）平截面假定。假定构件发生弯曲变形后，截面平均应变仍保持平面，即平均应变沿截面高度线性分布。平截面假定的引用，为钢筋混凝土构件正截面承载力计算提供了变形协调条件。

2）不考虑截面受拉区混凝土的抗拉强度。由于混凝土的抗拉强度很小，其所承担的拉力相对于钢筋承担的拉力很小，故可忽略，即全部拉力由钢筋承担。

3）混凝土受压区的应力应变 $\sigma-\varepsilon$ 曲线简化形式如图 2-30 所示。

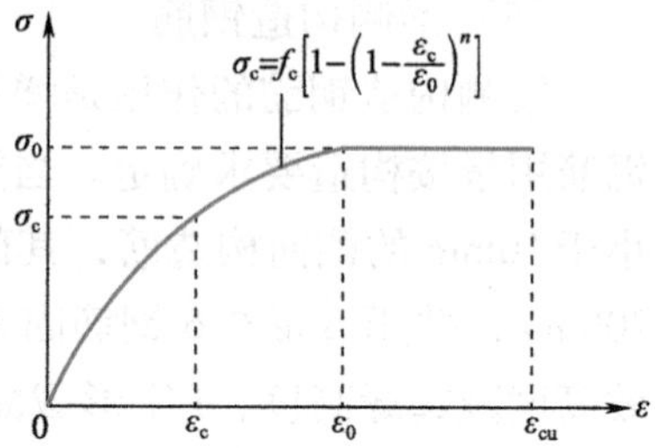

图 2-30　混凝土受压区应力—应变图

其表达式可以写成：当 $0\leqslant\varepsilon_c\leqslant\varepsilon_0$ 时，$\sigma_c=f_c[1-(1-\varepsilon_c/\varepsilon_0)^n]$；当 $\varepsilon_0\leqslant\varepsilon_c\leqslant\varepsilon_{cu}$ 时，$\sigma_c=f_c$

式中　σ_c——混凝土压应变为 ε_c 时的混凝土压应力；

f_c——混凝土轴心抗压强度设计值；

ε_0——混凝土压应力达到 f_c 时混凝土压应变；$\varepsilon_0=0.002+0.5(f_{cuk}-50)\times10^{-5}$，当 $\varepsilon_0<0.002$ 时，取 0.002；

ε_{cu}——混凝土极限压应变；非均匀受压时，$\varepsilon_{cu}=0.0033-(f_{cuk}-50)\times10^{-5}$，当 $\varepsilon_{cu}>0.0033$ 时，取 0.0033；均匀受压时取 $\varepsilon_{cu}=\varepsilon_0$；

n——系数；$n=2-(f_{cuk}-50)/60$，当 $n>2$ 时，取 $n=2$；

f_{cuk}——混凝土立方体抗压强度标准值。

4）纵向钢筋的应力取等于钢筋应变与其弹性模量的乘积，但其绝对值不应大于相应的强度设计值。纵向受拉钢筋的极限拉应变取 0.01。

二、截面破坏时钢筋与混凝土受力计算

为进一步简化计算，可按受力性能等效的条件将受压区混凝土的应力图形简化为一个等效的矩形应力图形。受力性能等效的条件是等效矩形应力图形的面积与原图形的面积相等，即压应力的合力大小不变；等效矩形应力图形形心位置与原图形相同，即合力作用点不变。等效矩形应力图形的应力取为 $\alpha_1 f_c$，如图 2-31 所示。

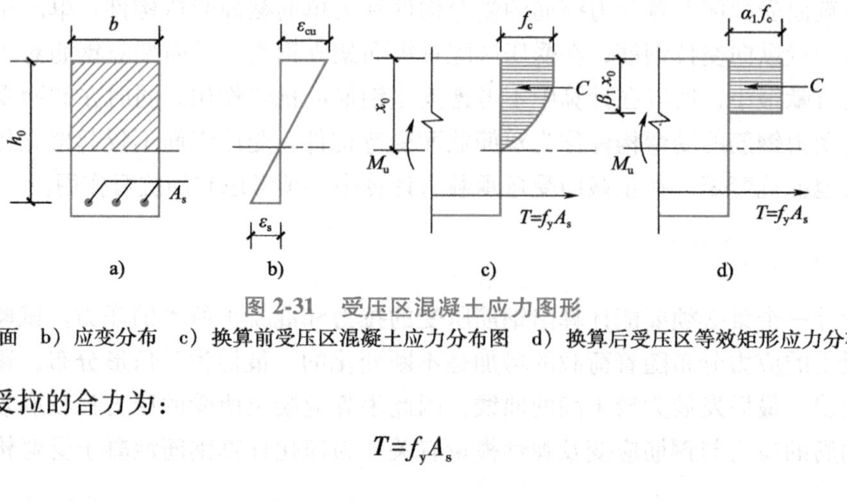

a)　　b)　　c)　　d)

图 2-31　受压区混凝土应力图形

a）截面　b）应变分布　c）换算前受压区混凝土应力分布图　d）换算后受压区等效矩形应力分布图

钢筋受拉的合力为：

$$T=f_y A_s \tag{2-14}$$

混凝土受压的合力为：

$$C=\alpha_1 f_c bx \tag{2-15}$$

式中　α_1——矩形应力图形的压应力值与混凝土轴心抗压设计强度的比值，见表2-14。

x——混凝土换算受压区高度，根据等效条件，可求出 $x=\beta_1 x_0$；

β_1——等效矩形应力图形的受压区高度与原图形的受压区高度的比值，见表2-14。

x_0——按平截面假定确定的混凝土受压区高度。

表2-14　系数 α_1 和 β_1

	≤C50	C55	C60	C65	C70	C75	C80
α_1	1.00	0.99	0.98	0.97	0.96	0.95	0.94
β_1	0.80	0.79	0.78	0.77	0.76	0.75	0.74

练一练

某钢筋混凝土梁采用C30混凝土，请同学们选取 α_1 和 β_1。

三、界限相对受压区高度 ξ_b

比较适筋梁破坏和超筋梁破坏，适筋梁破坏始于纵向受拉钢筋屈服，超筋梁破坏始于混凝土被压碎，因此二者之间存在一种界限状态，即纵向受拉钢筋应力达到屈服强度的同时，受压区混凝土边缘达到极限压应变，这种破坏称为界限破坏。将混凝土换算受压区高度 x 与截面有效高度 h_0 的比值称为相对受压区高度，用符号 ξ 表示。则界限破坏时，混凝土换算受压区高度 x_b 与截面有效高度 h_0 的比值称为界限相对受压区高度，用符号 ξ_b 表示。

$$\xi=x/h_0 \tag{2-16}$$

$$\xi_b=x_b/h_0 \tag{2-17}$$

当 $\xi>\xi_b$ 时，构件破坏时钢筋不能屈服，属于超筋梁；当 $\xi\leqslant\xi_b$ 时，构件破坏时钢筋能屈服，属于适筋梁或少筋梁。因此 ξ_b 是衡量构件破坏时钢筋强度能否充分利用的特征值。对配置有明显屈服强度钢筋的受弯构件，常用的界限相对受压区高度 ξ_b 见表2-15。

表2-15　有明显屈服强度钢筋的受弯构件界限相对受压区高度 ξ_b

钢筋等级	混凝土的强度等级						
	≤C50	C55	C60	C65	C70	C75	C80
HPB300	0.5757	0.5661	0.5564	0.5468	0.5372	0.5276	0.5180
HRR335 HRRF335	0.5500	0.5405	0.5311	0.5216	0.5122	0.5027	0.4933
HRB400 HRRF400 RRB400	0.5176	0.5084	0.4992	0.4900	0.4808	0.4716	0.4625
HRB500 HRRF500	0.4822	0.4733	0.4644	0.4555	0.4466	0.4378	0.4290

练一练

某钢筋混凝土梁采用C25混凝土，HRB400级钢筋，请同学们选取该梁的界限相对受压区高度。

四、基本计算公式及适用条件

1. 基本计算公式

如图2-32所示为单筋矩形截面梁正截面承载力计算简图，截面即将破坏时处于静力平衡状态，按静力平衡条件可得单筋矩形截面梁正截面承载力计算基本公式。

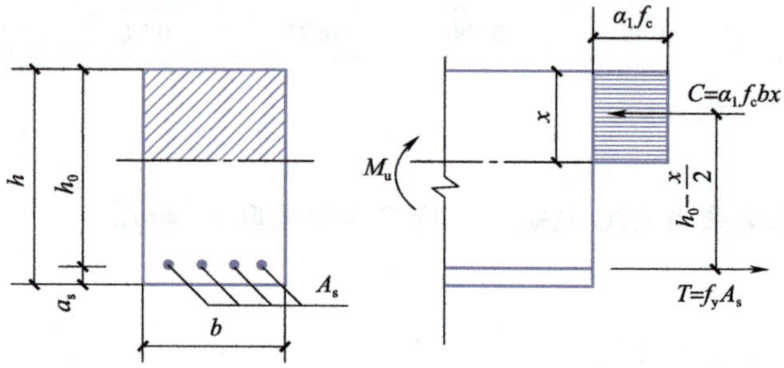

图2-32 单筋矩形截面梁正截面承载力计算简图

由所有力在水平方向合力为零的平衡条件得：

$$\sum X=0 \qquad \alpha_1 f_c bx=f_y A_s \tag{2-18}$$

由所有力对受拉钢筋作用点取矩力矩之和为零的平衡条件得：

$$\sum M_s=0 \qquad M_u=\alpha_1 f_c bx(h_0-x/2) \tag{2-19}$$

由所有力对受压区混凝土合力作用点取矩力矩之和为零的平衡条件得：

$$\sum M_c=0 \qquad M_u=f_y A_s(h_0-x/2) \tag{2-20}$$

设计时应满足$\gamma_0 M \leqslant M_u$，按极限状态设计$\gamma_0 M=M_u$，即$\gamma_0 M=\alpha_1 f_c bx$（$h_0-x/2$）

式中 M——计算截面上的弯矩组合设计值；

γ_0——结构重要性系数；

f_c——混凝土轴心抗压强度设计值；

b——截面宽度；

x——等效矩形应力图的计算受压区高度；

f_y——纵向受拉钢筋抗拉强度的设计值；

A_s——纵向受拉钢筋的截面面积；

M_u——计算截面抗弯承载力设计值，即极限弯矩；

h_0——截面有效高度。

2. 适用条件

1）$\rho \leqslant \rho_{max}$，以防止梁发生超筋破坏；

2）$\rho \geqslant \rho_{min}$，以防止梁发生少筋破坏。

①受弯构件最大配筋率ρ_{max}。最大配筋率是超筋构件与适筋构件的界限配筋率，即

界限破坏时的配筋率。通常最大配筋率可通过混凝土受压区高度来控制。即 $\xi \leq \xi_b$ 时，一定不会发生超筋破坏。

②受弯构件最小配筋率 ρ_{min}。最小配筋率是少筋构件与适筋构件的界限配筋率。它是根据受弯构件的开裂弯矩确定的。

《混凝土结构设计规范》(GB 50010—2010)(2015 年版)规定：受弯构件最小配筋率取 $45f_t/f_y\%$ 和 0.2%中的较大者。

计算时若 $\xi > \xi_b$，则可考虑加大截面尺寸、提高材料强度等级或设计成双筋截面；若 $\rho < \rho_{min}$ 则可取 $\rho = \rho_{min}$，按 $A_s = \rho_{min} bh$ 计算钢筋用量。

正常的截面设计应保证截面的配筋率在 ρ_{max} 和 ρ_{min} 之间，但在满足该条件下仍可选用多种不同的截面尺寸，配置不同数量的钢筋，结果造价也不尽相同。把构件造价相对较低的配筋率称为经济配筋率。一般建筑结构设计经验表明，当实心板的配筋率为 0.4%~0.8%、矩形截面梁的配筋率为 0.6%~1.5%、T 形截面梁的配筋率为 0.9%~1.8%时，构件的用钢量和总造价都较低，施工比较方便，受力性能也比较好。上述配筋率即为板、梁的经济配筋率，设计时应将板、梁的配筋率控制在此范围内。

忆一忆　钢筋混凝土梁发生适筋破坏时的特点。

五、计算类型及计算方法

在实际设计中，单筋矩形受弯构件正截面受弯承载力计算包括截面设计、截面复核两类问题。

利用基本公式计算上述两类问题需要解二元二次方程，比较麻烦。实际计算时，可根据基本公式将有关数据编制成表格，再利用表格进行计算会使计算工作大大简化。

将 $\xi = x/h_0$ 代入基本公式得：

$$f_y A_s = \alpha_1 f_c bx = \alpha_1 f_c bh_0 \xi$$

$$\gamma_0 M = \alpha_1 f_c bx(h_0 - x/2) = \alpha_1 f_c bh_0^2 \xi(1-0.5\xi)$$

$$\gamma_0 M = \alpha_s \alpha_1 f_c bh_0^2 \qquad \text{其中 } \alpha_s = \xi(1-0.5\xi)$$

$$\gamma_0 M = f_y A_s(h_0 - x/2) = f_y A_s h_0(1-0.5\xi)$$

$$\gamma_0 M = = \gamma_s f_y A_s h_0 \qquad \text{其中 } \gamma_s = 1-0.5\xi$$

系数 α_s，γ_s 与 ξ 之间存在一一对应关系，给定一个值，既可求出另两个值。因此可将它们制成表格，见表 2-16、表 2-17，设计时可直接查用。

表 2-16　钢筋混凝土受弯构件配筋计算用的 ξ 表

α_s	0	1	2	3	4	5	6	7	8	9
0.00	0.0000	0.0010	0.0020	0.0030	0.0040	0.0050	0.0060	0.0070	0.0080	0.0090
0.01	0.0101	0.0111	0.0121	0.0131	0.0141	0.0151	0.0161	0.0171	0.0182	0.0192
0.02	0.0202	0.0212	0.0222	0.0233	0.0243	0.0253	0.0263	0.0274	0.0284	0.0294
0.03	0.0305	0.0315	0.0325	0.0336	0.0346	0.0356	0.0367	0.0377	0.0388	0.0398
0.04	0.0408	0.0419	0.0429	0.0440	0.0450	0.0461	0.0471	0.0482	0.0492	0.0503

（续）

α_s	0	1	2	3	4	5	6	7	8	9
0.05	0.0513	0.0524	0.0534	0.0545	0.0555	0.0566	0.0577	0.0587	0.0598	0.0609
0.06	0.0619	0.0630	0.0641	0.0651	0.0662	0.0673	0.0683	0.0694	0.0705	0.0716
0.07	0.0726	0.0737	0.0748	0.0759	0.0770	0.0780	0.0791	0.0802	0.0813	0.0824
0.08	0.0835	0.0846	0.0857	0.0868	0.0879	0.0890	0.0901	0.0912	0.0923	0.0934
0.09	0.0945	0.0956	0.0967	0.0978	0.0989	0.1000	0.1011	0.1022	0.1033	0.1045
0.10	0.1056	0.1067	0.1078	0.1089	0.1101	0.1112	0.1123	0.1134	0.1146	0.1157
0.11	0.1168	0.1180	0.1191	0.1202	0.1244	0.1225	0.1236	0.1248	0.1259	0.1271
0.12	0.1282	0.1294	0.1305	0.1317	0.1328	0.1340	0.1351	0.1363	0.1374	0.1386
0.13	0.1398	0.1409	0.1421	0.1433	0.1444	0.1456	0.1468	0.1479	0.1491	0.1503
0.14	0.1515	0.1527	0.1538	0.1550	0.1562	0.1574	0.1586	0.1598	0.1610	0.1621
0.15	0.1633	0.1645	0.1657	0.1669	0.1681	0.1693	0.1705	0.1717	0.1730	0.1742
0.16	0.1754	0.1766	0.1778	0.1790	0.1802	0.1815	0.1827	0.1839	0.1851	0.1864
0.17	0.1876	0.1888	0.1901	0.1913	0.1925	0.1938	0.1950	0.1963	0.1975	0.1988
0.18	0.2000	0.2013	0.2025	0.2038	0.2050	0.2063	0.2075	0.2088	0.2101	0.2113
0.19	0.2126	0.2139	0.2151	0.2164	0.2177	0.2190	0.2203	0.2215	0.2228	0.2241
0.20	0.2254	0.2267	0.2280	0.2293	0.2306	0.2319	0.2332	0.2345	0.2358	0.2371
0.21	0.2384	0.2397	0.2411	0.2424	0.2437	0.2450	0.2463	0.2477	0.2490	0.2503
0.22	0.2517	0.2530	0.2543	0.2557	0.2570	0.2584	0.2597	0.2611	0.2624	0.2638
0.23	0.2652	0.2665	0.2679	0.2692	0.2706	0.2720	0.2734	0.2747	0.2761	0.2775
0.24	0.2789	0.2803	0.2817	0.2831	0.2845	0.2859	0.2873	0.2887	0.2901	0.2915
0.25	0.2929	0.2943	0.2957	0.2971	0.2986	0.3000	0.3014	0.3029	0.3043	0.3057
0.26	0.3072	0.3086	0.3101	0.3115	0.3130	0.3144	0.3159	0.3174	0.3188	0.3203
0.27	0.3218	0.3232	0.3247	0.3262	0.3277	0.3292	0.3307	0.3322	0.3337	0.3352
0.28	0.3367	0.3382	0.3397	0.3412	0.3427	0.3443	0.3458	0.3473	0.3488	0.3504
0.29	0.3519	0.3535	0.3550	0.3566	0.3581	0.3597	0.3613	0.3628	0.3644	0.3660
0.30	0.3675	0.3691	0.3707	0.3723	0.3739	0.3755	0.3771	0.3787	0.3803	0.3819
0.31	0.3836	0.3852	0.3868	0.3884	0.3901	0.3917	0.3934	0.3950	0.3967	0.3983
0.32	0.4000	0.4017	0.4033	0.4050	0.4067	0.4084	0.4101	0.4118	0.4135	0.4152
0.33	0.4169	0.4186	0.4203	0.4221	0.4238	0.4255	0.4273	0.4290	0.4308	0.4325
0.34	0.4343	0.4361	0.4379	0.4396	0.4414	0.4432	0.4450	0.4468	0.4486	0.4505
0.35	0.4523	0.4541	0.4559	0.4578	0.4596	0.4615	0.4633	0.4652	0.4671	0.4690
0.36	0.4708	0.4727	0.4746	0.4765	0.4785	0.4804	0.4823	0.4842	0.4862	0.4881
0.37	0.4901	0.4921	0.4940	0.4960	0.4980	0.5000	0.5020	0.5040	0.5060	0.5081
0.38	0.5101	0.5121	0.5142	0.5163	0.5183	0.5204	0.5225	0.5246	0.5267	0.5288
0.39	0.5310	0.5331	0.5352	0.5374	0.5396	0.5417	0.5439	0.5461	0.5483	0.5506
0.40	0.5528	0.5550	0.5573	0.5595	0.5618	0.5641	0.5664	0.5687	0.5710	0.5734
0.41	0.5757									

注：$\alpha_s=\dfrac{M}{a_1 f_c b h_0^2}$，$A_s=\xi\dfrac{a_1 f_c}{f_y}bh_0$。

表 2-17　钢筋混凝土受弯构件配筋计算用的 γ_s 表

α_s	0	1	2	3	4	5	6	7	8	9
0. 00	1. 0000	0. 9995	0. 9990	0. 9985	0. 9980	0. 9975	0. 9970	0. 9965	0. 9960	0. 9955
0. 01	0. 9950	0. 9945	0. 9940	0. 9935	0. 9930	0. 9924	0. 9919	0. 9914	0. 9909	0. 9904
0. 02	0. 9899	0. 9894	0. 9889	0. 9884	0. 9879	0. 9873	0. 9868	0. 9863	0. 9858	0. 9853
0. 03	0. 9848	0. 9843	0. 9837	0. 9832	0. 9827	0. 9822	0. 9817	0. 9811	0. 9806	0. 9801
0. 04	0. 9796	0. 9791	0. 9785	0. 9780	0. 9775	0. 9770	0. 9764	0. 9759	0. 9954	0. 9749
0. 05	0. 9743	0. 9738	0. 9733	0. 9728	0. 9722	0. 9717	0. 9712	0. 9706	0. 9701	0. 9696
0. 06	0. 9690	0. 9685	0. 9680	0. 9674	0. 9669	0. 9664	0. 9658	0. 9653	0. 9648	0. 9642
0. 07	0. 9637	0. 9631	0. 9626	0. 9621	0. 9615	0. 9610	0. 9604	0. 9599	0. 9593	0. 9588
0. 08	0. 9583	0. 9577	0. 9572	0. 9566	0. 9561	0. 9555	0. 9550	0. 9544	0. 9539	0. 9533
0. 09	0. 9528	0. 9522	0. 9517	0. 9511	0. 9506	0. 9500	0. 9494	0. 9489	0. 9483	0. 9478
0. 10	0. 9472	0. 9467	0. 9461	0. 9455	0. 9450	0. 9444	0. 9438	0. 9433	0. 9427	0. 9422
0. 11	0. 9416	0. 9410	0. 9405	0. 9399	0. 9393	0. 9387	0. 9382	0. 9376	0. 9370	0. 9365
0. 12	0. 9359	0. 9353	0. 9347	0. 9342	0. 9336	0. 9330	0. 9324	0. 9319	0. 9313	0. 9307
0. 13	0. 9301	0. 9295	0. 9290	0. 9284	0. 9278	0. 9272	0. 9266	0. 9260	0. 9254	0. 9249
0. 14	0. 9243	0. 9237	0. 9231	0. 9225	0. 9219	0. 9213	0. 9207	0. 9201	0. 9195	0. 9189
0. 15	0. 9183	0. 9177	0. 9171	0. 9165	0. 9159	0. 9153	0. 9147	0. 9141	0. 9135	0. 9129
0. 16	0. 9123	0. 9117	0. 9111	0. 9105	0. 9099	0. 9093	0. 9087	0. 9080	0. 9074	0. 9068
0. 17	0. 9062	0. 9056	0. 9050	0. 9044	0. 9037	0. 9031	0. 9025	0. 9019	0. 9012	0. 9006
0. 18	0. 9000	0. 8994	0. 8987	0. 8981	0. 8975	0. 8969	0. 8962	0. 8956	0. 8950	0. 8943
0. 19	0. 8937	0. 8931	0. 8924	0. 8918	0. 8912	0. 8905	0. 8899	0. 8892	0. 8886	0. 8879
0. 20	0. 8873	0. 8867	0. 8860	0. 8854	0. 8847	0. 8841	0. 8834	0. 8828	0. 8821	0. 8814
0. 21	0. 8808	0. 8801	0. 8795	0. 8788	0. 8782	0. 8775	0. 8768	0. 8762	0. 8755	0. 8748
0. 22	0. 8742	0. 8735	0. 8728	0. 8722	0. 8715	0. 8708	0. 8701	0. 8695	0. 8688	0. 8681
0. 23	0. 8674	0. 8667	0. 8661	0. 8654	0. 8647	0. 8640	0. 8633	0. 8626	0. 8619	0. 8612
0. 24	0. 8606	0. 8599	0. 8592	0. 8586	0. 8578	0. 8571	0. 8564	0. 8557	0. 8550	0. 8543
0. 25	0. 8536	0. 8528	0. 8521	0. 8514	0. 8507	0. 8500	0. 8493	0. 8486	0. 8479	0. 8471
0. 26	0. 8464	0. 8457	0. 8450	0. 8442	0. 8435	0. 8428	0. 8421	0. 8413	0. 8406	0. 8399
0. 27	0. 8391	0. 8384	0. 8376	0. 8369	0. 8362	0. 8354	0. 8347	0. 8339	0. 8332	0. 8324
0. 28	0. 8317	0. 8309	0. 8302	0. 8294	0. 8286	0. 8279	0. 8271	0. 8263	0. 8256	0. 8248
0. 29	0. 8240	0. 8233	0. 8225	0. 8217	0. 8209	0. 8202	0. 8194	0. 8186	0. 8178	0. 8170
0. 30	0. 8162	0. 8154	0. 8146	0. 8138	0. 8130	0. 8122	0. 8114	0. 8106	0. 8098	0. 8090
0. 31	0. 8082	0. 8074	0. 8066	0. 8058	0. 8050	0. 8041	0. 8033	0. 8025	0. 8017	0. 8008
0. 32	0. 8000	0. 7992	0. 7983	0. 7975	0. 7966	0. 7958	0. 7950	0. 7941	0. 7933	0. 7924

（续）

α_s	0	1	2	3	4	5	6	7	8	9
0.33	0.7915	0.7907	0.7898	0.7890	0.7881	0.7872	0.7864	0.7855	0.7846	0.7837
0.34	0.7828	0.7820	0.7811	0.7802	0.7793	0.7784	0.7775	0.7766	0.7757	0.7748
0.35	0.7739	0.7729	0.7720	0.7711	0.7702	0.7693	0.7683	0.7674	0.7665	0.7655
0.36	0.7646	0.7636	0.7627	0.7617	0.7608	0.7598	0.7588	0.7579	0.7569	0.7559
0.37	0.7550	0.7540	0.7530	0.7520	0.7510	0.7500	0.7490	0.7480	0.7470	0.7460
0.38	0.7449	0.7439	0.7429	0.7419	0.7408	0.7398	0.7387	0.7377	0.7366	0.7356
0.39	0.7345	0.7335	0.7324	0.7313	0.7302	0.7291	0.7280	0.7269	0.7258	0.7247
0.40	0.7236	0.7225	0.7214	0.7202	0.7191	0.7179	0.7168	0.7156	0.7145	0.7133
0.41	0.7121									

注：$\alpha_s=\dfrac{M}{a_1 f_c b h_0^2}$，$A_s=\dfrac{M}{f_y\gamma_s h_0}$。

1. 截面设计

已知弯矩设计值 M、结构重要性系数 γ_0，钢筋与混凝土材料的强度 f_y、$\alpha_1 f_c$、f_t。求截面尺寸 $b\times h$ 及截面受拉钢筋 A_s。

解：（1）利用基本公式

1）确定截面。

按照刚度条件初步确定截面高 h，再按高宽比要求确定截面宽 b，$b\times h$ 应符合模数要求。

2）求截面受压区高度。

由基本公式得 $x=h_0-(h_0^2-2\gamma_0 M/\alpha_1 f_c b)^{1/2}$

验算 $x\leqslant\xi_b h_0$，若 $x>\xi_b h_0$ 则为超筋梁，需要增大截面尺寸，重新设计计算。

若 $x\leqslant\xi_b h_0$ 可继续计算钢筋面积。

3）求钢筋截面面积。

由基本公式得 $A_s=\alpha_1 f_c bx/f_y$

4）选择钢筋根数和直径。

根据所求的钢筋截面面积，查表 2-18、表 2-19，参照构造要求选择并布置钢筋

表 2-18　钢筋计算截面面积及公称质量表

直径 (d) /mm	不同根数钢筋的计算截面面积/mm²									单根钢筋公称质量 /(kg/m)
	1	2	3	4	5	6	7	8	9	
6	28.3	57	85	113	142	170	198	226	255	0.222
8	50.3	101	151	201	252	302	352	402	453	0.395
10	78.5	157	236	314	393	471	550	628	707	0.617
12	113.1	226	339	452	565	678	791	904	1017	0.888
14	153.9	308	461	615	769	923	1077	1230	1387	1.21

（续）

直径（d）/mm	不同根数钢筋的计算截面面积/mm²									单根钢筋公称质量/(kg/m)
	1	2	3	4	5	6	7	8	9	
16	201.1	402	603	804	1005	1206	1407	1608	1809	1.58
18	254.5	509	763	1017	1272	1526	1780	2036	2290	2.00（2.11）
20	314.2	628	941	1256	1570	1884	2200	2513	2827	2.47
22	380.1	760	1140	1520	1900	2281	2661	3041	3421	2.98
25	490.9	982	1473	1964	2454	2945	3436	3927	4418	3.85（4.10）
28	615.3	1232	1847	2463	3079	3595	4310	4926	5542	4.83
32	804.3	1609	2418	3217	4021	4826	5630	6434	7238	6.31（6.65）
36	1017.9	2036	3054	4072	5089	6107	7125	8143	9161	7.99
40	1256.1	2513	3770	5027	6283	7540	8796	10053	11310	9.87（10.34）
50	1963.5	3928	5892	7856	9820	11784	13748	15712	17676	15.42（16.28）

注：括号内为预应力螺纹钢筋的数值。

表 2-19　每米板宽各种钢筋间距时的钢筋截面面积

钢筋间距/mm	当钢筋直径（mm）为下列数值时的钢筋截面面积/mm²													
	3	4	5	6	6/8	8	8/10	10	10/12	12	12/14	14	14/16	16
70	101	179	281	404	561	719	920	1121	1369	1616	1908	2199	2536	2872
75	94.3	167	262	377	524	671	859	1047	1277	1508	1780	2053	2367	2681
80	88.4	157	245	354	491	629	805	981	1198	1414	1669	1924	2218	2513
85	83.2	148	231	333	462	592	758	924	1127	1331	1571	1811	2088	2365
90	78.5	140	218	314	437	559	716	872	1064	1257	1484	1710	1972	2234
95	74.5	132	207	298	414	529	678	826	1008	1190	1405	1620	1868	2116
100	70.6	126	196	283	393	503	644	785	958	1131	1335	1539	1775	2011
110	64.2	114	178	257	357	457	585	714	871	1028	1214	1399	1614	1828
120	58.9	105	163	236	327	419	537	654	798	942	1112	1283	1480	1676
125	56.5	100	157	226	314	402	515	628	766	905	1068	1232	1420	1608
130	54.4	96.6	151	218	302	387	495	604	737	870	1027	1184	1366	1547
140	50.5	89.7	140	202	281	359	460	561	684	808	954	1100	1268	1436
150	47.1	83.8	131	189	262	335	429	523	639	754	890	1026	1183	1340
160	44.1	78.5	123	177	246	314	403	491	599	707	834	962	1110	1257
170	41.5	73.9	115	166	231	296	379	462	564	665	786	906	1044	1183
180	39.2	69.8	109	157	218	279	358	436	532	628	742	855	985	1117
190	37.2	66.1	103	149	207	265	339	413	504	595	702	810	934	1058
200	35.3	62.8	98.2	141	196	251	322	393	479	565	668	770	888	1005

（续）

钢筋间距/mm	当钢筋直径（mm）为下列数值时的钢筋截面面积/mm^2													
	3	4	5	6	6/8	8	8/10	10	10/12	12	12/14	14	14/16	16
220	32.1	57.1	89.3	129	178	228	292	357	436	514	607	700	807	914
240	29.4	52.4	81.9	118	164	209	268	327	399	471	556	641	740	838
250	28.3	50.2	78.1	113	157	201	258	314	383	452	534	616	710	804
260	27.2	48.3	75.1	109	151	193	248	302	368	435	514	592	682	773
280	25.2	44.9	70.1	101	140	180	230	281	342	404	477	550	634	718
300	23.6	41.9	66.5	94	131	168	215	262	320	377	445	513	592	670
320	22.1	39.2	61.4	88	123	157	201	245	299	353	417	481	554	628

注：表中钢筋直径中的6/8、8/10是指两种直径的钢筋间隔放置。

5）验算配筋率。

$$\rho=\frac{A_s}{bh_0}\geqslant\rho_{\min}\quad \rho_{\min}=(45f_t/f_y)\%\geqslant0.2\%$$

（2）利用表格

1）确定截面。

按照刚度条件初步确定截面高 h，再按高宽比要求确定截面宽 b，$b\times h$ 应符合模数要求。

2）求系数 α_s、ξ、γ_s。

$$\alpha_s=\gamma_0M/\alpha_1f_cbh_0^2$$

查表2-16、表2-17得 ξ、γ_s，或由计算得：$\xi=1-(1-2\alpha_s)^{1/2}$，$\gamma_s=[1+(1-2\alpha_s)^{1/2}]/2$

3）求钢筋截面面积。

$$A_s=\alpha_1f_cb\xi h_0/f_y\text{，或 }A_s=\gamma_0M/\gamma_sf_yh_0$$

4）、5）同上。

2. 截面抗弯承载力复核

已知弯矩设计值 M、结构重要性系数 γ_0，截面尺寸 $b\times h$，钢筋与混凝土材料的强度 f_y、α_1f_c、f_t，截面配筋 A_s，α_s，验算截面抗弯承载力是否满足要求。

解：（1）利用基本公式

1）检查钢筋布置是否符合规范要求。

计算配筋率：$\rho=\dfrac{A_s}{bh_0}$，应满足 $\rho\leqslant\rho_{\max}$

2）计算受压区高度。

$$x=f_yA_s/\alpha_1f_cb<\xi_bh_0$$

3）计算截面承载力 M_u。

若 $x\leqslant\xi_bh_0$，则 $M_u=\alpha_1f_cbx(h_0-x/2)$

若 $x>\xi_bh_0$，则为超筋截面，取 $x=\xi_bh_0$，$M_u=\alpha_1f_cbh_0^2\xi_b(1-0.5\xi_b)$

4）验算正截面抗弯承载力是否满足要求。

若 $\gamma_0 M \leqslant M_u$，则满足正截面抗弯承载力要求；

若 $\gamma_0 M = M_u$，则处于极限状态；

若 $\gamma_0 M > M_u$，则不满足正截面抗弯承载力要求，可采取提高材料强度、增大截面尺寸或设计成双筋截面等措施。

（2）利用表格

1）检查钢筋布置是否符合规范要求。

$\rho = \dfrac{A_s}{bh_0}$，应满足 $\rho \leqslant \rho_{max}$

2）计算相对受压区高度。

$$\xi = \rho f_y / \alpha_1 f_c$$

3）计算截面承载力 M_u。

查表 2-16、表 2-17 得 α_s 和 γ_s

若 $\xi \leqslant \xi_b$，则 $M_u = \alpha_s \alpha_1 f_c b h_0^2$ 或 $M_u = \gamma_s f_y A_s h_0$

若 $\xi > \xi_b$ 则为超筋截面，取 $\xi = \xi_b$，$M_u = \alpha_1 f_c b h_0^2 \xi_b (1 - 0.5\xi_b)$

4）同上。

工程案例

单筋矩形截面梁正截面抗弯承载力计算案例

1. 设计要求

确定某教学楼中的钢筋混凝土梁截面并按正截面抗弯承载力计算要求确定该梁所需要的纵向钢筋。

2. 基本资料

（1）环境类别：一类，受拉钢筋最小保护层厚度 c=25mm。

（2）安全等级：二级，结构重要性系数 $\gamma_0 = 1.0$。

（3）材料选择：混凝土强度等级为 C20 且不可提高，$f_c = 9.6\text{N/mm}^2$，$f_t = 1.1\text{N/mm}^2$；钢筋采用 HRB335 级，$f_y = 300\text{N/mm}^2$，$\xi_b = 0.55$。

（4）梁上荷载：梁上作用永久作用标准值为 12.9kN/m^2（不包括梁自重），可变作用标准值为 15kN/m^2。

（5）梁支承形式及跨度：简支梁计算跨度 6m，如图 2-33 所示。

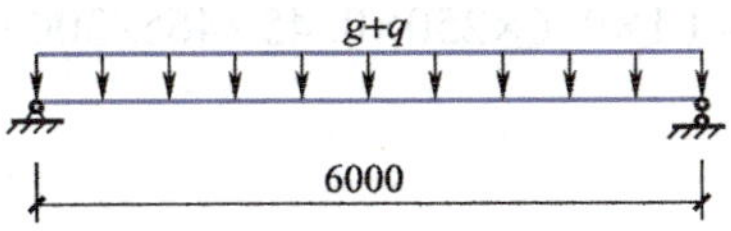

图 2-33　简支梁计算简图

解：（1）利用基本公式

1）确定截面。

选取矩形截面，按单筋梁设计，假设 α_s=35mm

按照刚度条件，截面高 $h=l_0/12=6000\text{mm}/12=500\text{mm}$，取 $h=500\text{mm}$，$h_0=(500-35)\text{mm}=465\text{mm}$

按高宽比要求，截面宽 $b/h=1/2.5\sim1/2$，取 $b=250\text{mm}$

2）求弯矩设计值 M。

$$M_{GK}=gl^2/8=[(12.9+25\times0.25\times0.5)\times6^2/8]\text{kN}\cdot\text{m}=72.1\text{kN}\cdot\text{m}$$

$$M_{QK}=ql^2/8=(15\times6^2/8)\text{kN}\cdot\text{m}=67.5\text{kN}\cdot\text{m}$$

由可变荷载效应控制的组合，梁跨中弯矩设计值：

$$M=1.2M_{GK}+1.4M_{Q1K}=(1.2\times72.1+1.4\times67.5)\text{kN}\cdot\text{m}=181.02\text{kN}\cdot\text{m}$$

由永久荷载效应控制的组合，梁跨中弯矩设计值：

$$M=1.35M_{GK}+1.4\times.07\times M_{Q1K}=(1.35\times72.1+1.4\times0.7\times67.5)\text{kN}\cdot\text{m}=163.49\text{kN}\cdot\text{m}$$

取上述两种情况计算值较大者，梁跨中弯矩设计值 $M=181.02\text{kN}\cdot\text{m}$

3）求受压区高度。

由基本公式得 $x=h_0-(h_0^2-2\gamma_0 M/\alpha_1 f_c b)^{1/2}$

$$=[465-(465^2-2\times180.9\times10^6/1\times9.6\times250)^{1/2}]\text{mm}$$

$$=209.1\text{mm}<\xi_b h_0=(0.55\times465)\text{mm}=255.75\text{mm}$$

4）求钢筋截面面积。

由基本公式得 $A_s=\alpha_1 f_c bx/f_y=(1\times9.6\times250\times209.1/300)\text{mm}^2=1673\text{mm}^2$

5）选择钢筋根数和直径。

根据所求的钢筋截面面积，查表 2-19，选 2 Φ 25+1 Φ 22，$A_s=1742\text{mm}^2>1673\text{mm}^2$

按构造要求布置一排钢筋所需的最小截面宽为

$b_{min}=$（$4\times25+2\times25+1\times22$）$\text{mm}=172\text{mm}<b=250\text{mm}$，纵向钢筋放置一排满足要求。

6）验算配筋率。

$45f_t/f_y\%=45\times1.1/300\%=0.165\%<0.2\%$，取 $\rho_{min}=0.2\%$

$$\rho=\frac{A_s}{bh_0}=1742/(250\times465)=1.5\%\geqslant0.2\%$$

（2）利用表格

1）2）同上。

3）求系数 α_s、ξ、γ_s。

$$\alpha_s=\gamma_0 M/\alpha_1 f_c bh_0^2=180.9\times10^6/(1\times9.6\times250\times465^2)=0.349$$

查表 2-16 得 $\xi=0.45$

4）求钢筋截面面积。

$$A_s=\alpha_1 f_c b\xi h_0/f_y=(1\times9.6\times250\times0.45\times465/300)\text{mm}^2=1674\text{mm}^2$$

5）6）同上。

• 工程案例 •

雨篷板正截面抗弯承载力计算案例

1. 设计要求：按正截面抗弯承载力计算要求设计悬挑雨篷板。

2. 基本资料

（1）环境类别：一类，受拉钢筋最小保护层厚度 $c=15\text{mm}$。

（2）安全等级：二级，结构重要性系数 $\gamma_0=1$。

（3）材料选择：混凝土强度等级为 C25，$f_c=11.9\text{N/mm}^2$，$f_t=1.27\text{N/mm}^2$。钢筋采用 HPB300 级，$f_y=270\text{N/mm}^2$，$\xi_b=0.5757$。

（4）板支承形式及跨度：悬臂板计算跨度 1.2m。

（5）板构造：板上水泥砂浆抹灰 20mm 厚，板下混合砂浆抹灰 20mm 厚。

（6）板上可变荷载：板上作用的可变荷载标准值 $q_k=2\text{kN/m}^2$。

解：（1）确定板厚

按刚度要求：板厚 $h\geqslant l/12=100\text{mm}$，板根部厚度取 100mm，板端部厚度取 80mm。

（2）荷载计算

取 1m 板带计算：

永久荷载标准值：水泥砂浆抹灰自重：$(0.02\times20)\text{kN/m}^2=0.4\text{kN/m}^2$

钢筋混凝土板自重：$(0.09\times25)\text{kN/m}^2=2.25\text{kN/m}^2$

混合砂浆抹灰自重：$(0.02\times17)\text{kN/m}^2=0.34\text{kN/m}^2$

$$g_k=[(0.4+2.25+0.34)\times1]\text{kN/m}=2.99\text{kN/m}$$

可变荷载标准值：$q_k=(2\times1)\text{kN/m}=2\text{kN/m}$

（3）求弯矩设计值

板的根部弯矩最大，所以按根部弯矩计算。

板根部由永久荷载产生的弯矩标准值：$M_{GK}=g_k l_0^2/2=(2.99\times1.2^2/2)\text{kN}\cdot\text{m}=2.153\text{kN}\cdot\text{m}$

板根部由可变荷载产生的弯矩标准值：$M_{Q1K}=q_k l_0^2/2=(2\times1.2^2/2)\text{kN}\cdot\text{m}=1.44\text{kN}\cdot\text{m}$

由可变荷载效应控制的组合，板根部弯矩设计值：

$$M=1.2M_{GK}+1.4M_{Q1K}=(1.2\times2.153+1.4\times1.44)\text{kN}\cdot\text{m}=4.6\text{kN}\cdot\text{m}$$

由永久荷载效应控制的组合，板根部弯矩设计值：

$$M=1.35M_{GK}+1.4\times.07\times M_{Q1K}=(1.35\times2.153+1.4\times0.7\times1.44)\text{kN}\cdot\text{m}=4.318\text{kN}\cdot\text{m}$$

取上述两种情况计算值较大者，即 $M=4.6\text{kN}\cdot\text{m}$

（4）求 α_s、ξ

板的有效高度按纵向钢筋放置一排考虑，$h_0=(100-20)\text{mm}=80\text{mm}$

$$\alpha_s=M/\alpha_1 f_c b h_0^2=4.6\times10^6/(1\times11.9\times1000\times80^2)=0.0604$$

查表：$\xi=0.062<\xi_b$

（5）求纵向受拉钢筋截面积

$$A_s=\alpha_1 f_c b\xi h_0/f_y=(1\times11.9\times1000\times0.062\times80/270)\text{mm}^2=218.6\text{mm}^2$$

（6）选择钢筋直径和间距

根据所求的钢筋截面积，查表 2-19，纵向受力钢筋选Φ6/8@170mm（$A_s=231\text{mm}^2$），按照构造要求分布筋选Φ6@250mm（$A_s=113\text{mm}^2$）

（7）验算配筋率

最小配筋率：$\rho_{min}=45f_t/f_y\%=45\times1.27/270\%=0.21\%>0.2\%$，取 $\rho_{min}=0.21\%$

实际配筋率：$\rho=A_s/bh_0=231/(1000\times80)=0.29\%>\rho_{min}$

工程案例

单筋矩形截面梁正截面抗弯承载力复核案例

1. 设计要求

复核某教学楼中钢筋混凝土梁的正截面抗弯承载力。

2. 基本资料

(1) 环境类别：一类，纵向受拉钢筋最小保护层厚度 $c=25\text{mm}$。

(2) 安全等级：二级，结构重要性系数 $\gamma_0=1.0$。

(3) 材料选择：混凝土强度等级为 C25，$f_c=11.9\text{N/mm}^2$，$f_t=1.27\text{N/mm}^2$；钢筋采用 HRB335 级，$f_y=300\text{N/mm}^2$，$\xi_b=0.55$。

(4) 截面：矩形截面尺寸 $b\times h=250\text{mm}\times500\text{mm}$。

(5) 钢筋配置：受拉区配置 3⌀20，$A_s=941\text{mm}^2$。

(6) 作用效应：弯矩组合值 $M=112\text{kN}\cdot\text{m}$。

解：(1) 验算配筋率

$$\rho=\frac{A_s}{bh_0}=941/250\times465=0.81\%$$

$$\rho_{\min}=45f_t/f_y\%=(45\times1.27/300)\%=0.19\%<0.2\%, \rho_{\min}=0.2\%$$

$\rho>\rho_{\min}$ 符合要求。

(2) 求相对受压区高度

$$\xi=\rho\frac{f_y}{f_c}=0.81\%\times300/11.9=0.204<\xi_b$$

(3) 求截面所能承受的弯矩

$$M_u=f_cbh_0^2\xi(1-0.5\xi)=[11.9\times250\times465^2\times0.204\times(1-0.5\times0.204)]\text{kN}\cdot\text{m}=117.8\text{kN}\cdot\text{m}$$

(4) 验算梁正截面抗弯承载力

$\gamma_0M=(1.0\times112)\text{kN}\cdot\text{m}=112\text{kN}\cdot\text{m}$，$\gamma_0M<M_u$，说明该梁正截面抗弯承载力满足要求。

知识模块 3 双筋矩形截面受弯构件正截面抗弯承载力计算

一、概述

双筋截面受弯构件的用钢量比单筋截面多，一般情况下是不经济的，因此应尽量少用。但是双筋截面受弯构件能够提高构件的承载力，而且受压钢筋的存在可以提高截面的延性，并可减少构件在长期荷载作用下的变形，从而改善抗震性能，因此有些情况还应将构件设计成双筋截面。一般在以下三种情况下采用双筋截面：

1) 当截面承受的弯矩较大，而截面尺寸受到使用条件限制不能增大，材料强度等也不宜改变时，若设计成单筋截面，会使构件的 $\xi>\xi_b$，成为超筋截面，这时需设计成双筋截面。

2）当构件在不同的荷载组合作用下，同一截面承受正负弯矩作用，需在梁的上部和下部分别配置钢筋，成为双筋截面。

3）构件由于某种原因在截面的受压区已配置了纵向受力钢筋，如连续梁的某些支座截面在受压区配置一定数量的钢筋，成为双筋截面。

试验表明，双筋矩形截面梁破坏时，受拉钢筋的拉应力达到屈服强度，受压区混凝土的压应变达到极限压应变，受压钢筋在梁内配置的封闭箍筋适量情况下，能够达到屈服强度。在混凝土受压区高度满足 $x \geqslant 2a'_s$ 的情况下，受压钢筋能和受压混凝土同时达到各自的极限压应变值，这时混凝土被压碎，受压钢筋的应力取决于它的应变。对于HPB300、HRB335、HRB400和RRB400级钢，应变为0.002时，钢筋应力均可达到屈服强度，当受压筋采用高强钢筋时，在受压区混凝土压碎时，钢筋应力只能达到 $0.002E'_s=(0.002\times2\times10^5)\text{N/mm}^2=400\text{N/mm}^2$，不能达到屈服强度。因此《混凝土结构设计规范》（GB 50010—2010）（2015年版）规定，钢筋抗压强度设计值最大取 400N/mm^2。在混凝土受压区高度 $x<2a'_s$ 的情况下，截面破坏时，受压钢筋的应变就达不到0.002，受压钢筋就不能屈服，因此，《混凝土结构设计规范》（GB 50010—2010）（2015年版）规定，混凝土受压区高度必须满足 $x \geqslant 2a'_s$。

想一想　在实际工程中，单筋截面受弯构件和双筋截面受弯构件，哪种情况比较常见？

二、基本计算公式及适用条件

1. 基本计算公式

双筋矩形截面梁正截面承载力计算简图如图2-34所示，截面即将破坏时处于静力平衡状态，按静力平衡条件可得双筋矩形截面梁正截面承载力计算基本公式。

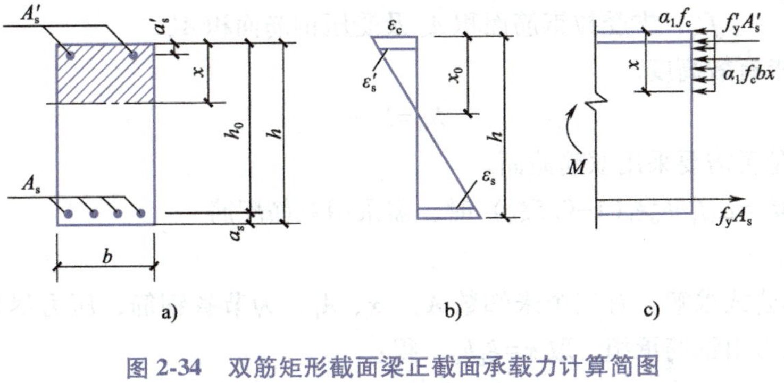

图2-34　双筋矩形截面梁正截面承载力计算简图
a）截面示意图　b）应力分布图　c）等效矩形应力图

由所有力在水平方向内力之和为零的平衡条件可得：

$$\sum x=0 \qquad \alpha_1 f_c bx+f'_y A'_s=f_y A_s \tag{2-21}$$

由所有力对受拉钢筋合力作用点取矩力矩之和等于零的平衡条件得：

$$\sum M=0 \qquad M_u=f'_yA'_s(h_0-a'_s)+\alpha_1 f_c bx(h_0-x/2) \tag{2-22}$$

式中 f'_y——受压区钢筋的抗压强度设计值；

A'_s——受压区钢筋的截面积；

a'_s——受压区钢筋合力作用点至截面受压边缘的距离。

按照承载力极限状态设计应满足

$$\gamma_0 M \leqslant M_u \tag{2-23}$$

2. 适用条件

1）$\rho \leqslant \rho_{max}$ 或 $\xi \leqslant \xi_b$，以防止梁发生超筋破坏。若不满足，可适当增加受压钢筋用量或加大截面尺寸、提高材料强度等级。

2）$x \geqslant 2a'_s$，以保证受压钢筋强度充分利用。若不满足，说明受压钢筋的位置离中性轴太近，受压钢筋的应变 ε'_s 太小，其材料性能不能充分发挥，应力达不到抗压强度设计值 f'_y。计算时可取 $x=2a'_s$，各力对受压钢筋合力点取矩，得：

$$A_s=\frac{\gamma_0 M}{f'_y(h_0-a'_s)} \tag{2-24}$$

双筋截面中的受拉钢筋常常配置较多，一般均能满足最小配筋率的要求，不必进行验算。

想一想 请同学们分析，双筋矩形截面梁在受力时，混凝土和钢筋的受力情况。

三、计算类型及计算方法

在实际设计中，双筋矩形受弯构件正截面受弯承载力计算包括截面设计、截面复核两类问题。

1. 截面设计

（1）已知截面尺寸 $b \times h$，弯矩设计值 M，结构重要性系数 γ_0，结构的环境等级，材料强度 f_c、f_y、f_t、f'_y，求受拉钢筋面积 A_s 及受压钢筋面积 A'_s

解：1）求有效高度。

$$h_0=h-a_s$$

2）验算是否需要采用双筋截面。

当 $\gamma_0 M > M_u=\alpha_1 f_c bh_0^2\xi_b(1-0.5\xi_b)$ 时，需采用双筋配筋。

3）求 A'_s。

利用基本公式求解，有三个未知数 A'_s、x、A_s，为节省钢筋，压力尽量由混凝土承担，多余的压力由钢筋承担，取 $x=\xi_b h_0$，得：

$$A'_s=[\gamma_0 M-\alpha_1 f_c bh_0^2\xi_b(1-0.5\xi_b)]/f'_y(h_0-a'_s)$$

4）求 A_s。

$$A_s=[\alpha_1 f_c bh_0\xi_b+f'_yA'_s]/f_y$$

5）选择受压钢筋和受拉钢筋。

分别选择受压钢筋和受拉钢筋直径及根数，并进行截面钢筋布置。

（2）已知截面尺寸 $b\times h$，弯矩设计值 M，结构重要性系数 γ_0，受压钢筋面积 A'_s，结构的环境等级，材料强度 f_c、f_y、f_t、f'_y，求受拉钢筋面积 A_s

解：1）求有效高度。

$$h_0=h-a_s$$

2）求受压区高度 x。

利用基本公式解方程即可求得：

$$x=h_0-\sqrt{h_0^2-2[\gamma_0 M-f'_y A'_s(h_0-a'_s)]/\alpha_1 f_c b}$$

3）求 A_s。

①当 $2a'_s\leqslant x\leqslant \xi_b h_0$ 时，$A_s=[\alpha_1 f_c bx+f'_y A'_s]/f_y$。

②当 $x<2a'_s$ 时，取 $x=2a'_s$，$A_s=\dfrac{\gamma_0 M}{f_y(h_0-a'_s)}$。

如不计受压钢筋的作用，求得的受拉钢筋总截面积比上式结果大，则按单筋截面计算受拉钢筋。

③当 $x>\xi_b h_0$ 时，说明受压钢筋面积 A'_s 配置较少，应加大受压筋面积，重新计算。

4）选择受拉钢筋。

选择受拉钢筋直径及根数，并布置钢筋。

2. 截面抗弯承载力复核

已知弯矩设计值 M，结构重要性系数 γ_0，结构的环境等级，截面尺寸 $b\times h$，材料强度 f_c、f_y、f_t、f'_y，截面配筋 A_s、a_s、A'_s、a'_s。验算正截面抗弯承载力是否满足要求。

解：1）检查钢筋布置是否符合规范要求。

2）计算受压区高度 x。

$$x=\frac{f_y A_s-f'_y A'_s}{\alpha_1 f_c b}$$

3）验算正截面抗弯承载力。

若 $\gamma_0 M\leqslant M_u$，则满足正截面抗弯承载力要求；若 $\gamma_0 M=M_u$，则处于极限状态；若 $\gamma_0 M>M_u$，则不满足正截面抗弯承载力要求，可采取提高材料强度、增大截面尺寸或设计成双筋截面等措施。

其中①当 $2a'_s\leqslant x\leqslant \xi_b h_0$ 时，$M_u=\alpha_1 f_c bx(h_0-x/2)+f'_y A'_s(h_0-a'_s)$

②当 $x<2a'_s$ 时，取 $x=2a'_s$，$M_u=f_y A_s(h_0-a'_s)$

③当 $x>\xi_b h_0$ 时，取 $x=\xi_b h_0$，$M_u=\alpha_1 f_c b h_0^2 \xi_b(1-0.5\xi_b)+f'_y A'_s(h_0-a'_s)$

• 工程案例 •

双筋矩形截面梁正截面抗弯承载力计算案例 1

1. 设计要求

按正截面抗弯承载力计算要求确定某教学楼中的钢筋混凝土梁所需要的纵向钢筋。

2. 基本资料

(1) 环境类别：一类，钢筋最小保护层厚度 $c=25\text{mm}$。

(2) 安全等级：二级，结构重要性系数 $\gamma_0=1.0$。

(3) 材料选择：混凝土强度等级为 C25 且不可提高，$\alpha_1=1$，$f_c=11.9\text{N/mm}$，$f_t=1.27\text{N/mm}^2$；钢筋采用 HRB335 级，$f_y=300\text{N/mm}^2$，$\xi_b=0.55$。

(4) 截面：矩形截面，尺寸为 $b\times h=250\text{mm}\times600\text{mm}$，尺寸不能改变。

(5) 作用效应：弯矩设计值 $M=400\text{kN}\cdot\text{m}$。

解：(1) 求有效高度

假设纵向受拉钢筋布置两排

$$a_s=65\text{mm}, a'_s=40\text{mm} \quad h_0=(600-65)\text{mm}=535\text{mm}$$

(2) 验算是否需要采用双筋截面

$$\begin{aligned}M_u&=\alpha_1 f_c b h_0^2\xi_b(1-0.5\xi_b)\\&=[1\times11.9\times250\times535^2\times0.55\times(1-0.5\times0.55)]\text{kN}\cdot\text{m}\\&=340\text{kN}\cdot\text{m}\end{aligned}$$

$340\text{kN}\cdot\text{m}<\gamma_0 M=400\text{kN}\cdot\text{m}$，需采用双筋截面

(3) 求钢筋面积

取 $x=\xi_b h_0=(0.55\times535)\text{mm}=294.25\text{mm}$ 得：

$$\begin{aligned}A'_s&=\frac{\gamma_0 M-\alpha_1 f_c b h_0^2\xi_b(1-0.5\xi_b)}{f'_y(h_0-a'_s)}\\&=\{[1.0\times400\times10^6-1\times11.9\times250\times535^2\times0.55\times(1-0.5\times0.55)]/\\&\quad[300\times(535-40)]\}\text{mm}^2\\&=404\text{mm}^2\end{aligned}$$

$$\begin{aligned}A_s&=\{[\alpha_1 f_c bx+f'_y A'_s]/f_y=[1\times11.9\times250\times294.25+300\times404]/300\}\text{mm}^2\\&=3322\text{mm}^2\end{aligned}$$

(4) 选钢筋

取受压区钢筋为 2⌀16($A'_s=402\text{mm}^2$)；受拉区钢筋为 4⌀25+4⌀22($A_s=3484\text{mm}^2$)，受拉钢筋布置两层。如图 2-35 所示。

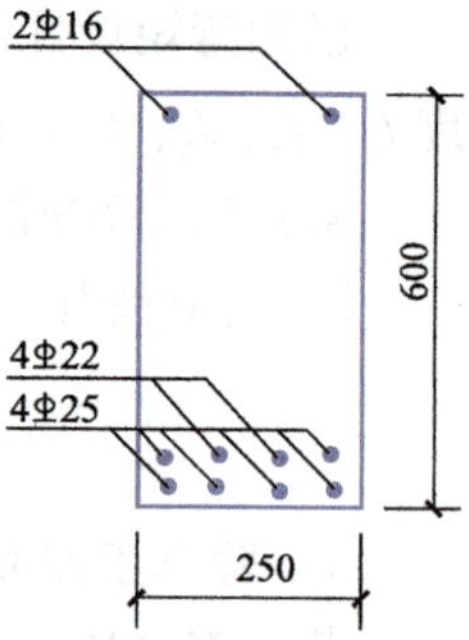

图 2-35　配筋图

• 工程案例 •

双筋矩形截面梁正截面抗弯承载力计算案例 2

1. 设计要求

按正截面抗弯承载力计算要求确定某教学楼中的钢筋混凝土梁所需要的纵向钢筋。

2. 基本资料

条件同上，但受压区已配有钢筋：2⌀20

解：(1) 求有效高度

$$a_s=65\text{mm}, a'_s=40\text{mm} \quad h_0=(600-65)\text{mm}=535\text{mm}$$

（2）求受压区高度 x

$$x=h_0-h_0^2-2[\gamma_0M-f'_yA'_s(h_0-a'_s)]/\alpha_1f_cb$$
$$=\{535-535^2-2\times[1\times400\times10^6-300\times628\times(535-40)]/(1\times11.9\times250)\}\text{mm}$$
$$=252.1\text{mm}<h_0\xi_b=(0.55\times535)\text{mm}=294.25\text{mm}$$

（3）求钢筋面积

$$A_s=(\alpha_1f_cbx+f'_yA'_s)/f_y$$
$$=[(1\times11.9\times250\times252.1+300\times628)/300]\text{mm}^2$$
$$=3128\text{mm}^2$$

（4）选钢筋

取受拉区钢筋为 4Φ25+4Φ20（$A_s=3220\text{mm}^2$），受拉钢筋布置两层。

（5）比较用钢量

本设计总用钢量为 $(628+3128)\text{mm}^2=3756\text{mm}^2$

上题总用钢量为 $(404+3322)\text{mm}^2=3726\text{mm}^2$，比较结果，本设计不经济，因为没有充分利用混凝土的强度，使得总用钢量增加。

• 工程案例 •

双筋矩形截面梁正截面抗弯承载力复核案例

1. 设计要求

复核某教学楼中钢筋混凝土梁的正截面抗弯承载力。

2. 基本资料

（1）环境类别：一类，钢筋最小保护层厚度 $c=25\text{mm}$。

（2）安全等级：二级，结构重要性系数 $\gamma_0=1.0$。

（3）材料选择：混凝土强度等级为 C25，$\alpha_1=1$，$f_c=11.9\text{N/mm}$，$f_t=1.27\text{N/mm}^2$；钢筋采用 HRB335 级，$f_y=300\text{N/mm}^2$，$\xi_b=0.55$。

（4）截面：矩形截面，尺寸为 $b\times h=200\text{mm}\times500\text{mm}$。

（5）作用效应：最大弯矩设计值 $M=160\text{kN}\cdot\text{m}$。

（6）受拉钢筋：3Φ25，受压钢筋：2Φ16。

解：（1）检查钢筋布置是否符合规范要求

$$a_s=35\text{mm},a'_s=35\text{mm}\quad h_0=(500-35)\text{mm}=465\text{mm}$$
$$A_s=1473\text{mm}^2\quad A'_s=402\text{mm}^2$$
$$\rho_{min}=45f_t/f_y\%=(45\times1.27/300)\%=0.19\%<0.2\%,\rho_{min}=0.2\%$$
$$\rho=A_s/bh_0=1473/(200\times465)=1.58\%\quad \rho'=A'_s/bh_0=402/(200\times465)=0.43\%$$

$\rho>\rho_{min}$，$\rho'>\rho_{min}$ 符合要求。

（2）计算受压区高度 x

$$x=\frac{f_yA_s-f'_yA'_s}{\alpha_1f_cb}=[(300\times1473-300\times402)/(1\times11.9\times200)]\text{mm}=135\text{mm}$$
$$x>2a'_s=70\text{mm},x<\xi_bh_0=(0.55\times465)\text{mm}=255.75\text{mm}$$

(3) 验算正截面抗弯承载力

$M_u=\alpha_1 f_c bx(h_0-x/2)+f'_y A'_s(h_0-a'_s)$

$=f'_y A'_s(h_0-a'_s)+\alpha_1 f_c bx(h_0-x/2)$

$=[300\times402\times(465-35)+1\times11.9\times200\times135\times(465-135/2)]\text{kN}\cdot\text{m}=179.6\text{kN}\cdot\text{m}$

$\gamma_0 M=160\text{kN}\cdot\text{m}$，$\gamma_0 M<M_u$，说明该梁正截面抗弯承载力满足要求。

知识模块 4 钢筋混凝土 T 形截面梁设计

一、钢筋混凝土 T 形截面判别

1. 概述

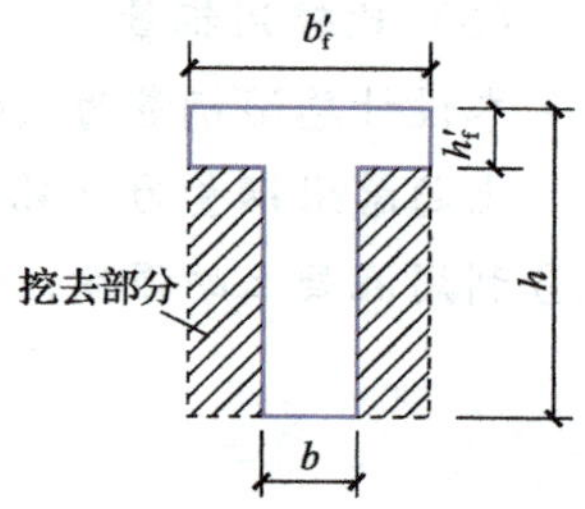

图 2-36 T 形截面梁

矩形截面受弯构件虽然构造简单、施工方便，但由于截面受拉区混凝土对于截面的抗弯能力不起作用，反而增加构件自重，因此对于截面尺寸较大的矩形截面受弯构件，为节省混凝土，减轻构件自重，可挖去受拉区两侧的混凝土，将纵向受拉钢筋集中布置在肋部，形成如图 2-36 所示的 T 形截面，它和原来的矩形截面所能承担的弯矩是相同的。T 形截面伸出的部分称为翼缘，翼缘宽度为 b'_f，厚度为 h'_f；中间部分称为梁肋或腹板，肋宽为 b，截面总高为 h。判断截面是否属于 T 形截面，主要看翼缘部分是否在受压区，翼缘部分在受压区则属于 T 形截面梁。工字形梁在承受正弯矩时，下部翼缘在受拉区不参加受力，上部翼缘在受压区将参加受力，混凝土受压区的形状与 T 形截面相似，因此在计算正截面承载力时可按 T 形截面处理。对中间带有圆孔的空心板，可按工字形截面计算，按照抗弯等效原则，将空心板截面等效换算为工字形截面，方法是在保持截面面积、惯性矩和形心位置不变的情况下，将空心板的圆孔换算为矩形孔。倒 T 形梁在承受正弯矩时，翼缘在受拉区不参加受力，按矩形处理。在实际工程中，T 形截面受弯构件应用十分广泛，如现浇肋形楼盖中的主梁和次梁、厂房中的吊车梁等。

试验与理论研究表明，T 形梁受弯后，翼缘的纵向压应力沿翼缘宽度方向分布是不均匀的，靠近肋部压应力较大，远离肋部压应力越小，为此，在设计中需要把受压翼缘的计算宽度 b'_f 限制在一定范围内，并假定在 b'_f 范围内压应力是均匀分布的，其应力值取峰值应力，如图 2-37 所示。

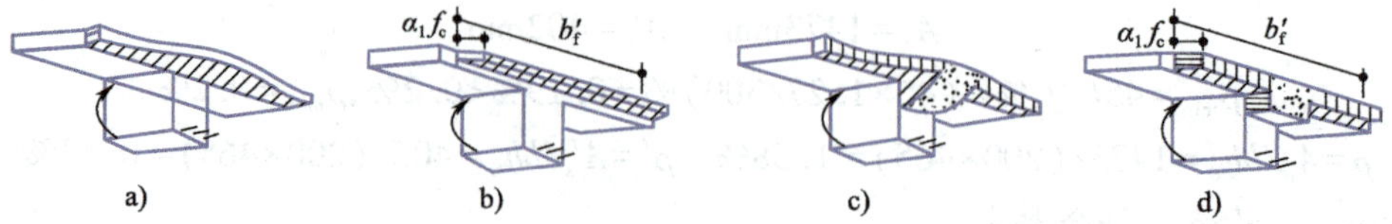

图 2-37 T 形截面翼缘的应力分布和计算宽度

翼缘计算宽度 b'_f 与受弯构件的受力情况（整体肋形梁或独立梁）、梁的计算跨度 l_0、翼缘厚度 h'_f 等因素有关。《混凝土结构设计规范》（GB 50010—2010）(2015 年版）规定 T 形截面受弯构件位于受压区的翼缘计算宽度 b'_f 可按表 2-20 中有关规定的最小值取用。

表 2-20 T 形、倒 L 形截面受弯构件翼缘计算宽度 b'_f

考虑情况	T 形截面		倒 L 形截面
	肋形梁（板）	独立梁	肋形梁（板）
按计算跨度 l_0 考虑	$\frac{1}{3}l_0$	$\frac{1}{3}l_0$	$\frac{1}{6}l_0$
按梁（肋）净距 S_n 考虑	$b+S_n$	—	$b+\frac{S_n}{2}$
按翼缘高度 h'_f 考虑	$b+12h'_f$	b	$b+5h'_f$

注：1. 表中 b 为梁的腹板宽度。
2. 如肋形梁在梁跨内设有间距小于纵肋间距的横肋时，则可不遵守表列第三种情况的规定。
3. 对有加腋的 T 形和 L 形截面，当受压区加腋的高度 $h_h \geqslant h'_f$ 且加腋的宽度 $b_h \leqslant 3h_h$ 时，则其翼缘计算宽度可按表列第三种情况规定分别增加 $2b_h$（T 形截面）和 b_h（倒 L 形截面）。
4. 独立梁受压区的翼缘板在荷载作用下经验算沿纵肋方向可能产生裂缝时，其计算宽度应取用腹板宽度 b。

2. 两类 T 形截面的判别

如图 2-38a 所示，$x \leqslant h'_f$，中和轴在翼缘内，为第一类 T 形截面；如图 2-38b 所示，$x > h'_f$，中和轴在腹板内，为第二类 T 形截面。两类 T 形截面受力不同，计算公式也必然不同，因此计算时必须首先判别截面属于哪一类 T 形截面。

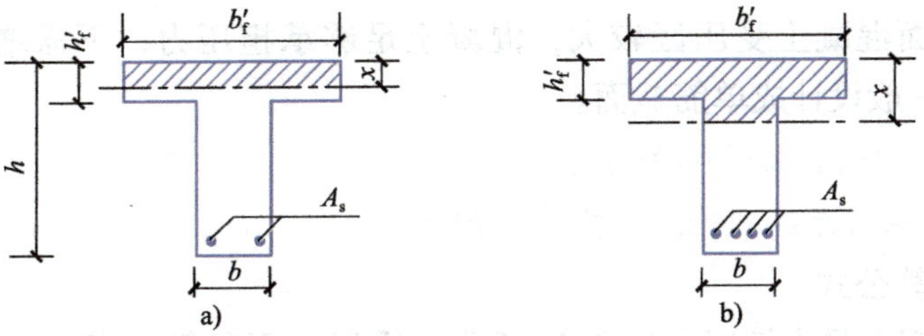

图 2-38 两类 T 形截面

如图 2-39 所示，$x=h'_f$，中和轴通过翼缘底面，为两类 T 形截面界限情况，可用这个特定条件来判别 T 形截面的类型。界限情况下破坏时，其受力状态与截面尺寸为 $b'_f \times h$ 的单筋矩形截面相同。根据力的平衡条件 $\sum X=0$ 及力矩 $\sum Ms=0$ 平衡条件可列出两个静力平衡方程：

$$\alpha_1 f_c b'_f h'_f = f_y A_s \tag{2-25}$$

$$M = M_u = \alpha_1 f_c b'_f h'_f (h_0 - h'_f/2) \tag{2-26}$$

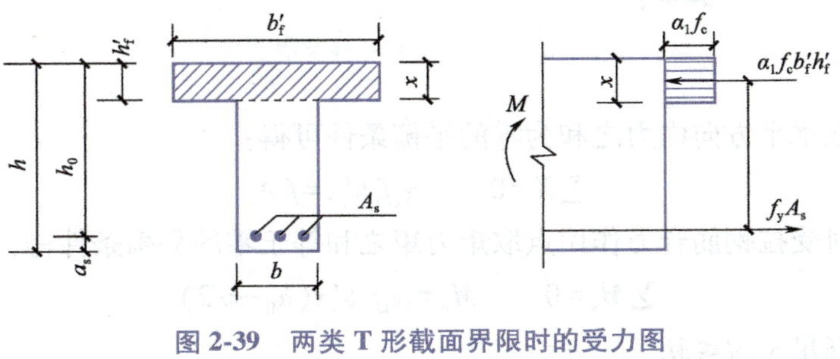

图 2-39 两类 T 形截面界限时的受力图

当进行截面设计时，M 已知，A_s 未知，可用以下公式判别：

第一类 T 形截面 $\gamma_0 M \leqslant \alpha_1 f_c b'_f h'_f (h_0 - h'_f/2)$ (2-27)

第二类 T 形截面 $\gamma_0 M > \alpha_1 f_c b'_f h'_f (h_0 - h'_f/2)$ (2-28)

当进行强度复核时，A_s 为已知，M 未知，可用下列公式判别：

第一类 T 形截面 $f_y A_s \leqslant \alpha_1 f_c b'_f h'_f$ (2-29)

第二类 T 形截面 $f_y A_s > \alpha_1 f_c b'_f h'_f$ (2-30)

这是因为当 $f_y A_s \leqslant \alpha_1 f_c b'_f h'_f$ 或 $\gamma_0 M \leqslant \alpha_1 f_c b'_f h'_f (h_0 - h'_f/2)$ 时，即钢筋所承受的拉力小于或等于全部翼缘高度混凝土受压时所承担的压力，不需要全部翼缘混凝土受压就足以与钢筋负担的拉力或弯矩设计值相平衡，故 $x \leqslant h'_f$，属于第一类 T 形截面。反之，说明仅仅翼缘高度内的混凝土受压尚不足以与钢筋负担的拉力或弯矩设计值相平衡，中和轴将下移，即 $x > h'_f$，属于第二类 T 形截面。

查一查 利用网络查找实际工程中的 T 形梁，说一说与矩形截面梁相比，T 形梁有哪些特点？

二、钢筋混凝土 T 形截面受弯构件正截面承载力

由于 T 形截面混凝土受压区较大，混凝土足够承担压力，不需增设受压钢筋，所以，T 形截面梁一般设计成单筋截面。

（一）基本计算公式及适用条件

1. 第一类 T 形截面基本计算公式及适用条件

（1）基本计算公式

第一类 T 形截面受力情况如图 2-40 所示，受压区面积仍是宽为 b'_f 的矩形，而受拉区形状与截面受弯承载力无关。故这种类型可按截面为 $b'_f \times h$ 的矩形截面进行承载力计算，计算时只需将单筋矩形截面公式中的梁宽 b 用 b'_f 代替。

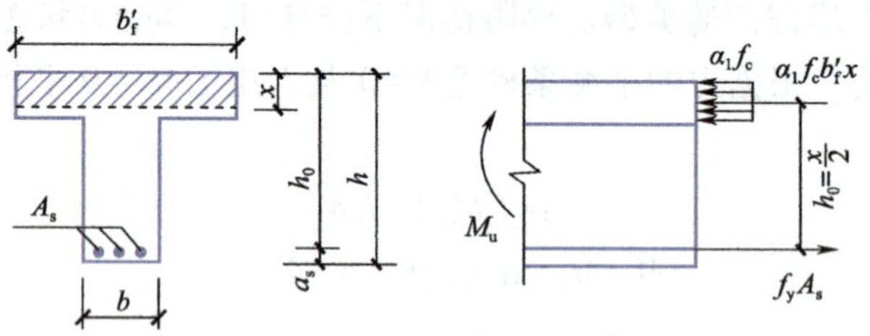

图 2-40 第一类 T 形截面受力图

由所有力在水平方向内力之和为零的平衡条件可得：

$$\sum X = 0 \qquad \alpha_1 f_c b'_f x = f_y A_s \tag{2-31}$$

由所有力对受拉钢筋合力作用点取矩力矩之和等于零的平衡条件得：

$$\sum M_s = 0 \qquad M_u = \alpha_1 f_c b'_f x (h_0 - x/2) \tag{2-32}$$

设计时应满足 $\gamma_0 M \leqslant M_u$ (2-33)

（2）适用条件

为防止截面出现超筋破坏，应满足 $x \leqslant \xi_b h_0$。对于第一类 T 形截面，$x \leqslant h'_f$，由于

h'_f/h_0 一般都较小，因而 ξ 值较小，均满足此条件，所以不必验算。

为防止截面出现少筋破坏，应满足 $\rho \geqslant \rho_{min}$　其中 $\rho = A_s/bh_0$。

2. 第二类 T 形截面基本计算公式及适用条件

（1）基本计算公式

第二类 T 形截面受力情况如图 2-41 所示。

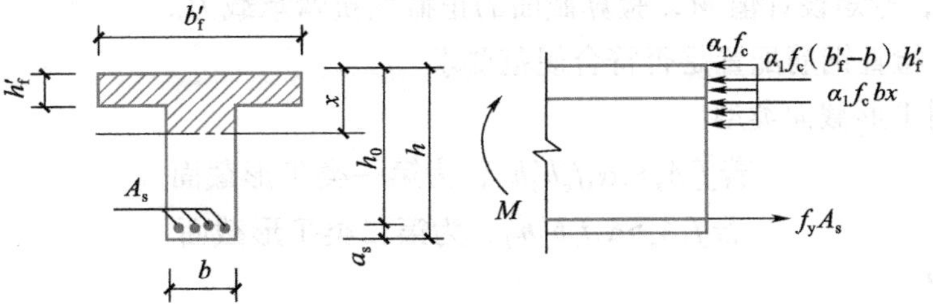

图 2-41　第二类 T 形截面受力图

由所有力在水平方向内力之和为零的平衡条件可得：

$$\sum H=0 \qquad \alpha_1 f_c(b'_f-b)h'_f+\alpha_1 f_c bx=f_y A_s \tag{2-34}$$

由所有力对受拉钢筋合力作用点取矩力矩之和等于零的平衡条件得：

$$\sum M=0 \qquad M_u=\alpha_1 f_c(b'_f-b)h'_f(h_0-h'_f/2)+\alpha_1 f_c bx(h_0-x/2) \tag{2-35}$$

设计时应满足 $\gamma_0 M \leqslant M_u$

（2）适用条件

为防止截面出现超筋破坏，应满足 $x \leqslant \xi_b h_0$。

为防止截面出现少筋破坏，应满足 $\rho \geqslant \rho_{min}$。对于第二类 T 形截面，由于受压区已进入腹板，相应的受拉钢筋配置较多，配筋率一般均能满足最小配筋率要求，所以不必验算。

（二）计算类型及计算方法

在实际设计中，T 形受弯构件正截面抗弯承载力计算包括截面设计、截面复核两类问题。

1. 截面设计

已知 T 形梁的截面尺寸 $b \times h \times b'_f \times h'_f$、结构重要性系数 γ_0，结构的环境等级，钢筋混凝土材料的强度 f_c、f_y、f_t、f'_y，弯矩设计值 M，求受拉钢筋面积 A_s。

解：（1）求有效高度

$h_0=h-a_s$，在实际截面中布置一层或两层钢筋来假设 a_s 值。

（2）判别 T 形截面类型

若 $\gamma_0 M \leqslant \alpha_1 f_c b'_f h'_f(h_0-h'_f/2)$，为第一类 T 形截面

若 $\gamma_0 M > \alpha_1 f_c b'_f h'_f(h_0-h'_f/2)$，为第二类 T 形截面

（3）求 A_s

第一类 T 形截面：计算方法与截面为 $b'_f \times h$ 的单筋矩形梁完全相同，即先求出受压区高度 x，再求所需的受拉钢筋面积 A_s。

第二类 T 形截面，利用基本公式解出 x 值：

$$x=h_0-\sqrt{h_0^2-2[\gamma_0 M-\alpha_1 f_c(b'_f-b)h'_f(h_0-h'_f/2)]/\alpha_1 f_c b}$$

当 $h'_f<x\leqslant\xi_b h_0$ 时，$A_s=[\alpha_1 f_c bx+\alpha_1 f_c(b'_f-b)h'_f]/f_y$

当 $x>\xi_b h_0$时，须重新进行截面设计。

（4）选择钢筋直径和数量，按照构造要求进行布置

2. 截面复核

已知受拉钢筋数量 A_s 及钢筋布置、截面尺寸 $b\times h\times b'_f\times h'_f$，钢筋混凝土材料的强度 f_c、f_y、f_t、f'_y，弯矩设计值 M，验算截面的正截面抗弯承载力。

解：（1）检查钢筋配置是否符合规范要求

（2）判别 T 形截面类型

若$f_y A_s\leqslant\alpha_1 f_c b'_f h'_f$，为第一类 T 形截面

若$f_y A_s>\alpha_1 f_c b'_f h'_f$，为第二类 T 形截面

（3）求 M_u

第一类 T 形截面类型，按截面为 $b'_f\times h$ 的单筋矩形梁的计算方法求 M_u。

第二类 T 形截面类型：利用基本公式，解出 x 值：

$$x=[f_y A_s-\alpha_1 f_c(b'_f-b)h'_f]/\alpha_1 f_c b$$

当 $x\leqslant\xi_b h_0$ 时，$M_u=\alpha_1 f_c(b'_f-b)h'_f(h_0-h'_f/2)+\alpha_1 f_c bx(h_0-x/2)$

当 $x>\xi_b h_0$ 时，取 $x=\xi_b h_0$，$M_u=\alpha_1 f_c b\xi_b h_0^2(1-0.5\xi_b)+\alpha_1 f_c(b'_f-b)h'_f(h_0-h'_f/2)$

（4）验算正截面抗弯承载力是否满足要求

若 $\gamma_0 M<M_u$，则满足正截面抗弯承载力要求；若 $\gamma_0 M=M_u$，则处于极限状态；若 $\gamma_0 M>M_u$，则不满足正截面抗弯承载力要求，可提高材料强度、增大截面尺寸。

• 工程案例 •

T 形截面梁正截面抗弯承载力计算案例

1. 设计要求

按正截面抗弯承载力计算要求确定该梁所需要的纵向钢筋。

2. 基本资料

（1）环境类别：一类，钢筋保护层厚度 $c=25$mm。

（2）安全等级：二级，结构重要性系数 $\gamma_0=1.0$。

（3）材料选择：混凝土强度等级为 C25 且不可提高，$f_c=11.9\text{N/mm}^2$，$f_t=1.27\text{N/mm}^2$，$\alpha_1=1$；纵向钢筋采用 HRB335 级，$f_y=300\text{N/mm}^2$，$\xi_b=0.55$。

（4）截面尺寸：$b'_f=600$mm、$h'_f=120$mm、$b=250$mm、$h=650$mm。

（5）作用效应：弯矩设计值 $M=540$kN·m。

解：（1）求有效高度

$h_0=h-a_s$，受拉钢筋布置二排：$h_0=(650-60)\text{mm}=590\text{mm}$

（2）判断 T 形截面类型

$$\alpha_1 f_c b'_f h'_f(h_0-h'_f/2)=[1\times11.9\times600\times120\times(590-120/2)]\text{kN·m}$$
$$=454.1\text{kN·m}<M，属于第二类 T 形截面$$

$$x=h_0-\sqrt{h_0^2-2[\gamma_0 M-\alpha_1 f_c(b'_f-b)h'_f(h_0-h'_f/2)]/\alpha_1 f_c b}$$
$$=(590-\sqrt{590^2-2[540\times10^6-1\times11.9\times(600-250)\times120\times(590-120/2)]/(1\times11.9\times250)})\text{mm}$$
$$=186\text{mm}<\xi_b h_0=(0.55\times590)\text{mm}=324.5\text{mm}$$

$$A_s=[\alpha_1 f_c bx+\alpha_1 f_c(b'_f-b)h'_f]/f_y$$
$$=\{[1\times11.9\times250\times186+1\times11.9\times(600-250)\times120]/300\}\text{mm}^2$$
$$=3510.5\text{mm}^2$$

实际选用受拉钢筋：4 ⌀22+4 ⌀25[$A_s=(1520+1964)\text{mm}^2=3484\text{mm}^2$，差值在5%以内]。

• 工程案例 •

T形截面梁正截面抗弯承载力复核案例

1. 设计要求

复核某实验楼中钢筋混凝土梁的正截面抗弯承载力。

2. 基本资料

（1）环境类别：一类，钢筋保护层厚度 $c=25\text{mm}$。

（2）安全等级：二级，结构重要性系数 $\gamma_0=1.0$。

（3）材料选择：混凝土强度等级为C25且不可提高，$f_c=11.9\text{N/mm}^2$，$f_t=1.27\text{N/mm}^2$，$\alpha_1=1$；纵向钢筋采用HRB335级，$f_y=300\text{N/mm}^2$，$\xi_b=0.55$。

（4）截面尺寸：$b'_f=600\text{mm}$、$h'_f=100\text{mm}$、$b=250\text{mm}$、$h=700\text{mm}$。

（5）作用效应：弯矩设计值 $M=500\text{kN}\cdot\text{m}$。

（6）钢筋配置：8 ⌀22，如图2-42所示。

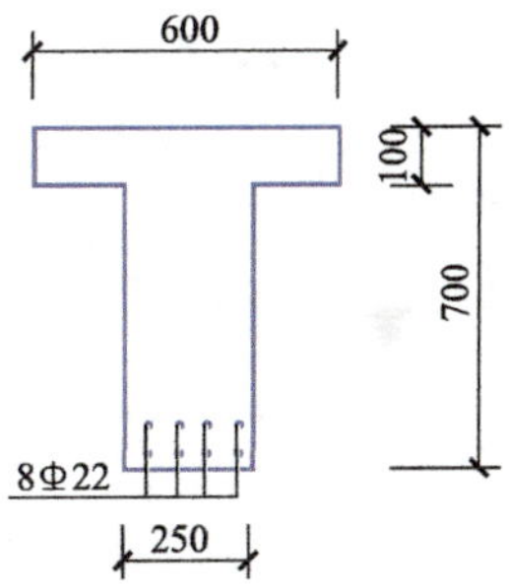

图2-42　截面配筋图

解：（1）检查钢筋配置是否符合规范要求

受拉钢筋布置二排：$h_o=(700-65)\text{mm}=635\text{mm}$

$$A_s=3041\text{mm}^2$$

$$\rho_{min}=45f_t/f_y\%=(45\times1.27/300)\%=0.19\%<0.2\%,\rho_{min}=0.2\%$$

$\rho=A_s/bh_0=3041/(250\times635)=1.92\%$　$\rho>\rho_{min}$ 符合要求。

（2）判断T形截面类型

$$\alpha_1 f_c b'_f h'_f=(1\times11.9\times600\times100)\text{N}=714000\text{N}$$
$$f_y A_s=(300\times3041)\text{N}=912300\text{N}$$

$f_y A_s>\alpha_1 f_c b'_f h'_f$，属于第二类T形截面

$$x=[f_y A_s-\alpha_1 f_c(b'_f-b)h'_f]/\alpha_1 f_c b$$
$$=\{[300\times3041-1\times11.9\times(600-250)\times100]/(1\times11.9\times250)\}\text{mm}$$
$$=166.7\text{mm}<\xi_b h_0=(0.55\times635)\text{mm}=349.25\text{mm}$$

$$M_u = \alpha_1 f_c bx(h_0 - x/2) + \alpha_1 f_c(b'_f - b)h'_f(h_0 - h'_f/2)$$
$$= [1\times11.9\times250\times166.7\times(635-166.7/2)+1\times11.9\times(600-250)\times100\times(635-100/2)]\text{kN}\cdot\text{m}$$
$$= 517.2\text{kN}\cdot\text{m}$$

$\gamma_0 M = 500\text{kN}\cdot\text{m}$，$\gamma_0 M < M_u$，说明该梁正截面抗弯承载力满足要求。

本任务工作单

自测训练

一、填空题

1. 钢筋混凝土单向板中的分布钢筋必须配置在受力钢筋的________。
2. 钢筋混凝土梁中箍筋的主要作用是________。
3. 钢筋混凝土梁中当配筋率小于最小配筋率时属于________。
4. 双筋矩形截面梁承载力计算公式的适用条件是________和________。
5. 为了便于浇筑混凝土以保证钢筋周围混凝土的密实性，梁上部钢筋的净距应不小于________和________，下部钢筋的净距应不小于________和________。

二、选择题

1. 在混凝土单向板中受力钢筋沿（　　）布置。

A. 短边方向　　B. 长边方向　　C. 任意布置

2. 钢筋混凝土梁属于（　　）。

A. 受压构件　　B. 受扭构件　　C. 受弯构件

3. 正截面承载力计算时，不考虑受拉混凝土作用是因为（　　）。

A. 混凝土抗拉强度低

B. 中和轴以下混凝土全部开裂

C. 混凝土不能承担拉力

4. 截面有效高度是指（　　）。

A. 受拉筋外边缘到受压混凝土边缘的距离

B. 箍筋外边缘到受压混凝土边缘的距离

C. 受拉筋合力重心到受压混凝土边缘的距离

5. 提高受弯构件正截面承载力的最有效方法是（　　）。

A. 提高混凝土强度等级　　B. 提高钢筋强度等级　　C. 增加截面高度

6. 混凝土作为钢筋的保护层，可使钢筋在长期使用过程中不致（　　）。

A. 变形　　B. 失稳　　C. 锈蚀

7. 在双筋梁计算中满足 $2a'_s \leqslant x \leqslant \xi_b h_0$，表明（　　）。

A. 受拉受压钢筋均屈服

B. 受拉钢筋屈服，受压钢筋不屈服

C. 受拉受压钢筋均不屈服

8. 梁腹板高度在（　　）情况下应在两侧设置侧向构造钢筋。

A. $h_w \geqslant 400$mm　　B. $h_w \geqslant 450$mm　　C. $h_w \geqslant 500$mm

三、简答题

1. 配筋率的大小对梁正截面承载力有何影响？
2. 单筋矩形梁的适用条件是什么？为什么要满足这些适用条件？
3. 钢筋混凝土梁正截面破坏形式有几种？其特点是什么？
4. 钢筋混凝土梁中应配置哪几种钢筋？各起什么作用？

四、计算题

1. 某教学楼钢筋混凝土简支梁，结构安全等级为二级，承受的永久荷载标准值 $g_k=$

6kN/m（包括梁的自重），可变荷载标准值 $q_k=15kN/m$，梁的计算跨度为5m，梁的截面尺寸为200mm×500mm，试计算梁跨中截面的弯矩设计值。

2. 某教学楼的内廊为简支在砖墙上的现浇钢筋混凝土平板，计算跨度为2.38m，板上作用的可变荷载标准值 $q_k=2kN/m^2$，水磨石地面及细石混凝土垫层共30mm厚（密度为 $22kN/m^3$），板底粉刷白灰砂浆12mm厚（密度为 $17kN/m^3$），板厚为80mm（密度为 $25kN/m^3$），混凝土强度等级采用C20（$f_c=9.6N/mm^2$，$f_t=1.1N/mm^2$），纵向受拉筋采用HPB235级钢筋（$f_y=210N/mm^2$）。试确定板的纵向受拉钢筋截面面积。

3. 已知矩形截面梁 $b\times h=250mm\times500mm$，承受的弯矩设计值为120kN·m，混凝土强度等级采用C20（$f_c=9.6N/mm^2$，$f_t=1.1N/mm^2$），纵向受拉筋采用HRB335级钢筋（$f_y=300N/mm^2$），求纵向受拉钢筋截面面积。

4. 已知单筋矩形截面 $b\times h=250mm\times600mm$，配有5Φ20的HRB335级纵向受拉筋（$f_y=300N/mm^2$），混凝土强度等级采用C25（$f_c=11.9N/mm^2$，$f_t=1.27N/mm^2$），求梁所能承受的最大设计弯矩。

5. 已知双筋截面梁截面 $b\times h=250mm\times500mm$，已配有3Φ22的纵向受拉筋，面积 $A_s=1140mm^2$，2Φ12的纵向受压筋，面积 $A'_s=226mm^2$，混凝土强度等级采用C25（$f_c=11.9N/mm^2$，$f_t=1.27N/mm^2$），纵筋采用HRB335钢筋（$f_y=300N/mm^2$），求梁所能承受的最大设计弯矩。

任务 4 钢筋混凝土受弯构件斜截面设计

任务单

<table>
<tr><td>课程</td><td colspan="6">建筑结构</td></tr>
<tr><td>学习情境二</td><td colspan="3">钢筋混凝土受弯构件设计</td><td colspan="2">学时</td><td>32</td></tr>
<tr><td>任务 4</td><td colspan="3">钢筋混凝土受弯构件斜截面设计</td><td colspan="2">学时</td><td>6</td></tr>
<tr><td colspan="7">布置任务</td></tr>
<tr><td>任务目标</td><td colspan="6">1. 掌握影响梁斜截面抗剪承载力的主要因素，能够在设计中定性分析受弯构件斜截面抗剪承载力情况；
2. 掌握受弯构件斜截面抗剪承载力计算的相关知识，在设计过程中能够进行受弯构件斜截面设计；
3. 学会正确配置梁中腹筋；
4. 学会抗剪承载力复核；
5. 能够在完成任务过程中锻炼职业素养，做到团队协作共同完成任务，做到工作程序严谨认真对待，诚实守信、不瞒骗，培养学生诚实守信的科学求真精神。</td></tr>
<tr><td>任务描述</td><td colspan="6">对某教学楼中的钢筋混凝土矩形截面简支梁进行斜截面设计，提交矩形截面简支梁设计计算书。工作如下：
1. 确定需要进行斜截面承载力计算的截面，计算剪力设计值；
2. 校核梁截面尺寸，若不满足，应加大截面尺寸或提高混凝土强度等级；
3. 判断梁是否需按计算配置腹筋；
4. 按构造配置箍筋或者按计算配置腹筋；
5. 对腹筋进行布置。</td></tr>
<tr><td>学时安排</td><td>布置任务与资讯
2 学时</td><td>计划
0.5 学时</td><td>决策
0.5 学时</td><td>实施
2 学时</td><td>检查
0.5 学时</td><td>评价
0.5 学时</td></tr>
<tr><td>对学生的要求</td><td colspan="6">1. 每名同学均能按照知识思维导图自主学习，并完成知识模块中的自测训练；
2. 严格遵守课堂纪律，学习态度认真、端正，能够正确评价自己和同学在本任务中的素质表现，积极参与小组工作任务讨论，严禁抄袭；
3. 小组讨论混凝土矩形截面梁斜截面设计方案，能够确定需要进行斜截面承载力计算的截面，计算剪力设计值；
4. 独立校核梁截面尺寸，判断梁是否需按计算配置腹筋；
5. 独立按构造配置腹筋或者按计算配置腹筋，并布置腹筋；
6. 讲解钢筋混凝土矩形截面梁斜截面设计过程，接受教师与学生的点评，同时参与小组自评与互评。</td></tr>
</table>

任务知识

知识思维导图

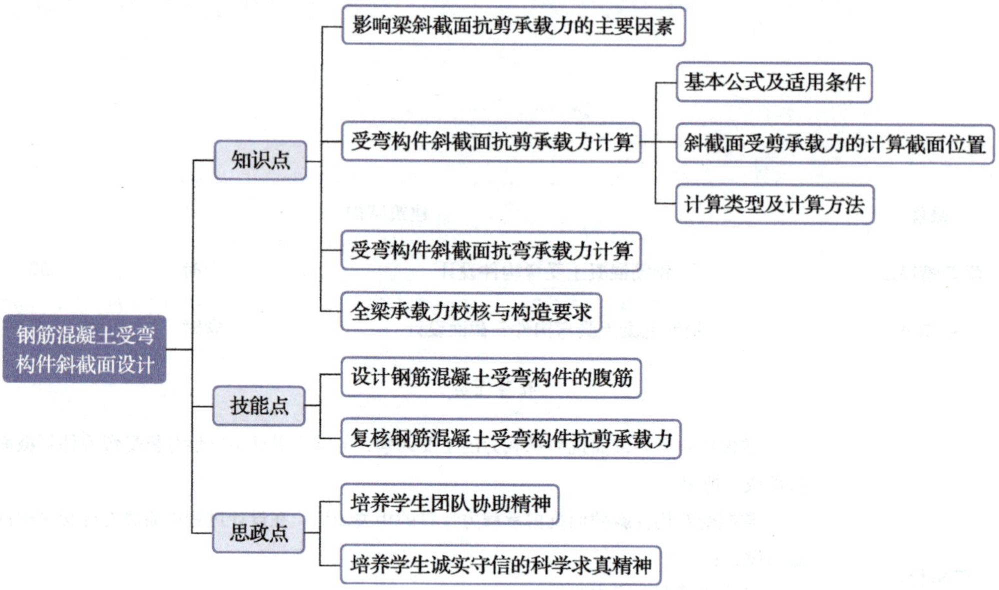

知识模块 1 影响梁斜截面抗剪承载力的主要因素

为使受弯构件不发生斜截面破坏，必须保证受弯构件的斜截面承载力。受弯构件的斜截面承载力包括斜截面受剪承载力和斜截面受弯承载力。斜截面承载力计算可靠指标比正截面承载力计算时高。斜截面受剪承载力通过斜截面抗剪承载力计算来保证，斜截面受弯承载力一般通过构造要求来保证。

梁中箍筋或弯起筋称为腹筋。把既配纵筋，又配箍筋或弯起筋的梁称为有腹筋梁；而只配纵筋，没有箍筋和弯起筋的梁称为无腹筋梁。

试验表明，影响梁斜截面抗剪承载力的因素主要有剪跨比、混凝土强度、腹筋数量和强度、纵向钢筋的配筋率、截面尺寸和截面形状等。

1. 剪跨比

试验表明，剪跨比是集中荷载作用下影响梁斜截面抗剪承载力的主要因素。随着剪跨比的增大，梁的斜截面破坏形态发生显著变化。剪跨比小时，梁大多发生斜压破坏，梁受剪承载力高；剪跨比中等时，梁大多发生剪压破坏，梁受剪承载力次之；剪跨比大时，梁大多发生斜拉破坏，梁受剪承载力很低。

对于有腹筋梁，在低配箍时，剪跨比对梁斜截面抗剪承载力的影响较大；在中等配箍时，剪跨比对梁斜截面抗剪承载力的影响次之；在高配箍时，剪跨比对梁斜截面抗剪承载力的影响较小。

2. 混凝土强度

混凝土强度对梁抗剪承载力的影响很大。梁斜拉破坏承载力主要取决于混凝土抗拉强度，梁剪压破坏和斜压破坏承载力主要取决于混凝土的抗压强度，因此，梁斜截面抗剪承载力随混凝土强度的提高而增大。

3. 腹筋数量和强度

试验表明，梁中腹筋可以直接承担部分剪力，同时限制斜裂缝的延伸和发展。当腹筋配筋量适中时，梁的配筋量和钢筋强度越大，其抗剪承载力越大。

4. 纵向钢筋的配筋率

梁中纵向钢筋能抑制梁斜裂缝的扩展，使斜裂缝上端剪压区的面积增大，从而使梁能承受较大的剪力，同时纵向钢筋本身也能通过销栓作用承受一定的剪力。因而纵向钢筋的配筋量增大时，梁的抗剪承载力也会有一定的提高，但目前我国规范中的抗剪承载力计算公式尚未考虑这一有利影响。

5. 截面尺寸和截面形状

截面尺寸越大，抗剪承载力越高。T 形、I 字形截面梁的受剪承载力略高于矩形截面。对于有腹筋梁，截面尺寸和截面形状对抗剪承载力的影响相对较小，计算时用乘系数的方法加以考虑。

想一想　结合学过的混凝土强度问题，谈谈梁中混凝土在抵抗弯矩、剪力时，发挥怎样的作用？

知识模块 2 ▶▶ 受弯构件斜截面抗剪承载力计算

钢筋混凝土受弯构件斜截面破坏的三种形态中，斜拉破坏可通过控制梁中箍筋的最小配箍率来避免，斜压破坏可通过控制梁的最小截面尺寸来避免。对于常见的剪压破坏，因为梁的受剪承载力变化幅度较大，设计时必须进行计算。《混凝土结构设计规范》（GB 50010—2010）（2015 年版）中的梁斜截面承载力计算基本公式就是根据这种破坏形态的受力特征建立的。由于影响梁斜截面受剪承载力的因素较多，目前梁受剪机理和计算理论还未完全建立起来，《混凝土结构设计规范》（GB 50010—2010）（2015 年版）建议使用的梁斜截面受剪承载力计算公式也是采用理论分析与实践经验相结合的方法得出的。

一、基本公式

如图 2-43 所示为一配置箍筋及弯起筋的简支梁发生斜截面剪压破坏时沿斜裂缝切开所取的隔离体，其斜截面受剪承载力由混凝土受剪承载力、箍筋受剪承载力和弯起钢筋受剪承载力三部分组成。

$$V_u = V_c + V_{sv} + V_{sb} = V_{cs} + V_{sb} \qquad (2\text{-}36)$$

设计时应满足：$\gamma_0 V \leqslant V_u$

式中　V——构件最大剪力组合设计值；

V_u——构件抗剪承载力设计值；

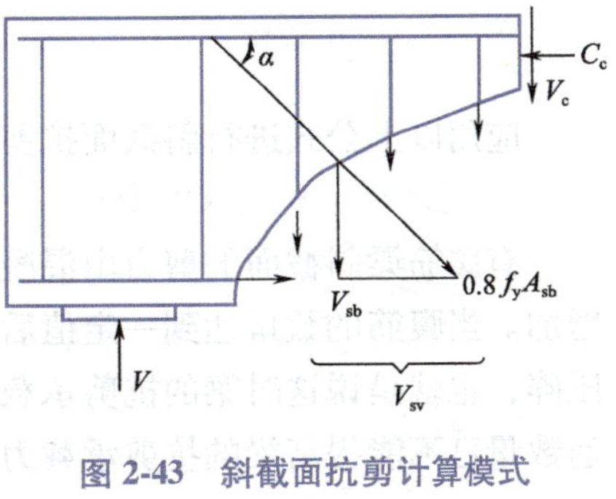

图 2-43　斜截面抗剪计算模式

V_c——剪压区混凝土抗剪承载力设计值；

V_{sv}——与斜裂缝相交的箍筋抗剪承载力设计值；

V_{sb}——与斜裂缝相交的弯起钢筋抗剪承载力设计值；

V_{cs}——斜截面内混凝土与箍筋共同的抗剪承载力设计值。

考虑影响梁斜截面抗剪承载力的主要因素，《混凝土结构设计规范》（GB 50010—2010）（2015 年版）给出混凝土与箍筋的抗剪承载力计算公式如下：

对矩形、T 形和 I 字形截面受弯构件：

$$V_{cs}=\alpha_{cv}f_t bh_0+f_{yv}A_{sv}h_0/s \tag{2-37}$$

式中 α_{cv}——斜截面混凝土受剪承载力系数，对于一般受弯构件取 0.7，对集中荷载作用下的独立梁（包括有多种荷载作用时，集中荷载对支座截面或节点边缘产生的剪力占总剪力值 75%以上的情况），取 $1.75/(\lambda+1)$，当 $\lambda<1.5$ 时，取 $\lambda=1.5$；当 $\lambda>3$ 时，取 $\lambda=3$。

b——计算截面处的矩形截面宽度或 T 形、工字形截面腹板厚度；

f_{yv}——箍筋抗拉强度设计值；

s——沿构件长度方向的箍筋间距。

考虑梁受剪具有脆性破坏性质和弯起钢筋应力分布不均等因素影响，将弯起钢筋的抗剪承载力乘以应力不均匀系数 0.8，《混凝土结构设计规范》（GB 50010—2010）（2015 年版）规定，弯起钢筋的抗剪承载力计算公式如下：

$$V_{sb}=0.8f_y A_{sb}\sin\alpha_s \tag{2-38}$$

式中 f_y——弯起钢筋的抗拉强度设计值；

A_{sb}——斜截面内在同一弯起平面内的弯起钢筋截面面积；

α_s——弯起钢筋与水平线的夹角，一般取 45°，当梁高 $h>800$mm 时宜取 60°。

近年来国内外的试验研究认为，箍筋的抗剪作用比弯起钢筋要好一些，这是由于弯起钢筋的承载范围较大，对裂缝的约束差，且弯起点处的混凝土易被压碎或产生水平撕裂裂缝，而箍筋却能箍紧纵向钢筋，防止撕裂，且对受压区混凝土起套箍作用，提高其抗剪能力，另外箍筋连接受压区混凝土与梁腹板共同工作效果要比弯起钢筋好，所以应尽量设置箍筋抗剪。

想一想 为什么板一般设计时可不进行斜截面抗剪承载力验算？小组讨论，找出原因。

二、适用条件

应用以上公式进行斜截面抗剪承载力计算需符合构件发生剪压破坏的限制条件。

1. 满足最小截面尺寸要求

有腹筋梁斜截面的剪力由混凝土和腹筋共同承担，当梁截面尺寸较小时，腹筋数量增加。当腹筋的数量达到一定值后，其强度还未达到屈服强度时，梁腹部的混凝土已被压碎，也就是说这时梁的抗剪承载力取决于混凝土的抗压强度及梁的截面尺寸，增加腹筋数量已不能提高梁的抗剪承载力，梁发生斜压破坏。为防止发生斜压破坏，《混凝土结构设计规范》(GB 50010—2010)(2015 年版)规定，矩形、T 形和工字形截面受弯构件，其截面尺寸应满足下式要求：

当 $h_w/b \leqslant 4$ 时，属于一般梁，应满足：

$$V \leqslant 0.25\beta_c f_c b h_0 \tag{2-39}$$

当 $h_w/b \geqslant 6$ 时，属于薄腹梁，应满足：

$$V \leqslant 0.2\beta_c f_c b h_0 \tag{2-40}$$

当 $4<h_w/b<6$ 时，其间按直线内插法求得。

对工字形、T 形截面的受弯构件，可根据经验放宽为 $V \leqslant 0.3\beta_c f_c b h_0$。

式中　b——截面宽度，对 T 形、I 字形取腹板宽度；

h_w——截面腹板高度，对矩形截面取有效高度；对 T 形截面取有效高度减去翼缘高度；对 I 字形截面取腹板净高；

β_c——混凝土强度影响系数，当混凝土强度等级 ≤C50 时，$\beta_c=1$；当混凝土强度等级为 C80 时，$\beta_c=0.8$；其间按直线内插法取用。

当上述条件不满足时，应加大构件截面尺寸或提高混凝土强度等级，直到满足为止。

2. 满足箍筋最大间距和最小配箍率要求

试验表明，箍筋的配箍率过小，在剪跨比较大时，梁一旦出现斜裂缝，箍筋将立即屈服甚至拉断，发生斜拉破坏。为了防止构件发生斜拉破坏，《混凝土结构设计规范》(GB 50010—2010)(2015 年版)规定，箍筋的间距不宜超过梁中箍筋最大间距 s_{max}，箍筋最大间距见表 2-21；箍筋配箍率应不小于最小配箍率，否则应按最小配箍率配箍筋。

$$\rho_{sv} \geqslant \rho_{svmin} = 0.24 f_t / f_{yv} \tag{2-41}$$

表 2-21　梁中箍筋最大间距　　（单位：mm）

梁高 h	$V>0.7f_t b h_0$	$V \leqslant 0.7f_t b h_0$
$150<h \leqslant 300$	150	200
$300<h \leqslant 500$	200	300
$500<h \leqslant 800$	250	350
$h>800$	300	400

忆一忆　钢筋混凝土梁发生剪压破坏时的特点。

三、斜截面受剪承载力的计算截面位置

梁受剪破坏很可能发生在抗剪能力最薄弱或应力剧变、易于产生斜裂缝的截面，因此应对这些关键部位进行抗剪承载力计算。经过分析应选择下列计算截面进行计算：

1）支座边缘处的斜截面。由于支座和构件连接在一起，可以共同承受剪力，因此虽然一般支座剪力最大，但并不是最危险的。而支座边缘处的斜截面设计剪力值较大，

又是构件本身承受剪力，因此受剪控制截面应是该截面。计算该截面剪力时，跨度取净跨长，如图 2-44a 的截面 1−1 所示。

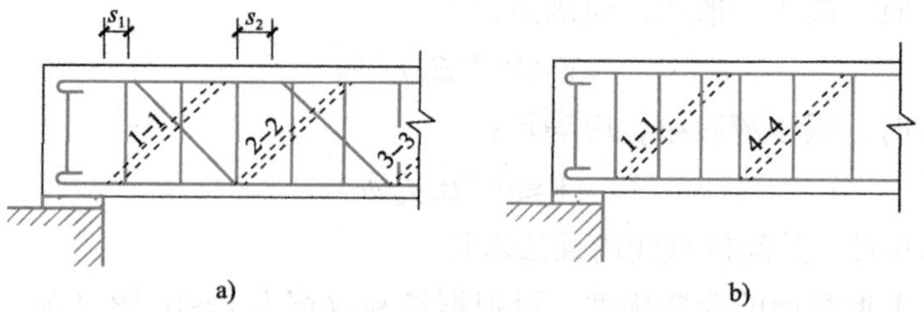

图 2-44　斜截面抗剪承载力计算位置

2）受拉区弯起钢筋弯起点处的斜截面。该截面受剪承载力发生变化，如图 2-44a 的截面 2−2、截面 3−3 所示。

3）箍筋数量和间距改变处的斜截面。该截面受剪承载力发生变化，如图 2-44b 的截面 4−4 所示。

4）腹板宽度改变处的斜截面。该截面受剪承载力发生变化。

在设计时，弯起钢筋距支座边缘的距离 s_1 及弯起钢筋之间的距离 s_2 均不应大于箍筋最大间距 s_{max}，以保证可能出现的斜裂缝与弯起钢筋相交。

四、计算类型及计算方法

在实际设计中，受弯构件斜截面抗剪承载力计算包括斜截面抗剪配筋设计和抗剪承载力复核两类问题。

1. 抗剪配筋设计

已知梁上作用的荷载及梁的支承情况，梁的计算跨度及截面尺寸，混凝土强度等级，纵向受拉钢筋及箍筋种类，纵向受拉钢筋的布置，结构安全系数 γ_0，求配腹筋。

解：（1）确定需要进行斜截面承载力计算的截面，计算剪力设计值

（2）校核梁截面尺寸

若不满足，应加大截面尺寸或提高混凝土强度等级。

（3）判断梁是否需按计算配置腹筋

若 $V \leqslant f_t bh_0$ 或 $V \leqslant [1.75/(\lambda+1)+0.24]f_t bh_0$，可按构造配置箍筋，否则按计算配置腹筋。

（4）计算配置腹筋

1）仅配置箍筋时箍筋的配置。

①预先选定箍筋种类和直径。

按构造要求，先选择箍筋种类，一般选用 HPB300 或 HRB335，再确定箍筋肢数，按构造要求一般常用双肢箍，$n=2$，再确定箍筋直径，按构造要求应不小于 6mm 或 $d_{纵max}/4$，一般常用 6mm、8mm、10mm，查表确定单肢箍筋截面积。

②计算箍筋间距。

$$s \leqslant A_{sv} f_{yv} h_0/(V-0.7f_t bh_0) \text{或} s \leqslant A_{sv} f_{yv} h_0/[V-1.75f_t bh_0/(\lambda+1)]$$

为施工方便箍筋间距应取整数且 $s\leqslant s_{max}$。

③箍筋设置。

按构造要求，箍筋间距 $s\leqslant 400$mm；当梁中配有计算需要的纵向受压钢筋时，$s\leqslant 15d_{压纵min}$；在钢筋搭接接头范围内，当搭接钢筋受拉时 $s\leqslant 5d_{纵}$，且$\leqslant$100mm，当搭接钢筋受压时 $s\leqslant 10d_{纵min}$，且$\leqslant$200mm，靠近交接面的第一根箍筋，与交接面的距离不宜大于 50mm。

④验算配箍率。

$$\rho_{sv}\geqslant\rho_{svmin}$$

2）同时配置箍筋和弯起筋时箍筋和弯起筋的配置。

第一种方法是先选定弯起钢筋，再确定箍筋；第二种方法是先选定箍筋，再确定弯起钢筋。

第一种方法：

①预先选定弯起钢筋种类和直径。

按构造要求，先选择弯起筋种类，一般选用 HRB335 或 HRB400，再确定弯起钢筋直径，一般选择与已配置的纵向钢筋相同的直径，再确定弯起钢筋配置根数，一般选 1 根或 2 根，查表确定弯起钢筋截面积。

②预先选定箍筋种类和直径。

按构造要求，先选择箍筋种类，一般选用 HPB300 或 HRB335，再确定箍筋肢数，按构造要求一般常用双肢箍，$n=2$，再确定箍筋直径，按构造要求应不小于 6mm 或 $d_{纵\,max}/4$，一般常用 6mm、8mm、10mm，查表确定单肢箍筋截面积。

③计算箍筋间距。

均布荷载：$s\leqslant A_{sv}f_{yv}h_0/(V-0.7f_tbh_0-0.8f_y\sin\alpha_sA_{sb})$

集中荷载：$s\leqslant A_{sv}f_{yv}h_0/[V-1.75f_tbh_0/(\lambda+1)-0.8f_y\sin\alpha_sA_{sb}]$

为施工方便箍筋间距应取整数且应满足构造要求。

④验算配箍率。

$$\rho_{sv}\geqslant\rho_{sv\,min}$$

第二种方法：

①预先选定箍筋种类、直径和间距。

箍筋种类、直径选择同上，箍筋间距一般选择 100mm、150mm、200mm。

②求混凝土与箍筋共同承受的剪力 V_{cs}。

$$V_{cs}=\alpha_{cv}f_tbh_0+f_{yv}A_{sv}h_0/s$$

③确定弯起筋直径、根数。

$$A_{sb}\geqslant(V-V_{cs})/0.8f_y\sin\alpha_s$$

根据弯起筋面积选择根数和直径。

④布置弯起筋。

第一排弯起钢筋上弯点距支座边缘不大于最大箍筋间距，一般取 50mm，是否配置第二排弯起钢需要验算，当第一排弯起钢筋下弯点处截面剪力大于上述混凝土和箍筋共同承受的剪力时需配置第二排，否则不需再配置弯起钢筋。是否需要配置第三排方法同上。前一排弯起钢筋下弯点到下一排弯起钢筋上弯点的距离不得大于最大箍筋间距。

2. 抗剪承载力复核

已知梁的计算跨度及截面尺寸、混凝土强度等级、纵向受拉钢筋及箍筋种类、纵向受拉钢筋及腹筋的布置、梁的计算剪力包络图、结构安全系数 γ_0，验算梁斜截面抗剪承载力是否满足要求。

解：(1) 验算截面尺寸

验算截面尺寸是否满足要求，如不满足，则应加大截面尺寸或提高混凝土的强度等级。

(2) 验算梁斜截面抗剪承载力

若 $\gamma_0 V \leqslant V_u$，则斜截面抗剪承载力满足要求，否则应重新设计抗剪钢筋或改变截面尺寸。其中斜截面抗剪承载力 V_u 按下式计算：

仅配置箍筋时：$V_u = \alpha_{cv} f_t b h_0 + f_{yv} A_{sv} h_0 / s$

同时配置箍筋和弯起钢筋时：$V_u = \alpha_{cv} f_t b h_0 + f_{yv} A_{sv} h_0 / s + 0.8 f_y A_{sb} \sin\alpha_s$

知识模块 3 受弯构件斜截面抗弯承载力计算

图 2-45 为斜截面抗弯承载力的计算图式，以受压区混凝土合力作用点 O（转动铰）为中心取矩，可得斜截面抗弯承载力计算公式如下：

$$\gamma_0 M \leqslant M_u = f_y A_s z + \sum f_y A_{sb} z_{sb} + \sum f_{sv} A_{sv} z_{sv} \tag{2-42}$$

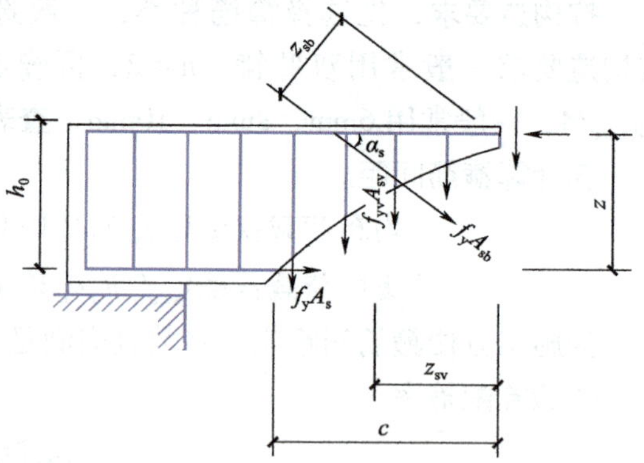

图 2-45 斜截面抗弯计算模式

式中 M——斜截面受压顶端正截面的最大弯矩设计值；

A_s、A_{sv}、A_{sb}——分别为与斜裂缝相交的纵向受拉钢筋、箍筋、弯起钢筋的截面积；

z、z_{sv}、z_{sb}——分别为与斜裂缝相交的纵向受拉钢筋、箍筋、弯起钢筋的合力对受压区混凝土合力作用点的力臂。

在纵向钢筋设计时，正截面的抗弯承载力已经得到保障，如果在斜截面范围内无纵向钢筋弯起，与斜截面相交的钢筋所承受的弯矩与正截面相同，则无需进行斜截面抗弯承载力计算；如果在斜截面范围内有部分纵向钢筋弯起，与斜截面相交的纵向钢筋少于斜截面受压端正截面抗弯所需的纵向钢筋，则需考虑斜截面抗弯问题。一般只要受拉区弯起钢筋弯起点设在按正截面抗弯承载力计算钢筋强度充分利用截面以外不小于 $h_0/2$ 处，也可不必进行斜截面抗弯承载力计算。这是因为部分钢筋弯起，使得与斜截面相交的纵向钢筋减少，由此损失的斜截面抗弯承载力可以由弯起钢筋提供的抗弯承载力来补充，所以不必进行斜截面抗弯承载力的计算。

想一想　对比受弯构件斜截面抗弯承载力计算和正截面抗弯承载力计算，分析二者之间异同。

知识模块 4 全梁承载力校核与构造要求

在实际工程中设计钢筋混凝土受弯构件，一般首先要对若干控制截面进行正截面抗弯承载力计算，确定纵向钢筋的数量和布置方案，然后对若干控制截面进行斜截面抗剪承载力计算，确定箍筋和弯起钢筋的数量和布置方案，最后根据弯矩和剪力设计值沿梁长方向的变化情况，进行全梁承载力校核，保证梁各截面满足正截面抗弯承载力、斜截面抗剪承载力和斜截面抗弯承载力三方面的要求。

弯矩包络图是由永久作用和各种不利位置的可变作用沿梁长度在各截面产生的弯矩设计值 M 的分布图，近似为二次抛物线。抵抗弯矩图是以各截面实际纵向受拉钢筋所能承受的弯矩为纵坐标，以相应的截面位置为横坐标所作出的弯矩图（或称材料图），简称 M_u 图。只要抵抗弯矩图全部覆盖住弯矩包络图，就能满足梁正截面抗弯承载力要求。但如果抵抗弯矩图比弯矩包络图富余较多，说明钢筋强度没有得到充分利用，是不经济的，则可在满足斜截面受弯和受剪承载力要求的前提下，把纵向钢筋在抗弯不需要的地方弯起或截断。钢筋弯起和切断的位置可以通过作材料抵抗弯矩图来确定。

1. 纵向钢筋的弯起

（1）满足正截面抗弯承载力的要求

纵向钢筋弯起后，剩下的纵向钢筋能抵抗的弯矩值降低，设计时必须保证抵抗弯矩图包在设计弯矩图的外面，即 $\gamma_0 M \leqslant M_u$。

（2）满足斜截面受剪承载力的要求

设计时如果利用弯起的纵向钢筋抵抗斜截面的剪力，则纵向钢筋的弯起位置应保证从支座边缘到第一排弯起钢筋上弯点的距离及前一排弯起钢筋下弯点到下一排弯起钢筋上弯点的距离不得大于最大箍筋间距，以防止出现不与弯起钢筋相交的斜裂缝。

（3）满足斜截面抗弯承载力的要求

当纵向钢筋弯起时，其弯起点与充分利用点之间的距离不得小于 $h_0/2$；同时，弯起钢筋与梁纵轴线的交点应位于按计算不需要该钢筋的截面以外。

2. 纵向钢筋的切断

一般情况下，纵向受力钢筋不宜在受拉区截断，因为截断处受力钢筋面积突然减小，会使混凝土拉应力突然增大而导致过早出现斜裂缝。因此，对承受正弯矩的钢筋一般只可将钢筋在计算不需要处弯起而不可以截断。对于连续梁（板）支座承受负弯矩的钢筋可以截断，但截断点应按如下规定确定，如图 2-46 所示：

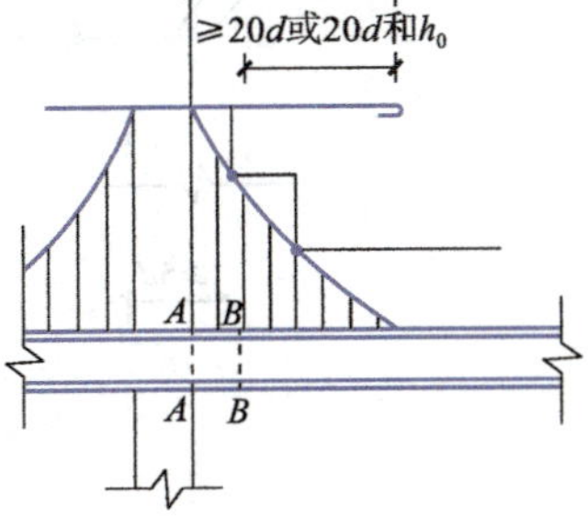

图 2-46　纵筋截断的规定

1）当 $V \leqslant 0.7 f_t b h_0$ 时，应延伸至按正截面抗弯承载力

要求不需要该钢筋的截面以外不小于 $20d$ 且从该钢筋充分利用截面外不小于 $1.2l_a$ 处。

2）当 $V>0.7f_tbh_0$ 时，应延伸至按正截面抗弯承载力要求不需要该钢筋的截面以外不小于 $20d$ 和 h_0 且从该钢筋充分利用截面外不小于 $1.2l_a+h_0$ 处。

3）若按上述规定确定的截断点仍位于支座最大负弯矩对应的受拉区内，则应延伸至不需要该钢筋的截面以外不小于 $1.3l_a$ 和 $20d$ 且从该钢筋充分利用截面外不小于 $1.2l_a+1.7h_0$ 处。

3. 纵向钢筋的锚固

为防止伸入支座的纵向钢筋因锚固不足而发生滑动，甚至从混凝土中拔出，纵向钢筋伸入支座的长度和数量应满足要求。

（1）简支梁和连续梁纵向钢筋在简支座处的锚固

梁下部纵向钢筋伸入支座的锚固长度为 l_{as}，如图 2-47 所示。l_{as} 应满足表 2-22 的规定。

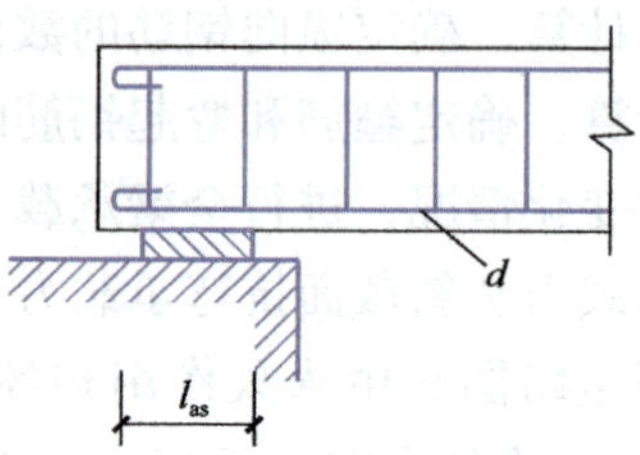

图 2-47　纵筋锚固长度

表 2-22　简支座纵向钢筋锚固长度

钢筋类型	$V\leqslant 0.7f_tbh_0$	$V>0.7f_tbh_0$
光面钢筋	$\geqslant 5d$	$\geqslant 15d$
带肋钢筋	$\geqslant 5d$	$\geqslant 12d$

当纵向钢筋伸入支座的锚固长度不满足表中规定时，应采取下述专门锚固措施，但伸入支座的水平长度不应小于 $5d$。

1）将梁端纵向钢筋上弯，并将弯折后长度计入 l_{as} 内，如图 2-48 所示。

2）在纵向钢筋端部加焊横向锚固钢筋或锚固钢板，如图 2-49 所示，此时可将正常锚固长度减少 $5d$。

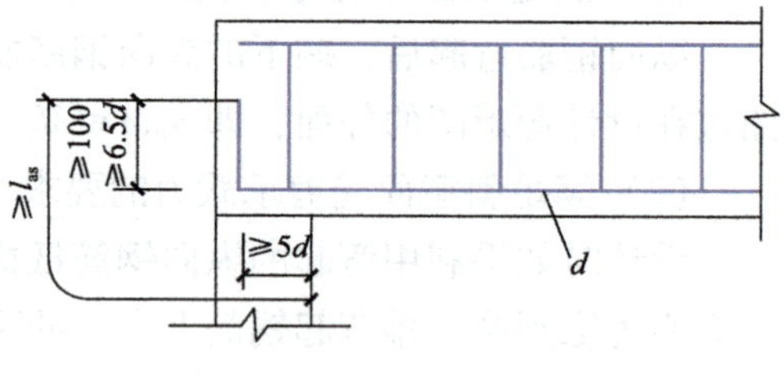

图 2-48　纵向钢筋上弯

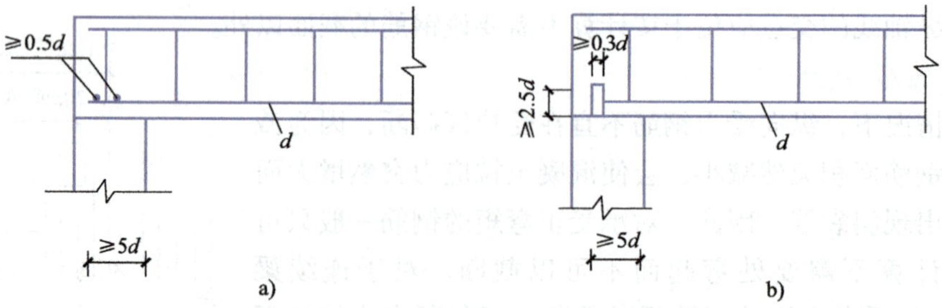

图 2-49　端部加焊横向锚固钢筋或锚固钢板

3）将钢筋端部焊接在梁端的预埋件上，如图 2-50 所示。

当梁宽 $b \geqslant 100$mm 时，伸入支座的纵向钢筋不宜少于 2 根，当 $b<100$mm 时，可为 1 根。

当混凝土强度等级 ≤C25 时，在距支座边 $1.5h$ 范围作用有集中荷载（集中荷载对支座产生的剪力占总剪力 75%以上）且 $V>0.7f_tbh_0$ 时，对变形钢应取 $l_{as} \geqslant 15d$ 或采用附加锚固措施。

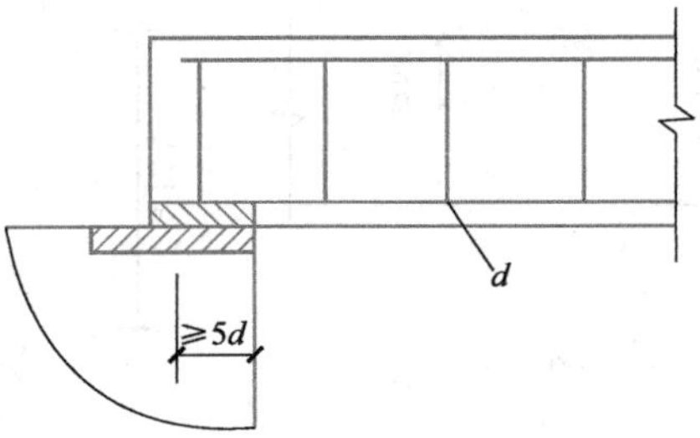

图 2-50　纵筋与预埋件焊接

（2）连续梁和框架梁纵向钢筋在中间支座处的锚固

上部受拉纵向钢筋应贯通支座中间节点或中间支座范围内，其截断位置应符合要求，下部纵向钢筋伸入中间节点或支座的锚固长度应根据钢筋的受力情况而定，如图 2-51 所示。

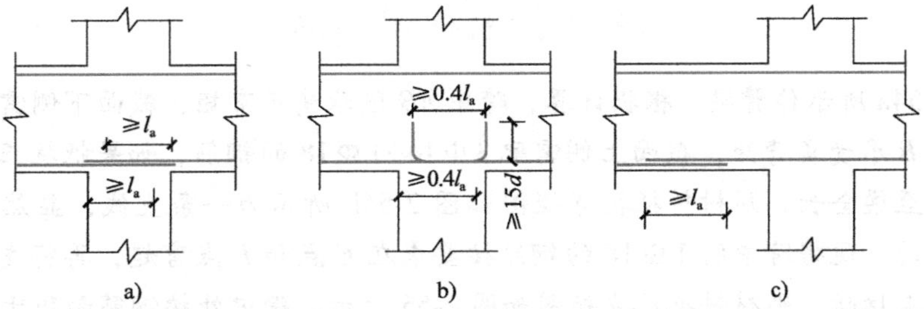

图 2-51　纵向钢筋在中间节点或中间支座处的锚固或搭接

a）梁下部纵向钢筋在节点中的直线锚固　b）梁下部纵向钢筋在节点中带 90°弯折锚固
c）梁下部纵向钢筋贯穿节点或支座并在节点或支座范围以外搭接

1）计算中不利用该钢筋的强度时，其锚固长度与表中 $V>0.7f_tbh_0$ 时的简支座情况相同。

2）计算中充分利用该钢筋的抗拉强度时，可采用直线锚固形式，伸入支座的锚固长度不得小于 l_a，或向上弯折 90°的锚固形式，伸入支座的水平段锚固长度不得小于 $0.4l_a$，向上弯折的长度不得小于 $15d$。

3）计算中充分利用该钢筋的抗压强度时，下部纵向钢筋应按受压钢筋锚固在中间节点或中间支座内，其直线锚固长度不应小于 $0.7l_a$；下部纵向钢筋也可贯通节点或支座范围，并在节点或支座以外梁内弯矩较小处设置搭接接头。

（3）框架梁纵向钢筋在端节点处的锚固

顶层端节点处纵向受力钢筋的锚固，在无专门规定时，可将柱外侧纵向钢筋的相应部分弯入梁内作梁上部纵向钢筋使用，也可将梁上部钢筋与柱外侧纵向钢筋在顶层端节点及其附近部位搭接，如图 2-52 所示。

中间层端节点上部纵向钢筋的锚固应按受拉钢筋的锚固要求确定。当钢筋采用直线锚固形式，伸入支座的锚固长度不得小于 l_a，且伸过柱中心线不宜小于 $5d$；当柱截面尺寸不足时，可将钢筋伸至节点对边并向下弯折 90°，其包含弯弧段在内的水平投影长度不小于 $0.4l_a$，包含弯弧段在内的竖直投影长度为 $15d$，如图 2-53 所示。

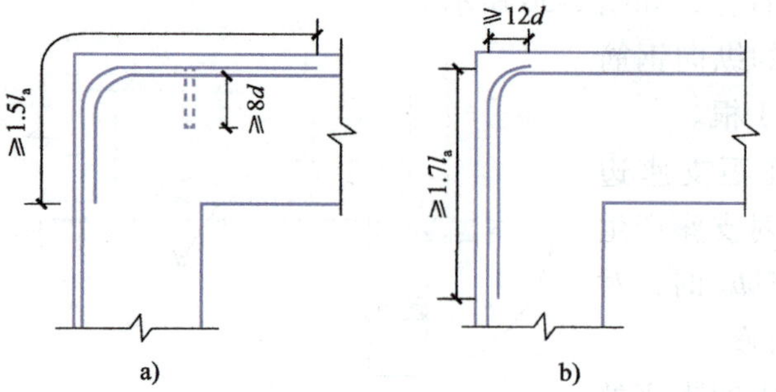

图 2-52　框架梁顶层端节点纵向受力钢筋的锚固

a）柱外侧纵向钢筋弯入梁内　b）梁上部钢筋与柱外侧钢筋搭接

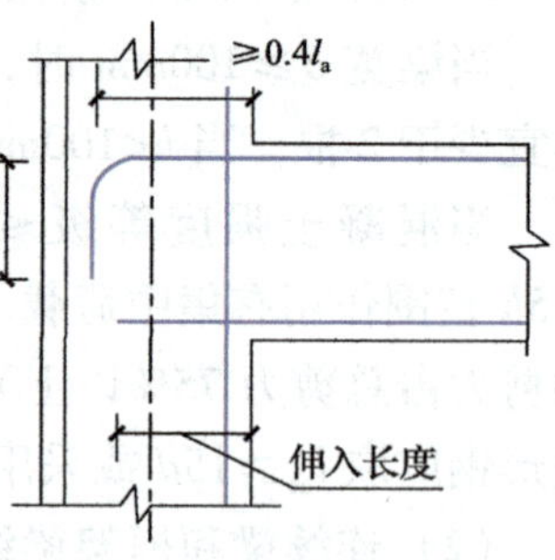

图 2-53　梁上部纵向钢筋在框架中间层端节点的锚固形式

• 工程案例 •

伸臂梁纵向钢筋布置案例

如图 2-54a 所示伸臂梁，根据计算，跨中 AB 段承受正弯矩，截面下侧需配 3 Φ 18 的钢筋，支座 B 承受负弯矩，截面上侧需配 3 Φ 14+1 Φ 18 的钢筋，如果抵抗正负弯矩的纵向钢筋延伸至梁全长，则材料抵抗弯矩图如图 2-54b 所示为一条直线，显然这种钢筋布置是不经济的。现将跨中的 1 Φ 18 的钢筋按要求在 E 点和 F 点弯起，再将支座的 3 Φ 14 的钢筋按要求切断，则材料抵抗弯矩图如图 2-55 所示。跨中处按钢筋面积比确定每根钢筋抵抗的弯矩，划出三条水平线，找到该钢筋的充分利用截面，从钢筋的充分利用截面向外延伸至少 $h_0/2$ 确定该钢筋弯起点 e、f，ef 段为一条水平直线，该钢筋在 e、f 点弯起后，逐渐靠近中和轴，所能抵抗的弯矩减小，至 C 和 D 时为零，抵抗弯矩图用斜线 ec 和 df 表示，Ac 和 Bd 段为水平直线。支座处按钢筋面积比确定每根钢筋抵抗的弯矩，画出四条水平线，找到 2 Φ 14 钢筋的充分利用截面并向外延伸长度 l_a+h_0，再找到正截面抗弯计算不需要该钢筋截面并向外延伸长度 $20d$，在两者伸出较长的地方切断。相应的抵抗弯矩图画成踏步状。另一根 Φ 14 的钢筋用相同的方法切断。

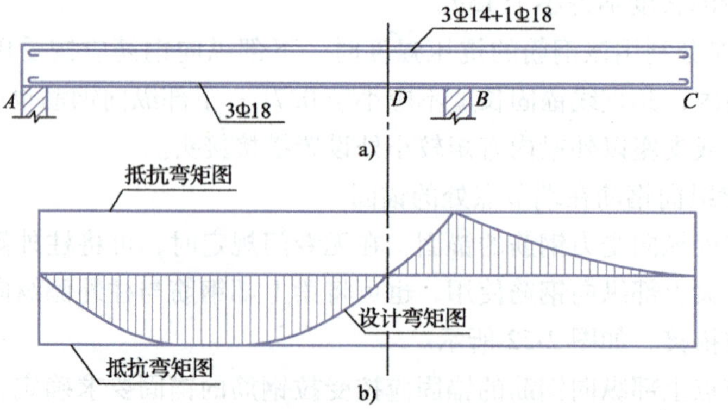

图 2-54　伸臂梁的设计弯矩图和材料抵抗弯矩图

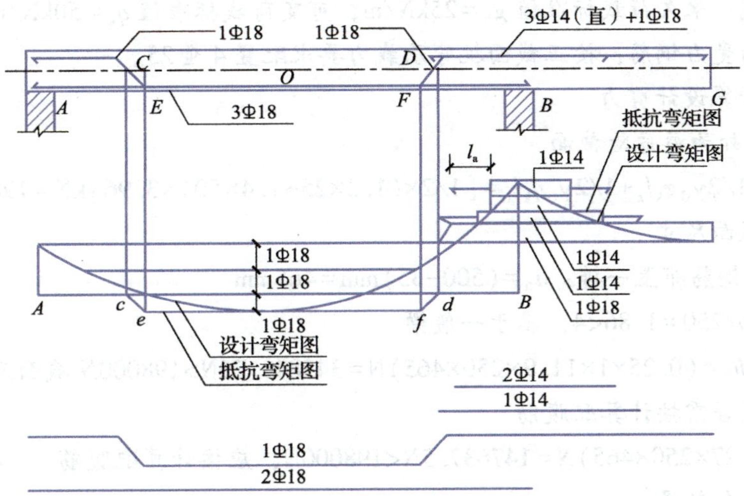

图 2-55　伸臂梁的材料抵抗弯矩图

● 工程案例 ●

矩形截面梁斜截面抗剪承载力计算案例 1

1. 设计要求

按斜截面抗剪承载力计算要求确定某办公楼中的钢筋混凝土梁所需要的腹筋。

2. 基本资料

（1）环境类别：一类，纵向受拉钢筋最小保护层厚度 $c=25\text{mm}$。

（2）安全等级：二级，结构重要性系数 $\gamma_0=1.0$。

（3）材料选择：混凝土强度等级为 C25，$f_c=11.9\text{N/mm}^2$，$f_t=1.27\text{N/mm}^2$，$\beta_c=1$；箍筋采用 HPB300 级，$f_{yv}=270\text{N/mm}^2$；受力钢筋与架立钢筋均为 HRB400 级，$f_y=360\text{N/mm}^2$。

（4）截面：矩形截面，尺寸为 $b\times h=250\text{mm}\times500\text{mm}$。

（5）计算简图：简支梁，两端支承在 240mm 的砖墙上，净跨 3.96m，如图 2-56 所示。

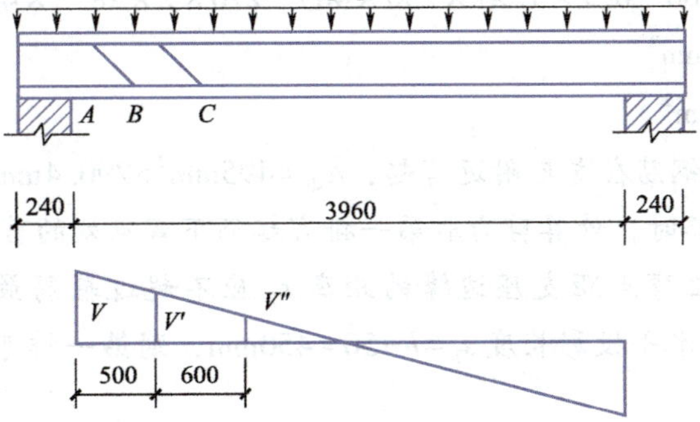

图 2-56　计算简图

（6）荷载：永久荷载标准值 $g_k=25\text{kN/m}$，可变荷载标准值 $q_k=50\text{kN/m}$。

（7）纵向受力钢筋：按正截面抗弯承载力要求配置 4 Φ25。

解：1. 计算设计剪力

支座边缘处为最危险截面

$$V=1/2\gamma_G g_k l_n+1/2\gamma_Q q_k l_n=[1/2\times(1.2\times25+1.4\times50)\times3.96]\text{kN}=198\text{kN}$$

2. 校核截面尺寸

纵向受力钢筋布置一排：$h_0=(500-35)\text{mm}=465\text{mm}$

$h_w/b=465/250=1.86<4$，属于一般梁

$0.25\beta_c f_c bh_0=(0.25\times1\times11.9\times250\times465)\text{N}=345843.75\text{N}>198000\text{N}$ 截面尺寸满足要求

3. 验算是否需按计算配腹筋

$f_t bh_0=(1.27\times250\times465)\text{N}=147637.5\text{N}<198000\text{N}$，应按计算配腹筋

4. 计算腹筋数量

（1）仅配箍筋时

选双肢Φ8，$n=2$，$A_{sv1}=50.3\text{mm}^2$，$A_{sv}=(2\times50.3)\text{mm}^2=100.6\text{mm}^2$

$$V\leqslant V_{cs}=0.7f_t bh_0+f_{yv}A_{sv}h_0/s$$

$$s\geqslant A_{sv}f_{yv}h_0/(V-0.7f_t bh_0)=[100.6\times270\times465/(198000-0.7\times1.27\times250\times465)]\text{mm}$$
$$=133.4\text{mm}$$

取 $s=130\text{mm}<s_{max}$，实际配置箍筋：双肢Φ8@130

验算最小配箍率：$\rho_{sv}=nA_{sv1}/bs=2\times50.3/250\times130=0.31\%$

$\rho_{svmin}=0.24f_t/f_{yv}=0.24\times1.27/270=0.113\%$，$\rho_{sv}>\rho_{svmin}$ 箍筋沿梁全长均匀布置

（2）既配箍筋又配弯起筋时

根据设计经验及构造要求选箍筋：双肢Φ6@200

$$\rho_{sv}=nA_{sv1}/bs=2\times28.3/(250\times200)=0.113\%=\rho_{svmin}$$

$$V\leqslant V_u=0.7f_t bh_0+f_{yv}A_{sv}h_0/s+0.8f_y A_{sb}\sin\alpha_s$$

弯起钢筋与梁轴线夹角取 $\alpha_s=45°$

计算第一排弯起筋时，计算剪力取支座处的剪力

$$A_{sb}\geqslant(V-0.7f_t bh_0-f_{yv}A_{sv}h_0/s)/(0.8f_y\sin\alpha_s)$$
$$=[(198000-0.7\times1.27\times250\times465-270\times2\times28.3\times465/200)/(0.8\times360\times0.707)]\text{mm}^2$$
$$=290.4\text{mm}^2$$

选用 1 Φ25 纵向钢筋在支座附近弯起，$A_{sb}=495\text{mm}^2>290.4\text{mm}^2$，故满足要求。

计算第二排弯起筋时，计算剪力取第一排弯起筋下弯点处的剪力。

第一排弯起钢筋上弯点距支座边缘的距离 s_1 应不超过箍筋最大间距，一般取 $s_1=50\text{mm}$，该弯起钢筋的水平投影长度 $s_b=h-50=450\text{mm}$，则第一排弯起筋下弯点处剪力设计值为：

$$V'=[(1980-50-450)\times198/1980]\text{kN}=148\text{kN}$$

第一排弯起筋下弯点处斜截面承载力为：

$$V_u = V_{cs} = 0.7f_t bh_0 + f_{yv}A_{sv}h_0/s$$
$$=[0.7\times1.27\times250\times465+270\times2\times28.3\times465/200]\text{kN}=138.9\text{kN}$$

$V'>V_{cs}$ 故需要配置第二排弯起钢筋。

$A_{sb}\geqslant(V'-V_{cs})/0.8f_y\sin\alpha_s=[(148000-138877)/(0.8\times360\times0.707)]\text{mm}^2=44.8\text{mm}^2$

再选用 1 Φ25 纵向钢筋在 C 截面处弯起，$A_{sb}=495\text{mm}^2>44.8\text{mm}^2$，第一排弯起筋下弯点距第二排弯起筋上弯点的距离应不超过箍筋最大间距，则可算出第二排弯起筋下弯点处剪力设计值为：

$V'=[(1980-50-450-150-450)\times198/1980]\text{kN}=88\text{kN}<V_{cs}$ 故不需要配第三排弯起钢筋。

• 工程案例 •

矩形截面梁斜截面抗剪承载力计算案例 2

1. 设计要求

按斜截面抗剪承载力计算要求确定某教学楼中的钢筋混凝土梁所需要的腹筋。

2. 基本资料

（1）环境类别：一类，纵向受拉钢筋最小保护层厚度 $c=25\text{mm}$。

（2）安全等级：二级，结构重要性系数 $\gamma_0=1.0$。

（3）材料选择：混凝土强度等级为 C25，$f_c=11.9\text{N/mm}^2$，$f_t=1.27\text{N/mm}^2$，$\beta_c=1$；箍筋采用 HPB300 级，$f_{yv}=270\text{N/mm}^2$；受力钢筋与架立钢筋均为 HRB335 级，$f_y=300\text{N/mm}^2$。

（4）截面：矩形截面，尺寸为 $b\times h=250\text{mm}\times550\text{mm}$。

（5）计算简图：简支梁，两端支承在，370mm 的砖墙上，净跨 6.6m，如图 2-57 所示。

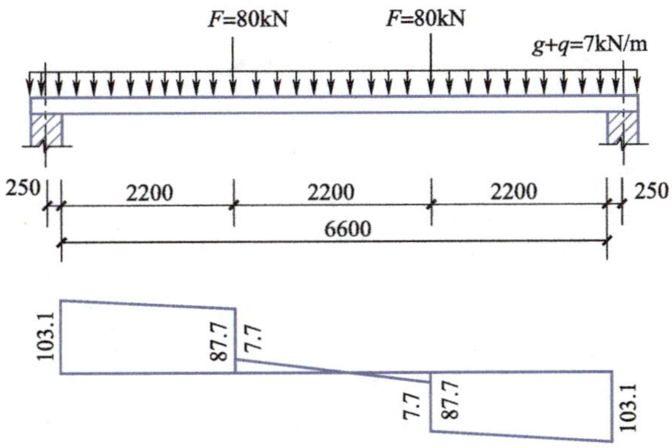

图 2-57　计算简图

（6）荷载：均布荷载设计值 $g+q=7\text{kN/m}$，集中荷载 $F=80\text{kN}$。

（7）纵向受力钢筋：按正截面抗弯承载力要求配置 6 Φ22。

解：1. 计算设计剪力

$$V=(g+q)l_n/2+P=(7\times6.6/2+80)\text{kN}=103.1\text{kN}$$

集中荷载在支座边缘产生的剪力 $V_p=80\text{kN}$，集中荷载在支座边缘产生的剪力占支座边总剪力的百分比为 $V_p/V=80/103.1=78\%$，因此应按集中荷载作用下的情况计算，考虑剪跨比的影响，取 $\alpha_{cv}=1.75/(\lambda+1)$。

2. 校核截面尺寸

钢筋布置二排：$h_0=(550-60)\text{mm}=490\text{mm}$

$h_w/b=490/250=1.96<4$，属于一般梁

$0.25\beta_c f_c bh_0=(0.25\times1\times11.9\times250\times490)\text{N}=364437.5\text{N}>103100\text{N}$，截面尺寸满足要求

3. 计算剪跨比

$\lambda=a/h_0=2200/490=4.5>3$　取 $\lambda=3$

4. 验算是否需按计算配腹筋

$$[1.75/(\lambda+1)+0.24]f_t bh_0=\{[1.75/(3+1)+0.24]\times1.27\times250\times490\}\text{N}=105402\text{N}>103100\text{N}$$

应按构造配置腹筋

实际配置箍筋：双肢Φ8@200

5. 验算最小配箍率

$$\rho_{sv}=nA_{sv1}/bs=2\times50.3/250\times200=0.201\%$$

$$\rho_{svmin}=0.24f_t/f_{yv}=0.24\times1.27/270=0.113\%$$

$\rho_{sv}>\rho_{svmin}$，箍筋沿梁全长均匀布置

本任务工作单

自测训练

一、填空题

1. 当满足最小配箍率时，可以防止________破坏的发生，当限制截面尺寸不致过小时，可以防止________破坏的发生。

2. 影响无腹筋梁斜截面承载力的主要因素包括________、________、________和________。

3. 纵向受拉钢筋的配筋率越大，斜截面的抗剪承载力也________。

4. 在有腹筋梁的受剪承载力计算中，截面尺寸限制条件是为了防止________过高而发生________破坏。

5. 在计算梁斜截面受剪承载力时，其计算位置应取________、________和________。

6. 梁内纵向受拉钢筋的弯起点应设在正截面抗弯计算时该钢筋强度全部发挥作用的截面以外 $h_0/2$ 处，以保证斜截面的________承载力。

7.《混凝土结构设计规范》(GB 50010—2010)(2015年版）规定：对一般梁，其最小截面尺寸应满足________；对薄腹梁，其最小截面尺寸应满足________。

8. 若利用弯起钢筋抗剪，则钢筋弯起点的位置应同时满足________、________和________三项要求。

9. 受弯构件箍筋的配筋率 ρ_{sv}=________；最小配箍率 ρ_{svmin}=________。

10. 计算钢筋混凝土梁斜截面承载力时，若满足 $V \leqslant 0.7f_t bh_0$ 条件，只需按构造配置________即可。

二、判断题

1. 钢筋混凝土梁斜截面受剪承载力随着剪跨比的减小而降低。（　）

2. 剪跨比对有腹筋梁的抗剪承载力的影响比无腹筋梁的影响要大些。（　）

3. 在受弯构件中，在纵向钢筋被截断或弯起的地方应考虑斜截面抗弯承载力的问题。（　）

4. 弯起筋的上弯点至前一排弯起筋的下弯点之间的距离 $\leqslant s_{max}$，是为了保证斜截面受剪承载力。（　）

5. 计算钢筋混凝土斜截面抗剪承载力时，规范规定的上限值相当于限制了梁的最小截面尺寸和最大配筋率。（　）

6. 受弯构件纵向钢筋全部伸入支座时，仍然要验算斜截面受弯承载力。（　）

7. 材料抵抗弯矩图不切入弯矩图内时，正截面受弯承载力均可满足。（　）

8. 为了防止受弯构件斜截面发生斜拉破坏，规定配筋率 $\rho_{sv} \geqslant \rho_{svmin}$，$s \leqslant s_{max}$。（　）

9. 计算钢筋混凝土斜截面抗剪承载力时，计算的剪力值应取斜截面范围内的平均剪力值。（　）

10. 超筋梁与超配箍筋的特点均是混凝土破坏时受力钢筋及箍筋未屈服。（　）

三、计算题

钢筋混凝土矩形截面简支梁如图2-58所示，两端支承在240mm的砖墙上，净跨

为 $l_0=3660\text{mm}$，截面尺寸 $b\times h=200\text{mm}\times500\text{mm}$，该梁承受的永久均布荷载标准值 $g_k=25\text{kN/m}$，荷载分项系数为 1.2；可变均布荷载标准值 $q_k=42\text{kN/m}$，荷载分项系数为 1.4；混凝土的强度等级为 C25（$f_c=11.9\text{N/mm}^2$，$f_t=1.27\text{N/mm}^2$，$\alpha_1=1$），箍筋采用 HPB235 级钢筋（$f_y=210\text{N/mm}^2$），纵向受拉筋与弯起钢筋均采用 HRB400 级钢筋（$f_y=360\text{N/mm}^2$），按正截面抗弯强度要求已选用纵向受力筋 3 Φ25，试根据斜截面抗剪强度要求确定腹筋数量。

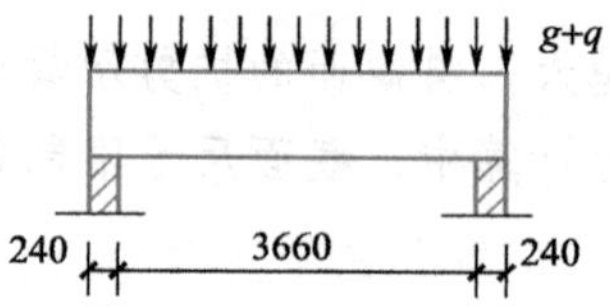

图 2-58

任务 5 钢筋混凝土受弯构件的裂缝和变形计算

任务单

<table>
<tr><td>课程</td><td colspan="6">建筑结构</td></tr>
<tr><td>学习情境二</td><td colspan="3">钢筋混凝土受弯构件设计</td><td>学时</td><td colspan="2">32</td></tr>
<tr><td>任务 5</td><td colspan="3">钢筋混凝土受弯构件的裂缝和变形计算</td><td>学时</td><td colspan="2">4</td></tr>
<tr><td colspan="7">布置任务</td></tr>
<tr><td>任务目标</td><td colspan="6">1. 掌握受弯构件裂缝计算的相关知识，能够辨析实际工程中受弯构件的裂缝问题；
2. 掌握受弯构件变形计算的相关知识，能够辨析实际工程中受弯构件的变形问题；
3. 学会计算受弯构件的裂缝宽度；
4. 学会计算受弯构件的变形；
5. 能够在完成任务过程中养成认真刻苦、科学严谨的工作态度，树立爱岗敬业、诚实守信的职业道德。</td></tr>
<tr><td>任务描述</td><td colspan="6">对某教学楼中的钢筋混凝土矩形截面简支梁进行裂缝和变形验算，提交该梁裂缝和变形的计算书。工作如下：
1. 根据荷载情况，计算弯矩；
2. 计算纵向受拉钢筋的应力；
3. 计算有效配筋率和受拉钢筋应变的不均匀系数；
4. 计算最大裂缝宽度并比较；
5. 计算构件的短期刚度和长期刚度；
6. 计算构件的挠度。</td></tr>
<tr><td>学时安排</td><td>布置任务与资讯
1 学时</td><td>计划
0.5 学时</td><td>决策
0.5 学时</td><td>实施
1 学时</td><td>检查
0.5 学时</td><td>评价
0.5 学时</td></tr>
<tr><td>对学生的要求</td><td colspan="6">1. 每名同学均能按照知识思维导图自主学习，并完成知识模块中的自测训练；
2. 严格遵守课堂纪律，学习态度认真、端正，能够正确评价自己和同学在本任务中的素质表现，积极参与小组工作任务讨论，严禁抄袭；
3. 小组讨论简支梁裂缝和变形验算方案，能够正确分析荷载情况，并计算出弯矩值；
4. 独立计算受弯构件的裂缝宽度；
5. 独立计算受弯构件的变形；
6. 讲解钢筋混凝土简支梁裂缝和变形验算过程，接受教师与学生的点评，同时参与小组自评与互评。</td></tr>
</table>

任务知识

知识思维导图

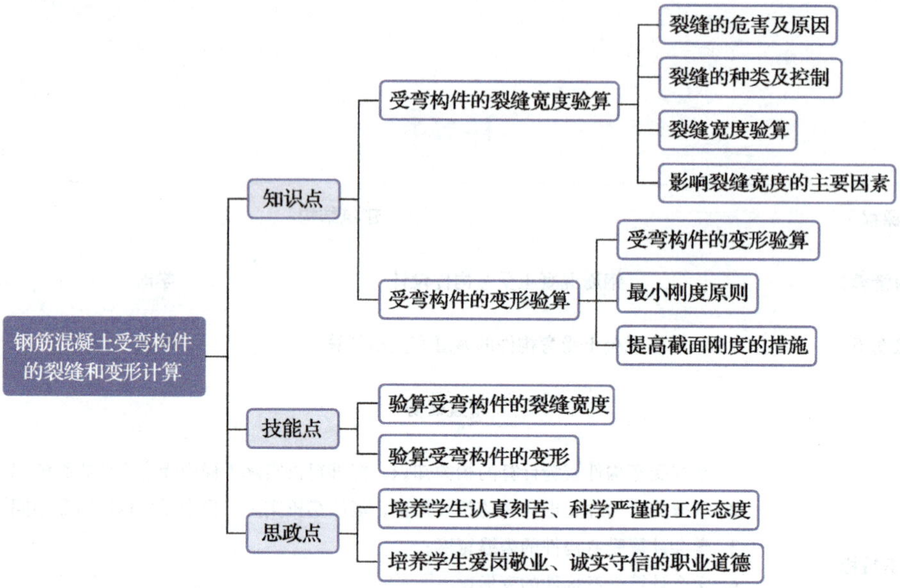

知识模块 1 受弯构件的裂缝宽度验算

结构构件除应满足承载力极限状态要求以保证其安全性外，还应满足正常使用极限状态要求，以保证其适用性和耐久性。与承载力极限状态相比，钢筋混凝土受弯构件在按正常使用极限状态计算时有如下特点：

（1）计算依据不同

承载力极限状态是以梁破坏阶段为计算依据；而正常使用极限状态一般是以梁带裂缝工作阶段为计算依据。

（2）影响程度不同

正常使用极限状态不满足所造成的危害要比承载能力极限状态不满足时差一些，因而可适当放宽对其可靠指标的要求。

（3）计算内容不同

钢筋混凝土受弯构件设计时，承载力极限状态计算是通过计算确定构件设计尺寸、材料、配筋数量及钢筋布置，而正常使用极限状态是通过验算控制裂缝宽度和变形。

（4）荷载效应及抗力取值不同

按承载力极限状态计算时，作用效应及结构构件的抗力均应考虑分项系数，按设计值计算；在有多种作用效应情况下，应根据参与组合的作用效应情况，取用不同的效应组合系数，将各效应设计值进行最不利组合，而按正常使用极限状态计算时，作用效应取用短期效应和长期效应的一种或几种组合。

一、裂缝的危害及原因

混凝土的抗拉强度很低，有些构件在荷载很小时就可能出现裂缝。钢筋混凝土构件产生裂缝会使构件刚度降低，变形增大，当构件处于有侵蚀性介质或高湿环境中时，裂缝过宽将加速钢筋锈蚀，影响构件的耐久性。同时，当裂缝宽度达到一定限值后会影响结构的美观，会给人不安全的感觉，也会影响对结构质量的评价，因此要有效地控制裂缝。

产生裂缝的原因主要有两个，一是荷载因素，如自重，二是非荷载因素，如材料收缩、温度变化、混凝土碳化及地基不均匀沉降等。很多裂缝往往是几种因素共同作用的结果。据调查，工程中只有20%的裂缝主要是由荷载因素引起的，而80%的裂缝主要是由非荷载因素引起的。

查一查 以小组为单位利用网络资源，查找由于裂缝而发生事故的工程，谈谈对裂缝危害的认识。

二、裂缝的种类及控制

在实际工程中，应从结构设计方案、结构布置、结构计算、构造、施工及材料等方面采取措施，避免出现影响适用性和耐久性的各种裂缝。对于已出现的裂缝，应能根据裂缝的形状、部位、所处环境、配筋及结构形式以及对结构构件承载力危害等进行具体分析，做出安全、适用、经济的处理方案。

1. 由作用效应引起的裂缝

在荷载作用下，构件受拉区拉应力很快超过混凝土抗拉强度而产生垂直裂缝。通常按承载力极限状态设计的钢筋混凝土构件，在使用阶段总是有裂缝的，这种裂缝主要通过设计计算和构造措施加以控制。

2. 由外加变形或约束变形引起的裂缝

外加变形或约束变形一般有混凝土收缩、温度变化、基础不均匀沉降等。这种裂缝主要通过控制混凝土的配合比、保证混凝土的养护条件和时间等构造措施和施工工艺加以控制。

3. 由钢筋锈蚀引起的裂缝

由于保护层混凝土碳化或冬季施工中掺氯盐过多等情况导致钢筋锈蚀，锈蚀产物的体积比被锈蚀钢筋的体积大2~3倍，而体积膨胀使外围混凝土产生较大的拉应力，导致混凝土开裂，甚至使混凝土保护层剥落。这种裂缝主要通过设计足够的混凝土保护层厚度、保证混凝土的密实性以及控制早凝剂的掺入量等构造措施加以控制。

上述第一种裂缝习惯上称为正常裂缝，后两种裂缝称为非正常裂缝。

想一想 我们教学楼的楼板和梁都有裂缝吗？

三、裂缝宽度验算

《混凝土结构设计规范》（GB 50010—2010）（2015年版）对混凝土构件规定的最大裂

缝宽度限值见表 1-6，结构构件的最大裂缝宽度严格控制不准超过最大裂缝宽度限值，即

$$\omega_{max} \leqslant [\omega_{max}] \tag{2-43}$$

由于混凝土的非匀质性及随机性，裂缝分布并不均匀，每条裂缝开展的宽度也不同，离散性是很大的。验算裂缝宽度是否超过允许值，应以最大裂缝宽度为准。同时在荷载长期作用下，由于混凝土的滑移徐变和受拉混凝土的应力松弛导致裂缝间受拉混凝土不断退出工作，使纵向受拉钢筋应变（或应力）不均匀系数增大，从而使裂缝宽度随时间而增大。此外，由于混凝土收缩使裂缝间混凝土的长度缩短也引起裂缝宽度增大。

对矩形、T 形、倒 T 形和 I 字形截面的钢筋混凝土受弯，荷载效应标准组合下的最大裂缝宽度 ω_{max} 可近似按下式计算：

$$\omega_{max}=\alpha_{cr}\psi\sigma_s(1.9c_s+0.08d_{eq}/\rho_{te})/E_s \tag{2-44}$$

式中 σ_s——在荷载短期效应组合下，裂缝截面处纵向钢筋拉应力。

$$\sigma_s=M_q/0.87A_sh_0 \tag{2-45}$$

A_s——纵向受拉钢筋截面面积；

M_q——按荷载准永久组合计算的弯矩值；

ψ——裂缝间纵向受拉钢筋应变（或应力）不均匀系数，

$$\psi=1.1-0.65f_{tk}/\sigma_s\rho_{te} \tag{2-46}$$

当 $\psi>1.0$ 时，取 $\psi=1.0$；当 $\psi<0.2$ 时，取 $\psi=0.2$；对直接承受重复荷载的构件，取 $\psi=1.0$

α_{cr}——构件受力特征系数，$\alpha_{cr}=1.9$；

E_s——纵向钢筋弹性模量；

ρ_{te}——纵向钢筋有效配筋率，$\rho_{te}=A_s/A_{te}$，当 $\rho_{te}<0.01$ 时，取 $\rho_{te}=0.01$；

A_{te}——有效受拉混凝土截面面积，轴心受拉构件：$A_{te}=bh+(b'_f-b)h'_f+(b_f-b)h_f$；受弯、偏心受压、偏拉构件 $A_{te}=0.5bh+(b_f-b)h_f$；

d_{eq}——受拉钢筋的等效直径，$d_{eq}=\sum n_id_i^2/\sum n_iv_id_i$；

n_i——第 i 种纵向钢筋的根数；

v_i——第 i 种纵向钢筋的相对粘接特征系数，带肋钢筋取 $v_i=1$，光面钢筋取 $v_i=0.7$；

d_i——第 i 种纵向钢筋的公称直径；

c_s——最外排纵向受拉钢筋混凝土净保护层；当 $c<20$ 时，取 $c=20$；当 $c>65$mm 时，取 $c=65$mm。

按公式计算的最大裂缝宽度是指受拉钢筋截面重心水平处构件侧表面的裂缝宽度。而在结构试验或质量检验时，通常只能观察构件外表面的裂缝宽度，其值比计算值约大 k_b 倍，k_b 可按下式估算：$k_b=1+1.5a_s/h_0$。

查一查 我们教学楼的楼板最大裂缝宽度限值是多少？

四、影响裂缝宽度的主要因素

从最大裂缝宽度计算公式可以看出，影响裂缝宽度的因素主要有受拉钢筋应力、钢

筋直径、受拉钢筋配筋率、混凝土保护层厚度及钢筋表面形状等，其中构件截面尺寸及混凝土强度对最大裂缝宽度的影响较小。

受拉钢筋应力是影响裂缝宽度的最主要因素，最大裂缝宽度随受拉钢筋应力的增大而增大，呈线性关系。在受拉钢筋配筋率与钢筋应力大致相同的情况下，裂缝宽度随钢筋直径的增加而增加。当受拉钢筋直径相同，钢筋应力大致相同的情况下，裂缝宽度随配筋率的增加而减小。当受拉钢筋为变形钢时，钢筋与混凝土之间的黏结力大，一定程度上能限制裂缝开展。当混凝土保护层厚度较大时，虽然裂缝宽度计算值也较大，但较大的混凝土保护层厚度对防止钢筋锈蚀是有利的，钢筋锈蚀可能性越小，两种作用相互抵消，所以在裂缝宽度计算公式中，暂时不考虑保护层厚度的影响。

当裂缝宽度验算结果不满足要求时，可采取选用较细直径的变形钢筋或增加钢筋截面面积等措施。如果还不能满足要求，也可增大截面尺寸、提高混凝土强度等级。

查一查 如果在设计过程中，梁的裂缝过大，我们可以采取哪些措施？

知识模块 2 受弯构件的变形验算

产生变形的原因主要是荷载，变形是否满足要求应通过验算来确定。对于钢筋混凝土梁板构件，变形过大将影响精密仪器的使用，影响塔式起重机的正常运行，影响天棚、门窗等构件的使用。同时，当变形达到一定值后会影响结构的美观，会给人不安全的感觉，也会影响对结构质量的评价。因此受弯构件设计时必须具有足够刚度，保证构件在使用荷载作用下的最大变形值（挠度）不得超过容许的限值。

一、受弯构件的变形验算

《混凝土结构设计规范》（GB 50010—2010）（2015 年版）对混凝土构件规定的最大挠度限值见表 1-7。结构构件的最大挠度严格控制不准超过最大挠度限值，即

$$f \leqslant [f] \tag{2-47}$$

钢筋混凝土受弯构件在正常使用极限状态下的挠度可按材料力学计算公式计算：

$$f = \alpha Ml^2/B \tag{2-48}$$

简支梁在均布荷载作用下：$\alpha = 5/48$，$M = \dfrac{1}{8}ql^2$，$f = \dfrac{5ql^4}{385B}$

简支梁在跨中集中力作用下，$\alpha = 1/12$；$M = Pl/4$，$f = Pl^3/48B$

式中 α——与荷载形式有关的荷载效应系数；

B——构件截面抗弯刚度。

从计算公式可以看出，不论荷载的形式和大小如何，梁的挠度总是与截面抗弯刚度成反比，截面抗弯刚度越大，梁的挠度越小，弯曲变形越小。因此，截面抗弯刚度反映的是截面抵抗弯曲变形的能力。

试验表明，构件在长期荷载作用下，受压混凝土将发生徐变，使变形随时间增长；裂缝间受拉混凝土的应力松弛及钢筋的滑移使受拉混凝土不断退出工作，从而使受拉钢

筋在裂缝间的应变不断增长；受拉区与受压区混凝土收缩不一致使梁发生翘曲。这些因素都会导致构件刚度降低，挠度增长。加载初期，挠度增长较大，而后增长减慢，持续数年之久。《混凝土结构设计规范》（GB 50010—2010）（2015 年版）要求变形验算时，刚度应按荷载效应标准组合并考虑荷载长期作用影响的长期刚度 B 进行计算，并用荷载准永久组合对挠度增大的影响系数来考虑荷载长期效应对刚度的影响。

《混凝土结构设计规范》（GB 50010—2010）（2015 年版）给出适用于矩形、T 形、倒 T 形、I 字形截面的受弯构件在荷载效应标准组合下的计算公式为：

$$B_s = E_s A_s h_0^2 / [1.15\psi + 0.2 + 6\alpha_E \rho / (1 + 3.5 rf')] \tag{2-49}$$

适用于矩形、T 形、倒 T 形、I 字形截面的受弯构件按荷载效应标准组合并考虑荷载长期作用影响的长期刚度计算公式为：

$$B = M_k B_s / [M_q(\theta - 1) + M_k] \tag{2-50}$$

式中　α_E——钢筋与混凝土弹性模量的比值，$\alpha_E = E_s / E_c$；

M_k——按荷载标准组合计算的弯矩值；

M_q——按荷载准永久组合计算的弯矩值；

θ——荷载准永久组合对挠度增大的影响系数；

rf'——受拉翼缘截面面积与腹板有效截面面积的比值。

$$\theta = 2 - 0.4\rho' / \rho \geqslant 1.6 \tag{2-51}$$

$\rho' = A_s' / bh_0$——受压钢筋的配筋率；

$\rho = A_s / bh_0$——受拉钢筋的配筋率。

由于受压钢筋能阻碍受压区混凝土徐变，因而可以减小长期挠度，上式 ρ'/ρ 项就反映了这一有利影响。对翼缘位于受拉区的 T 形截面，θ 应增加 20%。

查一查　我们教学楼一根框架梁的跨度是 7m，这根梁的最大挠度限值是多少？

二、最小刚度原则

钢筋混凝土受弯构件截面抗弯刚度随弯矩增大而减小。因此即使等截面梁，由于各截面弯矩并不相同，其抗弯刚度都不相等。在实用计算中，当计算跨度内的支座截面刚度不大于跨中截面刚度的 2 倍，或不小于跨中截面刚度的 1/2 时，该跨也可按等刚度构件进行计算，其构件刚度取跨中最大弯矩截面的刚度，该截面刚度为各截面最小刚度，这一计算原则称为最小刚度原则。利用最小刚度原则会使计算过程大为简化，而计算结果也能满足工程设计要求。

三、提高截面刚度的措施

提高截面刚度的最有效措施是增加截面刚度。在设计上，当构件截面尺寸不能加大时，可考虑增加纵向受拉钢筋截面面积或提高混凝土强度等级，对某些构件还可以充分利用纵向受压钢筋对长期刚度的有利影响，在构件受压区配置一定数量的受压钢筋。

● 工程案例 ●

钢筋混凝土矩形截面简支梁裂缝宽度及挠度验算案例

1. 设计要求

验算某实验楼中钢筋混凝土梁的截面裂缝宽度及挠度是否满足要求。

2. 基本资料

（1）环境类别：一类，钢筋保护层厚度 $c=25\text{mm}$。

（2）安全等级：二级，结构重要性系数 $\gamma_0=1.0$。

（3）材料选择：C25，$E_c=2.8\times10^4\text{N/mm}^2$　$f_{tk}=1.78\text{N/mm}^2$；HRB400 级，$f_{sd}=360\text{N/mm}^2$，钢筋弹性模量 $E_s=2\times10^5\text{N/mm}^2$；

（4）钢筋配置：按正截面承载力计算已配置了 4⌀20HRB400 纵向钢筋，$A_s=1256\text{mm}^2$。

（5）截面形式及尺寸：矩形截面尺寸 $b\times h=250\text{mm}\times650\text{mm}$。

（6）计算跨度：6m。

（7）荷载：承受的永久荷载标准值（包括自重）$g_k=20\text{kN/m}$，可变荷载标准值 $q_k=12\text{kN/m}$，可变荷载准永永久值系数 $\psi_q=0.5$。

（8）裂缝宽度及挠度限值：$[\omega_{max}]=0.3\text{mm}$，$[f]=l_0/200$。

解：1. 弯矩计算

按荷载短期效应组合计算弯矩：$M_k=(g_k+q_k)l_0^2/8=[(20+12)\times6^2/8]\text{kN}\cdot\text{m}=144\text{kN}\cdot\text{m}$

按荷载准永久组合计算弯矩：$M_q=(g_k+\psi_q q_k)l_0^2/8=[(20+0.5\times12)\times6^2/8]\text{kN}\cdot\text{m}=117\text{kN}\cdot\text{m}$

2. 计算纵向受拉钢筋的应力

$$\sigma_s=M_q/0.87A_sh_0=[117\times10^6/(0.87\times1256\times615)]\text{N/mm}^2=174.1\text{N/mm}^2$$

3. 计算有效配筋率

$$A_{te}=0.5bh=(0.5\times250\times650)\text{mm}^2=81250\text{mm}^2$$

$$\rho_{te}=A_s/A_{te}=1256/81250=0.0155>0.01,\text{取}\ \rho_{te}=0.0155$$

4. 计算受拉钢筋应变的不均匀系数

$$\psi=1.1-0.65f_{tk}/\sigma_s\rho_{te}=1.1-0.65\times1.78/(174.1\times0.0155)=0.67$$

$$0.2<\psi<1\quad\text{取}\ \psi=0.67$$

5. 计算最大裂缝宽度

$$\omega_{max}=1.9\psi\sigma_s(1.9c_s+0.08d_{eq}/\rho_{te})/E_s$$

$$=[1.9\times0.67\times174.1\times(1.9\times25+0.08\times20/0.0155)/(2\times10^5)]\text{mm}=0.167\text{mm}$$

6. 比较裂缝宽度

$$\omega_{max}=0.167\text{mm}<[\omega_{max}]=0.3\text{mm},\text{裂缝宽度满足要求}$$

7. 计算构件的短期刚度

$$\alpha_E=E_s/E_c=2\times10^5/(2.8\times10^4)=7.14$$

$$\rho=A_s/bh_0=1256/(250\times615)=0.0082$$

$$B_s=E_sA_sh_0^2/[1.15\psi+0.2+6\alpha_E\rho/(1+3.5\gamma f')]$$

$$=\{2\times10^5\times1256\times615^2/[1.15\times0.67+0.2+6\times7.14\times0.0082/(1+0)]\}\text{N}\cdot\text{mm}^2$$

$$=7.19\times10^{13}\text{N}\cdot\text{mm}^2$$

8. 计算构件的长期刚度

没有配置受压筋 $\rho'=0$，$\theta=2-0.4\rho'/\rho=2-0=2$

$$B=M_kB_s/[M_q(\theta-1)+M_k]$$

$$=\{144\times7.19\times10^{13}/[117\times(2-1)+144]\}\text{N}\cdot\text{mm}^2=3.97\times10^{13}\text{N}\cdot\text{mm}^2$$

9. 计算构件挠度

$$f=\alpha M_q l_0^2/B=(5\times117\times10^6\times6000^2/48\times3.97\times10^{13})\text{mm}=11.05\text{mm}$$

10. 比较挠度

$[f]=l_0/200=(6000/200)\text{mm}=30\text{mm}$，$f=11.05\text{mm}<[f]$ 构件挠度满足要求。

本任务工作单

自测训练

一、填空题

1. 计算梁的最大裂缝宽度和挠度时，荷载采用________值，材料强度采用________值。

2. 混凝土结构或构件除了要满足承载力的要求外，还要满足________和________的要求。

3. 对受弯构件除了必须进行________和________计算外，有时还要进行________和________计算。

4. 钢筋混凝土受弯构件的裂缝宽度和挠度计算是以________的应力状态为计算依据的。

5. 在其他条件不变的情况下，采用较小直径的钢筋可使构件的裂缝宽度________。

6. 减小裂缝宽度的最有效措施是________。

7. 钢筋混凝土梁截面抗弯刚度随弯矩增大而________。

8. 长期荷载作用下的钢筋混凝土梁，其挠度随时间的增加而________，刚度随时间的增加而________。

9. 当荷载、支承条件确定后，混凝土受弯构件的挠度取决于________。

10. 弹性匀质材料，当梁的材料和截面尺寸确定后，截面弯曲刚度是________。钢筋混凝土梁开裂后，其刚度是________，随着弯矩的增大而________。

二、判断题

1. 钢筋混凝土构件中，在一般情况下，受拉混凝土开裂是正常的。（　　）
2. 一般来说，裂缝间距越大，其裂缝开展宽度越小。（　　）
3. 最大裂缝宽度与钢筋表面形状无关。（　　）
4. 若其他条件不变，钢筋直径越大，裂缝宽度越小。（　　）
5. 在钢筋混凝土结构中，提高抗裂度的有效方法是提高钢筋强度。（　　）
6. 一般钢筋混凝土结构在正常使用荷载作用下，构件常常是带裂缝工作的。（　　）
7. 钢筋混凝土梁在长期荷载作用下的挠度比短期荷载作用下的挠度大。（　　）
8. 钢筋混凝土梁的挠度与刚度成反比。（　　）
9. 当截面尺寸和所受的弯矩一定时，减小受拉钢筋数量会增大裂缝宽度。（　　）
10. 钢筋混凝土梁抗裂弯矩的大小主要与受拉钢筋配筋率的大小有关。（　　）

三、选择题

1. 减小钢筋混凝土构件裂缝宽度的最有效方法是（　　）。

A. 增加截面高度

B. 增加截面宽度

C. 使用高强度钢筋

D. 配置直径较细的钢筋

2. 下列（　　）不能减小裂缝宽度。

A. 增加钢筋用量

B. 采用直径较细的钢筋

C. 增大裂缝间距

D. 增大截面尺寸

3. 下列（　　）措施对减小裂缝宽度作用不大。

A. 提高混凝土强度

B. 增加钢筋用量

C. 减小混凝土保护层厚度

D. 配置高强钢筋

4. 一般情况下，钢筋混凝土受弯构件是（　　）。

A. 不带裂缝工作的

B. 带裂缝工作的

C. 带裂缝工作，但裂缝宽度应受到限制

5. 其他条件相同时，钢筋的保护层厚度与裂缝宽度的关系是（　　）。

A. 保护层越厚，裂缝宽度越大

B. 保护层越厚，裂缝宽度越小

C. 保护层厚度与裂缝宽度无关

6. 在钢筋混凝土构件中，变形钢筋表面处的裂缝宽度比构件表面处的裂缝宽度（　　）。

A. 大　　B. 小　　C. 相同

7. 钢筋混凝土矩形截面简支梁，原设计用 4Φ14 的 HRB335 钢筋，根据等强度原则改用 2Φ20+1Φ18HPB235 钢筋。原设计满足裂缝、挠度要求，钢筋代换后（　　）。

A. 仅需验算裂缝宽度而不需验算挠度

B. 不必验算裂缝宽度而必须验算挠度

C. 二者都必须验算

D. 二者都不必验算

8.《混凝土结构设计规范》(GB 50010—2010)(2015 年版）验算的裂缝宽度是指（　　）。

A. 受拉区纵筋合力的水平处，构件底面混凝土表面的裂缝宽度

B. 受拉区纵筋合力的水平处，构件侧面混凝土表面的裂缝宽度

C. 构件表面处的裂缝宽度

D. 裂缝宽度最大处

9. 为减小构件裂缝宽度，其他条件不变，宜采用（　　）。

A. 光面钢筋　　B. 变形钢筋　　C. 大直径钢筋

10. 减小梁裂缝宽度的有效办法是（　　）。

A. 配置较粗的钢筋

B. 使用高强度受拉钢筋

C. 增加截面高度

D. 减小箍筋间距

任务 6 钢筋混凝土单向板肋梁楼盖设计

任务单

<table>
<tr><td>课程</td><td colspan="6">建筑结构</td></tr>
<tr><td>学习情境二</td><td colspan="4">钢筋混凝土受弯构件设计</td><td>学时</td><td>32</td></tr>
<tr><td>任务 6</td><td colspan="4">钢筋混凝土单向板肋梁楼盖设计</td><td>学时</td><td>8</td></tr>
<tr><td colspan="7">布置任务</td></tr>
<tr><td>任务目标</td><td colspan="6">1. 掌握钢筋混凝土单向板肋梁楼盖设计基本知识和钢筋混凝土单向板肋梁楼盖设计的过程，能够解决工程设计与施工中的相关问题；
2. 学会选择单向板肋梁楼盖结构布置方案；
3. 掌握确定构件截面尺寸的方法；
4. 掌握荷载计算方法；
5. 掌握按塑性理论计算板、次梁内力的方法，按弹性理论计算主梁内力的方法；
6. 掌握构件截面设计方法及构造要求；
7. 能够在完成任务过程中养成严谨认真、吃苦耐劳、诚实守信的工作作风，培养学生交流沟通能力和团队合作意识。</td></tr>
<tr><td>任务描述</td><td colspan="6">对某教学楼中的钢筋混凝土单向板肋梁楼盖进行设计，并提交设计计算书。工作如下：
1. 确定钢筋混凝土单向板肋梁楼盖结构平面布置；
2. 确定钢筋混凝土单向板肋梁楼盖构件计算简图；
3. 计算钢筋混凝土单向板肋梁楼盖构件荷载；
4. 计算钢筋混凝土单向板肋梁楼盖构件内力；
5. 设计钢筋混凝土单向板肋梁楼盖构件截面和配筋；
6. 布置钢筋混凝土单向板肋梁楼盖构件的钢筋。</td></tr>
<tr><td>学时安排</td><td>布置任务与资讯
2 学时</td><td>计划
0.5 学时</td><td>决策
0.5 学时</td><td>实施
4 学时</td><td>检查
0.5 学时</td><td>评价
0.5 学时</td></tr>
<tr><td>对学生的要求</td><td colspan="6">1. 每名同学均能按照知识思维导图自主学习，并完成知识模块中的自测训练；
2. 严格遵守课堂纪律，学习态度认真、端正，能够正确评价自己和同学在本任务中的素质表现，积极参与小组工作任务讨论，严禁抄袭；
3. 小组讨论钢筋混凝土单向板肋梁楼盖结构平面布置，能够确定钢筋混凝土单向板肋梁楼盖构件计算简图；
4. 独立计算钢筋混凝土单向板肋梁楼盖构件荷载和内力；
5. 独立设计钢筋混凝土单向板肋梁楼盖构件截面和配筋，并布置钢筋；
6. 讲解钢筋混凝土单向板肋梁楼盖设计过程，接受教师与学生的点评，同时参与小组自评与互评。</td></tr>
</table>

任务知识

知识思维导图

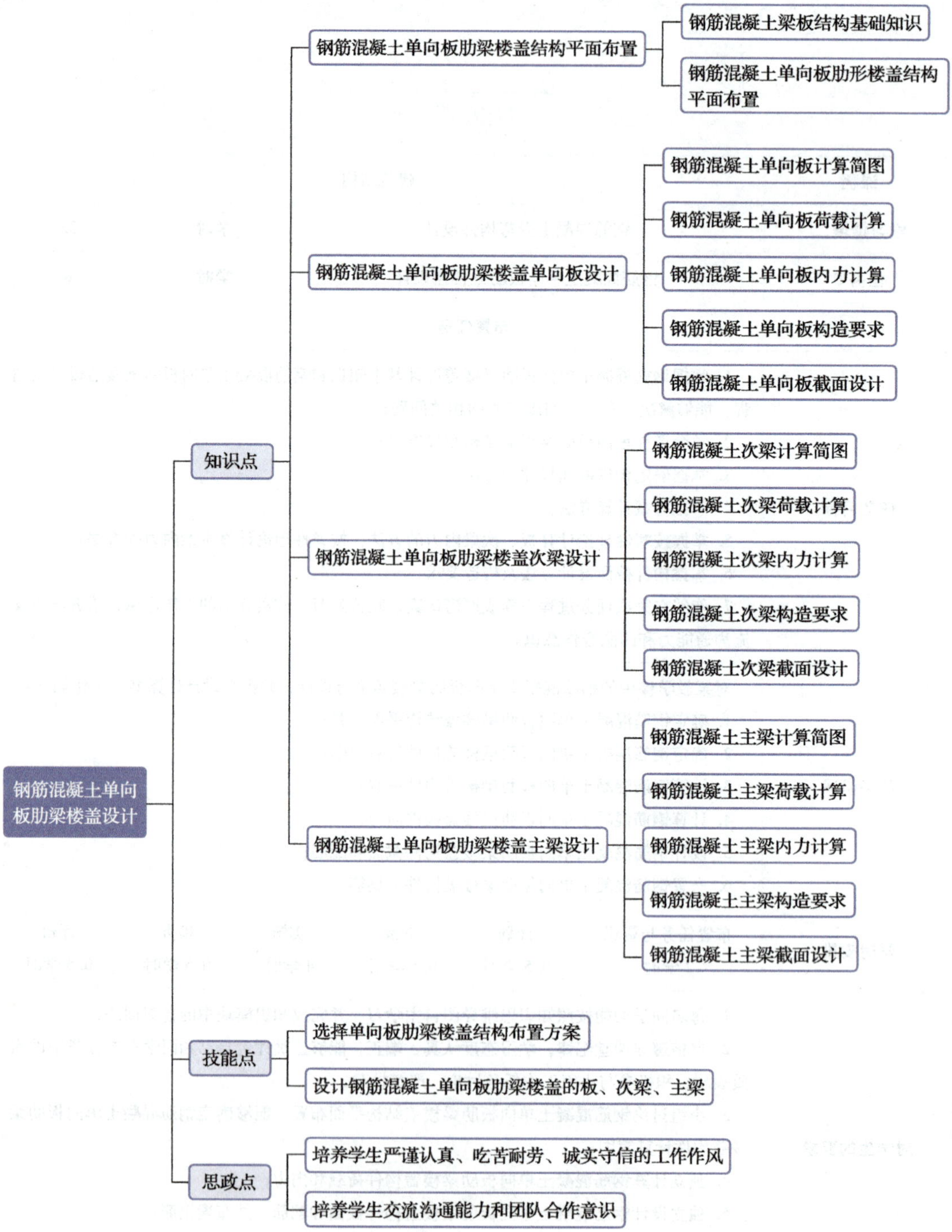
钢筋混凝土单向板肋梁楼盖设计
知识点
钢筋混凝土单向板肋梁楼盖结构平面布置
钢筋混凝土梁板结构基础知识
钢筋混凝土单向板肋形楼盖结构平面布置
钢筋混凝土单向板肋梁楼盖单向板设计
钢筋混凝土单向板计算简图
钢筋混凝土单向板荷载计算
钢筋混凝土单向板内力计算
钢筋混凝土单向板构造要求
钢筋混凝土单向板截面设计
钢筋混凝土单向板肋梁楼盖次梁设计
钢筋混凝土次梁计算简图
钢筋混凝土次梁荷载计算
钢筋混凝土次梁内力计算
钢筋混凝土次梁构造要求
钢筋混凝土次梁截面设计
钢筋混凝土单向板肋梁楼盖主梁设计
钢筋混凝土主梁计算简图
钢筋混凝土主梁荷载计算
钢筋混凝土主梁内力计算
钢筋混凝土主梁构造要求
钢筋混凝土主梁截面设计
技能点
选择单向板肋梁楼盖结构布置方案
设计钢筋混凝土单向板肋梁楼盖的板、次梁、主梁
思政点
培养学生严谨认真、吃苦耐劳、诚实守信的工作作风
培养学生交流沟通能力和团队合作意识

知识模块 1 ▶▶ 钢筋混凝土单向板肋梁楼盖结构平面布置

一、钢筋混凝土梁板结构基础知识

钢筋混凝土梁板结构是由梁和板组成的水平承重结构体系，其支撑体系一般由柱或墙等竖向构件组成。梁板结构在工程中应用广泛，例如房屋建筑中的楼盖、屋盖、筏板基础、雨篷、阳台、楼梯、扶壁式挡土墙等，如图 2-59 所示。钢筋混凝土楼盖、屋盖是最典型的梁板结构。

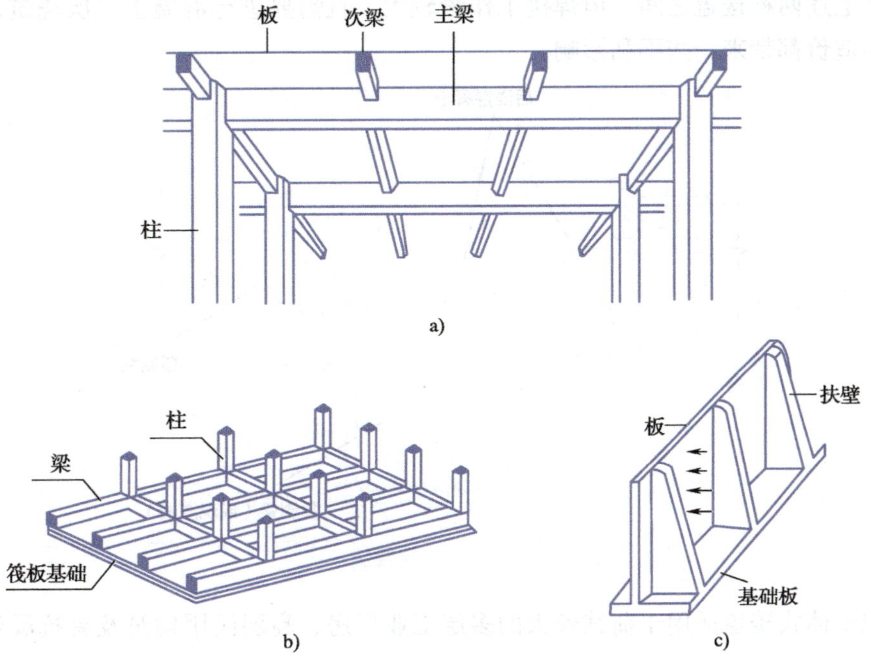

图 2-59　梁板结构应用实例
a）楼盖　b）筏板基础　c）扶壁式挡土墙

（一）楼盖结构的类型

钢筋混凝土楼盖、屋盖是建筑结构的重要组成部分，在建筑物总造价中占有很大的比例，因此，屋盖、楼盖的结构选型和布置的合理性以及结构计算和构造的正确性，对建筑的安全使用和经济性有着重要的意义。

钢筋混凝土楼盖按其施工方法不同可分为现浇整体式、装配式和装配整体式三种。

1. 现浇整体式楼盖

现浇式整体楼盖的所有构件均现场浇筑，其具有整体性好，刚度大，抗震性能强，防水性能好，对不规则房屋平面适应性强等优点，但模板用量大，工期长，施工受季节限制。

现浇式楼盖适用于布置上有特殊要求的各种楼面、有振动荷载作用的楼面及高层建筑和抗震结构。随着经济技术的发展，现浇式楼盖的应用日趋增多。

2. 装配式楼盖

装配式楼盖是用预制构件在现场安装而成，具有施工速度快、机械化、工厂化程度高、工人劳动强度小等优点，但结构的整体性差、刚度小、抗震性、防水性差，不便于开设孔洞，受房屋平面形状的限制。

装配式楼盖适用于多层民用建筑和多层工业厂房，不宜用于高层建筑及有抗震设防要求的建筑以及使用上要求防水和开设孔洞的楼面。

3. 装配整体式楼盖

装配整体式楼盖是将部分预制构件现场安装后，再通过节点和面层现浇，叠合而成为一个整体，如图 2-60 所示。这种楼盖兼有现浇楼盖和装配楼盖的优点，刚度和抗震性能也介于上述两种楼盖之间，但焊接工作量较大，且需要进行混凝土二次浇筑，故对施工进度和造价都带来一些不利影响。

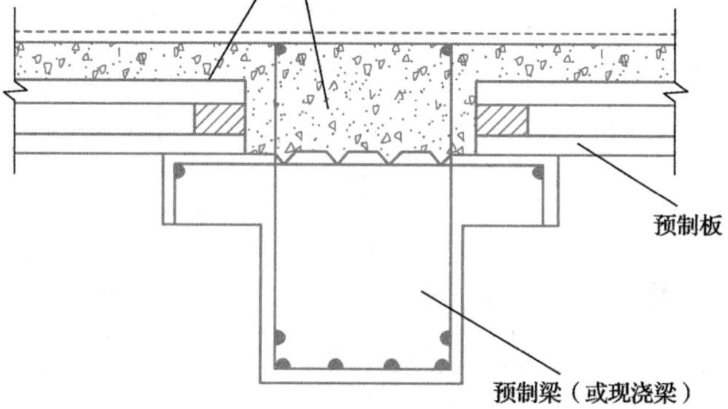

图 2-60　叠合梁

装配整体式楼盖适用于荷载较大的多层工业厂房、高层民用建筑及有抗震设防要求的建筑。

（二）现浇整体式楼盖的结构形式

现浇整体式楼盖常见的结构形式有单向板肋梁楼盖、双向板肋梁楼盖、井式楼盖、无梁楼盖、密肋楼盖，如图 2-61 所示。

1. 肋梁楼盖

肋梁楼盖由板、次梁和主梁组成，板被梁划分成许多区格，每一区格的板一般是四边支承在梁或墙上。根据板区格长边和短边尺寸的比值不同，将肋梁楼盖分为单向板肋梁楼盖和双向板肋梁楼盖。

2. 井式楼盖

井式楼盖由板和梁组成，板被梁划分成若干个正方形或接近正方形的小区格，每一区格的板一般是四边支承在梁或墙上，整个楼盖支承在周边的柱、墙或更大的梁上。两个方向的梁截面相同，不分主次，都直接承受板传来的荷载。井式楼盖通常是为满足建筑上的需要少设或不设内柱，能跨越较大的空间，获得美观的天花板而采用的一种楼盖。井式楼盖多用于中小礼堂、餐厅及公共建筑的门厅。

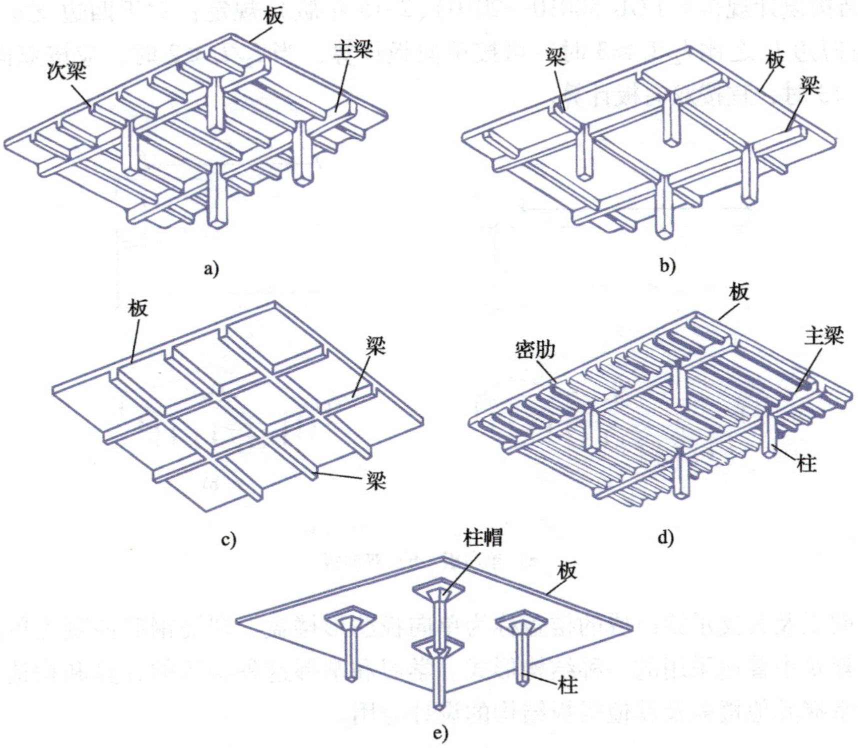

图 2-61　楼盖的结构形式

a）单向板肋梁楼盖　b）双向板肋梁楼盖　c）井式楼盖　d）密肋楼盖　e）无梁楼盖

3. 无梁楼盖

无梁楼盖由板和柱组成。楼盖上不设梁，楼板与柱直接浇筑在一起，楼面荷载直接由板传给柱。无梁楼盖柱顶处的板承受较大的集中力，可设置柱帽来扩大柱板接触面积，改善受力。多用于建筑柱网接近正方形，柱距小于 6m，且楼面荷载不大的情况。

4. 密肋楼盖

密肋楼盖是由板和单向布置或双向布置的排列紧密、肋高较小的梁组成。由于肋距小，板可做得较薄甚至不设钢筋混凝土板，用填充物充填肋间空间，形成平整顶棚。一般用于需要良好隔声隔热效果的建筑。

（三）单向板肋形楼盖

四边支承板一般在两个方向受力，板的竖向荷载通过双向弯曲向四边传递。传递到支承上的荷载大小主要取决于板区格两个方向边长的比值。当四边支承板的长边 l_2 与短边 l_1 之比较大时，按力的传递规律，板的荷载主要沿短边方向传递，即仅在短边方向产生弯矩和挠度，而沿长边方向所分配的荷载可以忽略不计，这种板称为单向板，如图 2-62a 所示。单向板肋形楼盖多用于多层厂房和公共建筑。当板沿长边方向所分配的荷载不可以忽略时，应考虑两个方向都受荷载作用，即考虑两个方向受弯，这种板称为双向板，如图 2-62b 所示。双向板肋形楼盖多用于公共建筑和高层建筑。

分析表明：当四边支承板按弹性理论计算内力、$l_2/l_1>2$，及按塑性理论计算内力、$l_2/l_1>3$ 时，在长边方向分配的荷载小于 6%，其对板的计算影响很小，可忽略不计。故

《混凝土结构设计规范》（GB 50010—2010）(2015 年版）规定：对于四边支承的板，当长边 l_2 与短边 l_1 之比 $l_2/l_1 \geqslant 3$ 时，可按单向板计算；当 $l_2/l_1 \leqslant 2$ 时，应按双向板计算；当 $2<l_2/l_1<3$ 时，宜按双向板计算。

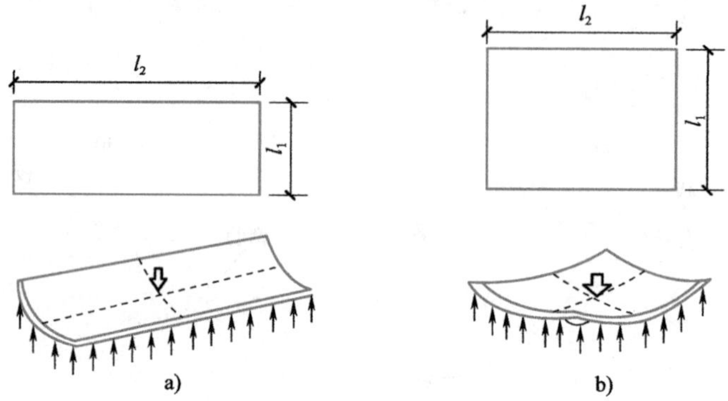

图 2-62　单向板与双向板
a）单向板　b）双向板

由单向板及其支承梁组成的楼盖称为单向板肋形楼盖。现浇钢筋混凝土单向板肋形楼盖，是建筑中普遍采用的一种结构形式。学习和掌握这种楼盖的计算和构造，将有助于进一步掌握其他楼盖及其他梁板结构的设计应用。

二、钢筋混凝土单向板肋形楼盖结构平面布置

1. 结构平面布置原则

单向板肋形楼盖结构平面布置包括柱网布置和梁格布置。柱网布置和梁格布置是密切相关的，应同时考虑。单向板肋形楼盖结构平面应首先满足房屋建筑的使用功能要求，同时应力求简单、规整、统一，以减少构件类型，方便设计和施工，达到经济适用的目的。

2. 柱网布置

柱网尽量布置成矩形或正方形，尺寸宜尽可能大，内柱尽可能不设或少设，以满足使用要求和增大建筑面积的利用率。但柱距过大，则梁的跨度过大，将增大梁的截面尺寸，柱距太小，柱和基础增多，而梁、板由于跨度小而按构造要求设计也未必经济。所以在结构布置中首先要确定经济合理的柱网尺寸。柱沿主梁方向的间距为主梁的跨度，柱沿次梁方向的间距即主梁的间距为次梁的跨度。根据设计及实践经验，次梁跨度常用数值为 4~6m，主梁跨度常用数值为 5~8m。

3. 梁格布置

梁系尽可能连续贯通，板厚和梁的截面尺寸尽可能统一。由于板中混凝土用量较大，故板厚尽可能接近构造要求的最小厚度，一般工业楼盖为 70mm，民用楼盖为 60mm，屋面为 60mm，行车道下楼板为 80mm。次梁的间距为板的跨度，根据设计及实践经验，板跨度常用数值为 1.7~2.7m。在较大孔洞的四周、非轻质隔墙下和较重的设备下应设梁，避免楼板直接承受集中荷载。

主梁有沿横向布置和纵向布置两种方案，如图 2-63 所示。主梁沿横向布置，与柱构成

平面内框架，使整个结构具有较大的侧向刚度，可有效抵抗水平荷载，各榀框架和纵向次梁形成空间结构，因此房屋整体刚度较好，同时，由于主梁间距较大，主梁与外墙面垂直，可开设较大的窗洞口，对室内采光有利，主梁布置一般采用此方案。主梁沿纵向布置可以减小主梁的截面高度，增大室内净高，但房屋横向刚度较差，且应注意外墙窗洞的布置，尽量避免次梁支承在窗过梁上，当横向柱距大于纵向柱距较多时主梁布置采用此方案。

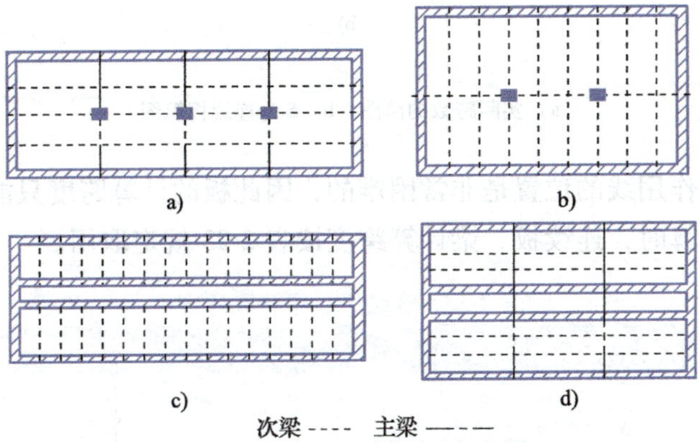

图 2-63　单向板肋梁楼盖结构布置示例

a）主梁沿房屋横向布置　b）主梁沿房屋纵向布置　c）有中间走廊，只布置次梁　d）有中间走廊，同时布置主次梁

想一想　钢筋混凝土楼盖结构有哪几种类型？说明它们各自受力特点和适用范围。

知识模块 2 钢筋混凝土单向板肋梁楼盖单向板设计

一、钢筋混凝土单向板计算简图

楼盖结构布置完成后，即可确定结构的计算简图，以便对板、次梁和主梁分别进行计算。计算简图应按照尽可能符合结构实际受力情况和简化计算的原则。计算简图的确定包括确定支座形式、计算跨数和计算跨度、荷载分布和大小。

1. 支座形式

当板支承在砖墙或次梁上时，可将砖墙或次梁作为板的不动铰支座。即按连续板计算。实际墙或次梁对板是有约束作用的，这一误差将在构造设计和荷载计算中考虑。

2. 计算跨数

对于 5 跨和 5 跨以内的连续板，跨数按实际跨计算；对于多于 5 跨的等跨或跨差不超过 10% 的等刚度、等荷载的连续板，可近似按 5 跨的等跨连续板计算。略去的各跨内力按 5 跨的中间跨计算，如图 2-64 所示。

3. 计算跨度

整体式梁板结构中，板计算跨度是指单跨板支座反力的合力作用线间的距离。支座反力的合力作用线的位置与结构刚度、支承长度及支承结构材料等因素有关，精确地计

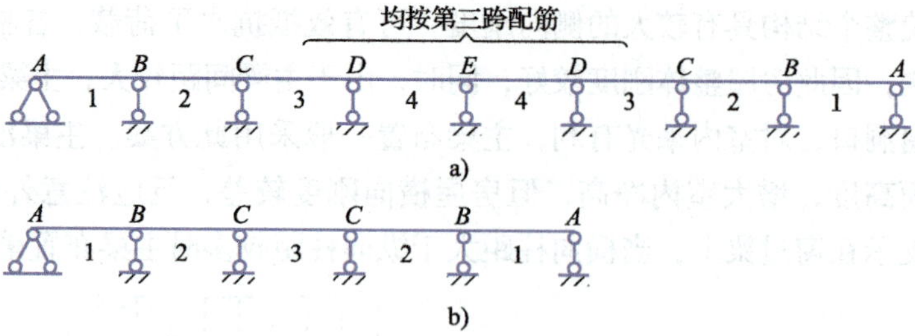

图 2-64　连续板计算简图

a）实际跨数的简图　b）5 跨连续板简图

算支座反力的合力作用线的位置是非常困难的，因此板的计算跨度只能近似取值。

按塑性理论计算时，连续板、梁计算跨度按表 2-23 规定取用。

表 2-23　连续板、梁计算跨度

方法	连续板	连续梁
按考虑塑性内力重分布分析内力	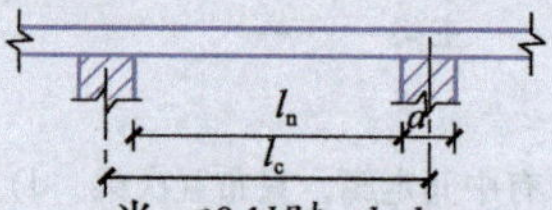 当$a\leqslant0.1l_c$时，$l_0=l_c$ 当$a>0.1l_c$时，$l_0=1.1l_n$ 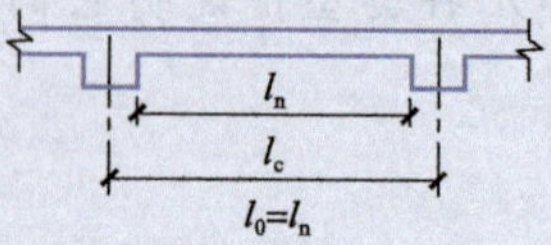 $l_0=l_n$ 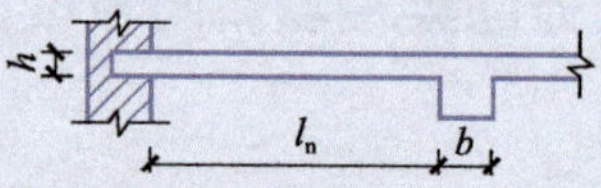 $l_0=l_n+\frac{h}{2}$	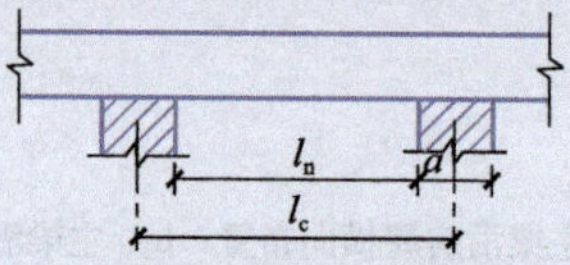 当$a\leqslant0.05l_c$时，$l_0=l_c$ 当$a>0.05l_c$时，$l_0=1.05l_n$ 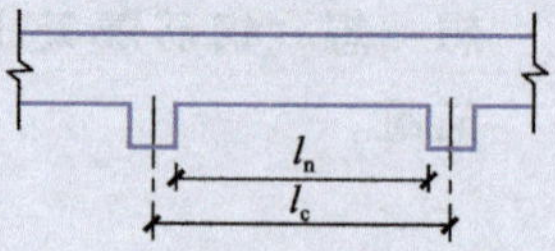 $l_0=l_n$ 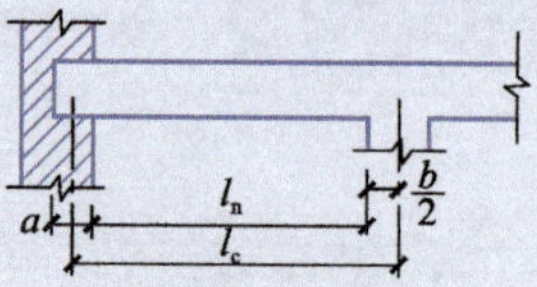 $l_0=\frac{a}{2}+l_n\leqslant1.025l_n$

二、钢筋混凝土单向板荷载计算

肋梁楼盖的荷载传递途径是：荷载经由板传给次梁，由次梁传给主梁，再由主梁传给柱（或墙），最后传至基础。

作用在楼盖上的荷载有永久荷载和可变荷载两种。

连续板上的永久荷载值指板及构造层自重、永久性设备自重等，可变荷载值指楼盖活荷载，包括人群、家具及一般设备的重量。对于屋盖还有雪荷载或施工荷载。连续板上的荷载形式通常按均布荷载考虑。

对于楼盖中的板，通常取 1m 宽的板带作为计算单元，板所承受的荷载即为板带面积范围内的荷载。荷载计算单元及连续板计算简图如图 2-65 所示。

在确定连续板的支座时，将与板整体连结的支承视为铰支座，即忽略支座对这对于板的约束作用，对于板、梁整体连结的现浇楼盖，这种假设与实际情况不完全符合。

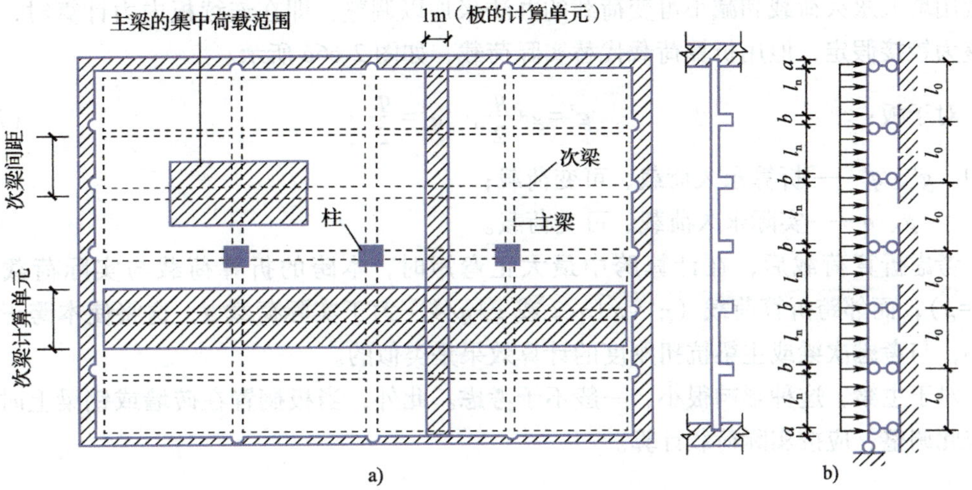

图 2-65　单向板肋梁楼盖的计算简图

a）荷载计算单元　b）连续板的计算简图

以板和次梁为例，当板受荷发生弯曲转动时，支承它的次梁将产生扭转，而次梁的扭转作用会约束板的自由转动。当等跨连续板、梁可变荷载沿各跨均为满布时是可行的，其计算误差很小，可不考虑。但当可变荷载隔跨布置时，其计算误差较大，不能忽略。如图 2-66a 所示连续板，当按铰支座计算时，板绕支座的转角值 θ 较大。实际上，由于板与次梁整体浇筑在一起，当板受荷弯曲在支座发生转动时，将带动次梁一起转动。次梁具有一定的抗扭刚度，且两端又受主梁约束，将阻止板自由转动，最终只能发生两者变形协调的约束转角 θ'，如图 2-66b 所示，其值小于 θ，使板的跨中弯矩有所降低，支座负弯矩相应有所增加，但不会超过两相邻跨满布可变荷载时的支座负弯矩。类似的情况也发生在次梁与主梁及主梁与柱之间。为了减少由此而引起的误差，在设计中

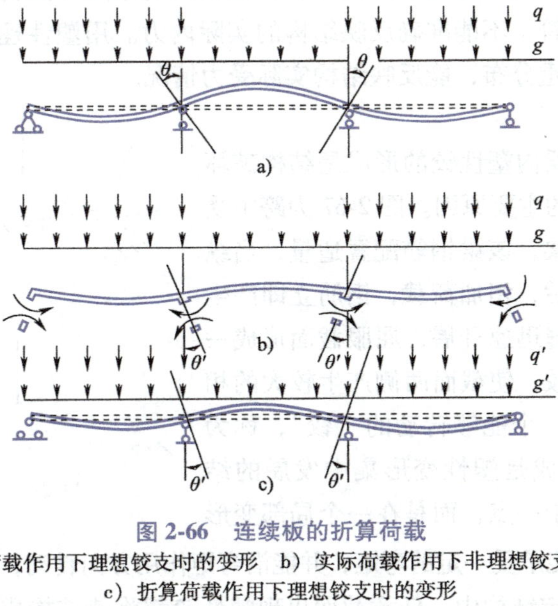

图 2-66　连续板的折算荷载

a）实际荷载作用下理想铰支时的变形　b）实际荷载作用下非理想铰支时的变形

c）折算荷载作用下理想铰支时的变形

一般用增大永久荷载和减小可变荷载的办法来加以调整，即在连续板内力计算时，仍按支座为铰接假定，但用折算荷载代替实际荷载，如图 2-66c 所示。

对于板：

$$g'=g+\frac{q}{2},\quad q'=\frac{q}{2} \tag{2-52}$$

式中 g'、q'——折算永久荷载、可变荷载；

g、q——实际永久荷载、可变荷载。

考虑折算荷载后，在计算跨中最大正弯矩时，本跨的折算荷载与实际荷载相同（$g'=g$），而邻跨折算荷载（$g'=g+q/2$ 或 $g+q/4$）大于实际荷载 g，这将使本跨正弯矩减小，与考虑次梁或主梁抗扭刚度的计算效果是类似的。

对于主梁，这种影响很小，一般不予考虑。此外，当板搁置在砖墙或钢梁上时，不得作此调整，应按实际荷载计算。

三、钢筋混凝土单向板内力计算

楼盖结构中的梁板内力计算方法有两种，一种按弹性理论计算方法，即按结构力学的方法，一般常用力矩分配法计算；另一种是按塑性理论计算方法，即考虑塑性变形引起的结构内力重分布的方法计算。

按塑性理论计算结构内力方法简单，并且可以节约钢材，克服支座处钢筋拥挤现象。但是，塑性理论是以形成塑性铰为前提，构件在使用阶段裂缝和变形较大，因此，有些结构不适宜按塑性理论计算内力。通常对以下几种结构宜选用弹性理论计算内力。

1）直接承受动力荷载和重复荷载作用的结构。

2）使用阶段不允许出现裂缝或对裂缝开展有较严格限制的结构。

3）负温条件下的结构及处于重要部位，要求有较大强度储备的结构。

楼盖结构中的连续板应按塑性理论计算内力。混凝土是弹塑性材料，而按弹性理论计算内力是假定钢筋混凝土为匀质弹性材料，且结构的刚度不随荷载大小而改变，这样显然与实际情况不相符，不能准确反映结构的实际内力。用塑性理论计算内力考虑塑性变形引起的结构内力重分布，能反映结构实际受力情况。

1. 塑性铰

钢筋混凝土连续梁内塑性铰的形成是结构破坏阶段发生内力重分布的主要原因。图 2-67 为跨中受集中荷载作用的简支梁，该梁钢筋配置适量，当纵向受拉钢筋开始屈服后，稍加荷载，钢筋立即产生较大的塑性变形，裂缝迅速开展，屈服截面形成一个塑性变形集中的区域，使截面两侧产生较大的相对转角，犹如形成了一个能够转动的“铰”，称为塑性铰。塑性铰的形成是塑性变形集中发展的结果。塑性铰不是集中于一点，而是在一个局部变形很大的区域，塑性铰能承受一定的弯矩，并能沿弯矩作用方向转动，但转动幅度有限。

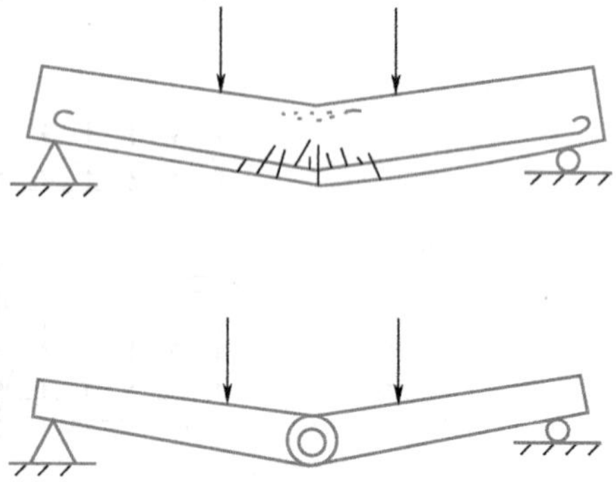
图 2-67 塑性铰的形成

在钢筋混凝土静定结构中，任意截面出现塑性铰都将使结构成为几何可变体系而丧失承载能力。但对于超静定结构来说，由于存在多余约束，某一截面出现塑性铰后，并不会导致结构立即破坏。出现塑性铰的截面弯矩不再增大只是转角继续增大，这就相当于使超静定结构减少了一个多余约束，结构仍然可继续承受荷载，只是荷载作用下的内力分布规律发生了显著的改变。随着荷载的增加，结构上将不断有新的塑性铰出现，其内力分布规律也随之发生变化。当结构出现了足够数目的塑性铰使其整体或局部变成几何可变体系时，结构将最终丧失其承载力。

2. 塑性内力重分布

结构构件内力分布与各截面间的刚度比有关。按弹性理论计算钢筋混凝土连续梁、板内力是假定梁、板为匀质弹性体，认为结构的刚度始终不变，内力与荷载呈线性关系，内力分布规律始终不变，这在荷载较小、混凝土开裂的初始阶段时是适用的。随着荷载的增加，混凝土受拉区裂缝开展，受压区混凝土产生塑性变形，纵向受拉钢筋屈服后也产生塑性变形，形成塑性铰，各截面间的刚度比值不断发生变化，内力也随之变化，钢筋混凝土连续梁的内力与荷载不再呈线性关系，钢筋混凝土连续梁的内力分布规律相对于线性分布发生了变化，即产生了塑性内力重分布。现以一两跨连续梁为例来加以说明。

图 2-68 为两跨连续梁，跨度均为 3m，每跨跨中作用有集中荷载 P。若使梁跨中和中间支座配置的纵向受拉钢筋相同，并使两截面的极限弯矩 $M_{Bu}=M_{1u}=30\text{kN}\cdot\text{m}$。分别按弹性理论方法和考虑塑性内力重分布方法来计算其极限荷载 P_u。

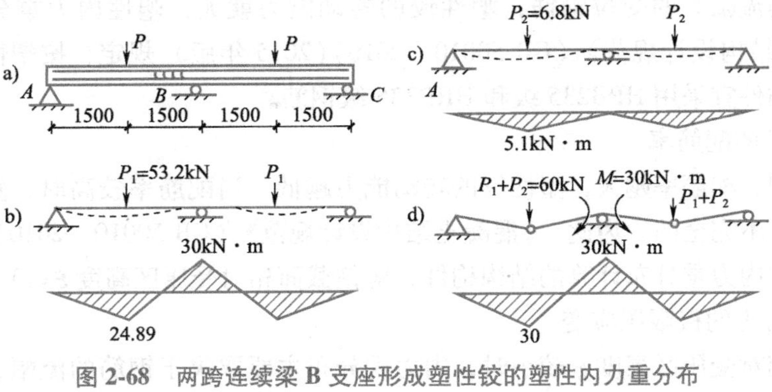

图 2-68　两跨连续梁 B 支座形成塑性铰的塑性内力重分布

若按照弹性理论方法计算，计算简图为两跨连续梁。$M_B=-0.188P_1$，$M_1=0.156P_1$，当外荷载 $P_1=\dfrac{M_B}{0.188l}=\dfrac{30}{0.188\times3}\text{kN}=53.2\text{kN}$ 时，支座截面达到极限承载力，P_1 就是该梁所能承担的极限荷载。

若按照塑性理论方法计算，考虑支座截面只是形成塑性铰，整个梁并未破坏，仍为几何不变体系，计算简图为两个静定简支梁。此时，$M_1=M_2=0.156P_ul_0=24.89\text{kN}\cdot\text{m}$，跨中正截面仍有 $\Delta M_1=(30-24.89)\ \text{kN}\cdot\text{m}=5.11\text{kN}\cdot\text{m}$ 的承载力储备，梁可继续增加荷载，此时支座弯矩不再增加，跨中弯矩将按简支梁的规律增加，直到跨中弯矩也达到该截面的极限弯矩 M_{1u} 而形成塑性铰，整个梁成为几何可变体系才发生破坏。后加荷载 P_2 引起的跨中弯矩 $\Delta M=\dfrac{P_2l}{4}$，结构可继续增加的荷载 $P_2=\dfrac{4\Delta M}{l}=\dfrac{4\times5.11}{3}\text{kN}=6.8\text{kN}$。$P=$

$P_1+P_2=(53.2+6.8)$ kN=60kN 才是该梁所能承担的极限荷载。可见，考虑塑性理论计算的极限荷载比按弹性理论计算的极限荷载提高了 6.8/53.2=12.78%。

从上例可知，构件从加载到破坏，两个截面的弯矩比一直在变化，其中产生内力重分布的原因及变化程度不同。由此可将连续梁的塑性内力重分布分为两个阶段：第一阶段发生在混凝土开裂至塑性铰形成以前，主要由于裂缝的形成和开展使梁各截面刚度比值变化而引起内力重分布；第二阶段发生在第一个塑性铰形成以后，主要是由于塑性铰的转动使结构的计算简图发生改变而引起的内力重分布，第二阶段的内力重分布程度比第一阶段显著。

考虑塑性内力重分布的计算方法正是为了利用结构的这一承载潜力，从而达到节约钢材的经济效果。

3. 影响塑性内力重分布程度的因素

对于超静定结构，若构件中各塑性铰均具有足够的转动能力，不致在其转动过程中使受压混凝土过早破坏，从而保证结构中先后出现足够数目的塑性铰，使结构成为几何可变体系，这种情况称为完全内力重分布。在塑性铰转动过程中出现混凝土被压碎，而这时结构尚未成为几何可变体系，称为不完全内力重分布。

塑性内力重分布的程度取决于塑性铰的转动能力。而塑性铰的转动能力主要取决于以下四方面因素：

（1）钢筋的种类

构件采用流幅大的受拉钢筋，塑性铰的转动能力就大，塑性内力重分布的程度就大。《混凝土结构设计规范》（GB 50010—2010）（2015 年版）规定，按塑性内力重分布计算的结构构件宜采用 HPB235 级和 HRB335 级钢筋。

（2）纵筋的配筋率

试验表明，配筋率越大，塑性铰的转动能力越低，当配筋率较高时，塑性内力重分布的程度将是不完全的。为此，《混凝土结构设计规范》（GB 50010—2010）（2015 年版）规定：按塑性内力重分布计算的结构构件，应使截面相对受压区高度 $\xi \leqslant 0.35h_0$。

（3）混凝土的极限压应变

当截面相对受压区高度 ξ 较小时，内力重分布主要取决于钢筋的流幅，因为钢筋开始屈服时，受压区混凝土压应变尚小，当钢筋塑流较大时，混凝土才达到极限压应变。当截面相对受压区高度 ξ 较大时，内力重分布主要取决于混凝土的极限压应变，因为钢筋屈服时，混凝土受压区应变已经很大，塑性铰的转动主要靠混凝土压应变的发展。混凝土强度等级宜在 C20~C45 范围内。

（4）梁的抗剪能力

塑性铰出现后，连续梁受剪承载力降低，要实现预期的塑性内力重分布，必须有足够的抗剪能力。

4. 考虑塑性内力重分布的内力计算方法

连续梁、板考虑塑性内力重分布的计算方法较多，如极限平衡法、塑性铰法及弯矩调幅法等。

目前工程上应用较多的是弯矩调幅法。

弯矩调幅法是先按弹性方法求出截面弯矩值后，画出弯矩包络图，再根据需要将某些出现塑性铰的截面弯矩（一般为支座弯矩）予以调整降低，同时其他控制截面的内力按一般力学方法相应予以调整，最后再按调整后的内力进行截面配筋计算的设计方法。

（1）弯矩调幅法的基本原则

1）调幅要考虑使结构满足刚度、裂缝要求，因此应避免塑性铰出现过早、转动幅度过大，弯矩调幅值应≤25%，宜≤20%。对承受均布荷载的连续梁，调整后各支座及跨中截面弯矩的绝对值应满足 $M \geqslant M_0/3$，其中 M_0 为按简支梁计算的跨中弯矩设计值。

2）为方便施工，通常调整支座截面弯矩，并尽可能使调整后的支座弯矩与跨中弯矩接近。

3）调幅后应满足静力平衡条件，即调整后的跨中弯矩应不小于该跨满载时按简支梁计算的跨中弯矩值与每跨两端支座弯矩的平均值之和，且不小于按弹性方法求得的考虑荷载最不利布置的跨中最大弯矩，如图 2-69 所示，即

$$M_c \geqslant M_0 - |(M_A + M_B)/2| \qquad (2\text{-}53)$$

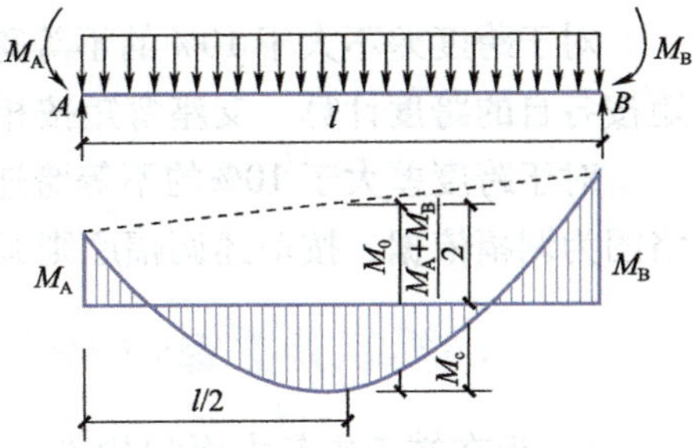

图 2-69　M_c 示意图

4）在可能产生塑性铰的区段，箍筋用量增大 20%。增大范围：对集中荷载，取支座边至最近一个集中荷载之间的区段；对均布荷载：取支座边至距支座边 $1.05h_0$ 的区段。

为防构件发生斜拉破坏，箍筋配箍率应满足：

$$\rho_{sv} \geqslant 0.03 f_c / f_{yv} \qquad (2\text{-}54)$$

（2）按调幅法计算连续板、梁内力

承受均布荷载的等跨连续板、梁，其控制截面的弯矩和剪力设计值可分别按以下简化公式计算：

$$M = \alpha (g+q) l_0^2 \qquad (2\text{-}55)$$

$$V = \beta (g+q) l_n \qquad (2\text{-}56)$$

式中　α——考虑塑性内力重分布的弯矩系数，对于两端支承在墙上的连续板、梁按表 2-24 取值；

g、q——均布永久荷载设计值、可变荷载设计值；

l_0——计算跨度；

β——剪力系数，对于两端支承在墙上的连续板、梁，按表 2-25 取值；

l_n——净跨度。

表 2-24　连续梁和连续单向板的弯矩系数

支承情况		截面位置					
		端支座	边跨跨中	离端第二支座	离端第二跨跨中	中间支座	中间跨跨中
		A	Ⅰ	B	Ⅱ	C	Ⅲ
梁、板支在墙上		0	1/11	2 跨连续：−1/10 3 跨以上连续：−1/11	1/16	−1/14	1/16
板	与梁整浇连接	−1/16	1/14				
梁	与梁整浇连接	−1/24					
梁与柱整浇连接		−1/16	1/14				

表 2-25 连续梁和连续单向板的剪力系数

<table>
<tr><th rowspan="3">支承情况</th><th colspan="5">截面位置</th></tr>
<tr><th rowspan="2">端支座内侧</th><th colspan="2">离端第二支座</th><th colspan="2">中间支座</th></tr>
<tr><th>外侧</th><th>内侧</th><th>外侧</th><th>内侧</th></tr>
<tr><td>支在墙上</td><td>0.45</td><td>0.60</td><td rowspan="2">0.55</td><td rowspan="2">0.55</td><td rowspan="2">0.55</td></tr>
<tr><td>与梁或柱整浇连接</td><td>0.50</td><td>0.55</td></tr>
</table>

对于跨度差不大于10%的不等跨连续板、梁，仍可按上式计算内力。此时，跨中弯矩按各自的跨度计算，支座弯矩按相邻两跨的较大跨度计算。

对于跨度差大于10%的不等跨连续板、梁，应按弹性方法求出弯矩包络图，再以包络图为调幅依据，按前述调幅原则调幅。

四、钢筋混凝土单向板构造要求

1）板在楼盖中是大面积构件，从经济角度考虑，其厚度应尽量薄，但从施工和刚度要求考虑，板厚应满足表 2-26 要求。

表 2-26 混凝土板、梁截面尺寸

<table>
<tr><th colspan="2">构件种类</th><th>高跨比（h/l_0）</th><th>备注</th></tr>
<tr><td>单向板</td><td>简支
两端连续</td><td>≥1/35
≥1/40</td><td>最小板厚：
屋面板 $h\geqslant60$mm
民用建筑楼板 $h\geqslant60$mm
工业建筑楼板 $h\geqslant70$mm
行车道下的楼板 $h\geqslant80$mm</td></tr>
<tr><td>双向板</td><td>单跨简支
多跨连续</td><td>≥1/45
≥1/50
（按短向跨度）</td><td>最小板厚：$h\geqslant80$mm</td></tr>
<tr><td colspan="2">悬臂板</td><td>≥1/12</td><td>最小板厚：
板的悬臂长度≤500mm，$h\geqslant60$mm
板的悬臂长度>500mm，$h\geqslant80$mm</td></tr>
<tr><td colspan="2">多跨连续次梁
多跨连续主梁
单跨简支梁
悬臂梁</td><td>1/18~1/12
1/14~1/8
1/14~1/8
1/8~1/6</td><td>最小梁高：
次梁 $h\geqslant l/25$
主梁 $h\geqslant l/15$
宽高比（b/h）：1/3~1/2，以 50mm 为模数</td></tr>
</table>

2）板的支承长度应满足其受力钢筋在支座内锚固的要求，且一般不小于板厚，当搁置在砖墙上时，不少于120mm。

3）板的受力钢筋数量按计算确定后，要进行合理布置。选用的钢筋间距和直径尽量相同，以保证构造简单、施工方便。

板中受力钢筋一般采用 HPB300、HRB335 级钢筋，常用直径为 6mm、8mm、10mm、12mm，对于支座钢筋，为便于架立，直径不宜太细，一般应≥8mm。板中受力钢筋的间距一般不小于 70mm。当板厚 $h\leqslant150$mm 时，不宜大于 200mm，当 $h>150$mm 时，不宜大于 1.5h，且不宜大于 250mm。

板中受力钢筋配置方法有弯起式和分离式两种。

弯起式配筋是将跨中正弯矩钢筋在支座附近弯起 1/2~2/3 部分承受支座负弯矩，若弯起的负筋少，可再加直钢筋。剩余的钢筋伸入支座，其间距应≤400mm，截面面积应≥1/3 跨中钢筋。一般采用隔一弯一或隔一弯二。弯起式配筋可一端弯起或两端弯起。弯起式配筋锚固和整体性好，钢筋用量小，但施工较复杂。弯起钢筋的弯起角度一般为30°，当 h>120mm 时为 45°。采用弯起式配筋，应注意相邻两跨跨中及中间支座钢筋直径和间距互相配合，间距变化应有规律，钢筋直径种类不宜过多，以利施工。

分离式配筋是将跨中正弯矩钢筋和支座负弯矩钢筋分别设置，适用于 h≤120mm 且所受动态荷载不大时。跨中正弯矩钢筋宜做成半圆弯钩，全部伸入支座的长度不应小于 $5d$，以满足锚固要求，d 为下部纵向受拉钢筋直径。支座负弯矩筋做成直抵模板的直钩，以保证施工时钢筋的设计位置。分离式配筋整体性较差，钢筋用量大，但施工方便，是目前工程中主要采用的配筋方式。

确定连续板受力钢筋的弯起和切断位置，一般不必绘弯矩包络图，而直接按图 2-70 所示的构造要求确定。

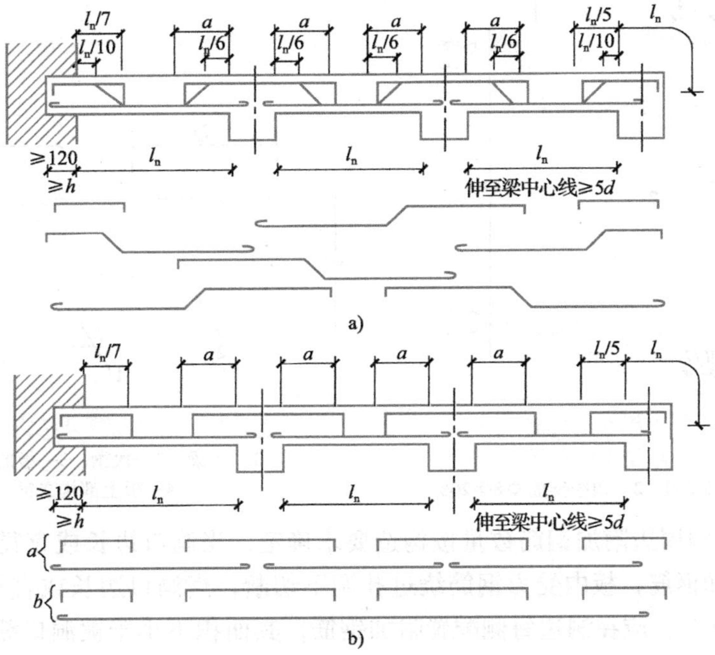

图 2-70　连续板中受力钢筋的布置方式

a）弯起式　b）分离式

4）板的分布钢筋数量按构造要求确定，其直径不宜小于 6mm，截面面积不应小于单位长度上受力钢筋截面面积的 15%，且不宜小于该方向板截面面积的 0.15%。分布钢筋的间距不宜大于 250mm；对集中荷载较大的情况，分布钢筋的截面面积应适当增加，间距不宜大于 200mm。对无保温或隔热措施的外露结构，以及温差应力、收缩应力较大的现浇板区域内，其分布钢筋还应适当加密，宜取 150~200mm，并应在未配筋表面布置钢筋。板的上、下表面沿纵、横两个方向的配筋率均不宜小于 0.1%。设置分布钢筋是为了浇筑混凝土时固定受力钢筋的位置，抵抗混凝土收缩和温度变化产生的内力，承担并均匀分布板上的荷载，承受板沿长跨方向实际存在的弯矩。分布钢筋应沿板的长跨方向垂直布置于受力钢筋的内侧。

5）板的上部构造钢筋数量按构造要求确定，对嵌入承重墙内的现浇板，其直径不小于8mm，间距不大于200mm，截面面积不宜小于该方向跨中受力钢筋截面面积的1/3，伸出墙边长度不应小于$l_1/7$。对两边嵌入墙内的板角部分，应双向配置上述构造钢筋，伸出墙边长度不应小于$l_1/4$。l_1为板的短边长度。上部构造钢筋嵌入墙内是为了承受因墙体对板约束而产生的负弯矩以及温度变化、混凝土收缩、施工条件等因素在板中引起的拉应力，防止板与墙相接处产生板面裂缝，如图2-71所示。

6）垂直主梁的板面构造钢筋数量按构造要求确定，其直径不小于8mm，间距不大于200mm，单位长度内的总截面面积不小于板跨中单位长度内受力钢筋截面面积的1/3，伸出主梁边长度不应小于$l_0/4$。l_0为板的计算跨度。设置垂直主梁的板面构造钢筋是为了承受因主梁对板约束而产生的负弯矩，防止板与主梁相接处产生板面裂缝，如图2-72所示。

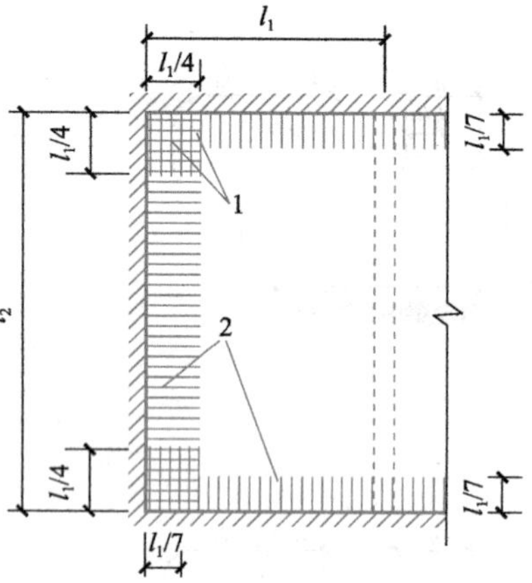

图 2-71　板嵌固在承重墙内时板的上部构造钢筋图
1—双向Φ8@200　2—构造钢筋Φ8@200

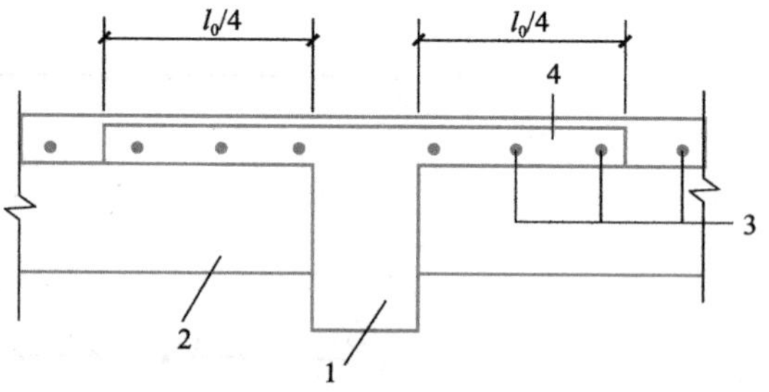

图 2-72　板中与梁肋垂直的构造钢筋
1—主梁　2—次梁　3—板的受力钢筋
4—板上部构造钢筋

7）板内孔洞周边附加钢筋数量按构造要求确定，当洞口边长或直径不大于300mm时，可不设附加钢筋，板内受力钢筋绕过孔洞不切断，当洞口边长或直径大于300mm，但小于1000mm时，应在洞边每侧配置附加钢筋，其面积不小于被洞口截断的受力钢筋截面面积的1/2，且不小于2Φ8，一般每侧可配置2Φ8~2Φ12的钢筋。当洞口边长或直径大于1000mm，且无特殊要求时，宜在洞边加设小梁。对于圆形孔洞，板中还需配置如图2-73所示的上部和下部钢筋及洞口附加环筋和放射向钢筋。

五、钢筋混凝土单向板截面设计

1. 截面设计要点

1）板一般均能满足斜截面抗剪承载力要求，设计时可不进行抗剪计算。

2）板按单筋矩形截面进行抗弯计算。根据连续板各跨中及支座截面最大弯矩确定板内纵向受力钢筋。为使跨数较多的内跨钢筋与计算值尽可能一致，同时使支座截面尽可能利用跨中弯起的钢筋，应按先内跨后外跨、先跨中后支座的程序选择钢筋。

3）板进入极限状态时，支座处在上部开裂，而跨中在下部开裂，从支座到跨中，

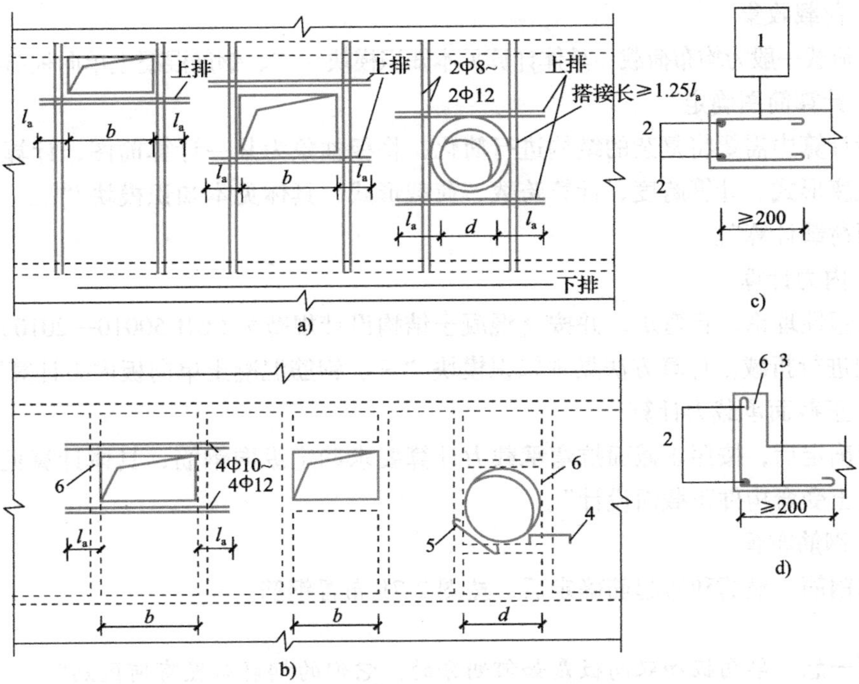

图 2-73　板内孔洞周边的附加钢筋

a）300<b（或 d）≤1000mm 的孔洞周边附加钢筋

b）b（或 d）>1000mm 的孔洞周边附加钢筋　c）、d）圆形孔洞周边的附加放射向钢筋和环筋

1—附加放射向钢筋 Φ 8@ 200　2—附加环筋　3—附加放射向钢筋 Φ 8@ 200

4—上部钢筋　5—下部钢筋　6—洞边小梁

板的实际轴线成为一个拱形，如图 2-74 所示。当板的四周与梁整浇，梁具有足够的刚度使板的支座不能自由移动时，板在竖向荷载作用下将产生水平推力，该推力可减少板中各计算截面的弯矩，其减少程度则视板的边长比及边界条件而异。对四周与梁整体连结的单向板，中间跨的跨中截面及中间支座截面计算弯矩可减少 20%；对边跨跨中截面及第一内支座截面弯矩不予降低。

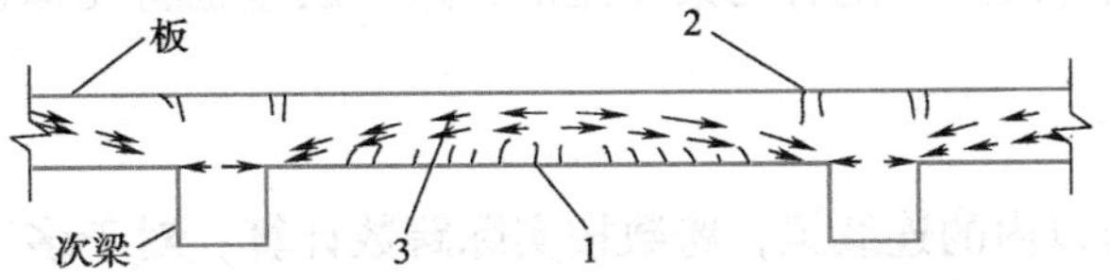

图 2-74　钢筋混凝土连续板的拱推力示意图

1—正弯矩引起的下部裂缝　2—负弯矩引起的上部裂缝　3—内拱压力线

2. 截面设计步骤

（1）截面选择

板厚要满足承载力、刚度和抗裂要求。通常按刚度要求，根据板跨度及板最小厚度要求确定，见表 2-10、表 2-11。

（2）材料选取

板所用的混凝土及钢筋按照构造要求选取．通常板所用的混凝土选用 C20 ~ C25，所用的受力钢筋选用 HPB300、HRB335、HRBF335、HRB400、HRBF400。

（3）荷载收集

板上荷载一般为均布荷载，具体计算见本知识模块“二、钢筋混凝土单向板荷载计算”。

（4）计算简图确定

实际计算中需要将复杂的结构进行简化，将板抽象为某一计算简图，计算简图中要注明板支座形式、计算跨度、计算跨数、荷载形式，具体见本知识模块“二、钢筋混凝土单向板荷载计算”。

（5）内力计算

板按塑性理论计算弯矩，并按《混凝土结构设计规范》（GB 50010—2010）（2015 年版）规定进行折减，计算方法见本知识模块“三、钢筋混凝土单向板内力计算”。

（6）正截面承载力计算

弯矩确定后，按照正截面抗弯承载力计算要求确定纵向钢筋，具体计算见“任务 3 钢筋混凝土受弯构件正截面设计”。

（7）钢筋布置

纵向钢筋、箍筋和弯起筋确定后，按图 2-71 布置钢筋。

想一想 单向板和双向板是如何划分的，它们的钢筋布置有何区别？

知识模块 3 钢筋混凝土单向板肋梁楼盖次梁设计

一、钢筋混凝土次梁计算简图

1. 支座形式

当次梁支承在砖墙或主梁上时，可将砖墙或主梁作为次梁的不动铰支座，即按连续次梁计算。

实际砖墙或主梁对次梁也是有约束作用的，这一误差也将在构造设计和荷载计算中考虑。

2. 计算跨数

对于 5 跨和 5 跨以内的连续梁，跨数按实际跨数计算；对于多于 5 跨的等跨或跨差不超过 10%、等刚度、等荷载的连续梁，可近似按 5 跨的等跨连续梁计算。略去的各跨内力按 5 跨的中间跨内力计算，如图 2-75 所示。

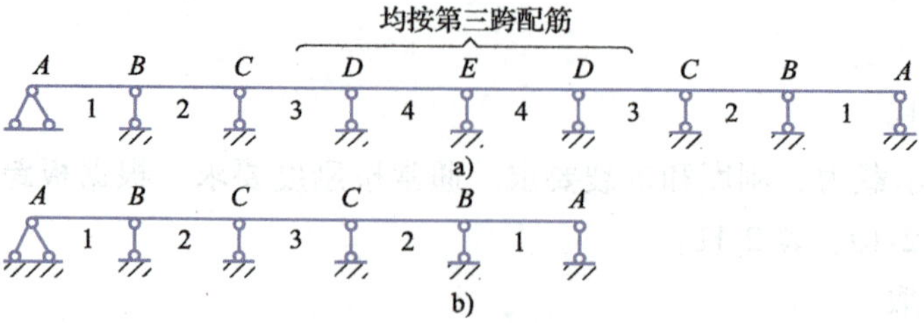

图 2-75 连续梁计算简图

a）实际跨数的计算简图 b）5 跨连续梁计算简图

3. 计算跨度

整体式梁板结构中，次梁计算跨度是指单跨梁支座反力的合力作用线间的距离。支座反力的合力作用线的位置与结构刚度、支承长度及支承结构材料等因素有关，精确地计算支座反力的合力作用线的位置是非常困难的，因此梁的计算跨度只能近似取值。

连续次梁计算跨度按表2-23规定取用。

二、钢筋混凝土次梁荷载计算

肋梁楼盖的荷载传递途径是：荷载经由板传给次梁，由次梁传给主梁，再由主梁传给柱（或墙），最后传至基础。

连续次梁上的永久荷载包括次梁及构造层自重及其受荷面积范围内板传来的永久荷载，可变荷载指受荷面积范围内板传来的可变荷载。连续次梁上的荷载形式通常按均布荷载考虑。荷载计算单元及连续次梁计算简图如图2-76所示。

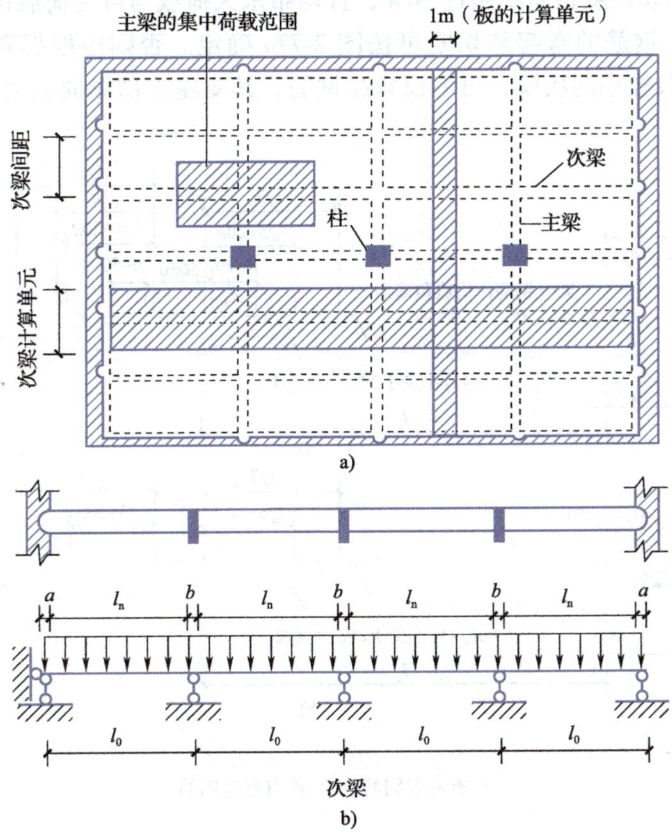

图2-76　单向板肋梁楼盖次梁的计算简图

a）荷载计算单元　b）连续次梁的计算简图

在连续次梁内力计算时，仍按支座为铰接假定，但用折算荷载代替实际荷载。

对于次梁：
$$q'=3q/4,g'=g+q/4 \tag{2-57}$$

式中　g'、q'——折算永久荷载、可变荷载；

g、q——实际永久荷载、可变荷载。

三、钢筋混凝土次梁内力计算

连续次梁应按塑性理论计算内力，即按调幅法计算连续梁内力。承受均布荷载的等跨连续梁，其控制截面的弯矩和剪力设计值可分别按以下简化公式计算：

$$M=\alpha(g+q)l_0^2$$

$$V=\beta(g+q)l_n$$

符号同前。

四、钢筋混凝土次梁构造要求

1）次梁伸入支座的长度一般应不小于240mm。

2）次梁截面高度应满足表2-13的要求，截面宽高比应为$b/h=1/3\sim1/2$。当次梁截面满足上述要求时，一般不作使用阶段的裂缝宽度和变形验算。

3）当次梁相邻跨度相差不超过20%，且均布永久荷载与可变荷载设计值之比$q/g\leqslant3$时，其纵向受力钢筋的弯起和切断可按图2-77a确定。否则应根据弯矩包络图确定。对跨度较小或荷载较小的次梁，可不设弯起钢筋，其支座上部纵向受力钢筋的切断可按图2-77b确定。

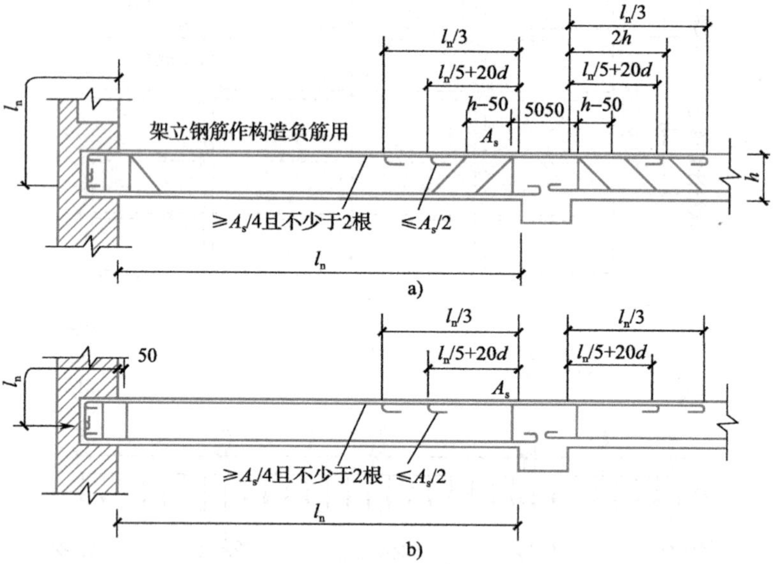

图2-77　次梁配筋示意图

a）有弯起钢筋　b）没有弯起钢筋

五、钢筋混凝土次梁截面设计

1. 设计要点

1）次梁按正截面抗弯承载力计算确定纵向受拉钢筋时，由于板和次梁是整浇在一起的，板作为梁的翼缘参加工作。通常跨中截面处按T形截面计算；支座截面处因翼缘位于受拉区，应按矩形截面计算。

2）次梁按斜截面抗剪承载力计算确定腹筋，当荷载、跨度较小时，一般可只配箍筋抗剪；当荷载、跨度较大时，宜在支座附近设置弯起钢筋，以减少箍筋用量。

2. 设计步骤

（1）截面选择

次梁的截面尺寸要满足承载力、刚度和抗裂要求。通常按刚度要求，根据次梁计算跨度确定截面高度，再根据宽高比要求确定截面宽度。

（2）材料选取

次梁所用的混凝土及钢筋按照构造要求选取。通常次梁所用的混凝土选用 C20、C25，所用的受力钢筋选用 HRB335、HRBF335、HRB400、HRBF400，箍筋及构造筋选用 HPB300、HRB335。

（3）荷载收集

次梁承受板传来的荷载，一般为均布荷载，具体计算见本知识模块“二、钢筋混凝土次梁荷载计算”。

（4）计算简图确定

实际计算中需要将复杂的结构进行简化，将次梁抽象为某一计算简图，计算简图中要注明板支座形式、计算跨度、计算跨数、荷载形式。

（5）内力计算

次梁按塑性理论计算弯矩和剪力，计算方法见本知识模块“三、钢筋混凝土次梁内力计算”。

（6）正截面承载力计算

根据内力组合确定的弯矩设计值，按照正截面抗弯承载力计算要求确定纵向钢筋，具体计算见“任务 3 钢筋混凝土受弯构件正截面设计”。

（7）斜截面承载力计算

根据内力组合确定的剪力设计值，按照斜截面抗剪承载力计算要求确定箍筋和弯起筋，具体计算见“任务 4 钢筋混凝土受弯构件斜截面设计”。

（8）钢筋布置

纵向钢筋、箍筋和弯起筋确定后，按图 2-77 布置钢筋。

忆一忆 梁中有哪些钢筋，这些钢筋在构件中各起什么作用？

知识模块 4 ▶▶ 钢筋混凝土单向板肋梁楼盖主梁设计

一、钢筋混凝土主梁计算简图

1. 支座形式

当主梁支承在砖墙或砖柱上时，可将砖墙或砖柱作为主梁的不动铰支座；当主梁与柱整浇一起时，其支座形式应根据梁柱线刚度比而定。当主梁与柱的线刚度比大于 4 时，可按铰支座考虑，即按连续主梁计算，当主梁与柱的线刚度比不大于 4 时，梁柱按刚接考虑，可按框架梁计算。

2. 计算跨数

对于 5 跨和 5 跨以内的连续梁，跨数按实际跨数计算；对于多于 5 跨的等跨或跨差不超过 10%、等刚度、等荷载的连续梁，可近似按 5 跨的等跨连续梁计算。略去的各跨内力按 5 跨的中间跨内力计算，如图 2-78 所示。

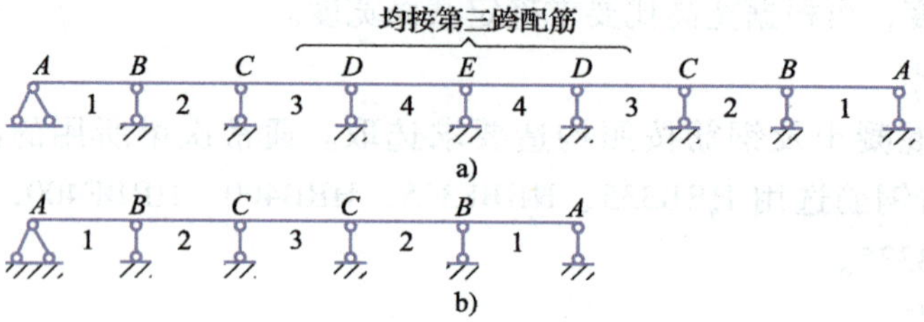

图 2-78　连续梁计算简图

a）实际跨数的计算简图　b）5 跨连续梁计算简图

3. 计算跨度

整体式梁板结构中，主梁计算跨度是指单跨梁支座反力的合力作用线间的距离。连续主梁计算跨度按表 2-27 规定取用。

表 2-27　连续板、连续梁计算跨度

方法	构件	
	连续板	连续梁
按弹性分析内力	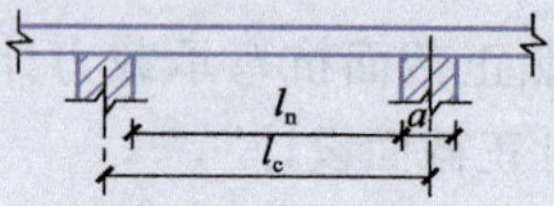 当$a\leqslant 0.1l_c$时，$l_0=l_c$ 当$a>0.1l_c$时，$l_0=1.1l_n$ 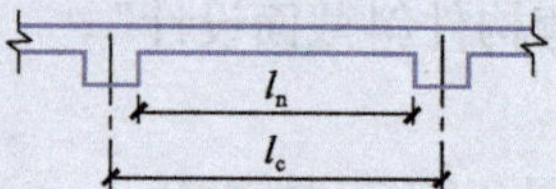 $l_0=l_n$ 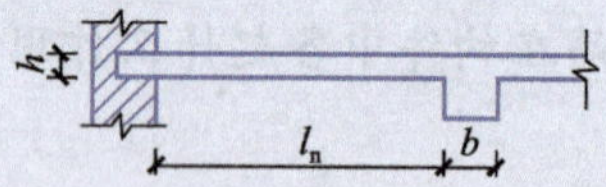 $l_0=l_n+\frac{h}{2}+\frac{b}{2}$	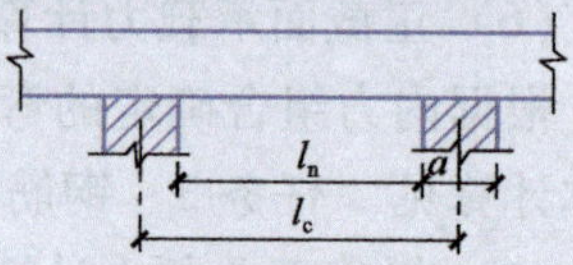 当$a\leqslant 0.05l_c$时，$l_0=l_c$ 当$a>0.05l_c$时，$l_0=1.05l_n$ 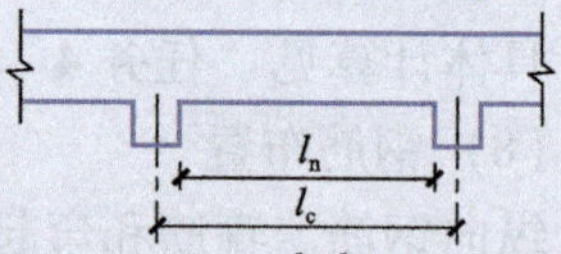 $l_0=l_n$ 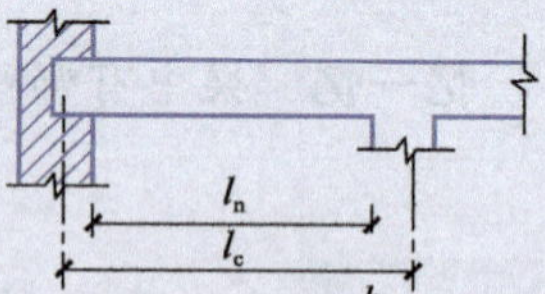 $l_0=l_c\leqslant 1.025l_n+\frac{b}{2}$

二、钢筋混凝土主梁荷载计算

连续主梁上的永久荷载包括主梁及构造层自重、次梁传来的永久荷载，可变荷载指次梁传来的可变荷载。由于次梁传来的荷载为集中荷载，其作用点由次梁位置而定，主梁自重虽为均布荷载，但其值相对较小，为简化计算，可将其折算成集中荷载，因此连续主梁上的荷载形式通常按集中荷载考虑。

荷载计算单元及连续主梁计算简图如图 2-79 所示。

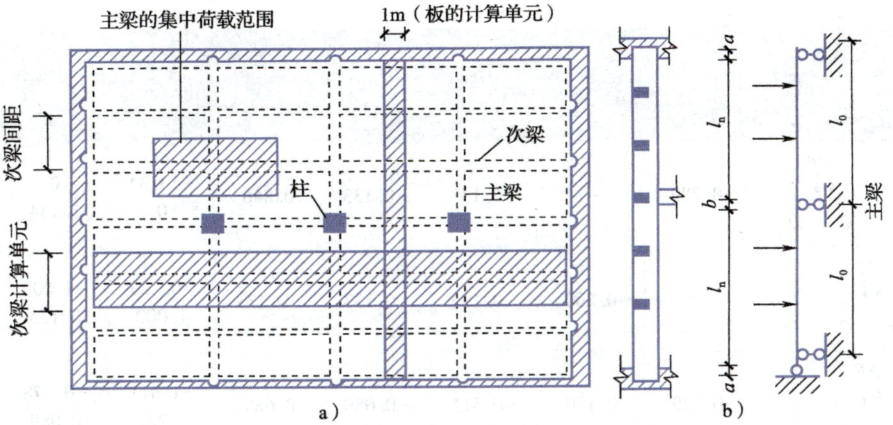

图 2-79 单向板肋梁楼盖主梁的计算简图

a）荷载计算单元 b）连续主梁的计算简图

三、钢筋混凝土主梁内力计算

连续主梁处于重要部位，又要求有较大的承载力储备，因此应按弹性理论计算内力。

1. 内力系数法计算内力

肋梁楼盖中的连续主梁为多次超静定结构，用一般结构力学方法计算内力非常复杂。为简化起见，对于常用荷载作用下的等截面等跨度连续梁，其内力可通过查表 2-28 的内力系数来计算，此内力计算方法称为内力系数法。内力计算公式为：

均布荷载作用下：$M=$表中系数 gl_0^2 或 $M=$表中系数 ql_0^2 （2-58）

$V=$表中系数 gl_n 或 $V=$表中系数 ql_n （2-59）

集中荷载作用下：$M=$表中系数 Gl_0 或 $M=$表中系数 Ql_0 （2-60）

$V=$表中系数 G 或 $V=$表中系数 Q （2-61）

式中 g、q——均布永久荷载、均布可变荷载设计值；

G、Q——集中永久荷载、集中可变荷载设计值；

l_0——计算跨度；

l_n——净跨。

对于跨度相差在 10%以内的不等跨连续梁，其内力也可近似按此方法计算。常用的三跨连续梁在不同集中荷载作用下的内力系数见表 2-28。

表 2-28 三跨连续梁在不同集中荷载作用下的内力系数

荷载图	跨内最大弯矩		支座弯矩		剪力			
	M_1	M_2	M_B	M_C	V_A	V_{Bl} V_{Br}	V_{cl} V_{cr}	V_D
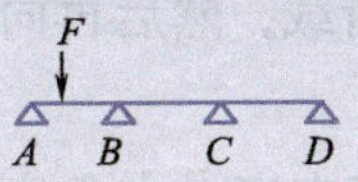	0. 200	—	−0. 100	0. 025	0. 400	−0. 600 0. 125	0. 125 −0. 025	−0. 025
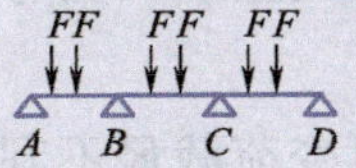	0. 244	0. 067	−0. 267	−0. 267	0. 733	−1. 267 1. 000	−1. 000 1. 267	−0. 733

（续）

荷载图	跨内最大弯矩		支座弯矩		剪力			
	M_1	M_2	M_B	M_C	V_A	V_{Bl} V_{Br}	V_{cl} V_{cr}	V_D
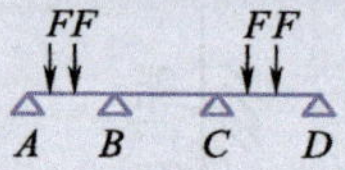	0.289	—	-0.133	-0.133	0.866	-1.134 0	0 1.134	-0.866
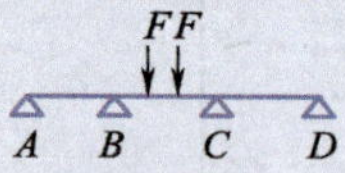	—	0.200	-0.133	-0.133	-0.133	-0.133 1.000	-1.000 0.133	0.133
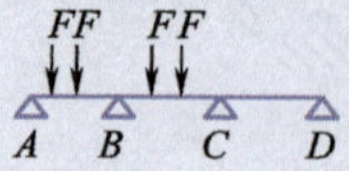	0.229	0.170	-0.311	-0.089	0.689	-1.311 1.222	-0.778 0.089	0.089
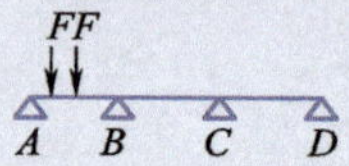	0.274	—	-0.178	0.044	0.822	-1.178 0.222	0.222 -0.044	-0.044

2. 荷载最不利组合

作用在梁上的荷载有永久荷载和可变荷载。其中永久荷载的大小和位置是保持不变的，且满跨布置，而可变荷载作用位置是可变的，要使构件在各种可能的荷载作用下都安全可靠，就需要确定各截面的最大内力，以此最大内力进行设计才能满足要求。因此，需要研究可变荷载作用在哪些位置与永久荷载组合会使控制截面产生最大内力，这种使控制截面产生最大内力的荷载布置称为最不利荷载组合。

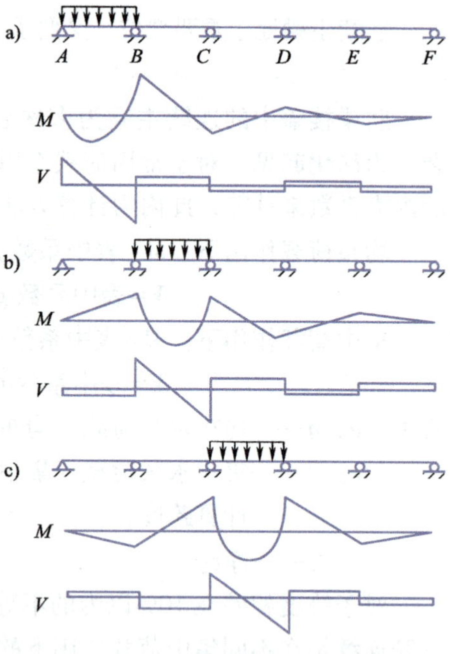

图 2-80　5 跨连续梁当可变荷载布置在不同跨间时的弯矩图和剪力图

如图 2-80 为 5 跨连续梁当可变荷载布置在不同跨间时的弯矩图和剪力图，分析其变化规律和不同组合后的结果，可找出连续梁截面最不利可变荷载布置的规律：

1）求某跨跨中最大正弯矩 $+M_{max}$ 时，应在该跨布置可变荷载，然后向两侧隔跨布置可变荷载，如图 2-81a、b 所示。

2）求某跨跨中最大负弯矩 $-M_{min}$ 时，与上一可变荷载布置情况相反，即在该跨不布置可变荷载，而在两相邻跨布置可变荷载，然后向两侧隔跨布置可变荷载，如图 2-81a、b 所示。

3）求某支座最大负弯矩 $-M_{max}$ 时，应在该支座相邻两跨布置可变荷载，然后再向两侧隔跨布置可变荷载。

4）求某支座左右截面最大剪力 V_{max} 时，其可变荷载布置与求该跨支座最大负弯矩的荷载布置相同，如图 2-81c 所示。

梁上永久荷载应按实际情况布置。求某截面最不利内力时，除按可变荷载最不利位

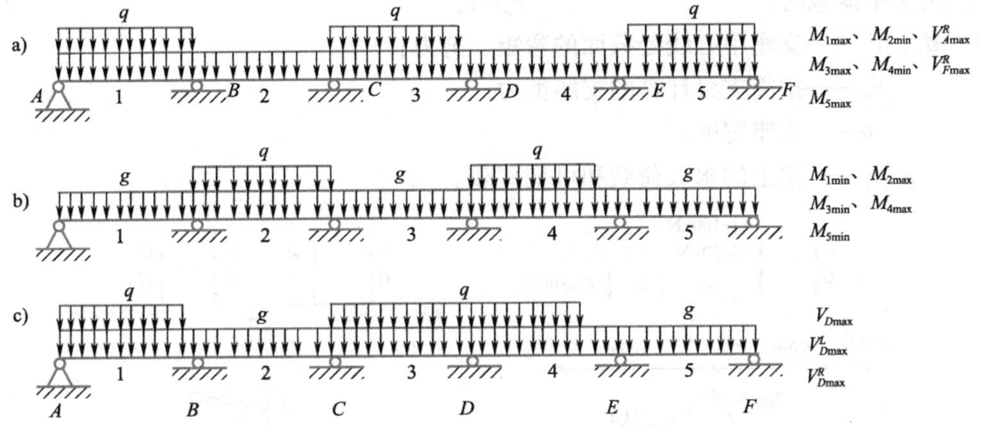

图 2-81　可变荷载不利布置图

置求出截面内力外，还应加上永久荷载在该截面产生的内力。

3. 内力包络图

对于连续梁，可变荷载作用位置不同，各截面的内力也不相同。将永久荷载作用下的各截面内力分别叠加各种最不利可变荷载作用时的各截面内力，可以得到各截面可能出现的最不利内力。在设计时，不必对构件的每个截面进行设计，而只需对若干控制截面进行设计，因此只需计算控制截面内力。按一般结构力学方法或利用内力系数法计算出永久荷载及各种最不利可变荷载作用时的控制截面内力，即可画出永久荷载及某一最不利可变荷载组合作用下的内力图，把每一组荷载组合下的内力图按同一比例叠画在同一基线上，其外包线所围成的图形称为内力包络图，内力包络图包括弯矩包络图和剪力包络图。

包络图可以表示出连续梁在各种最不利荷载组合下各截面可能产生的最大内力值，根据弯矩包络图和剪力包络图可以合理确定纵向受力钢筋弯起和切断的位置，也可以检查构件截面承载力是否满足要求，材料用量是否节省。由于绘制包络图的工作量大，在设计中，通常根据若干控制截面的最不利内力进行截面配筋计算，然后根据构造要求和设计经验确定在负弯矩区段内纵向受力钢筋的切断位置，尽管这样计算会偏于保守，但因计算简便而常被采用。随着计算机的普及与发展，按弯矩包络图配筋已不难做到。

如图 2-82 为两等跨连续梁在每跨三分点处作用有集中荷载时三种最不利荷载组合作用下的弯矩图及弯矩包络图。

4. 支座内力调整

在按弹性理论计算连续梁的内力时，其计算跨度取支承中心线间的距离，支座在支承中心处。若梁与支座并非整体连结，或支承宽度很小，计算简图与实际情况基本相符。实际上，支承有一定宽度，且梁又与支承整体连结，使支承宽度内梁的工作高度加大。因此，支承范围内，支座中心处虽然弯矩最大，但并不是最危险截面，真正的危险截面在支座边缘，如图 2-83 所示。支座内力取支座边缘处的内力，其支座边缘处的内力设计值近似按下式计算：

$$M_0 = M_c - V_0 b/2 \tag{2-62}$$

当为均布荷载时：

$$V_0 = V_c - (g+q) b/2 \tag{2-63}$$

当为集中荷载时：$$V_0=V_c \tag{2-64}$$

式中　M_c、V_c——支座中心线处截面的弯矩、剪力；

V_0——按简支梁计算的支座剪力；

b——支座宽度；

g、q——梁上的永久荷载和可变荷载。

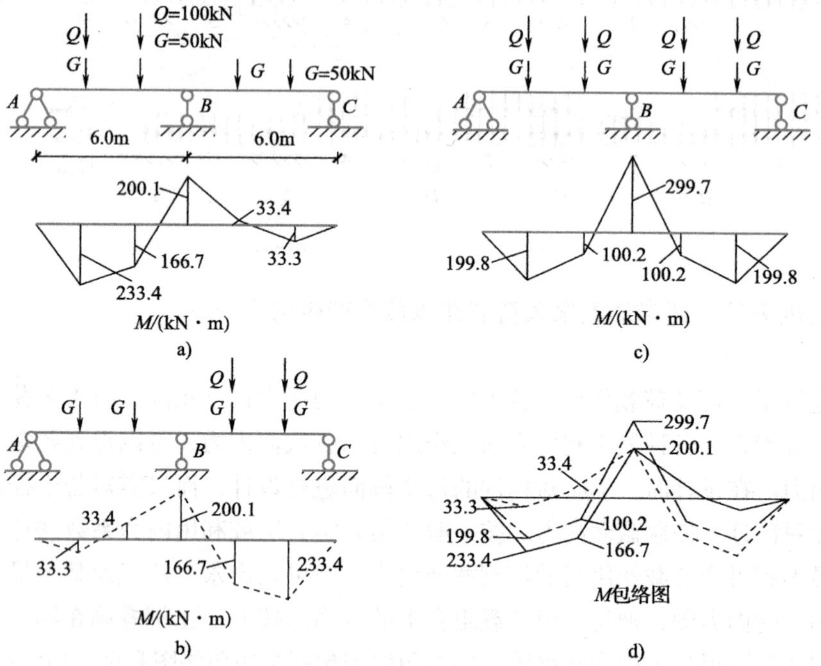

图 2-82　两等跨连续梁的弯矩图及弯矩包络图

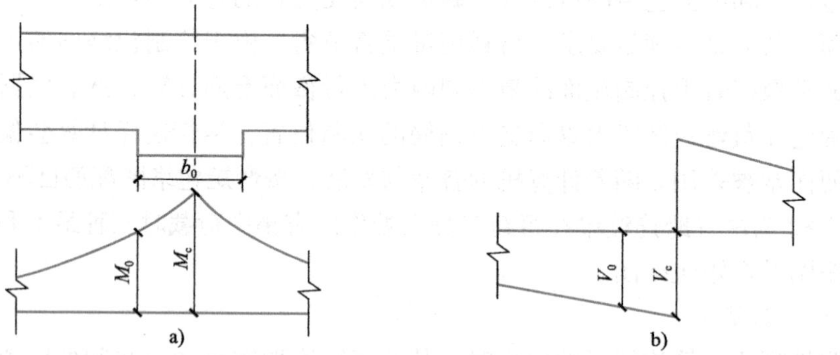

图 2-83　支座边缘的弯矩和剪力

四、钢筋混凝土主梁构造要求

1）主梁伸入支座的长度应不小于 370mm。

2）主梁截面高度应满足表 2-13 的要求，截面宽高比应为 $b/h=1/3\sim1/2$。当主梁截面满足上述要求时，一般不作使用阶段的裂缝宽度和变形验算。

3）主梁纵向受力钢筋的弯起和切断应按弯矩包络图确定，如图 2-84 所示。

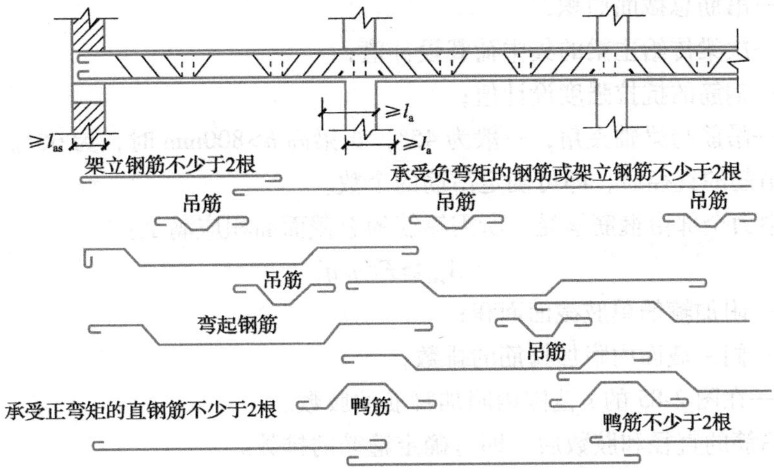

图 2-84　主梁配筋构造要求

l_{as}—梁钢筋简支座纵筋的锚固长度　l_a—梁钢筋中间支座纵筋的锚固长度

4）在次梁和主梁相交处，次梁顶部在负弯矩作用下出现垂直裂缝，集中荷载只能通过次梁的受压区传至主梁的腹部。这种效应约在集中荷载作用点两侧各 0.5~0.65 倍梁高范围内，引起主拉应力使梁腹产生斜裂缝，如图 2-85a 所示。为防止这种破坏，《混凝土结构设计规范》（GB 50010—2010）（2015 年版）规定应在次梁两侧 $s=2h_1+3b$ 的范围内设置附加横向钢筋，附加横向钢筋有吊筋和箍筋两种形式，如图 2-85b、c，其中 b 为次梁宽，h_1 为主梁高减去次梁高。位于梁下部或梁截面高度范围内的集中荷载应全部由附加横向钢筋承担。第一道附加箍筋离次梁边 50mm，吊筋下部尺寸为 b+100mm。

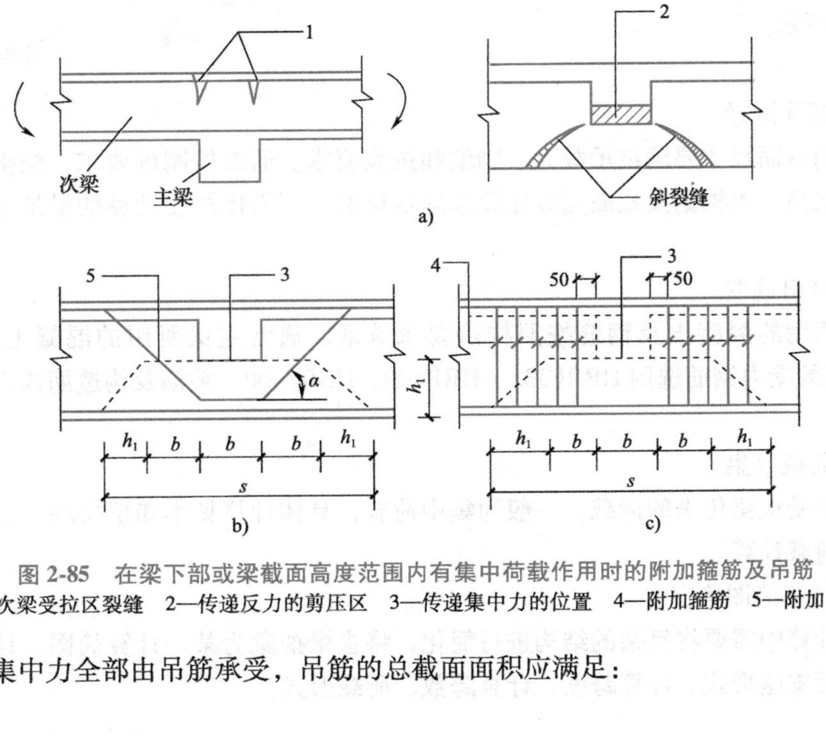

图 2-85　在梁下部或梁截面高度范围内有集中荷载作用时的附加箍筋及吊筋

1—次梁受拉区裂缝　2—传递反力的剪压区　3—传递集中力的位置　4—附加箍筋　5—附加吊筋

如果集中力全部由吊筋承受，吊筋的总截面面积应满足：

$$A_{sv} \geqslant F/f_{yv}\sin\alpha \quad (2\text{-}65)$$

式中 A_{sv}——吊筋总截面面积；

F——次梁传给主梁的集中荷载设计值；

f_{yv}——钢筋的抗拉强度设计值；

α——吊筋与梁轴夹角，一般为 45°，当梁高 h>800mm 时，为 60°。

当选定吊筋的直径后，即可确定吊筋的个数。

如果集中力全部由箍筋承受，所需箍筋的总截面面积应满足：

$$A_{svi} \geqslant F/mnf_y \quad (2\text{-}66)$$

式中 A_{svi}——附加箍筋单肢截面面积；

m——同一截面内附加箍筋的排数；

n——在图 2-85 的 s 范围内附加箍筋的肢数。

当选定箍筋的直径和肢数后，即可确定箍筋的排数。

五、钢筋混凝土主梁截面设计

1. 设计要点

1）主梁正截面抗弯计算与次梁相同，通常跨中按 T 形截面计算，支座按矩形截面计算。当跨中出现负弯矩时，跨中也应按矩形截面计算。

2）由于主梁支座处板、次梁和主梁的钢筋重叠交错，且主梁负弯矩钢筋位于次梁和板的负弯矩钢筋之下，故截面有效高度在支座处有所减小。当主梁负弯矩钢筋单排布置时，$h_0=h-(50\sim60)$mm；当主梁负弯矩钢筋双排布置时，$h_0=h-(80\sim90)$mm，如图 2-86 所示。

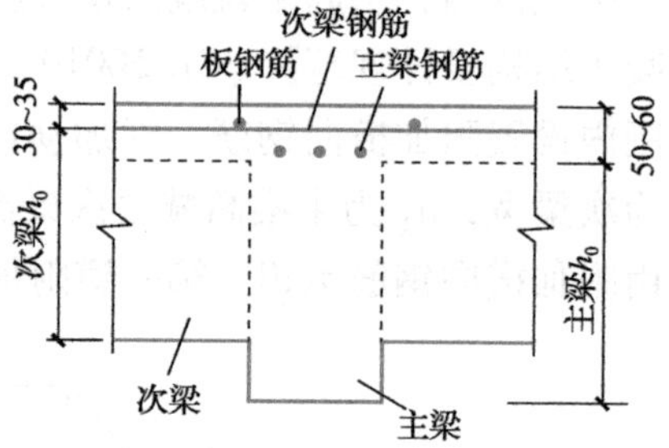

图 2-86 主梁支座处的截面有效高度

2. 设计步骤

（1）截面选择

主梁的截面尺寸要满足承载力、刚度和抗裂要求。通常按刚度要求，根据主梁计算跨度确定梁高，再根据梁截面宽高比要求确定梁宽。不需作挠度计算的梁最小截面高度见表 2-13。

（2）材料选取

主梁所用的混凝土及钢筋按照构造要求选取。通常主梁所用的混凝土选用 C25、C30，所用的受力钢筋选用 HRBF335、HRB400、HRBF400，箍筋及构造筋选用 HPB300、HRB335。

（3）荷载收集

主梁承受次梁传来的荷载，一般为集中荷载，具体计算见本知识模块“二、钢筋混凝土主梁荷载计算”。

（4）计算简图确定

实际计算中需要将复杂的结构进行简化，将主梁抽象为某一计算简图，计算简图中要注明主梁支座形式、计算跨度、计算跨数、荷载形式。

（5）内力计算

主梁按弹性理论计算内力，计算方法见本知识模块“三、钢筋混凝土主梁内力计算”。

（6）内力组合

内力算完后要对内力进行内力组合，找出最不利内力并按要求进行调整，计算方法见本知识模块“三、钢筋混凝土主梁内力计算”。

（7）正截面承载力计算

根据内力组合确定的弯矩设计值，按照正截面抗弯承载力计算要求确定纵向钢筋，具体计算见“任务 3　钢筋混凝土受弯构件正截面设计”。

（8）斜截面承载力计算

根据内力组合确定的剪力设计值，按照斜截面抗剪承载力计算要求确定箍筋和弯起筋，具体计算见“任务 4　钢筋混凝土受弯构件斜截面设计”。

（9）钢筋布置

纵向钢筋、箍筋和弯起筋确定后，根据材料抵抗图布置钢筋，具体见“任务 4　钢筋混凝土受弯构件斜截面设计”。

本任务工作单

自测训练

一、填空题

1. 现浇整体式楼盖结构按楼板受力和支承条件不同可分为________、________、无梁楼盖和井式梁楼盖等四种。

2. 四边有支承的板，按弹性理论计算内力，$l_2/l_1 \leqslant$________为双向板。

3. 单向板肋梁楼盖的结构布置一般取决于________，在结构上应力求简单、整齐、经济、适用。柱网尽量布置成________或________，主梁有沿________和________两种布置方案。

4. 单向板肋梁楼盖的板支承在________上，次梁支承在________上，主梁支承在________上。计算时对于板和次梁不论其支座是梁还是墙，其支座均视作________。由此引起的误差，可在计算时加以调整。

5. 对于多于 5 跨的等跨或跨差 ≤10%、等刚度、等荷载的连续梁板，近似按________跨计算；5 跨以内按________跨计算。

6. 求某跨跨中截面最大正弯矩时，可变荷载应布置在________，求跨中截面最小正弯矩时，可变荷载应布置与上________。

7. 根据弯矩包络图可以确定纵向钢筋的________和________。

8. 连续单向板中受力钢筋应布置在板的________，另一方向布置________。

9. 单向板肋梁楼盖中板的构造钢筋有________、________和________。

10. 为防止斜裂缝引起的局部破坏，应在主梁承受次梁传来的集中力处设置________，将集中荷载有效地传递到主梁上部受压区域。

二、判断题

1. 肋梁楼盖的结构平面布置一般采用主梁横向布置，次梁纵向布置。（　　）

2. 当主梁支承在柱上时，$i_{梁}/i_{柱}>5$，为铰支座，按连续梁计算。（　　）

3. 肋梁楼盖作用在主梁上的荷载形式为均布荷载。（　　）

4. 肋梁楼盖板和次梁内力一般按塑性理论计算。（　　）

5. 钢筋混凝土连续梁考虑塑性内力重分布后，梁截面承载力有所提高。（　　）

6. 具有四边支承的板，当板长边与短边之比较大时，板上荷载主要沿长跨方向传递。（　　）

7. 板中采用弯起式配筋锚固好，节省钢筋，但施工复杂，所以一般工程中较少。（　　）

8. 分布钢筋的作用之一是抵抗由于收缩或温度变化引起的内力。（　　）

9. 嵌固墙内的板端负弯矩筋主要作用是承受板端实际存在的负弯矩。（　　）

10. 吊筋的主要作用是承受次梁传至主梁的集中力。（　　）

三、选择题

1. 下列关于单向板肋梁楼盖传力路径的表述中，正确的是（　　）。

A. 竖向荷载→板→柱或梁→基础

B. 竖向荷载→板→主梁→柱或墙→基础

C. 竖向荷载→板→次梁→柱或墙→基础

D. 竖向荷载→板→次梁→主梁→柱或墙→基础

2. 主梁除自重外，主要承受由次梁传来的集中荷载。在集中荷载作用下，主梁承受的内力计算通常按（　　）方法计算。

A. 塑性理论　　B. 弹性理论　　C. 弹塑性理论　　D. 力矩分配

3. 弹性理论设计的连续梁、板各跨跨度不等，但相邻两跨计算跨度相差<10%，仍作为等跨计算，这时，当计算支座截面弯矩时，则应按（　　）计算。

A. 相邻两跨计算跨度的最大值　　B. 相邻两跨计算跨度的最小值

C. 相邻两跨计算跨度的平均值　　D. 无法确定

4. 承受均布荷载的钢筋混凝土5跨等跨连续梁，在一般情况下，由于塑性内力重分布的结果而使（　　）。

A. 跨中弯矩减小，支座弯矩增大　　B. 跨中弯矩增大，支座弯矩减小

C. 支座弯矩和跨中弯矩都增加　　D. 支座弯矩和跨中弯矩都减小

5. 连续板、梁按塑性内力重分布方法计算内力时，截面的相对受压区高度应满足（　　）。

A. $\xi \leqslant \xi_b$　　B. $\xi \leqslant 0.35$　　C. $\xi > \xi_b$　　D. $\xi > 0.35$

6. 控制弯矩调幅值，在一般情况下不超过按弹性理论计算所得弯矩值的（　　）。

A. 15%　　B. 20%　　C. 25%　　D. 30%

7. 钢筋混凝土连续梁的中央支座处，已配置好足够的箍筋，若配置的弯起钢筋数量不满足要求，则应增设（　　）以抗剪。

A. 纵筋　　B. 鸭筋　　C. 架立钢筋　　D. 浮筋

8. 在单向板肋梁楼盖设计中，一般楼面板的最小厚度 h 可取（　　）。

A. ≥50mm　　B. ≥60mm　　C. ≥80mm　　D. 没有限制

9. 对于板内受力钢筋的间距，下列（　　）是错误的。

A. 间距≥70mm

B. 当板厚 $h \leqslant 150$mm，间距不应大于200mm

C. 当板厚 $h > 150$mm，间距不应大于 $1.5h$，且不应大于250mm

D. 当板厚 $h > 150$mm 时，间距不应大于 $1.5h$，且不应大于300mm

10. 在单向板中要求分布钢筋（　　）。

A. 每米板宽内不少于4根

B. 每米板宽内不少于5根

C. 单位长度上的分布钢筋的截面面积不应小于单位长度上受力钢筋截面面积的10%

D. 按承载力计算确定

学习情境三

钢筋混凝土受压构件设计

学习指南

情境导入

某教学楼工程为钢筋混凝土框架结构，在进行结构设计过程中，受压构件设计是整个结构设计中的重要一环。本学习情境以钢筋混凝土受压构件破坏形态解析、钢筋混凝土轴心受压构件设计、钢筋混凝土偏心受压构件设计三个真实的工作任务为载体，使学生通过工作任务掌握作为技术员、质检员、监理员等应具备的钢筋混凝土受压构件设计的基本知识，掌握钢筋混凝土受压构件设计的方法，从而胜任这些岗位的工作。

学习目标

通过教师的讲解和引导，使学生明确工作任务目标和进行混凝土受压构件设计的关键要素。通过完成工作任务，使学生掌握钢筋混凝土受压构件构造要求，明确混凝土受压构件设计内容和设计步骤，掌握混凝土受压构件的破坏形态；能够借助设计资料合理确定受压构件截面尺寸，进行正截面抗压弯承载力计算和斜截面抗剪承载力计算，确定所需要的钢筋，能对钢筋进行合理布置，并绘出配筋图；在学习过程中不断提升职业素质，树立起严谨认真、吃苦耐劳、诚实守信的工作作风。

工作任务

1. 钢筋混凝土受压构件破坏形态解析；
2. 钢筋混凝土轴心受压构件设计；
3. 钢筋混凝土偏心受压构件设计。

任务 1 钢筋混凝土受压构件破坏形态解析

任务单

课程	建筑结构				
学习情境三	钢筋混凝土受压构件设计			学时	12
任务 1	钢筋混凝土受压构件破坏形态解析			学时	2
布置任务					
任务目标	1. 掌握钢筋混凝土轴心受压构件破坏形态的相关知识，能够在工程中辨析轴心受压构件不同的破坏形态； 2. 掌握钢筋混凝土偏心受压构件破坏形态的相关知识，能够在工程中辨析偏心受压构件不同的破坏形态； 3. 能够在完成任务过程中养成认真细致的工作态度。				
任务描述	根据工程案例，描述受压构件破坏的特点，辨析受压构件破坏的形态，并填写任务工作单。工作如下： 1. 整理工程资料，按轴心受压构件破坏和偏心受压构件破坏进行分类； 2. 分别描述受压构件每个破坏情况的特点； 3. 根据破坏特点，确定受压构件的破坏形态； 4. 分析受压构件破坏时的破坏过程； 5. 填写工作任务单。				
学时安排	布置任务与资讯 0.5 学时	计划 0.25 学时	决策 0.25 学时	实施 0.5 学时	检查 0.25 学时	评价 0.25 学时
对学生的要求	1. 每名同学均能按照知识思维导图自主学习，并完成知识模块中的自测训练； 2. 严格遵守课堂纪律，学习态度认真、端正，能够正确评价自己和同学在本任务中的素质表现，积极参与小组工作任务讨论，严禁抄袭； 3. 小组讨论任务实施方案，能够小组分工协作查阅工程资料，记录构件破坏的特征； 4. 独立辨析受压构件的破坏形态； 5. 独立分析受压构件的破坏过程； 6. 讲解任务完成过程，接受教师与学生的点评，同时参与小组自评与互评。				

任务知识

知识思维导图

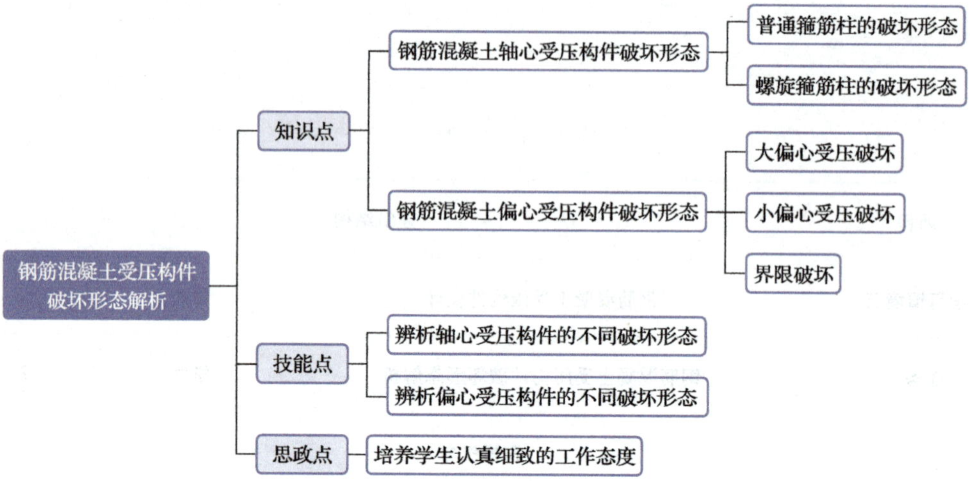

知识模块 1 钢筋混凝土轴心受压构件破坏形态

一、普通箍筋柱的破坏形态

轴心受压柱按长细比不同分为短柱和长柱。矩形截面柱，当长细比 $l_0/b\leqslant8$ 时为短柱，否则为长柱；圆形截面柱，当长细比 $l_0/d\leqslant7$ 时为短柱，否则为长柱；其他截面的柱，当长细比 $l_0/i\leqslant28$ 时为短柱，否则为长柱。

图 3-1 所示为配有纵向钢筋和普通箍筋的矩形截面钢筋混凝土短柱，在轴向压力作用下，整个截面的应变是均匀分布的。最初在荷载较小时，混凝土和钢筋都处于弹性工作阶段，钢筋和混凝土的应力基本上按其弹性模量的比值来分配。随着荷载逐渐加大，混凝土的塑性变形开始发展，弹性模量降低，受压柱变形的增加越来越大，混凝土应力的增加则越来越慢，而钢筋的应力基本上与其应变成正比增加。加载至构件破坏时，混凝土达到极限压应变，短柱四周出现明显的纵向裂缝，混凝土保护层脱落，纵向钢筋在箍筋间呈灯笼状向外受压屈服，这些裂缝相互贯通，最终混凝土被压碎，构件破坏。

试验表明，对配置中等强度钢筋的轴心受压短柱，在构件破坏时，钢筋能达到屈服强度，混凝土能达到轴心抗压强度，钢筋和混凝土都能得到充分利用；对配置高强度钢筋的轴心受压短柱，在构件破坏时，混凝土能达到轴心抗压强度，混凝土达到轴心抗压强度时的极限压应变为 0.002，由于钢筋和混凝土之间存在着黏结力，两者的压应变相等，因此钢筋的压应变也为 0.002，则钢筋的应力 $\sigma'_s=E_s\varepsilon'_s\approx2\times10^5\times0.002\text{N/mm}^2=400\text{N/mm}^2$，可见采用高强钢筋的轴心受压柱破坏时钢筋达不到屈服强度，其强度不能被充分利用，因此轴心受压柱不宜采用高强钢筋。

图 3-2 所示为配有纵向钢筋和普通箍筋的矩形截面钢筋混凝土长柱，在轴心压力作

用下，由于各种原因造成的初始偏心距是不能忽略的。试验表明，初始偏心距对于轴心受压短柱的承载力影响不明显，可不考虑，但对长柱影响是较大的。由于初始偏心距将产生附加弯矩，而附加弯矩产生的侧向挠度又加大了原来的初始偏心距，这样相互影响的结果使长柱最终在轴向力和弯矩共同作用下发生破坏，导致承载力降低。长柱破坏时，受压一侧往往产生较长的纵向裂缝，箍筋之间的纵筋向外压屈，混凝土被压碎，而另一侧混凝土则被拉裂，在构件高度中部发生横向裂缝，这实际上是偏心受压柱破坏的典型特征。

图 3-1　普通箍筋矩形截面轴压短柱破坏形态

图 3-2　普通箍筋矩形截面轴压长柱破坏形态

二、螺旋箍筋柱的破坏形态

试验表明，对配置螺旋式（或焊环式）箍筋的轴心受压柱，螺旋箍筋所包围的混凝土，相当于受到一个套箍作用，有效地限制了核芯混凝土的横向变形，使核芯混凝土受三向压应力作用。而对配置普通箍筋的轴心受压柱，箍筋也能对混凝土起一定的约束作用，但由于普通箍筋的水平肢侧向抗弯刚度很弱，无法对核心混凝土形成有效的约束，所以其效果远没有螺旋式（或焊环式）箍筋那样显著，因而螺旋式箍筋柱比普通箍筋柱承载力高。

试验表明，螺旋箍筋短柱在压应变达到 $\varepsilon_c=0.002$ 以前，轴力-压应变变化曲线与普通箍筋柱基本相同。当压应变 $\varepsilon=0.003\sim0.0035$ 时，纵向钢筋开始屈服，箍筋外面的混凝土保护层开始崩裂剥落，混凝土的截面积减小，轴力略有下降。这时，核心部分混凝土由于受到螺旋箍筋的约束，仍能继续受压，其抗压强度超过了轴心抗压强度 f_c，最后随着轴力不断增大，螺旋箍筋开始屈服，不能继续约束核芯混凝土横向变形，混凝土被压碎，构件发生破坏。可见螺旋箍筋柱的延性比普通箍筋柱更好。

螺旋箍筋只能提高核心混凝土的抗压强度，而不能增加柱的稳定性。对于长细比较大的螺旋箍筋长柱有可能发生失稳破坏，构件破坏时核心混凝土的横向变形不大，螺旋箍筋的约束作用不能有效发挥，甚至不起作用。因此《混凝土结构设计规范》（GB 50010—2010）（2015 年版）规定，圆形截面螺旋箍筋柱长细比应满足 $l_0/d\leqslant12$。

练一练

观看轴心受压构件的破坏试验视频，描述轴心受压构件的破坏特征。

知识模块 2 钢筋混凝土偏心受压构件破坏形态

偏心受压构件的正截面受力性能可视为轴心受压和受弯的中间状态，轴心受压是偏心受压状态在 $M=0$ 时的一种极端情况，而受弯是偏心受压状态在 $N=0$ 时的另一种极端情况。因此可以断定，偏心受压构件截面中的应力和应变分布特征将随着 M/N 的逐步降低而从接近于受弯状态过渡到接近于轴心受压状态。

矩形截面偏心受压构件的纵向钢筋一般集中布置在弯矩作用方向的截面两对边位置上，离偏心压力较近一侧的纵向钢筋受压，称为受压钢筋，用 A'_s 表示，离偏心压力较远一侧的纵向钢筋可能受压也可能受拉，均称为受拉钢筋，用 A_s 表示。

偏心受压构件的破坏可分为大偏心受压破坏和小偏心受压破坏。

一、大偏心受压破坏（受拉破坏）

当偏心距较大，受拉钢筋配置较少时，发生大偏心受压破坏，如图 3-3 所示。这种破坏的特点是在偏心压力作用下，离纵向压力较远侧截面受拉，较近侧截面受压。当压力增大到一定程度时，首先在受拉区出现短的横向裂缝，随着荷载的增加，裂缝不断加宽并向受压区延伸，裂缝截面处的拉力将全部转由受拉钢筋承担，继续增加荷载，受拉钢筋屈服，垂直于纵轴裂缝不断向受压区延伸发展，使受压区面积减小，最后受压区边缘混凝土达到极限压应变，受压混凝土被压碎，构件破坏。破坏时，混凝土压碎区较短，受压钢筋一般都能屈服。大偏心受压构件的破坏特征与双筋适筋梁的破坏特征完全相同，破坏是由受拉钢筋首先屈服开始的，因此也称为受拉破坏。这种破坏是有预兆的，属于塑性破坏。

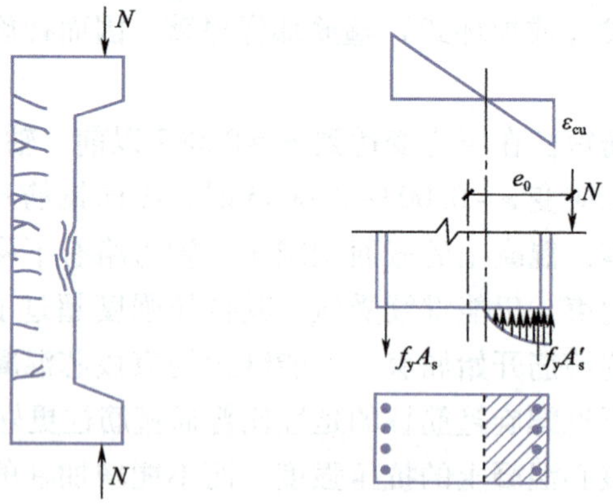

图 3-3 大偏心受压破坏形状

二、小偏心受压破坏（受压破坏）

当偏心距较小或虽然偏心距较大，但受拉钢筋配置较多时，发生小偏心受压破坏，如图 3-4 所示。当偏心距较大，但受拉钢筋配置较多时，在偏心压力作用下，截面可能处于大部分受压小部分受拉状态。当压力增大到一定程度时，在受拉区虽有裂缝产生但开展比较缓慢，构件的破坏是由受压区混凝土被压碎而引起的。破坏时，受压钢筋一般都能屈服，但受拉钢筋不能屈服。当偏心距很小时，在偏心压力作用下，构件全截面处于受压状态，距轴向力较近一侧的混凝土压应力较大，另一侧的压应力较小，构件的破坏是由压应力较大一侧的混凝土被压碎而引起的，该侧的受压钢筋能够屈服，另一侧的钢筋不能屈服。小偏心受压破坏是由受压区混凝土被压碎引起的，因此也称为受压破坏。这种破坏是无预兆的，属于脆性破坏。

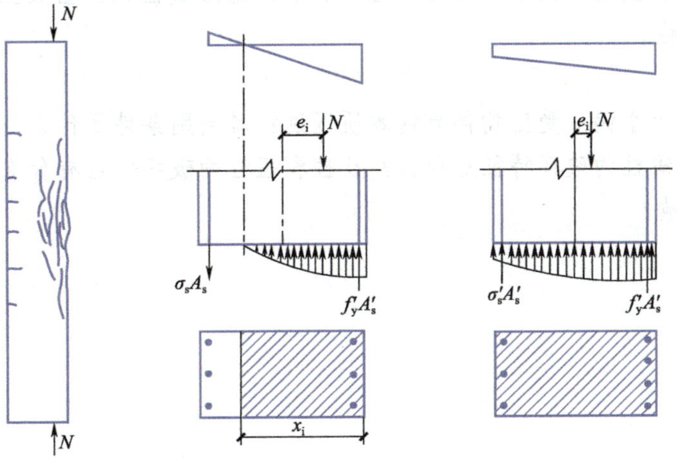

图 3-4　小偏心受压破坏情况

三、界限破坏

在大小偏心受压构件破坏之间存在一种界限状态，这种状态下的破坏称为界限破坏，破坏时纵向受拉钢筋屈服，同时，受压区混凝土达到极限压应变。

大小偏心受压破坏之间的根本区别是截面破坏时受拉钢筋能否屈服，而适筋梁与超筋梁破坏之间的根本区别也是截面破坏时受拉钢筋能否屈服，因此，两种偏心受压破坏形态的界限与适筋梁和超筋梁破坏的界限也必然相同，适筋梁和超筋梁界限破坏时的相对受压区高度为界限相对受压区高度 ξ_b，当 $\xi \leqslant \xi_b$ 时为适筋梁或少筋梁，当 $\xi > \xi_b$ 时为超筋梁，则大小偏心受压界限破坏时的相对受压区高度也为界限相对受压区高度 ξ_b，当 $\xi \leqslant \xi_b$ 时为大偏心受压，当 $\xi > \xi_b$ 时为小偏心受压。

练一练

观看偏心受压构件的破坏试验视频，描述偏心受压构件的破坏特征。

本任务工作单

自测训练

一、填空题

1. 偏心受压构件的破坏形态有________、________、________。

2. 对称配筋的偏心受压构件，其大小偏心的判别条件是________。

3. 轴心受压柱按长细比不同分为短柱和长柱，矩形截面柱，当长细比________时为短柱，否则为长柱。

二、简答题

1. 矩形截面大小偏心受压构件有何本质区别？其判别条件是什么？

2. 轴心受压短柱的破坏特征是什么？长柱和短柱的破坏特点有什么不同？计算中如何考虑长柱的影响？

任务 2 钢筋混凝土轴心受压构件设计

任务单

<table>
<tr><td>课程</td><td colspan="6">建筑结构</td></tr>
<tr><td>学习情境三</td><td colspan="3">钢筋混凝土受压构件设计</td><td colspan="2">学时</td><td>12</td></tr>
<tr><td>任务2</td><td colspan="3">钢筋混凝土轴心受压构件设计</td><td colspan="2">学时</td><td>6</td></tr>
<tr><td colspan="7">布置任务</td></tr>
<tr><td>任务目标</td><td colspan="6">1. 掌握钢筋混凝土受压构件构造要求的相关知识，能够在受压构件设计过程中合理设置构造措施；
2. 能够正确选择钢筋混凝土轴心受压构件截面形式和截面尺寸；
3. 学会配置钢筋混凝土轴心受压柱中纵向受力钢筋；
4. 学会配置钢筋混凝土轴心受压柱中箍筋；
5. 能够在完成任务过程中锻炼职业素养，做到工作程序严谨认真对待，完成任务能够吃苦耐劳主动承担，能够主动帮助小组落后的其他成员，有团队意识，诚实守信、不瞒骗，培养保证质量等建设优质工程的爱国情怀。</td></tr>
<tr><td>任务描述</td><td colspan="6">设计某教学楼中的钢筋混凝土柱，提交矩形及圆形截面轴心受压柱设计计算书。工作如下：
1. 根据设计要求，选定构件截面形式及尺寸，选择材料；
2. 确定柱的计算简图；
3. 收集作用在柱上的荷载；
4. 计算控制截面最大设计轴力；
5. 进行正截面受压承载力计算，确定纵向钢筋；
6. 按构造要求或计算确定箍筋。</td></tr>
<tr><td>学时安排</td><td>布置任务与资讯
2 学时</td><td>计划
0.5 学时</td><td>决策
0.5 学时</td><td>实施
2 学时</td><td>检查
0.5 学时</td><td>评价
0.5 学时</td></tr>
<tr><td>对学生的要求</td><td colspan="6">1. 每名同学均能按照知识思维导图自主学习，并完成知识模块中的自测训练；
2. 严格遵守课堂纪律，学习态度认真、端正，能够正确评价自己和同学在本任务中的素质表现，积极参与小组工作任务讨论，严禁抄袭；
3. 小组讨论钢筋混凝土轴心受压柱设计方案，能够确定钢筋混凝土受压构件的一般构造要求，能够正确选择钢筋混凝土柱子的材料强度等级、截面形式及截面尺寸；
4. 独立计算钢筋混凝土轴心受压柱的荷载效应；
5. 独立计算钢筋混凝土轴心受压柱配筋；
6. 讲解钢筋混凝土轴心受压柱设计过程，接受教师与学生的点评，同时参与小组自评与互评。</td></tr>
</table>

任务知识

知识思维导图

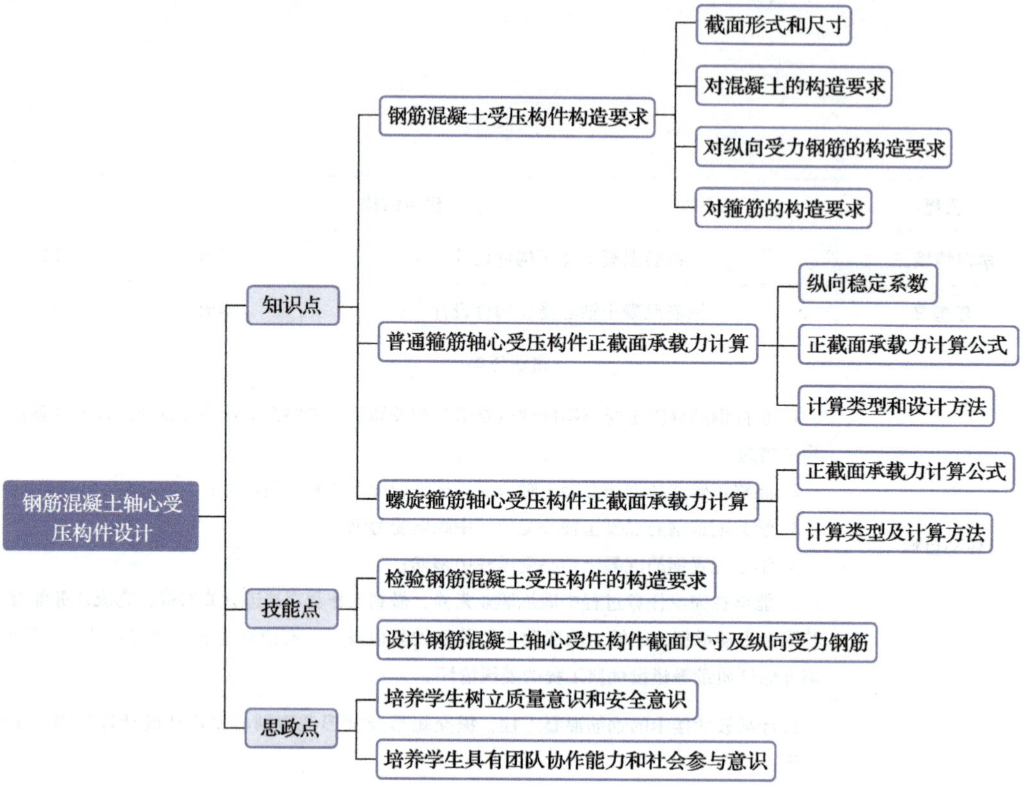

知识模块 1 钢筋混凝土受压构件构造要求

受压构件是以承受轴向压力为主的构件。钢筋混凝土受压构件分为轴心受压构件和偏心受压构件，如图 3-5 所示。当轴向压力作用线与构件轴线重合时称为轴心受压构件，如图 3-5a 所示。当轴向压力作用线与构件轴线不重合或构件同时承受轴向压力和弯矩作用时，称为偏心受压构件。当轴向压力作用线与构件截面重心轴平行且沿某一主轴偏离重心时，称为单向偏心受压构件，图 3-5b 所示。当轴向力作用线与构件截面重心轴平行且偏离两个主轴时，称为双向偏心受压构件，如图 3-5c 所示。多数偏心受压为单向偏心受压。实际工程中偏心受压构件是非常多的，如多层框架柱、单层排架柱、大量的实体剪力墙、屋架和托架的上弦杆和某些受压腹杆等都属于偏心受压构件。单向偏心受压构件实际上是一种压弯构件，如图 3-6 所示。

在实际结中，由于混凝土质量不均匀，配筋不对称，制作和安装误差等原因，往往存在着或多或少的偏心，所以理想的轴心受压构件是不存在的。因此，目前有些国家的设计规范中已取消了轴心受压构件的计算。《混凝土结构设计规范》（GB 50010—2010）（2015 年版）对以恒载为主的多层房屋的内柱、屋架的斜压腹杆和压杆等构件，考虑构件所受弯矩很小，设计时可略去不计，而近似按轴心受压构件进行计算。

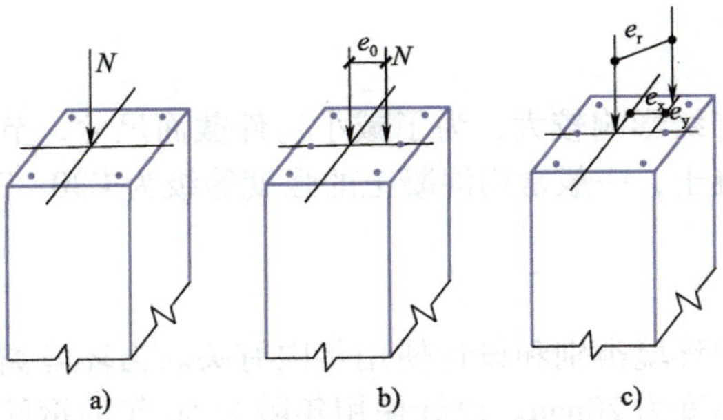

图 3-5　轴心受压与偏心受压

a）轴心受压　b）单向偏心受压　c）双向偏心受压

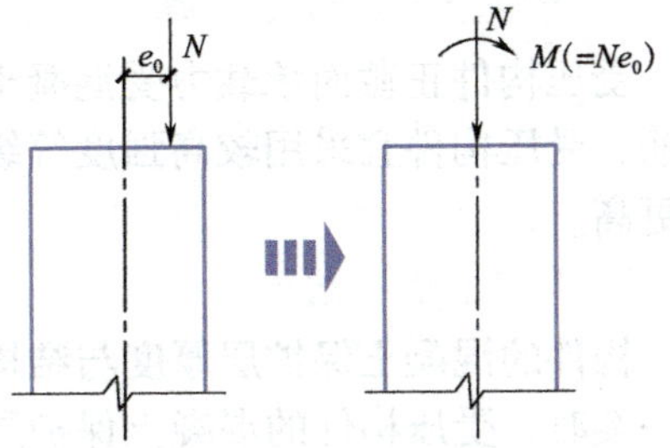

图 3-6　偏心受压构件与压弯构件

在实际结构中，在轴心压力和弯矩作用的同时，还作用有横向剪力，在设计时，因构件截面尺寸较大，而横向剪力较小，为使计算简化，常常忽略横向剪力作用，而只考虑轴心压力和弯矩作用。

一、截面形式和尺寸

钢筋混凝土轴心受压构件按配置箍筋形式的不同分为两类，一类是配有纵向钢筋和普通箍筋，如图 3-7a 所示，一类是配有纵向钢筋和螺旋式（或焊环式）箍筋，如图 3-7b 所示。

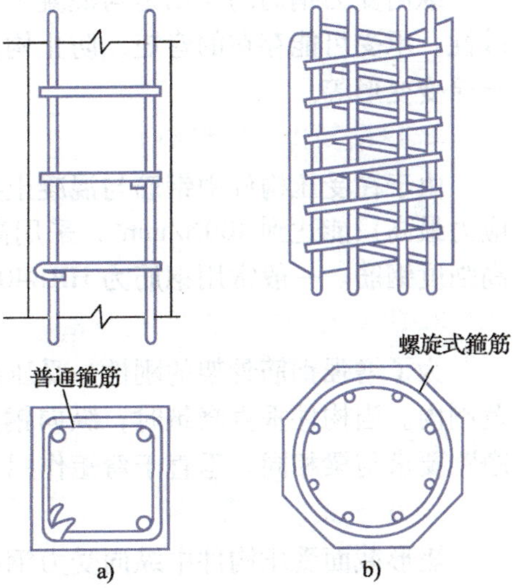

图 3-7　偏心受压构件与压弯构件

普通箍筋的轴心受压构件截面形式一般做成正方形、长方形，螺旋式箍筋的轴心受压构件截面形式一般做成圆形或八边形；偏心受压构件的截面形式一般做成矩形、工字形。

矩形截面长细比宜满足 $l_0/b \leqslant 30$、$l_0/h \leqslant 25$，圆形截面长细比宜满足 $l_0/d \leqslant 25$，其他截面长细比宜满足 $l_0/i \leqslant 104$（其中 l_0 为柱的计算长度，b、h 为矩形柱的截面短边、长边，d、i 为圆形柱的直径、截面的回转半径），否则受压构件会因长细比过大发生失稳破坏。正方形轴心受压构件截面尺寸一般不宜小于 250mm×250mm，l_0/b 一般为 15 左右。考虑抗震设计的框架柱，其截面宽度和高度均不宜小于 300mm。I 字形截面的翼缘厚度不宜小于 120mm，腹板厚度不宜小于 100mm。为了施工制作方便，在截面边长小于 800mm 时，以 50mm 为模数；大于 800mm 时，以 100mm 为模数。

练一练

某钢筋混凝土矩形截面柱，其计算长度为 4.2m，截面尺寸为 400mm×400mm，判断该柱是长柱还是短柱？

二、对混凝土的构造要求

1. 混凝土强度等级选取

受压构件正截面承载力受混凝土强度等级影响较大，为了减小构件截面尺寸，节约钢筋，受压构件宜采用较高强度等级的混凝土，一般常用混凝土的强度等级为 C30～C50 或更高。

2. 混凝土保护层要求

构件的混凝土保护层厚度与结构所处的环境类别和设计使用年限有关。当环境类别为一类时，受压构件的混凝土保护层最小厚度为 20mm。设计使用年限为 50 年的钢筋混凝土构件最外层钢筋的保护层厚度见表 2-12，设计使用年限为 100 年的钢筋混凝土构件最外层钢筋的保护层厚度不应小于表 2-12 的 1.4 倍，同时不应小于钢筋的公称直径。

三、对纵向受力钢筋的构造要求

1. 纵向受力钢筋的作用

纵向受力钢筋的作用是与混凝土共同承受压力，减少构件尺寸，改善素混凝土的离散性，承受可能存在的弯矩，防止构件发生突然脆性破坏，增强构件的延性，减少混凝土徐变变形等。

2. 纵向受力钢筋级别

由于在受压构件中钢筋与混凝土共同受压，在混凝土达到极限压应变时，钢筋的压应力最高只能达到 $400N/mm^2$，采用高强度钢筋不能充分发挥其作用，因此，不宜选用高强度钢筋。一般常用钢筋为 HRB400、HRB500、HRBF400 和 HRBF500 级钢筋。

3. 纵向受力钢筋直径及净距

为了增强钢筋骨架的刚性，受压构件宜采用较粗直径的钢筋，一般要求在 12～32mm 范围内。当构件垂直浇筑时，纵向钢筋的净距不应小于 50mm，水平浇筑时纵向钢筋的净距要求与梁相同。垂直于弯矩作用平面纵向钢筋，净距不应大于 300mm。

4. 纵向受力钢筋布置

矩形截面受压构件中纵向受力钢筋的根数不得少于 4 根，每一角部必须布置一根钢筋。圆形截面受压构件中纵向受力钢筋的根数不宜少于 8 根，且不得少于 6 根。轴心受压构件中的纵向钢筋应沿构件截面周边均匀布置，偏心受压构件中的纵向钢筋应按计算要求布置在与偏心压力作用平面垂直的两侧。当矩形截面偏心受压构件的截面高度 $h \geq$ 600mm 时，应在截面两侧设置直径为 10～16mm 的侧向构造钢筋，并相应设置复合箍筋或拉筋，以防止构件因混凝土收缩和温度变化产生裂缝。

5. 纵向受力钢筋配筋率

为使纵向受力钢筋起到提高受压构件截面承载力的作用，其配筋率不得小于最小配筋率。受压构件一侧纵向钢筋和全部纵向钢筋的配筋率均应按构件的全截面面积计算。受压构件纵向钢筋的最小配筋率见表 3-1。为了施工方便和经济要求，全部纵向钢筋的配筋率不应大于 5%，一般不宜大于 3%。

查一查 某钢筋混凝土柱，截面尺寸 500mm×500mm，采用纵向受力钢筋 HRB400 级钢筋和 C30 混凝土，则该柱子纵向钢筋的最小配筋率是多少？

表 3-1　受压构件纵向钢筋的最小配筋率

受力类型			最小配筋百分率
受压构件	全部纵向钢筋	强度等级 500MPa	0.50%
		强度等级 400MPa	0.55%
		强度等级 300MPa、335MPa	0.60%
	一侧纵向钢筋		0.20%

注：1. 受压构件全部纵向钢筋最小配筋百分率，当采用 C60 以上强度等级的混凝土时，应按表中规定增加 0.10%。
2. 板类受弯构件（不包括悬臂板）的受拉钢筋，当采用强度等级 400MPa、500MPa 的钢筋时，其最小配筋百分率应允许采用 0.15 和 $45f_t/f_y$ 中的较大值。
3. 偏心受拉构件中的受压钢筋，应按受压构件一侧纵向钢筋考虑。
4. 受压构件的全部纵向钢筋和一侧纵向钢筋的配筋率以及轴心受拉构件和小偏心受拉构件一侧受拉钢筋的配筋率均应按构件的全截面面积计算。
5. 受弯构件、大偏心受拉构件一侧受拉钢筋的配筋率应按全截面面积扣除受压翼缘面积 $(b'_f-b)h'_f$ 后的截面面积计算。
6. 当钢筋沿构件截面周边布置时，“一侧纵向钢筋”是指沿受力方向两个对边中一边布置的纵向钢筋。

四、对箍筋的构造要求

1. 箍筋的作用

箍筋的作用是与纵向钢筋形成骨架，防止纵向钢筋受力后向外压屈，保证纵向钢筋的正确位置，保证纵向钢筋与混凝土在构件破坏前共同工作。同时箍筋对核芯混凝土起一定的约束作用，提高了混凝土的极限变形。当受压构件配置螺旋式箍筋时，箍筋对核芯混凝土的约束作用很强，能将构件的承载力提高 2~2.5 倍，同时也能提高构件的受压延性。

2. 箍筋的直径及间距

当采用热轧钢筋时，箍筋直径不应小于纵向受力钢筋最大直径的 1/4，且不应小于 6mm。普通箍筋的间距不应大于纵向受力钢筋最小直径的 15 倍，同时不应大于构件截面的短边尺寸，并且不应大于 400mm。在绑扎搭接范围内，箍筋间距不应大于纵向受力钢筋最小直径的 10 倍，且不应大于 200mm。当受压构件中全部纵向受力钢筋的配筋率大于 3%时，箍筋直径不宜小于 8mm，箍筋间距不应大于纵向受力钢筋最小直径的 10 倍，且不应大于 200mm。螺旋箍筋的间距不应大于核芯混凝土直径的 1/5，且不应大于 80mm，也不应小于 40mm，以利于混凝土浇筑。

3. 箍筋的形式及设置

如图 3-8 所示，箍筋应做成封闭式，当受压构件中全部纵向受力钢筋的配筋率大于 3%时，应焊成封闭式，箍筋末端应做成不小于 135°的弯钩，弯钩末端平直的长度应不小于箍筋直径 10 倍。纵向钢筋至少每隔一根放置于箍筋转角处。当构件截面的短边大于 400mm 且截面各边纵向钢筋多于 3 根或构件截面的短边不大于 400mm 且各截面各边纵筋多于 4 根时，应设置复合箍筋，其直径与间距与一般箍筋相同。对截面形状复杂的柱不可采用有内折角的箍筋，而应采用分离式箍筋，以避免产生向外的拉力，使折角处的混凝土破损。

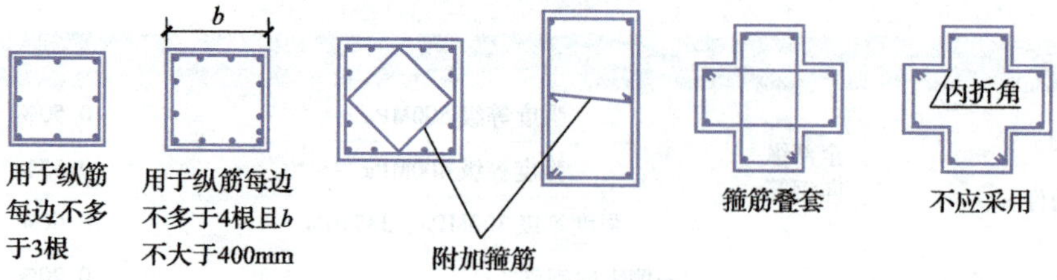

图 3-8 柱的箍筋形式

知识模块 2 普通箍筋轴心受压构件正截面承载力计算

由于螺旋箍筋构件用钢量较大，施工也比较复杂，所以一般轴心受压构件优先考虑设置普通箍筋。

一、纵向稳定系数

试验表明，长柱承载力低于同等条件下短柱的承载力，一般采用纵向稳定系数 φ 来反映长柱承载力随长细比增大而降低的程度。稳定系数与构件长细比的关系见表 3-2。

构件的计算长度与构件端部支承情况有关，材料力学中曾讲过理想支承情况下柱的长度。实际工程中，构件的支承情况要比理想支承情况复杂得多。

表 3-2 钢筋混凝土轴心受压构件的稳定系数 φ

l_0/b	l_0/d	l_0/i	φ	l_0/b	l_0/d	l_0/i	φ
8	7	28	1	30	26	104	0.52
10	8.5	35	0.98	32	28	111	0.48
12	10.5	42	0.95	34	29.5	118	0.44
14	12	48	0.92	36	31	125	0.40
16	14	55	0.87	38	33	132	0.36
18	15.5	62	0.81	40	34.5	139	0.32
20	17	69	0.75	42	36.5	146	0.29
22	19	76	0.70	44	38	153	0.26
24	21	83	0.65	46	40	160	0.23
26	22.5	90	0.60	48	41.5	167	0.21
28	24	97	0.56	50	43	174	0.19

注：表中 l_0——构件计算长度；b——矩形截面的短边尺寸；d——圆形截面的直径；i——截面的最小回转半径，$i=(I/A)^{1/2}$。

查一查 某钢筋混凝土矩形截面柱，其计算长度为 4.8m，截面尺寸 500mm×500mm，查取该柱的稳定系数？

《混凝土结构设计规范》（GB 50010—2010）（2015 年版）规定受压构件的计算长度按下列规定取用：

（1）一般多层房屋钢筋混凝土框架各层柱

现浇楼盖：底层柱：$l_0=H$；其余层柱 $l_0=1.25H$；

装配楼盖：底层柱：$l_0=1.25H$；其余层柱 $l_0=1.5H$。

对底层柱 H 为基础顶面到一层楼盖顶面之间的距离，对其余层柱 H 为上下层楼盖顶面之间的距离。

（2）刚性屋盖单层房屋排架柱、露天吊车柱和栈桥柱按表 3-3 取用。

表 3-3　采用刚性屋盖的单层工业厂房排架柱、露天吊车柱和栈桥柱的计算长度 l_0

柱的类型		排架方向	垂直排架方向	
			有柱间支撑	无柱间支撑
无吊车厂房柱	单跨	$1.5H$	$1.0H$	$1.2H$
	两跨及多跨	$1.25H$	$1.0H$	$1.2H$
有吊车厂房柱	上柱	$2.0H_u$	$1.25H_u$	$1.5H_u$
	下柱	$2.0H_l$	$0.8H_l$	$1.0H_l$
露天吊车柱和栈桥柱		$2.0H_l$	$1.0H_l$	—

注：1. 表中 H 为从基础顶面算起的柱子全高；H_l 为从基础顶面至装配式吊车梁底面或现浇式吊车梁顶面的柱子下部高度；H_u 为从装配式吊车梁底面或从现浇式吊车梁顶面算起的柱子上部高度。

2. 表中有吊车厂房排架柱的计算长度，当计算中不考虑吊车载荷时，可按无吊车厂房的计算长度采用，但上柱的计算长度仍按有吊车厂房采用。

3. 表中有吊车厂房排架柱的上柱在排架方向的计算长度，仅适用于 $H_u/H_l \geqslant 0.3$ 的情况；当 $H_u/H_l<0.3$，计算长度宜采用 $2.5H_u$。

二、正截面承载力计算公式

《混凝土结构设计规范》（GB 50010—2010）（2015 年版）给出的轴心受压构件柱正截面承载力计算公式为

$$N_u=0.9\varphi(f_cA+f'_yA'_s) \tag{3-1}$$

设计时应满足 $\gamma_0N\leqslant N_u$

式中　N_u——受压构件正截面抗压承载力设计值；

φ——受压构件稳定系数，查表 3-2；

f_c——混凝土轴心抗压强度设计值；

A——构件截面面积，当纵向钢筋配筋率 $\rho>3\%$时，A 改为 $A_n=A-A'_s$；

f'_y——纵向钢筋的抗压强度设计值，当 $f''_y\geqslant400\text{N/mm}^2$ 时，取 $f'_y=400\text{N/mm}^2$；

A'_s——全部纵向受压钢筋截面积；

γ_0——结构重要性系数；

N——轴向压力设计值。

在实际工程中，轴心受压构件沿两个主轴方向的杆端约束条件可能不同，因此计算长度 l_0 和截面回转半径 i 也不同，应分别按两个方向确定 φ 值，选其中较小者进行计算。

三、计算类型和设计方法

在实际设计中，普通箍筋柱正截面承载力计算包括截面设计、截面复核两类问题。

1. 截面设计

已知混凝土强度等级，钢筋级别，荷载产生的设计轴向压力 N，结构重要性系数 γ_0，计算高度 l_0，试确定截面尺寸 $b\times h$ 及纵向受压钢筋截面面积 A_s。

解：(1) 选取截面尺寸

根据长细比要求选取截面尺寸，截面的边长应取整数。

(2) 确定稳定系数 φ

根据构件的实际长细比 l_0/b，由表 3-2 查得稳定系数 φ。

(3) 计算钢筋截面面积 A'_s

$$A'_s=(\gamma_0 N/0.9\varphi-f_cA)/f'_y$$

(4) 选纵向受压钢筋

(5) 验算配筋率

$$\rho_{min}\leqslant\rho\leqslant\rho_{max}$$

当 $\rho>\rho_{max}$ 时，可考虑增大截面尺寸后重新计算；

当 $\rho<\rho_{min}$ 时，可考虑减小截面尺寸后重新计算或取 $\rho=\rho_{min}$ 进行配筋计算。

(6) 选箍筋

2. 截面复核

已知截面尺寸 $b\times h$，混凝土强度等级，钢筋级别，荷载产生的设计轴向压力 N，结构重要性系数 γ_0，计算高度 l_0，纵向受压钢筋截面积 A'_s，试验算承载力是否满足要求。

解：(1) 确定稳定系数 φ

根据构件长细比 l_0/b，由表 3-2 查得稳定系数 φ。

(2) 求柱所能承受的轴向力设计值

$$N_u=0.9\varphi(f_cA+f'_yA'_s)$$

(3) 验算正截面承载力是否满足要求

若 $\gamma_0N<N_u$，则满足正截面承载力要求；

若 $\gamma_0N=N_u$，则处于极限状态；

若 $\gamma_0N>N_u$，则不满足正截面承载力要求，可提高材料强度、增大截面尺寸。

• 工程案例 •

普通箍筋轴心受压柱设计

1. 设计要求

按正截面承载力计算要求设计普通箍筋轴心受压柱。

2. 基本资料

(1) 安全等级：二级，结构重要性系数 $\gamma_0=1.0$。

(2) 材料选择：混凝土强度等级为 C25，$f_c=11.9\text{N/mm}^2$；纵向受力钢筋采用 HRB400 级，$f'_y=360\text{N/mm}^2$，$\rho'_{min}=0.55\%$；箍筋采用 HPB300 级，$f_y=270\text{N/mm}^2$。

(3) 计算高度：$l_0=5\text{m}$。

(4) 作用效应：轴向压力设计值 $N=2600\text{kN}$。

解：(1) 选截面尺寸

采用正方形，取 $l_0/b=15$，$b=333\text{mm}$

取 $b=h=400\text{mm}$

(2) 确定稳定系数 φ

长细比 $l_0/b=500/400=12.5$，由表 3-2 查得稳定系数 $\varphi=0.94$。

(3) 计算钢筋截面面积 A'_s

$$A'_s=(\gamma_0 N/0.9\varphi-f_c A)/f'_y$$
$$=\{[(1\times2600\times10^3)/(0.9\times0.94)-11.9\times400\times400]/360\}\text{mm}^2$$
$$=3248\text{mm}^2$$

(4) 选纵向受压钢筋

选 4Φ25+4Φ20($A'_s=3220\text{mm}^2$，误差−0.86%，可以)，沿截面周边均匀布置，每边 3 根，其中Φ25 放在角部。

(5) 验算配筋率

截面配筋率 $\rho'=A'_s/bh=3220/(400\times400)=2.01\%$，$0.55\%<\rho'<3\%$

截面一侧纵筋配筋率 $\rho'=A'_s/bh=(982+314)/(400\times400)=0.81\%>0.2\%$，满足要求。

(6) 选箍筋

配置封闭式箍筋。根据纵向钢筋直径，选箍筋直径Φ8，$8>25/4=6.25$。

根据构造要求，箍筋间距 s 应满足 $s\leqslant15d=15\times20\text{mm}=300\text{mm}$；$s\leqslant400\text{mm}$；$s\leqslant b$

故箍筋间距选用 $s=200\text{mm}$。

• 工程案例 •

普通箍筋轴心受压柱正截面承载力复核

1. 设计要求

复核普通箍筋轴心受压柱正截面承载力。

2. 基本资料

(1) 安全等级：二级，结构重要性系数 $\gamma_0=1.0$。

(2) 材料选择：混凝土强度等级为 C25，$f_c=11.9\text{N/mm}^2$；纵向受力钢筋采用 HRB400 级，$f'_y=360\text{N/mm}^2$，$\rho'_{min}=0.55\%$；箍筋采用 HPB300 级，$f_y=270\text{N/mm}^2$。

(3) 计算高度：$l_0=4.5\text{m}$。

(4) 截面尺寸：$b=h=400\text{mm}$。

(5) 作用效应：轴向压力设计值 $N=2360\text{kN}$。

(6) 纵向受压钢筋：8Φ20，($A'_s=2513\text{mm}^2$)。

解：(1) 确定稳定系数 φ

根据构件长细比 $l_0/b=11.25$，由表 3-2 查得稳定系数 $\varphi=0.962$

(2) 求柱所能承受的轴向力设计值

$N_u=0.9\varphi(f_c A+f'_y A'_s)=[0.9\times0.962\times(11.9\times400\times400+360\times2513)]\text{N}=2431.8\text{kN}$

(3) 验算正截面承载力是否满足要求

$\gamma_0 N=1\times2360\text{kN}=2360\text{kN}<N_u$，说明该柱正截面承载力满足要求。

知识模块 3 螺旋箍筋轴心受压构件正截面承载力计算

当轴心受压构件承受较大的轴向压力，而截面尺寸因某些原因受到限制不能加大，采用普通箍筋柱，尽管提高了混凝土强度等级，也增加了纵向钢筋用量，但仍不能承受该轴向压力时，可以考虑采用螺旋箍筋柱或焊接环筋柱，以提高构件的承载力。

螺旋箍筋对柱承载力的影响程度与螺旋箍筋换算截面面积 A_{ss0} 的多少有关。换算截面面积是将螺旋箍筋按体积相等折算成相当的纵向钢筋截面面积，即一圈螺旋箍筋的体积除以螺旋箍筋的间距：

$$A_{ss0}=\frac{\pi d_{cor}A_{ss1}}{s} \tag{3-2}$$

式中 A_{ss0}——螺旋箍筋的换算截面面积；

d_{cor}——构件截面的核心直径；

A_{ss1}——单根螺旋箍筋的截面面积；

s——沿构件轴线方向螺旋箍筋的间距。

为了保证螺旋箍筋对核芯混凝土的约束作用，《混凝土结构设计规范》（GB 50010—2010）（2015 年版）规定，螺旋箍筋换算截面面积 A_{ss0} 应不小于全部纵向钢筋截面面积的 25%。

试验表明，压力增大到一定值时，螺旋箍筋外的混凝土保护层开始剥落，此时螺旋箍筋内的混凝土并未破坏，仍可继续承载，因此在承载力计算中不考虑混凝土保护层的作用，计算截面积只考虑螺旋箍筋内的核芯混凝土面积 A_{cor}。

一、正截面承载力计算公式

《混凝土结构设计规范》（GB 50010—2010）（2015 年版）给出了螺旋箍筋轴心受压构件正截面承载力计算公式为：

$$N_u=0.9(f_c A_{cor}+f'_y A'_s+2\alpha f_y A_{ss0}) \tag{3-3}$$

设计时应满足 $\gamma_0 N\leqslant N_u$

式中 A_{cor}——螺旋箍筋内的核心混凝土截面面积；

f_y——螺旋箍筋的抗拉强度设计值；

α——间接钢筋影响系数，混凝土强度等级≤C50 时取 $\alpha=1$，C80 时取 $\alpha=0.85$，期间线性内插确定。

为了保证受压构件在使用荷载作用下混凝土保护层不致过早脱落，《混凝土结构设计规范》（GB 50010—2010）（2015 年版）规定，螺旋箍筋柱的承载力设计值不应比同条件普通箍筋柱承载力设计值大 50%，即满足：

$$N_{u2}\leqslant1.5N_{u1} \tag{3-4}$$

式中 N_{u2}——螺旋箍筋柱的承载力设计值，$N_{u2}=0.9\ (f_c A_{cor}+f'_y A'_s+2\alpha f_y A_{ss0})$；

N_{u1}——普通箍筋柱承载力设计值，$N_{u1}=0.9\varphi\ (f_c A+f'_y A'_s)$。

当遇到下列任意一种情况时，不考虑螺旋箍筋的作用，按普通箍筋柱计算构件的承载力：

1）当圆形截面柱长细比 $l_0/d \leqslant 12$ 时。

2）当按螺旋箍筋柱计算的承载力小于按普通箍筋柱计算的承载力，即 $N_{u2}>N_{u1}$ 时。

3）当 $A_{ss0}<0.25A'_s$ 时。

想一想 采用螺旋箍筋可以提高受压构件的承载力，分析其原因。

二、计算类型及计算方法

在实际设计中，螺旋箍筋柱正截面承载力计算包括截面设计、截面复核两类问题。

1. 截面设计

已知圆形截面直径 d，混凝土强度等级、钢筋级别、荷载产生的轴向压力设计值 N，结构重要性系数 γ_0，计算高度 l_0，混凝土保护层厚度 c，试确定纵向受压钢筋截面面积 A'_s 及螺旋箍筋直径和间距。

解：(1) 先按配置纵筋和一般箍筋柱计算

计算长细比：l_0/d，查表 3-2 求 φ。

计算纵向受压钢筋截面面积：$A'_s=[N/0.9\varphi-f_cA]/f'_y$

验算配筋率：$\rho'=A'_s/A$

若 $\rho'\geqslant 3\%$，则考虑设计成螺旋箍筋柱，否则设计成一般箍筋柱。

(2) 验算柱长细比

$$l_0/d \leqslant 12$$

(3) 选取配筋率 ρ'

在经济配筋范围内选取配筋率 ρ'，一般取 $\rho'=1\%\sim3\%$

(4) 求核芯混凝土截面面积

$$d_{cor}=d-2c, A_{cor}=\pi d_{cor}^2/4$$

(5) 求纵向受压钢筋截面面积

$A'_s=\rho' A_{cor}$，选钢筋，确定纵向实际受压钢筋截面面积

(6) 求螺旋箍筋的换算截面面积

$$A_{ss0}=[\gamma_0 N/0.9-(f_cA_{cor}+f'_yA'_s)]/2\alpha f_y \geqslant 0.25A'_s$$

(7) 选箍筋直径确定箍筋间距

选箍筋直径，求 A_{ss1}，进而求出箍筋间距

$$s=\pi d_{cor}A_{ss1}/A_{ss0}, s\leqslant d_{cor}/5, 40\text{mm}\leqslant s\leqslant 80\text{mm}$$

(8) 验算承载力

$$0.9(f_cA_{cor}+2\alpha f_yA_{ss0}+f'_yA'_s)\leqslant 1.35\varphi(f_cA+f'_yA'_s)$$

$$0.9(f_cA_{cor}+2\alpha f_yA_{ss0}+f'_yA'_s)\geqslant 0.9\varphi(f_cA+f'_yA'_s)$$

2. 强度复核

已知截面尺寸 d、混凝土强度等级、钢筋级别、纵向受压钢筋截面面积 A_s 及螺旋箍

筋直径和间距、荷载产生的轴向压力设计值 N，结构重要性系数 γ_0，计算高度 l_0，混凝土保护层厚度 c，试验算承载力是否满足要求。

解：(1) 验算适用条件

圆形截面 $l_0/d \leqslant 12$，$A_{ss0} \geqslant 0.25A'_s$

(2) 求柱所能承受的轴向力设计值

$$N_u = 0.9(f_c A_{cor} + 2\alpha f_y A_{ss0} + f'_y A'_s)$$

$$0.9\varphi(f_c A + f'_y A'_s) \leqslant N_u \leqslant 1.35\varphi(f_c A + f'_y A'_s)$$

(3) 验算正截面承载力是否满足要求

若 $\gamma_0 N < N_u$，则满足正截面承载力要求；

若 $\gamma_0 N = N_u$，则处于极限状态；

若 $\gamma_0 N > N_u$，则不满足正截面承载力要求，可提高材料强度、增大截面尺寸。

• 工程案例 •

螺旋箍筋轴心受压柱设计案例

1. 设计要求

按正截面承载力计算要求设计螺旋箍筋轴心受压柱。

2. 基本资料

(1) 环境类别：一类，纵向受压钢筋最小保护层厚度 $c=30\text{mm}$。

(2) 安全等级：二级，结构重要性系数 $\gamma_0=1.0$。

(3) 材料选择：混凝土强度等级为 C30，$f_c=14.3\text{N/mm}^2$；纵向受力钢筋采用 HRB400 级，$f'_y=360\text{N/mm}^2$，$\rho'_{min}=0.55\%$；箍筋采用 HPB300 级，$f_y=270\text{N/mm}^2$。

(4) 截面尺寸：圆形截面，直径为 400mm。

(5) 计算长度：$l_0=4.2\text{m}$。

(6) 作用效应：轴向压力设计值 $N=3700\text{kN}$。

解：(1) 先按配置纵筋和一般箍筋柱计算

计算长细比：$l_0/d=4200/400=10.5$，查表 3-2 求 $\varphi=0.95$。

计算圆形柱截面面积：$A=\pi d^2/4=(3.14\times400^2/4)\text{mm}^2=125600\text{mm}^2$

计算纵向受压钢筋截面面积：

$A'_s=[N/0.9\varphi-f_c A]/f'_y=\{[3700\times10^3/0.9\times0.95-14.3\times125600]/360\}\text{mm}^2=7031.7\text{mm}^2$

验算配筋率：$\rho'=A'_s/A=7031.7/125600=5.6\%\geqslant3\%$，则考虑设计成螺旋箍筋柱

(2) 验算柱长细比

$$l_0/d=10.5\leqslant12$$

(3) 选取配筋率 ρ'

取 $\rho'=3\%$

(4) 求核芯混凝土截面面积

$d_{cor}=d-2c=(400-60)\text{mm}^2=340\text{mm}^2$，$A_{cor}=\pi d_{cor}^2/4=(3.14\times340^2/4)\text{mm}^2=90746\text{mm}^2$

(5) 求纵向受压钢筋截面面积

$A'_s=\rho' A_{cor}=(0.03\times 90746)\text{mm}^2=2722.4\text{mm}^2$，选用 8 Φ22（$A'_s=3801\text{mm}^2$）

（6）求螺旋箍筋的换算截面面积

$$A_{ss0}=[\gamma_0 N/0.9-(f_c A_{cor}+f'_y A'_s)]/2\alpha f_y$$
$$=\{[1\times 3700000/0.9-(14.3\times 90746+360\times 3801)]/(2\times 1\times 270)\}\text{mm}^2$$
$$=2676.1\text{mm}^2\geqslant 0.25A'_s=0.25\times 3801=950.25\text{mm}^2$$

（7）选箍筋直径确定箍筋间距

选箍筋直径 $d=14\text{mm}$，$A_s=153.9\text{mm}^2$

$$s=A_{ssi}\pi d_{cor}/A_{ss0}=(153.9\times 3.14\times 340/2676.1)\text{mm}=61.4\text{mm}$$

取 $s=60\text{mm}$　$80\geqslant s\geqslant 40\text{mm}$；$s\leqslant d_{cor}/5=70\text{mm}$，符合要求。

（8）验算承载力

$$N_{u2}=0.9(f_c A_{cor}+2\alpha f_y A_{ss0}+f'_y A'_s)$$
$$=0.9\times(14.3\times 90746+2\times 1\times 270\times 2676.1+360\times 3801)\text{N}$$
$$=3700.0\text{kN}$$
$$N_{u1}=0.9\varphi(f_c A+f'_y A'_s)$$
$$=[0.9\times 0.95\times(14.3\times 125600+360\times 3801)]\text{N}$$
$$=2705.6\text{kN}$$

$N_{u2}>N_{u1}$，$N_{u2}\leqslant 1.5N_{u1}=(1.5\times 2705.6)\ \text{kN}=4058.4\text{kN}$

本任务工作单

自测训练

一、填空题

1. 矩形截面柱的尺寸不宜小于________，常取 $l_0/b \leq$________。圆形截面柱 $l_0/d \leq$________。

2. 矩形截面受压构件中纵向钢筋的根数至少为________；圆形截面受压构件中纵向钢筋的根数至少为________，宜≥________。

3. 受压构件中纵向钢筋的净距应满足：垂直浇筑时________，水平浇筑时________。

4. 轴心受压构件的纵向弯曲系数随构件的长细比增大而________。

5. 轴心受压柱的破坏形式有材料破坏和失稳破坏两种，短柱和长柱的破坏属于________，细长柱的破坏属于________。

二、判断题

1. 钢筋混凝土轴心受压构件应优先选用高强度钢筋和冷拉钢筋。 (　　)

2. 钢筋混凝土构件中受压钢筋设计强度规定不应大于 $400kN/mm^2$，这是为了防止裂缝开展过大。 (　　)

3. 配有螺旋箍筋的轴心受压构件，主要利用了混凝土三向受压的特征。 (　　)

4. 配有螺旋箍筋的轴心受压柱，要求 $l_0/d \leq 12$ 是为充分发挥螺旋箍筋的作用。 (　　)

5. 轴心受压螺旋箍筋柱应用在长细比大时更有力。 (　　)

6. 轴心受压短柱的承载力高于同条件下长柱的承载力。 (　　)

7. 轴心受压柱的极限承载力在任何情况下都取决于柱的截面尺寸、钢筋截面面积和材料强度。 (　　)

8. 轴心受压柱的纵向弯曲系数反映了长柱较短柱承载力的降低程度。 (　　)

9. 对轴心受压长柱进行承载力计算时，应考虑纵向弯曲的影响，为了确保结构的安全，纵向弯曲系数应取小于 1 的数。 (　　)

10. 柱内箍筋间距不应大于 400mm，也不应大于构件短边尺寸。 (　　)

三、计算题

某钢筋混凝土柱，承受轴向压力设计值 $N=2600kN$，混凝土采用 C25 ($f_c=11.9N/mm^2$)，纵筋采用 HRB400 钢筋 ($f_y=f_y'=360N/mm^2$)，截面尺寸 $b \times h=400mm \times 400mm$，若柱的计算长度为 5m，试求该柱所需钢筋截面面积。

任务 3 钢筋混凝土偏心受压构件设计

任务单

<table>
<tr><td>课程</td><td colspan="6">建筑结构</td></tr>
<tr><td>学习情境三</td><td colspan="3">钢筋混凝土受压构件设计</td><td>学时</td><td colspan="2">12</td></tr>
<tr><td>任务3</td><td colspan="3">钢筋混凝土偏心受压构件设计</td><td>学时</td><td colspan="2">4</td></tr>
<tr><td colspan="7">布置任务</td></tr>
<tr><td>任务目标</td><td colspan="6">1. 掌握钢筋混凝土偏心受压柱设计相关知识，能够在受压构件设计过程中合理运用；
2. 学会正确选择钢筋混凝土偏心受压柱材料强度等级；
3. 学会钢筋混凝土偏心受压柱截面形式和截面尺寸选择方法；
4. 学会配置偏心受压柱中纵向受力钢筋；
5. 学会配置偏心受压柱中箍筋；
6. 能够在完成任务过程中锻炼职业素养，做到工作程序严谨认真对待，完成任务能够吃苦耐劳主动承担，能够主动帮助小组落后的其他成员，有团队意识，诚实守信、不瞒骗，培养保证质量等建设优质工程的爱国情怀。</td></tr>
<tr><td>任务描述</td><td colspan="6">设计某办公楼中的钢筋混凝土偏心受压柱，提交矩形截面偏心受压柱设计计算书。工作如下：
1. 根据设计要求，选定构件截面形式及尺寸，选择材料；
2. 确定柱的计算简图；
3. 收集作用在柱上的荷载；
4. 计算控制截面最大设计弯矩和剪力；
5. 判断偏心受压柱大小偏心；
6. 进行正截面抗弯承载力计算，确定纵向钢筋；
7. 进行斜截面抗剪承载力验算；
8. 进行裂缝宽度验算。</td></tr>
<tr><td>学时安排</td><td>布置任务与资讯
1 学时</td><td>计划
0.5 学时</td><td>决策
0.5 学时</td><td>实施
1 学时</td><td>检查
0.5 学时</td><td>评价
0.5 学时</td></tr>
<tr><td>对学生的要求</td><td colspan="6">1. 每名同学均能按照知识思维导图自主学习，并完成知识模块中的自测训练；
2. 严格遵守课堂纪律，学习态度认真、端正，能够正确评价自己和同学在本任务中的素质表现，积极参与小组工作任务讨论，严禁抄袭；
3. 小组讨论混凝土偏心受压柱设计方案，能够正确选择钢筋混凝土偏心受压柱材料强度等级、截面形式及截面尺寸；
4. 独立计算钢筋混凝土偏心受压柱配筋；
5. 讲解钢筋混凝土轴心受压柱设计过程，接受教师与学生的点评，同时参与小组自评与互评。</td></tr>
</table>

任务知识

知识思维导图

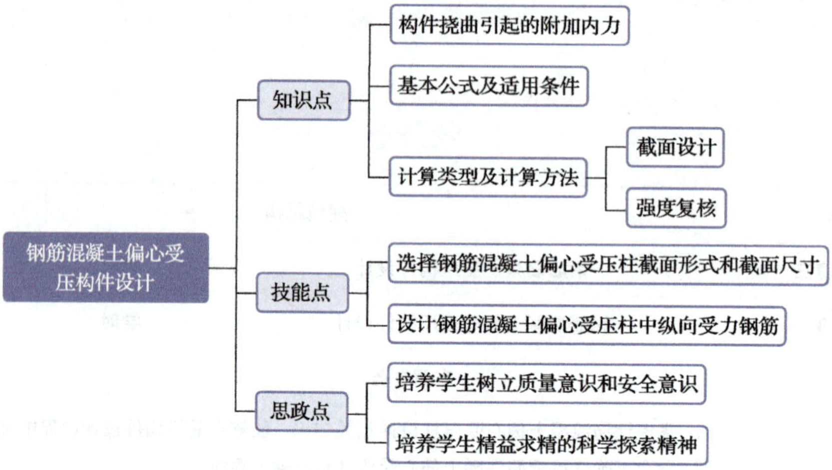

知识模块 1 构件挠曲引起的附加内力

无侧移受压构件在承受偏心荷载后，将产生侧向挠曲变形，其侧向挠度为f，如图 3-9 所示。侧向挠度引起的弯矩叫附加弯矩，也叫二阶弯矩（初始偏心引起的弯矩叫一阶弯矩）。当长细比较小时，偏心荷载作用产生的侧向挠度很小，计算时可忽略不计。《混凝土结构设计规范》(GB 50010—2010)(2015 年版）规定：弯矩作用平面内截面对称的偏心受压构件，当同一主轴的杆端弯矩比 $M_1/M_2 \leqslant 0.9$ 且设计轴压比 $N/f_cA \leqslant 0.9$ 时，若构件的长细比 $l_0/i < 34-12(M_1/M_2)$，可不考虑该方向构件自身挠曲产生的附加弯矩影响，否则需按截面的两个主轴方向分别考虑构件自身挠曲产生的附加弯矩影响。其中 M_1、M_2 为偏心受压构件两端截面按结构分析确定的对同一主轴的弯矩设计值，绝对值较大端为 M_2，较小端为 M_1，当构件按单曲率弯曲时，M_1/M_2 为正，否则为负。

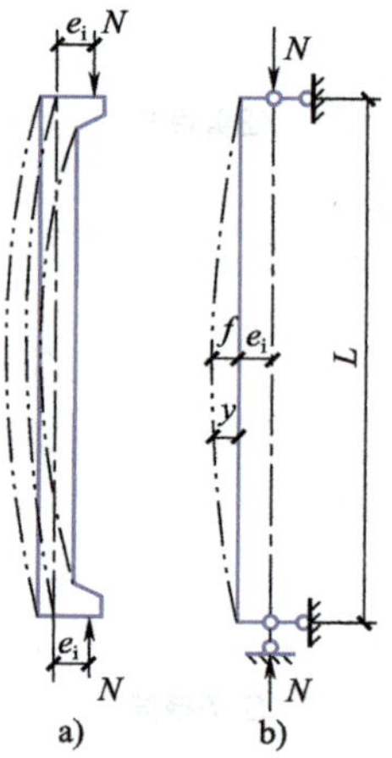

图 3-9 偏心受压构件的侧向挠度

实际工程中最常见的是长柱，在确定偏心受压构件的内力设计值时，要考虑由侧向挠曲引起的二阶弯矩的影响。《混凝土结构设计规范》(GB 50010—2010)(2015 年版）规定：考虑二阶弯矩影响的柱端弯矩通过偏心距调节系数 C_m 和弯矩增大系数 η_{ns} 来调整：

$$M = C_m \eta_{ns} M_2 \tag{3-5}$$

$$C_m = 0.7 + 0.3M_1/M_2 \geqslant 0.7 \tag{3-6}$$

$$\eta_{ns} = 1 + h_0 (l_0/h)^2 \xi_c / 1300(M_2/N + e_a) \tag{3-7}$$

$$\xi_c = 0.5 f_c A/N \leqslant 1 \tag{3-8}$$

当 $C_m\eta_{ns} < 1$ 时，取 $C_m\eta_{ns} = 1$

式中　C_m——构件端截面偏心距调节系数；

η_{ns}——弯矩增大系数；

N——与弯矩设计值 M_2 相应的轴向压力设计值；

e_a——附加偏心距，$e_a = h/30 \geqslant 20\text{mm}$；

ξ_c——截面曲率修正系数；

h——截面高度；

h_0——截面有效高度；

A——构件截面面积。

知识模块 2 ▶▶ 基本公式及适用条件

试验表明，大偏心受压与适筋梁的受弯破坏特征相同，因此其计算的基本假定也相同，截面应力状态也完全一致。小偏心受压构件截面应力状态比较复杂，在引进附加偏心距和偏心距增大系数后，根据试验分析也可采用与大偏心受压相同的混凝土应力计算图形。

1. 基本公式

如图 3-10 所示为矩形截面偏心受压构件正截面承载力计算受力图，按静力平衡条件可得矩形截面偏心受压构件正截面承载力计算基本公式。

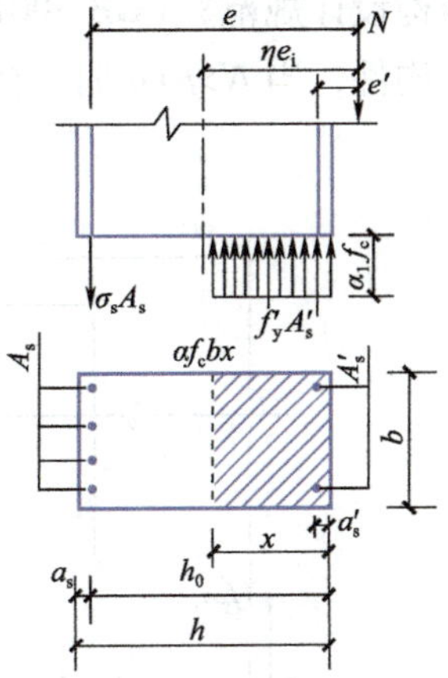

图 3-10　偏心受压构件正截面承载力计算简图

由截面竖向力之和为零的平衡条件可得：

$$\sum F=0 \quad N=\alpha_1 f_c bx+f'_y A'_s-\sigma_s A_s \tag{3-9}$$

由所有力对受拉钢筋合力作用点取力矩之和等于零的平衡条件得：

$$\sum M=0 \quad \gamma_0 Ne=\alpha_1 f_c bx(h_0-x/2)+f'_y A'_s(h_0-a'_s) \tag{3-10}$$

设计时应满足：　$\gamma_0 N \leqslant N_u$　(3-11)

式中　e——纵向压力到受拉筋合力点的距离，$e=e_i+h/2-a_s$；

e_i——初始偏心距，$e_i=e_0+e_a$；

e_0——轴向压力对截面重心的偏心距，$e_0=M/N$，当需要考虑二阶弯矩时，M 为按规定调整后确定的弯矩设计值；

σ_s——纵向受拉钢筋（也可能受压）的应力。

当 $x \leqslant \xi_b h_0$ 时，构件属大偏心受压，取 $\sigma_s=f_y$；

当 $x>\xi_b h_0$ 时，构件属小偏心受压，钢筋应力按下述情况计算：

当该侧钢筋只有一层时，　$\sigma_s=(\xi-\beta_1)f_y/(\xi_b-\beta_1)$　(3-12)

当该侧钢筋不止一层时，则有　$\sigma_{si}=(x/h_{0i}-\beta_1)f_y/(\xi_b-\beta_1)$　(3-13)

σ_{si}——第 i 层纵向受拉钢筋的应力，按公式计算为正值表示拉应力，负值表示压应力；

β_1——截面受压区矩形应力图高度系数，混凝土强度等级≤C50 时，取 $\beta=0.8$，C80 时取 $\beta=0.74$，期间内插确定；

x——截面换算受压区高度；

h_{0i}——第 i 层纵向受拉钢筋截面重心至受压边缘的距离。

其他符号同受弯构件。

2. 适用条件

1）$x \geqslant 2a'_s$，以保证受压钢筋的应力达到抗压设计强度。

当 $x<2a'_s$ 时，受压钢筋的应力达不到抗压设计强度，设计时取 $x=2a'_s$，如图 3-11 所示。

由所有力对受压钢筋 A'_s 合力点取矩力矩之和等于零的平衡条件得：

$$\gamma_0 Ne' = f_y A_s (h_0 - a'_s) \tag{3-14}$$

式中 e'——纵向压力到受压筋合力点的距离，$e'=e_i-h/2+a'_s$。

2）$A'_s \geqslant \rho_{min} bh$，$A_s \geqslant \rho_{min} bh$，$A'_s+A_s \leqslant 5\% bh$，以满足最大最小配筋率要求。

3. 注意事项

1）当 $x>h$ 时，取 $x=h$。

2）在偏心距很小且轴向压力很大的小偏心受压截面中，离轴向力较远一侧的纵向钢筋有可能达到受压屈服强度，此时受压破坏发生在 A_s 一侧，如图 3-12 所示。《混凝土结构设计规范》（GB 50010—2010）（2015 年版）规定，对非对称配筋矩形截面小偏心受压构件，当 $N>f_c bh$ 时，尚应按下列公式进行验算：

$$\gamma_0 Ne' \leqslant f_c bh(h/2 - a'_s) + f'_y A_s (h_0 - a'_s) \tag{3-15}$$

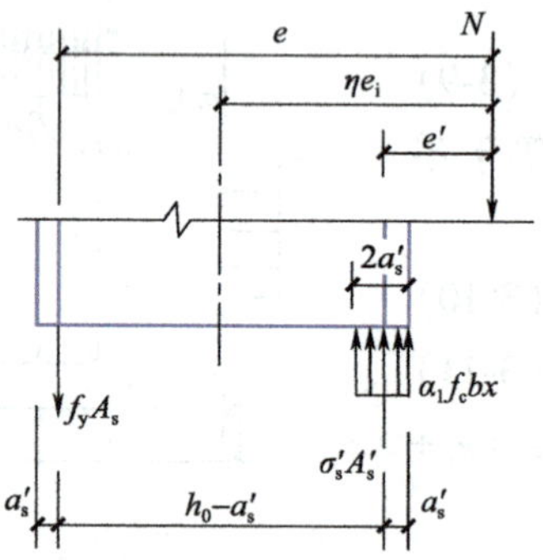

图 3-11 $x=2a'_s$ 的计算简图

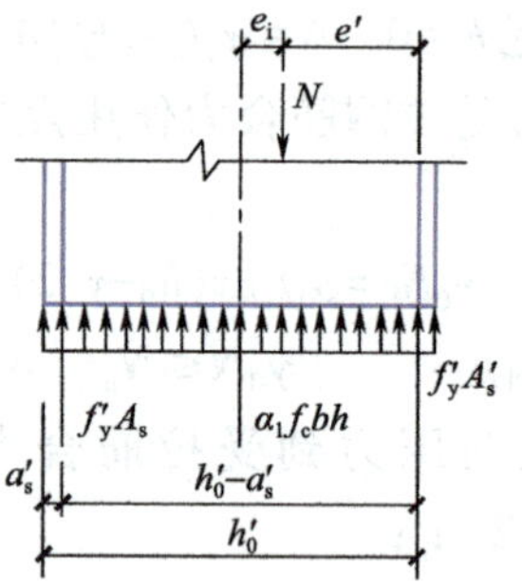

图 3-12 破坏发生在 A_s 一侧的计算简图

3）在一般情况下小偏心受压构件还应按轴心受压构件验算垂直于弯矩作用平面的受压承载力，对于大偏心受压构件，当 $l_0/b \leqslant 24$ 时，可不进行此项验算。

忆一忆 矩形截面大小偏心受压构件有何本质区别，其判别条件是什么？

知识模块 3 ▶▶ 计算类型及计算方法

在实际设计中，偏心受压构件正截面受弯承载力计算包括截面设计、截面复核两类问题。

偏心受压构件配筋分为非对称配筋和对称配筋两类。对称配筋是指受拉钢筋与受压钢筋的配筋量相同，所用钢筋级别相同，即 $A_s=A'_s$，$f_y=f'_y$，否则为非对称配筋。对称配筋只是不对称配筋的一个特例。偏心受压构件在各种荷载组合下，在同一截面内可能承受变号弯矩作用，当其所产生的正负弯矩值相差不大时，或其正负弯矩相差较大，但按对称配筋计算时纵向钢筋总的用钢量相差不多时，为便于设计和施工，也宜采用对称配筋。对于预制构件，为保证吊装时不出现差错，也宜采用对称配筋。实际工程中偏心受压构件常采用对称配筋。

一、截面设计

1. 非对称配筋

已知轴向力设计值 N 和相应的弯矩设计值 M_1、M_2，结构重要性系数 γ_0，钢筋级别，混凝土强度等级，弯矩作用平面内构件的计算长度 l_0，截面尺寸 $b\times h$，采用非对称配筋，求纵向钢筋数量。

解：(1) 求弯矩设计值

当 $M_1/M_2\leqslant0.9$，$N/f_cA\leqslant0.9$，$l_0/i<34-12\ (M_1/M_2)$ 同时满足时可不考虑构件自身挠曲产生的附加弯矩影响，否则应按下述情况计算弯矩：

$$M=C_m\eta_{ns}M_2$$

$$C_m=0.7+0.3M_1/M_2\geqslant0.7$$

$$\eta_{ns}=1+h_0(l_0/h)^2\xi_c/1300(M_2/N+e_a)$$

$$\xi_c=0.5f_cA/N\leqslant1$$

当 $C_m\eta_{ns}<1$ 时，取 $C_m\eta_{ns}=1$。

(2) 判断大小偏心受压

因纵向钢筋数量未知，无法计算 ξ 值，因此不能用 ξ 与 ξ_b 的关系来进行判断。

根据经验，当 $e_i\leqslant0.3h_0$ 时，假定为小偏心受压构件；当 $e_i>0.3h_0$ 时，假定为大偏心受压构件。其中 $e_0=M/N\quad e_i=e_0+e_a$。

(3) 计算纵向受拉钢筋截面面积

1) 若为大偏心受压构件。与双筋矩形截面受弯构件截面设计相仿，为充分利用混凝土的抗压强度，使受拉和受压钢筋的总用量最少，可取 $\xi=\xi_b$，即 $x=\xi_bh_0$ 为补充条件。

由基本公式可得到受压钢筋的截面积 A'_s 为：

$$A'_s=[\gamma_0Ne-\alpha_1f_cbh_0^2\xi_b(1-0.5\xi_b)]/f'_y(h_0-a'_s)\geqslant\rho'_{min}bh$$

其中 $e=e_i+h/2-a_s$。

①当计算 $A'_s\geqslant\rho'_{min}bh$ 时，取 $\sigma_s=f_y$，则所需要的钢筋 A_s 为：

$$A_s=[\alpha_1f_cbh_0\xi_b+f'_yA'_s-\gamma_0N]/f_y\geqslant\rho_{min}bh$$

②当计算的 $A'_s<\rho'_{min}bh$ 或负值时，应按照 $A'_s\geqslant\rho'_{min}bh$ 选择钢筋并布置 A'_s，然后按 A'_s 为已知的情况继续计算求 A_s。

③当 $A'_s+A_s>5\%bh$ 时，宜加大柱截面尺寸。

2) 若为小偏心受压构件。对小偏心受压，一般远离偏心压力一侧的纵向钢筋无论受拉还是受压，钢筋均不能屈服，因此，钢筋配置应少些，可取 $A_s=\rho'_{min}bh=0.002bh$，则 x 与 A'_s 可利用基本公式进行计算。

①当 $x \leqslant \xi_b h_0$ 时，改按大偏心受压构件进行计算。

②当 $h>x>\xi_b h_0$ 时，为小偏心受压，截面部分受压部分受拉。按小偏心受压公式求受拉钢筋应力 σ_s 值，进而求出受压钢筋面积 A'_s 值，且应满足 $A'_s \geqslant \rho'_{min} bh$。

③当 $x \geqslant h$ 时，为小偏心受压，截面为全截面受压，取 $x=h$。按小偏心受压公式求受拉钢筋应力 σ_s 值，进而求出受压钢筋面积 A'_s 值，且应满足 $A'_s \geqslant \rho'_{min} bh$。

④当 $A'_s+A_s>5\%bh$ 时，宜加大柱截面尺寸。

（4）选钢筋

（5）验算垂直于弯矩作用平面的受压承载力

对于大偏心受压构件，当 $l_0/b \leqslant 24$ 时，可不进行此项验算。对于小偏心受压构件，应按轴心受压构件验算垂直于弯矩作用平面的受压承载力，若不满足，应加大配筋或加大截面尺寸重新计算。

2. 对称配筋

已知轴向力设计值 N 和相应的弯矩设计值 M_1、M_2，结构重要性系数 γ_0，材料强度等级、弯矩作用平面内构件的计算长度 l_0，截面尺寸 $b \times h$，采用对称配筋，求纵向钢筋数量。

解：（1）求弯矩设计值

当 $M_1/M_2 \leqslant 0.9$，$N/f_c A \leqslant 0.9$，$l_0/i<34-12(M_1/M_2)$ 同时满足时可不考虑构件自身挠曲产生的附加弯矩影响，否则应按下述情况计算弯矩：

$$M=C_m \eta_{ns} M_2$$

$$C_m=0.7+0.3M_1/M_2 \geqslant 0.7$$

$$\eta_{ns}=1+h_0(l_0/h)^2 \xi_c/1300(M_2/N+e_a)$$

$$\xi_c=0.5f_c A/N \leqslant 1$$

当 $C_m \eta_{ns}<1$ 时，取 $C_m \eta_{ns}=1$。

（2）判断大小偏心受压

若假定构件为大偏心受压，则 $\sigma_s=f_y$，$x=\xi h_0$

$$\gamma_0 N=\alpha_1 f_c bx$$

$$\xi=\gamma_0 N/\alpha_1 f_c bh_0$$

当 $\xi \leqslant \xi_b$ 时，按大偏心受压构件设计；当 $\xi>\xi_b$ 时，按小偏心受压构件设计。

（3）计算纵向受拉钢筋截面面积

1）若为大偏心受压构件。

①当 $2a'_s \leqslant x \leqslant \xi_b h_0$ 时，根据大偏心受压基本公式得：

$$A'_s=A_s=[\gamma_0 Ne-\alpha_1 f_c bh_0^2 \xi(1-0.5\xi)]/f'_y(h_0-a'_s) \geqslant \rho'_{min} bh$$

其中 $e=e_i+h/2-a_s$。

②当 $x<2a'_s$ 时，取 $x=2a'_s$

$$A_s=\gamma_0 Ne'/f_y(h_0-a'_s) \geqslant \rho'_{min} bh \quad A'_s=A_s$$

其中 $e'=e_i-h/2+a'_s$。

③当 $A'_s+A_s>5\%bh$ 时，宜加大柱截面尺寸

2）若为小偏心受压构件。根据小偏心受压基本公式计算相对受压区高度 x 和 A'_s。

解方程得$\xi=(\gamma_0N-\alpha_1f_cbh_0\xi_b)/\{(\gamma_0Ne-0.43\alpha_1f_cbh_0^2)/[(\beta-\xi_b)(h_0-a'_s)]+\alpha_1f_cbh_0\}+\xi_b$

$$x=\xi h_0$$

①当 $h>x\leqslant\xi_bh_0$ 时，代入小偏心受压基本公式求出钢筋面积 A'_s 值，且应满足 $A'_s\geqslant\rho'_{min}bh$。

②当 $x\geqslant h$ 时，截面为全截面受压，取 $x=h$。

③当 $A'_s+A_s>5\%bh$ 时，宜加大柱截面尺寸。

（4）选钢筋

（5）验算垂直于弯矩作用平面的受压承载力

对于大偏心受压构件，当 $l_0/b\leqslant24$ 时，可不进行此项验算。对于小偏心受压构件应按轴心受压构件验算垂直于弯矩作用平面的受压承载力，若不满足，应加大配筋或加大截面尺寸重新计算。

想一想 为什么要对小偏心受压构件进行垂直于弯矩方向截面的承载力验算？

二、强度复核

已知结构重要性系数 γ_0，钢筋级别，混凝土材料强度等级，弯矩作用平面内构件的计算长度 l_0、截面尺寸 $b\times h$，钢筋面积 A_s 和 A'_s 以及在截面上的布置，偏心距 e_0，轴向力设计值 N 和相应的弯矩设计值 M，试验算偏心受压构件承载力是否满足要求。

解：1. 非对称配筋

（1）判断大小偏心受压

当 $e_i\leqslant0.3h_0$ 时，假定为小偏心受压构件；当 $e_i>0.3h_0$ 时，假定为大偏心受压构件。

其中 $e_i=e_0+e_a$

根据大偏心受压基本公式求 x，ξ

当 $\xi\leqslant\xi_b$ 时，为大偏心受压；当 $\xi>\xi_b$ 时，为小偏心受压。

（2）求极限轴力 N_u，极限弯矩 M_u

1）若为大偏心受压构件。

①当 $2a'_s\leqslant x\leqslant\xi_bh_0$ 时，即可将 x 直接代入大偏心受压基本公式求截面承载力 N_u，再求 M_u。

②当时 $x<2a'_s$ 时，取 $x=2a'_s$

按 $N'_ue=f_yA_s(h_0-a'_s)\gamma_0e'$ 求截面承载力 N_u，再按 $M_u=N_ue$ 求 M_u。

2）若为小偏心受压构件。

①当 $h>x>\xi_bh_0$ 时，利用小偏心受压基本公式重新计算 x，然后求截面承载力 N_u，再求 M_u。

②当 $x\geqslant h$ 时，截面全部受压。首先考虑离纵向压力作用点较近侧的截面边缘混凝土破坏，取 $x=h$，然后按小偏心受压基本公式求截面承载力 N_u，再求 M_u。

（3）复核截面承载力

1）复核弯矩作用平面的截面承载力。若 $\gamma_0N<N_u$ 且 $\gamma_0M<M_u$，则弯矩作用平面满

足正截面承载力要求；若 $\gamma_0 N = N_u$ 且 $\gamma_0 M \leqslant M_u$，则弯矩作用平面处于极限状态；若 $\gamma_0 N > N_u$ 或 $\gamma_0 M > M_u$，则弯矩作用平面不满足正截面承载力要求，可提高材料强度、增大截面尺寸。

2）复核垂直于弯矩作用平面的截面承载力。按轴心受压构件复核。

2. 对称配筋

计算方法同非对称配筋。

• 工程案例 •

矩形截面偏心受压柱正截面承载力计算案例 1

1. 设计要求

分别按非对称配筋和对称配筋正截面抗压承载力计算要求确定某办公楼中的钢筋混凝土柱所需要的纵向钢筋。

2. 基本资料

（1）环境类别：一类，钢筋最小保护层厚度 $c = 25\text{mm}$。

（2）安全等级：二级，结构重要性系数 $\gamma_0 = 1.0$。

（3）材料选择：混凝土强度等级为 C25，$f_c = 11.9\text{N/mm}^2$，$\alpha_1 = 1$；纵向受力钢筋采用 HRB400 级，$f'_y = f_y = 360\text{N/mm}^2$，$\rho'_{min} = 0.55\%$，$\xi_b = 0.18$。

（4）截面形式及尺寸：矩形截面尺寸为 400mm×600mm。

（5）计算长度：$l_0 = 7.2\text{m}$。

（6）作用效应：轴向压力设计值 $N = 1000\text{kN}$，柱两端弯矩设计值分别为 $M_1 = 400\text{kN·m}$，$M_2 = 450\text{kN·m}$，单曲率弯曲。

解：（1）非对称配筋

箍筋直径初选 8mm，纵向受力钢筋直径初选 20~25mm

则 $a_s = (25+8+12)\text{mm} = 45\text{mm}$，$h_0 = h - a_s = (600-45)\text{mm} = 555\text{mm}$。

1）求弯矩设计值。

$$M_1/M_2 = 400/450 = 0.889, i = \sqrt{\frac{I}{A}} = \sqrt{\frac{1}{12}}h = \sqrt{\frac{1}{12}} \times 600\text{mm} = 173.2\text{mm}$$

$l_0/i = (7200/173.2) = 41.57 > 34 - 12(M_1/M_2) = 23.33$，应考虑附加弯矩的影响

$\xi_c = 0.5f_cA/N = 0.5 \times 11.9 \times 400 \times 600/(1000 \times 10^3) = 1.428 > 1$　取 $\xi_c = 1$

$C_m = 0.7 + 0.3M_1/M_2 = 0.7 + 0.3 \times 0.889 = 0.9667 > 0.7$

$e_a = h/30 = (600/30)\text{mm} = 20\text{mm}$

$$\begin{aligned}\eta_{ns} &= 1 + h_0(l_0/h)^2\xi_c/1300(M_2/N + e_a) \\ &= 1 + 555 \times (7200/600)^2 \times 1/\{1300 \times [450 \times 10^6/(1000 \times 10^3) + 20]\} = 1.13\end{aligned}$$

$C_m\eta_{ns} = 0.9667 \times 1.13 = 1.1 > 1$

$M = C_m\eta_{ns}M_2 = (0.9667 \times 1.13 \times 450)\text{kN·m} = 491.57\text{kN·m}$

2）判断大小偏心受压。

$e_0=M/N=[491.57\times10^6/(1000\times10^3)]\text{mm}=491.57\text{mm}$

$e_i=e_0+e_a=(491.57+20)\text{mm}=511.57\text{mm}, e_i>0.3h_0=(0.3\times555)\text{mm}=166.5\text{mm}$

先按大偏心受压计算

3）计算纵向受拉钢筋截面面积。

取$\xi=\xi_b$，即$x=\xi_b h_0$为补充条件。

$$e=e_i+h/2-a_s=(511.57+300-45)\text{mm}=766.57\text{mm}$$

由基本公式可得到受压钢筋的截面积A'_s为：

$A'_s=[\gamma_0 Ne-\alpha_1 f_c bh_0^2\xi_b(1-0.5\xi_b)]/f'_y(h_0-a'_s)$

$=[1\times1000\times10^3\times766.57-1\times11.9\times400\times555^2\times0.518\times(1-0.5\times0.518]/[360\times(555-45)]$

$=1109.95\text{mm}^2>\rho'_{min}bh=(0.002\times400\times600)\text{mm}^2=480\text{mm}^2$

取$\sigma_s=f_y$，则所需要的钢筋A_s为：

$A_s=(\alpha_1 f_c bh_0\xi_b+f'_y A'_s-\gamma_0 N)/f_y$

$=[(1\times11.9\times400\times555\times0.518+360\times1109.95-1\times1000\times10^3)/360]\text{mm}^2$

$=2132.13\text{mm}^2>\rho_{min}bh=(0.002\times400\times600)\text{mm}^2=480\text{mm}^2$

4）选钢筋。

受压钢筋3Φ22（$A'_s=1140\text{mm}^2$），受拉钢筋3Φ25+2Φ22（$A_s=2233\text{mm}^2$）

$$A'_s+A_s=(1140+2233)\text{mm}^2=3373\text{mm}^2$$

$$\rho=(A'_s+A_s)/(bh)=3373/(400\times600)=1.4\%\quad 0.55\%<\rho<5\%$$

5）验算垂直于弯矩作用平面的受压承载力。

大偏心受压，$l_0/b=7200/400=18<24$，可不用验算垂直于弯矩作用平面的受压承载力。

箍筋按构造要求选Φ8@250，配筋图如图3-13所示。

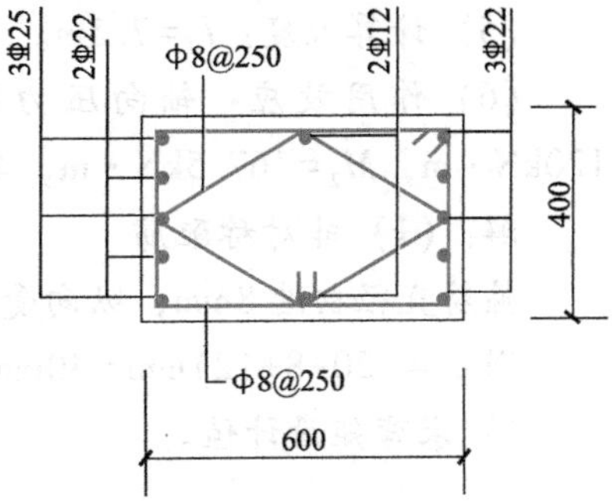

图3-13　配筋图

（2）对称配筋

1）求弯矩设计值。

同上，$M=491.57\text{kN}\cdot\text{m}$

2）判断大小偏心受压。

$\xi=\gamma_0 N/\alpha_1 f_c bh_0=(1\times1000\times10^3)/(1\times11.9\times400\times555)=0.379<\xi_b=0.518$

按大偏心受压构件设计。

3）计算纵向受拉钢筋截面面积。

$$e=e_i+h/2-a_s=(511.57+300-45)\text{mm}=766.57\text{mm}$$

$A'_s=A_s=[\gamma_0 Ne-\alpha_1 f_c bh_0^2\xi(1-0.5\xi)]/f'_y(h_0-a'_s)$

$=\{[1\times1000\times10^3\times766.57-1\times11.9\times400\times555^2\times0.378\times(1-0.5\times0.378)]/[360\times(555-45)]\text{mm}^2$

$=1727.1\text{mm}^2>\rho'_{min}bh=(0.002\times400\times600)\text{mm}^2=480\text{mm}^2$

4）选钢筋。

每边选用3Φ22+2Φ20对称配置（$A'_s=A_s=1769\text{mm}^2$）

$A'_s+A_s=(1769+1769)\text{mm}^2=3538\text{mm}^2$

$\rho=(A'_s+A_s)/bh=3538/(400\times600)=1.474\%$，$0.55\%<\rho<5\%$

非对称配筋与对称配筋总用钢量比较：

非对称配筋：$A'_s+A_s=(1108.65+2132.12)\text{mm}^2=3240.77\text{mm}^2$

对称配筋：$A'_s+A_s=(1727.1+1727.1)\text{mm}^2=3454.2\text{mm}^2$

显然对称配筋总用钢量偏大，且偏心距越大，对称配筋总用钢量越大。

• 工程案例 •

矩形截面偏心受压柱正截面承载力计算案例2

1. 设计要求

分别按非对称配筋和对称配筋正截面抗压承载力计算要求确定某办公楼中的钢筋混凝土柱所需要的纵向钢筋。

2. 基本资料

（1）环境类别：一类，钢筋最小保护层厚度 $c=20\text{mm}$。

（2）安全等级：二级，结构重要性系数 $\gamma_0=1.0$。

（3）材料选择：混凝土强度等级为C30，$f_c=14.3\text{N/mm}^2$，$\alpha_1=1$，$\beta_1=0.8$；纵向受力钢筋采用HRB400级，$f'_y=f_y=360\text{N/mm}^2$，$\rho'_{\min}=0.55\%$，$\xi_b=0.518$。

（4）截面形式及尺寸：矩形截面尺寸为400mm×500mm。

（5）计算长度：$l_0=7.5\text{m}$。

（6）作用效应：轴向压力设计值 $N=2500\text{kN}$，柱两端弯矩设计值分别为 $M_1=120\text{kN}\cdot\text{m}$，$M_2=167.5\text{kN}\cdot\text{m}$，单曲率弯曲。

解：（1）非对称配筋

箍筋直径初选8mm，纵向受力钢筋直径初选20~25mm

则 $a_s=(20+8+12)\text{mm}=40\text{mm}$，$h_0=h-a_s=(500-40)\text{mm}=460\text{mm}$

1）求弯矩设计值。

$M_1/M_2=120/167.5=0.716$，$i=\sqrt{\dfrac{I}{A}}=\sqrt{\dfrac{1}{12}}h=\sqrt{\dfrac{1}{12}}\times500\text{mm}=144.33\text{mm}$

$l_0/i=7200/144.33=49.89>34-12(M_1/M_2)=25.4$，应考虑附加弯矩的影响

$\xi_c=0.5f_cA/N=0.5\times14.3\times400\times500/(2500\times10^3)=0.572<1$

$C_m=0.7+0.3M_1/M_2=0.7+0.3\times0.716=0.915>0.7$

$e_a=h/30=(500/30)\text{mm}=16.67\text{mm}$，取 $e_a=20\text{mm}$

$\eta_{ns}=1+h_0(l_0/h)^2\xi_c/1300(M_2/N+e_a)$

$=1+460\times0.572\times(7500/500)^2/1300\times[167.5\times10^6/(2500\times10^3)+20]=1.52$

$C_m\eta_{ns}=0.915\times1.52=1.4>1$

$M=C_m\eta_{ns}M_2=(0.915\times1.52\times167.5)\text{kN}\cdot\text{m}=232.96\text{kN}\cdot\text{m}$

2）判断大小偏心受压。

$$e_0=M/N=[232.96\times10^6/(2500\times10^3)]\text{mm}=93.18\text{mm}$$

$e_i=e_0+e_a=(93.18+20)\text{mm}=113.18\text{mm}$，$e_i<0.3h_0=(0.3\times460)\text{mm}=138\text{mm}$

先按小偏心受压计算

3）计算纵向受拉钢筋截面面积。

小偏心受压，纵向受拉钢筋无论受拉还是受压，均未达到屈服强度，且 $N=2500\text{kN}<f_cbh=(14.3\times400\times500)\ \text{N}=2860\text{kN}$

因此，可取 $A_s=\rho'_{\min}bh=0.002bh=(0.002\times400\times500)\text{mm}^2=400\text{mm}^2$

实选 2 Φ16($A_s=402\text{mm}^2$)，则 x 与 A'_s 可利用基本公式进行计算。

$e=e_i+h/2-a_s=(113.18+250-40)\text{mm}=323.18\text{mm}$

$\sigma_s=(\xi-\beta_1)f_y/(\xi_b-\beta_1)=(\xi-0.8)\times360/(0.518-0.8)$

$\gamma_0N=\alpha_1f_cbx+f'_yA'_s-\sigma_sA_s$

$\gamma_0Ne=\alpha_1f_cbx(h_0-x/2)+f'_yA'_s(h_0-a'_s)$

$1\times2500\times10^3=1\times14.3\times400x+360\times A'_s-(\xi-0.8)\times360\times400/(0.518-0.8)$

$1\times2500\times10^3\times323.18=1\times14.3\times400x(460-x/2)+360A'_s(460-40)$

解得 $x=340.86\text{mm}$，$h>x>\xi_bh_0=(0.518\times460)\text{mm}=238.28\text{mm}$

$A'_s=1609.6\text{mm}^2>\rho_{\min}bh=(0.002\times400\times500)\text{mm}^2=400\text{mm}^2$

4）选钢筋。

受压钢筋 2 Φ20+2 Φ25($A'_s=1610\text{mm}^2$)

$$A'_s+A_s=(1610+402)\text{mm}^2=2012\text{mm}^2$$

$$\rho=(A'_s+A_s)/bh=2012/(400\times500)=1\%,0.55\%<\rho<5\%$$

5）验算垂直于弯矩作用平面的受压承载力。

小偏心受压，$l_0/b=7500/400=18.75$，查表 3-2，$\varphi=0.788$

$0.9\varphi[f_cA+f'_y(A_s+A'_s)]=[0.9\times0.788\times(14.3\times400\times500+360\times2012)]\text{N}=2542\text{kN}>2500\text{kN}$

垂直于弯矩作用平面的受压承载力满足要求。

（2）对称配筋

1）求弯矩设计值。

同上，$M=232.96\text{kN}\cdot\text{m}$

2）判断大小偏心受压。

$$\xi=\gamma_0N/\alpha_1f_cbh_0=(1\times2500\times10^3)/(1\times14.3\times400\times460)=0.95>\xi_b=0.518$$

按小偏心受压构件设计。

3）计算纵向受拉钢筋截面面积。

根据基本公式计算相对受压区高度 ξ 和 A'_s。

$e=e_i+h/2-a_s=(113.18+250-40)\text{mm}=323.18\text{mm}$

$\xi=(\gamma_0N-\alpha_1f_cbh_0\xi_b)/\{(\gamma_0Ne-0.43\alpha_1f_cbh_0^2)/[(\beta_1-\xi_b)((h_0-a'_s)]+\alpha_1f_cbh_0\}+\xi_b$

$=(1\times2500\times10^3-1\times14.3\times400\times460\times0.518)/\{(1\times2500\times10^3\times323.18-0.43\times1\times14.3\times400\times460^2)/[(0.8-0.518)((460-40)]+1\times14.3\times400\times460\}+0.518=0.743$

$A'_s=A_s=[\gamma_0Ne-\alpha_1f_cbh_0^2\xi(1-0.5\xi)]/f'_y(h_0-a'_s)$

$=\{[1\times2500\times10^3\times323.18-1\times14.3\times400\times460^2\times0.743\times(1-0.5\times0.743)]/360\times(460-40)\}\text{mm}^2$

$=1605.46\text{mm}^2>\rho'_{\min}bh=(0.002\times400\times500)\text{mm}^2=400\text{mm}^2$

4）选钢筋。

每边选用 2 Φ25+2 Φ22，对称配置（$A'_s=A_s=1742\text{mm}^2$）

$$A'_s+A_s=(1742+1742)\text{mm}^2=3484\text{mm}^2$$

$$\rho=(A'_s+A_s)/bh=3484/(400\times500)=1.74\% \qquad 0.55\%<\rho<5\%$$

非对称配筋与对称配筋总用钢量比较：

非对称配筋：$A'_s+A_s=(1609.6+402)\text{mm}^2=2011.6\text{mm}^2$

对称配筋：$A'_s+A_s=(1605.46+1605.46)\text{mm}^2=3210.92\text{mm}^2$

显然对称配筋总用钢量偏大，这是由于 A_s 增加较多的缘故，A'_s 变化不大。

• 工程案例 •

矩形截面偏心受压柱正截面承载力复核案例 1

1. 设计要求

复核某办公楼中的钢筋混凝土柱正截面抗压承载力。

2. 基本资料

（1）环境类别：一类，钢筋最小保护层厚度 $c=25\text{mm}$。

（2）安全等级：二级，结构重要性系数 $\gamma_0=1.0$。

（3）材料选择：混凝土强度等级为 C25，$f_c=11.9\text{N/mm}^2$，$\alpha_1=1$；纵向受力钢筋采用 HRB335 级，$f'_y=f_y=300\text{N/mm}^2$，$\xi_b=0.55$。

（4）截面形式及尺寸：矩形截面尺寸为 400mm×600mm。

（5）计算长度：$l_0=5.5\text{m}$。

（6）偏心距：$e_0=350\text{mm}$（已考虑偏心距调节系数和弯矩增大系数）。

（7）已配钢筋：受拉钢筋：4 Φ22（$A_s=1520\text{mm}^2$），受压钢筋 2 Φ20（$A'_s=628\text{mm}^2$）。

（8）作用效应：轴向力设计值 $N=1300\text{kN}$，弯矩设计值 $M=455\text{kN}\cdot\text{m}$。

解：（1）判断大小偏心受压

取 $a_s=a'_s=45\text{mm}$，$h_0=h-a_s=(600-45)\text{mm}=555\text{mm}$

$e_a=h/30=600/30=20\text{mm}$，$e_i=e_0+e_a=(350+20)\text{mm}=370\text{mm}>0.3h_0=(0.3\times555)\text{mm}$
$=166.5\text{mm}$

先按大偏心受压构件计算。

（2）求极限轴力 N_u，极限弯矩 M_u

$$e=e_i+h/2-a_s=(370+300-45)\text{mm}=625\text{mm}$$

根据基本公式求 x，N_u，其中 $\sigma_s=f_y$

$$N_u=\alpha_1 f_c bx+f'_yA'_s-\sigma_sA_s$$

$$N_ue=\alpha_1 f_c bx(h_0-x/2)+f'_yA'_s(h_0-a'_s)$$

$$N_u=1\times11.9\times400x+300\times628-300\times1520$$

$$N_u\times625=1\times11.9\times400x(555-x/2)+300\times628(555-45)$$

解得 $x=281.4\text{mm}$，$\xi_bh_0=(0.55\times555)\text{mm}=305.25\text{mm}$，$2a'_s=(2\times45)\text{mm}=90\text{mm}$

$2a'_s<x<\xi_b h_0$ 确为大偏心受压构件。

$N_u=1339.4\text{kN}$，$M_u=N_u e_0=(1339.4\times350)\ \text{kN}\cdot\text{mm}=468.79\text{kN}\cdot\text{m}$

（3）复核截面承载力

1）复核弯矩作用平面的截面承载力。

$$N_u=1339.4\text{kN}>\gamma_0 N=1300\text{kN}$$

$$M_u=468.79\text{kN}\cdot\text{m}>\gamma_0 M=455\text{kN}\cdot\text{m}$$

说明弯矩作用平面正截面承载力满足要求；

2）复核垂直于弯矩作用平面的截面承载力。

$l_0/b=5500/400=13.75$，不需要复核垂直于弯矩作用平面的截面承载力。

• 工程案例 •

矩形截面偏心受压柱正截面承载力复核案例 2

1. 设计要求

复核某办公楼中的钢筋混凝土柱正截面抗压承载力。

2. 基本资料

（1）环境类别：一类，钢筋最小保护层厚度 $c=25\text{mm}$。

（2）安全等级：二级，结构重要性系数 $\gamma_0=1.0$。

（3）材料选择：混凝土强度等级为 C30，$f_c=14.3\text{N/mm}^2$，$\alpha_1=1$，$\beta_1=0.8$；纵向受力钢筋采用 HRB335 级，$f'_y=f_y=300\text{N/mm}^2$，$\xi_b=0.55$。

（4）截面形式及尺寸：矩形截面尺寸为 800mm×1000mm。

（5）计算长度：$l_0=4\text{m}$。

（6）偏心距：$e_0=288.01\text{mm}$（已考虑偏心距调节系数和弯矩增大系数）。

（7）已配钢筋：对称配筋，每侧配有 8 Φ 25（$A'_s=A_s=3927\text{mm}^2$）。

（8）作用效应：轴向力设计值 $N=7000\text{kN}$，弯矩设计值 $M=2016\text{kN}\cdot\text{m}$。

解：（1）判断大小偏心受压

取 $a_s=a'_s=40\text{mm}$，$h_0=h-a_s=(1000-40)\text{mm}=960\text{mm}$

$$e_a=h/30=1000/30=33.3\text{mm}$$

$$e_i=e_0+e_a=(288.01+33.3)\text{mm}=321.3\text{mm}>0.3h_0=(0.3\times960)\text{mm}=288\text{mm}$$

先按大偏心受压构件计算。

（2）求极限轴力 N_u，极限弯矩 M_u

$$e=e_i+h/2-a_s=(321.3+500-40)\text{mm}=781.3\text{mm}$$

根据基本公式求 x，N_u，其中 $\sigma_s=f_y$

$$N_u=\alpha_1 f_c bx$$

$$N_u e=\alpha_1 f_c bx(h_0-x/2)+f'_y A'_s(h_0-a'_s)$$

$$N_u=1\times14.3\times800x$$

$$N_u\times781.3=1\times14.3\times800x(960-x/2)+300\times3927\times(960-40)$$

解得 $x=649.9\text{mm}>\xi_b h_0=(0.55\times960)\text{mm}=528\text{mm}$

为小偏心受压构件，应按小偏心受压基本公式重新计算 x，N_u

$$\sigma_s=(\xi-\beta_1)f_y/(\xi_b-\beta_1)=(x/960-0.8)\times300/(0.55-0.8)$$

$$N_u=\alpha_1 f_c bx+f'_y A'_s-\sigma_s A_s$$

$$N_u e=\alpha_1 f_c bx(h_0-x/2)+f'_y A'_s(h_0-a'_s)$$

$$N_u=1\times14.3\times800x+300\times A'_s-(x/960-0.8)\times300\times3927/(0.55-0.8)$$

$$N_u\times781.3=1\times14.3\times800x(960-x/2)+300\times3927\times(960-40)$$

解得 $x=597.12\text{mm}$，$h=1000\text{mm}$，$\xi_b h_0=(0.55\times960)\text{mm}=528\text{mm}$

$$h>x>\xi_b h_0$$

则 $N_u=7170.3\text{kN}$，$M_u=N_u e_0=(7170.3\times288.01)\text{kN}\cdot\text{mm}=2065.12\text{kN}\cdot\text{m}$

（3）复核截面承载力

1）复核弯矩作用平面的截面承载力。

$$N_u=7170.3\text{kN}>\gamma_0 N=7000\text{kN}$$

$$M_u=2065.12\text{kN}\cdot\text{m}>\gamma_0 M=2016\text{kN}\cdot\text{m}$$

说明弯矩作用平面正截面承载力满足要求；

2）复核垂直于弯矩作用平面的截面承载力。

$l_0/b=4000/800=5$，查表 3-2，$\varphi=1$

$$0.9\varphi[f_c A+f'_y(A_s+A'_s)]=[0.9\times1\times(14.3\times800\times1000+300\times2\times3927)]\text{N}=12416.6\text{kN}>7000\text{kN}$$

垂直于弯矩作用平面的受压承载力满足要求。

本任务工作单

自测训练

一、判断题

1. 对称配筋的偏心受压柱，若计算 $\xi \leqslant \xi_b$，则应按小偏心受压计算。（　）

2. 钢筋混凝土大小偏心受压构件界限破坏的条件是：受拉钢筋应力达到受拉屈服强度的同时，受压边缘的混凝土应变达到其极限压应变。（　）

3. 在小偏心受压构件中，随着轴向压力的增加，构件的抗弯能力随之提高。（　）

4. 小偏心受压构件中受拉钢筋能屈服，大偏心受压构件中受拉钢筋不能屈服。（　）

5. 偏心受压构件不可以采用有内折角的箍筋。（　）

6. 偏压构件的受拉和受压钢筋的最小配筋率均按构件的全截面积计算。（　）

7. 大小偏心受压破坏的根本区别在于截面破坏时受拉钢筋能否屈服。（　）

8. 当截面进入小偏心受压状态后，混凝土受压较大一侧的边缘极限压应变将随偏心距的减小而增大。（　）

9. 在大小偏心受压的界限状态下，截面相对界限受压区高度与受弯构件的截面相对界限受压区高度的值不相同。（　）

10. 钢筋混凝土大偏心受压构件与受弯构件相比，由于其纵向压力的影响，其所需的纵向钢筋比相同条件下的受弯构件的受拉钢筋多。（　）

二、选择题

1. 钢筋混凝土偏心受压构件偏心距增大系数是考虑了（　）。

A. 初始偏心距的影响　　B. 荷载长期作用的影响

C. 构件弯曲的影响

2. 钢筋混凝土大偏心受压构件破坏是（　）。

A. 受拉破坏　　B. 受压破坏　　C. 受剪破坏　　D. 受扭破坏

3. 钢筋混凝土小偏心受压构件的破坏特征表现为（　）。

A. 混凝土压坏，受压钢筋屈服

B. 受拉钢筋屈服，受压混凝土压坏

C. 混凝土压坏时，受拉和受压钢筋全都屈服

4. 钢筋混凝土大偏心受压构件的破坏特征是（　）。

A. 远离轴向力一侧的钢筋应力不定，而另一侧钢筋压屈，混凝土压碎

B. 远离轴向力一侧的钢筋先受拉屈服，随后另一侧钢筋压屈，混凝土压碎

C. 靠近轴向力侧的钢筋和混凝土应力不定，而另一侧钢筋受压屈服

D. 靠近轴向力侧的钢筋和混凝土先屈服和压碎，而远离轴向力一侧的钢筋随后受拉屈服

5. 矩形截面偏心受压构件，当截面混凝土受压区高度 $x>\xi_b h_0$ 时，构件的破坏类型是（　）。

A. 大偏心受压破坏　　B. 小偏心受压破坏

C. 局压破坏　　　　　　　　　　　　D. 少筋破坏

6. 在荷载作用下，偏心受压构件将产生纵向弯曲，对于长柱，《混凝土结构设计规范》（GB 50010—2010）（2015 年版）采用一个偏心距增大系数 η 来考虑纵向弯曲的影响，其 η 值应是（　　）。

A. $\eta \leqslant 1$　　B. $\eta \geqslant 1$　　C. $\eta \geqslant 2$

7. 钢筋混凝土偏心受压构件，其大小偏心受压根本区别是（　　）。

A. 截面破坏时，受拉钢筋是否屈服　　B. 截面破坏时，受压钢筋是否屈服

C. 偏心距的大小　　　　　　　　　　D. 受压一侧混凝土是否达到极限压应变值

8. 偏压构件的抗弯能力（　　）。

A. 随轴向力的减小而增加

B. 随轴向力的增加而增加

C. 大偏心受压时随轴向力的增加而增加

D. 小偏心受压时随轴向力的增加而增加

9. 与界限相对受压区高有关的因素有（　　）。

A. 钢筋强度等级

B. 钢筋强度等级、混凝土强度等级及截面尺寸

C. 钢筋强度等级及混凝土强度等级

D. 混凝土强度等级

10. 偏心受压构件界限破坏时的特点是（　　）。

A. 受拉钢筋屈服，受压钢筋不屈服

B. 受拉钢筋屈服同时受压混凝土被压坏

C. 受拉钢筋及受压钢筋均屈服

D. 受拉钢筋不屈服受压区混凝土被压坏

学习情境四 砌体结构设计

学习指南

情境导入

某多层住宅楼工程为砌体结构，砌体结构设计离不开材料选取、结构选型以及构造措施的设计。本学习情境以砌体结构的材料选取、混合结构房屋结构选型、砌体结构房屋构造措施设计等三个真实的工作任务为载体，使学生通过工作任务的学习掌握作为技术员、质检员、监理员等应具备的砌体结构的基本知识，掌握砌体结构的设计方法，从而胜任这些岗位的工作。

学习目标

通过教师的讲解和引导，使学生明确工作任务目标和进行砌体结构设计的关键要素。通过完成工作任务，使学生掌握钢筋混凝土结构的基本知识和构造要求，明确钢筋混凝土受弯构件设计内容和设计步骤，掌握钢筋混凝土受弯构件正截面及斜截面破坏形态；使学生能够借助设计资料合理确定受弯构件截面尺寸，进行正截面抗弯承载力计算和斜截面抗剪承载力计算，确定所需要的钢筋，能对钢筋进行合理布置，并绘出配筋图；使学生在学习过程中不断提高职业素质，树立严谨认真、吃苦耐劳、诚实守信的工作作风。

工作任务

1. 砌体结构的材料选取；
2. 混合结构房屋结构选型；
3. 砌体结构房屋构造措施设计。

任务 1 砌体结构的材料选取

任务单

课程	建筑结构					
学习情境四	砌体结构设计			学时	14	
任务 1	砌体结构的材料选取			学时	4	
布置任务						
任务目标	1. 掌握砖、砌块、石材以及砂浆等材料的特点及强度等级； 2. 能够正确选择砌体材料； 3. 学会区分不同类型的砌体结构； 4. 掌握影响砌体抗压强度的因素； 5. 准确查询《砌体结构设计规范》（GB 50003—2011）； 6. 能够在完成任务过程中锻炼职业素养，做到工作程序能够严谨认真对待，完成任务能够吃苦耐劳主动承担，能够主动帮助小组落后的其他成员，有团队意识，诚实守信、不瞒骗，培养保证质量等建设优质工程的爱国情怀。					
任务描述	对某住宅楼中的砌体结构进行材料选取，工作如下： 1. 根据设计要求，明确构件的强度等级，选定所需材料； 2. 确定砂浆类型及强度等级； 3. 明确砌体种类； 4. 描述砌体的受压破坏特征； 5. 确定影响砌体抗压强度的因素； 6. 明确砌体抗压强度。					
学时安排	布置任务与资讯 1 学时	计划 0.5 学时	决策 0.5 学时	实施 1 学时	检查 0.5 学时	评价 0.5 学时
对学生的要求	1. 每名同学均能按照知识思维导图自主学习，并完成知识模块中的自测训练； 2. 严格遵守课堂纪律，学习态度认真、端正，能够正确评价自己和同学在本任务中的素质表现，积极参与小组工作任务讨论，严禁抄袭； 3. 小组讨论砌体材料选取方案，能够确定块材及砂浆的强度等级，能够正确区分砌体的类型； 4. 独立查询《砌体结构设计规范》（GB 50003—2011）； 5. 确定抗压强度及影响抗压强度的因素； 6. 各小组接受教师与学生的点评，同时参与小组自评与互评。					

任务知识

知识思维导图

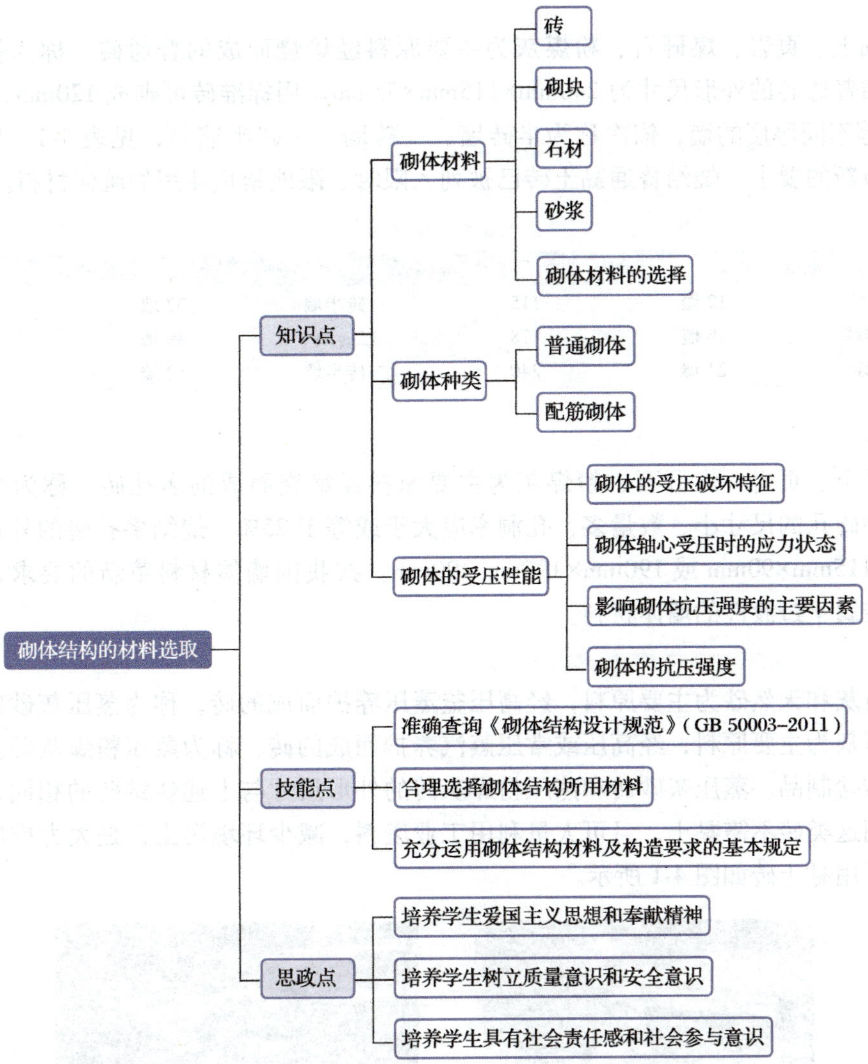

知识模块 1 ▶▶ 砌体材料

砌体结构是由不同尺寸和形状的砖、石料及混凝土预制块通过砂浆等胶凝材料按一定的砌筑规则砌筑而成的结构。砌体结构中所使用的砖、石料及混凝土预制块称为块材。

砌体材料有砖、砌块、石材及砂浆。

一、砖

砖包括烧结普通砖、烧结多孔砖和非烧结硅酸盐砖。砖的强度等级用符号“MU”

表示，单位是 MPa。砖的强度等级是根据标准试验方法测得的抗压强度确定的，同时满足抗折强度要求。

（一）砖的种类及规格

1. 烧结普通砖

以黏土、页岩、煤矸石、粉煤灰为主要原料经焙烧而成的普通砖，称为烧结普通砖。烧结普通砖的外形尺寸为 240mm×115mm×53mm。用标准砖可砌成 120mm、240mm、370mm 等不同厚度的墙，依次称为半砖墙、一砖墙、一砖半墙等，见表 4-1。按我国墙体材料革新的要求，烧结普通黏土砖已被列入限时、限地禁止使用的墙体材料。

表 4-1　墙厚名称

墙厚名称	习惯称呼	实际尺寸/mm	墙厚名称	习惯称呼	实际尺寸/mm
半砖墙	12 墙	115	一砖半墙	37 墙	365
3/4 砖墙	18 墙	178	二砖墙	49 墙	490
一砖墙	24 墙	240	二砖半墙	62 墙	615

2. 烧结多孔砖

以黏土、页岩、煤矸石、粉煤灰为主要原料经焙烧而成的多孔砖，称为烧结多孔砖。这种砖孔的尺寸小、数量多，孔洞率应大于或等于 25%。烧结多孔砖的外形尺寸为 240mm×115mm×90mm 或 190mm×190mm×90mm。按我国墙体材料革新的要求，烧结黏土多孔砖属于过渡性的墙体材料。

3. 蒸压灰砂砖和蒸压粉煤灰砖

以石灰和天然砂为主要原料，经高压釜蒸压养护而成的砖，称为蒸压灰砂砖；以粉煤灰和石灰为主要原料，经高压或常压蒸汽养护而成的砖，称为蒸压粉煤灰砖。它们均属于硅酸盐制品。蒸压灰砂砖和蒸压粉煤灰砖的外形尺寸与上述烧结砖的相同，生产和推广应用这类砖不需黏土，且可大量利用工业废料，减少环境污染，是大力推广的墙体材料，常用黏土砖如图 4-1 所示。

a）　　　　b）

图 4-1　常用黏土砖

a）实心黏土砖　b）多孔砖

（二）砖的强度等级

1. 烧结普通砖、烧结多孔砖

其强度等级：MU30、MU25、MU20、MU15、MU10。

2. 蒸压灰砂砖、蒸压粉煤灰砖

其强度等级：MU25、MU20、MU15。

砖的强度等级按国家标准中规定的标准试验方法得到。确定砖的强度等级时，抽取10块试样，分别从长度的中间处切断，用水泥砂浆将半块砖两两重叠粘在一起，经养护后进行抗压强度试验，并计算出单块强度、平均强度、强度标准值和变异系数，据此来评定砖的强度等级。烧结普通砖、烧结多孔砖的强度应符合表4-2的要求，蒸压灰砂砖的强度应符合表4-3的要求。

表 4-2　烧结普通砖、烧结多孔砖强度　　（单位：MPa）

强度等级	抗压强度平均值不小于	变异系数 $\delta \leqslant 0.21$	
		抗压强度标准值不小于	抗压强度平均值不小于
MU30	30.0	22.0	25.0
MU25	25.0	18.0	22.0
MU20	20.0	14.0	16.0
MU15	15.0	10.0	12.0
MU10	10.0	6.5	7.5

表 4-3　蒸压灰砂砖强度　　（单位：MPa）

强度等级	抗压强度		抗折强度	
	平均值不小于	单块值不小于	平均值不小于	单块值不小于
MU25	25.0	20.0	5.0	4.0
MU20	20.0	16.0	4.0	3.2
MU15	15.0	12.0	3.3	2.6

确定蒸压粉煤灰砖的强度等级时，其抗压强度应乘以自然炭化系数，无自然炭化系数时，可取人工炭化系数的1.15倍。空心块材的强度等级是由试件破坏荷载值除以受压毛截面积确定的，在设计计算时不需要再考虑孔洞的影响。

忆一忆　烧结普通砖的标准尺寸是多少？

二、砌块

砌块是规格尺寸比砖大的人造块材，用砌块砌筑砌体可以减轻劳动量和加快施工进度。制作砌块的材料有许多品种：南方地区多用普通混凝土做成空心砌块；北方地区则多用浮石、火山渣、陶粒等轻集料做成轻集料混凝土空心砌块，既能保温又能承重，是比较理想的节能型墙体材料。此外，还可以用工业废料加工生产各种砌块，如粉煤灰砌块、煤矸石砌块、炉渣混凝土砌块、加气混凝土砌块等也因地制宜地得到应用，既能代替黏土砖，又能减少环境污染。

砌块按外形尺寸和质量分成用手工砌筑的小型砌块和采用机械砌筑的中型砌块与大

型砌块。高度为180~350mm的块体称为小型砌块；高度为360~900mm的块体称为中型砌块；高度大于900mm的块体称为大型砌块。由于起重设备限制，中型砌块和大型砌块已很少应用。

混凝土小型空心砌块及轻集料混凝土小型空心砌块主要规格尺寸为390mm×190mm×190mm，空心率一般为20%~50%。混凝土小型空心砌块主要用于一般工业和民用建筑的墙体。轻集料混凝土小型空心砌块具有自重轻、保温、抗震以及防火、隔声性能好等特点，适用于多层或高层建筑的承重及非承重保温墙、框架填充墙及隔墙。

在混凝土小型砌块建筑中，为了提高房屋的整体性、承载能力和抗震性能，常在砌块孔洞中设置钢筋并浇入灌孔混凝土，使其形成钢筋混凝土墙柱。在有些混凝土小型砌块砌体中，虽然孔内并没有配钢筋，但为了增大砌体的横截面积或为了满足其他功能要求，也需要灌孔，形成灌孔混凝土砌块砌体。

砌块的强度等级分为MU20、MU15、MU10、MU7.5和MU5。砌块的强度等级是由3个试块根据标准试验方法、按毛截面积计算的极限抗压强度值划分的。混凝土小型空心砌块强度应符合表4-4的要求。在确定掺有粉煤灰15%以上的混凝土砌块的强度等级时，其抗压强度应乘以自然炭化系数，无自然炭化系数时，可取人工炭化系数的1.15倍。

表4-4 混凝土小型空心砌块强度 （单位：MPa）

强度等级	抗压强度	
	平均值不小于	单块值不小于
MU20	20.0	16.0
MU15	15.0	12.0
MU10	10.0	8.0
MU7.5	7.5	6.0
MU5	5.0	4.0

思一思 混凝土小型空心砌块的强度等级分为几类？

三、石材

砌体中的石材应选用无明显风化的天然石材，其主要来源有重质岩石（如花岗岩、石灰石、砂岩等）和轻质岩石（如凝灰岩、贝壳灰岩等）。重质岩石由于强度大，抗冻性、抗水性、抗气性均较好，故通常用于砌筑建筑物的基础、挡土墙等，在石材产地也可以用于砌筑承重墙体，但不宜用作采暖地区房屋的外墙。

天然石材分为料石和毛石两种。料石按其加工后外形的规则程度又分为细料石、半细料石、粗料石和毛料石。毛石是指形状不规则，中部厚度不小于200mm的块石。石材的规格尺寸列于表4-5中。

表 4-5　石材的规格尺寸

石材类型		规格尺寸
料石	细料石	通过细加工，外表规则，叠砌面凹入深度不应大于 10mm，截面的宽度、高度不应小于 200mm，且不应小于长度的 1/4
	半细料石	规格尺寸同上，但叠砌面凹入深度不应大于 15mm
	粗料石	规格尺寸同上，但叠砌面凹入深度不应大于 20mm
	毛料石	外形大致方正，一般不加工或仅稍加修正，高度不应小于 200mm，但叠砌面凹入深度不应大于 25mm
毛石		形状不规则，中部厚度不应小于 200mm

石材的强度等级，可用边长为 70mm 的立方体试块的抗压强度表示。抗压强度取 3 个试件破坏强度的平均值。当试件采用其他边长尺寸的立方体时，应按表 4-6 的规定对其试验结果乘以相应的换算系数后方可作为石材的强度等级，石材的强度等级为 MU100、MU80、MU60、MU50、MU40、MU30 和 MU20。

表 4-6　石材强度等级的换算系数

立方体边长/mm	200	150	100	70	50
换算系数	1.43	1.28	1.14	1	0.86

查一查　取边长为 100mm 的立方体试块时，石材强度等级的换算系数是多少？

四、砂浆

砌体是用砂浆将单个块材砌筑成为整体的。砂浆在砌体中的作用是使块材与砂浆接触表面产生黏结力和摩擦力，从而把散放的块材凝结成为整体以承受荷载，并且砂浆可以抹平块材表面使其应力分布均匀。同时，砂浆填满了块材间的缝隙，降低了砌体的透风性，提高了砌体的隔热和防水性能。

砂浆是由胶结料（水泥、石灰）、细集料（砂）、水以及根据需要掺入的掺和料和外加剂等组分，按一定比例（质量比和体积比）混合后搅拌而成的。

（一）砂浆的种类

砂浆按其配合成分的不同，可以分为以下三种：

1. 水泥砂浆

按一定质量比由水泥与砂加水搅拌而成。这种砂浆强度高、耐久性好，适宜于砌筑对强度有较高要求的砌体，又由于能在潮湿环境中硬化，所以多用于含水量较大的地基中的地下砌体。但是，这种纯水泥砂浆的和易性和保水性较差，施工难度较大。

2. 混合砂浆

按一定质量比由水泥、塑化剂、砂加水搅拌而成的砂浆。如水泥石灰砂浆、水泥石膏砂浆等。混合砂浆的和易性、保水性较好，便于施工砌筑。其适用于砌筑一般地面以上的墙、柱等构件。

3. 非水泥砂浆

按一定质量比由石灰、石膏或黏土与砂加水搅拌而成的砂浆，如石灰砂浆、石膏砂浆、黏土砂浆等。这类砂浆的强度低、耐久性差，只适宜于砌筑承受荷载不大的砌体或临时性的建筑物、构筑物。

（二）砂浆的特性

砌筑用的砂浆除满足强度要求外，还应具有以下特性：

1. 流动性（或可塑性）

为了保证砌筑的效率和质量，砂浆应具有适当的可塑性（流动性）。可塑性用标准锥体沉入砂浆的深度测定，根据砂浆的用途对锥体沉入砂浆的深度规定为：用于砖砌体的为 70~100mm；用于砌块砌体的为 50~70mm；用于石砌体的为 30~50mm。施工时，砂浆的稠度往往由操作者根据经验来掌握。

2. 保水性

砂浆在存放、运输和砌筑过程中保持水分的能力称为保水性。砌筑的质量在很大程度上取决于砂浆的保水性，保水性良好的砂浆水分不易流失，易于摊铺成均匀密实的砂浆层；反之，保水性差的砂浆，在施工过程中容易泌水、分层离析、水分流失，使流动性变坏，不易施工操作，同时，由于水分易被砌体吸收，影响水泥正常硬化，从而降低了砂浆的黏结强度。

砂浆的保水性以“分层度”表示，用砂浆分层度测量仪测定，将砂浆静止 30min，上、下层沉入量之差在 10~20mm 之间为宜，不应大于 30mm。

水泥砂浆可以达到比非水泥砂浆更高的强度，但其流动性与保水性相对较差。研究结果表明，如果砂浆的强度等级相同，用水泥砂浆砌筑的砌体比用混合砂浆砌筑的砌体强度要低。

（三）砂浆的强度等级

砂浆的强度等级是用边长为 70.7mm 的立方体试块，在温度 15~25℃的室内自然条件下养护 24h，拆模后再在同样条件下养护 28d，测得的抗压强度极限值来划分的。砂浆的强度等级用符号“M”表示，单位“MPa”，其强度等级分为 M15、M10、M7.5、M5 和 M2.5。

验算施工阶段新砌筑的砌体强度时，因为砂浆尚未硬化，可按砂浆强度为零来确定砌体的强度。

《砌体结构设计规范》（GB 50003—2011）国家建材行业标准，引入了砌块专用砂浆（Mb）和专用灌孔混凝土（Cb）。专用砂浆的强度等级分为 Mb30、Mb25、Mb20、Mb15、Mb10、Mb7.5 和 Mb5。砌块砌体的灌孔混凝土强度等级不应低于 Cb20，也不宜低于 2 倍的块体强度等级（注：灌孔混凝土的强度等级 Cb××等同于对应的混凝土强度等级 C××的强度指标）。灌孔混凝土用普通水泥、沙子、碎石和水按一定比例配制搅拌而成，碎石直径一般不大于 10mm。灌孔混凝土应具有较大的流动性，其坍落度应控制为 200~250mm。

想一想 砂浆按其配合成分的不同，可以分为几类？

五、砌体材料的选择

砌体结构材料选择应贯彻执行国家墙体材料革新政策，符合因地制宜、就地取材的原则，既要保证砌体结构在长期使用过程中具有安全性、适用性和耐久性，还应做到经济、合理。在具体的设计中，砌体结构所用材料的最低强度等级，应符合下列要求。

1）六层及六层以上房屋的外墙、潮湿房间的墙、受震动或层高大于6m 的墙、柱所用材料的最低强度等级为：砖 MU10、砌块 MU7.5、石材 MU30、砌筑砂浆 M5。对安全等级为一级或设计使用年限大于 50 年的房屋，墙、柱所使用材料的最低强度等级，应比上述规定至少提高一级。

2）室内地面以下、室外散水坡顶面上的砌体内，应铺设防潮层。防潮层以下的砌体，所用材料的最低强度等级应符合表 4-7 的要求。

表 4-7　地面以下或防潮层以下的砌体、潮湿房间墙所用材料的最低强度等级

潮湿程度	烧结普通砖	混凝土普通砖、蒸压普通砖	混凝土砌块	石材	水泥砂浆
稍潮湿	MU15	MU20	MU7.5	MU30	MU5
很潮湿	MU20	MU20	MU10	MU30	MU7.5
含水饱和	MU20	MU25	MU15	MU40	MU10

注：1. 在冻胀地区，地面以下或防潮层以下的砌体，不宜采用多孔砖，如采用时，其孔洞应采用不低于 M10 的水泥砂浆预先灌实。当采用混凝土空心砌块时，其孔洞应采用强度等级不低于 Cb20 的混凝土预先灌实。

2. 对安全等级为一级或设计使用年限大于 50 年的房屋，表中材料强度等级应至少提高一级。

知识模块 2 ▶▶砌体种类

一、普通砌体

由块体和砂浆砌筑而成的墙、柱作为建筑物主要受力构件的结构是砖砌体、砌块砌体和石砌体结构的统称。砌体是指用各种砖、砌块和砌筑砂浆（或其他黏结材料）砌筑而成的墙、柱等。结构（此处指建筑结构）有广义和狭义之分：广义是指房屋建筑和土木工程的建筑物、构筑物及其相关组成部分的实体；狭义是指各种工程实体的骨架。

二、配筋砌体

配筋砌体是由配置钢筋的砌体作为建筑物主要受力构件的结构，是网状配筋砌体柱、水平配筋砌体墙、砖砌体和钢筋混凝土面层或钢筋砂浆面层组合砌体柱（墙）、砖砌体和钢筋混凝土构造柱组合墙和配筋小砌块砌体剪力墙结构的统称。相对无筋砌体，其结构性能得到大大提高。

1. 网状配筋砖砌体

网状配筋砖砌体如图 4-2 所示，其构造应符合下列规定：

1）网状配筋砖砌体中的体积配筋率，不应小于 0.1%，并不应大于 1%。

2）采用钢筋网时，钢筋的直径宜采用3~4mm。

3）钢筋网中钢筋的间距 a，不应大于120mm，并不应小于30mm。

4）钢筋网的间距 s_a，不应大于五皮砖，并不应大于400mm。

5）网状配筋砖砌体所用的砂浆强度等级不应低于M7.5；钢筋网应设置在砌体的水平灰缝中，灰缝厚度应保证钢筋上下至少各有2mm厚的砂浆层。

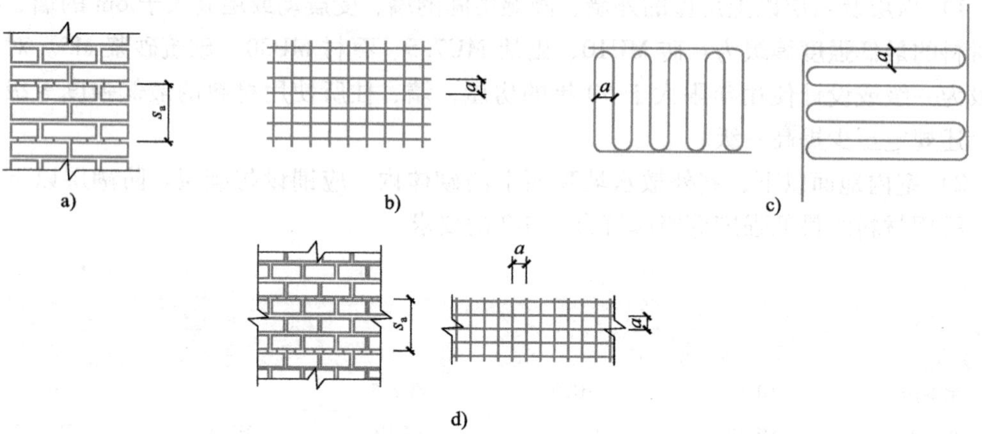

图4-2　网状配筋砖砌体

a）网状配筋砖柱　b）方格钢筋网　c）连弯钢筋网　d）网状配筋砖墙及钢筋网

2. 组合砖砌体构件

组合砖砌体构件包括砖砌体和钢筋混凝土面层或钢筋砂浆面层的组合砌体构件和砖砌体和钢筋混凝土构造柱组合墙。

砖砌体和钢筋混凝土面层或钢筋砂浆面层的组合砌体构件如图4-3、图4-4所示。

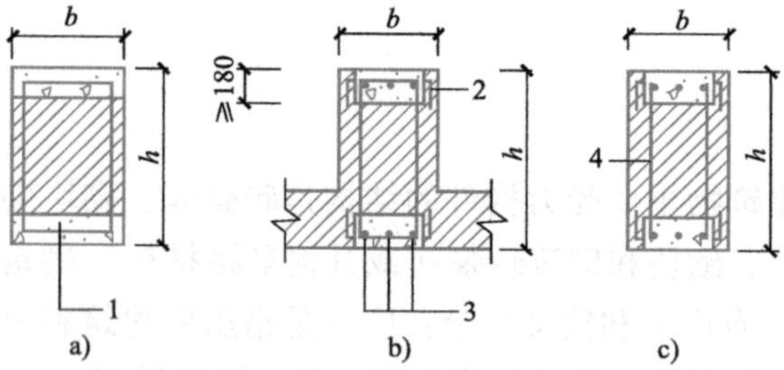

图4-3　组合砖砌体构件截面

1—混凝土或砂浆　2—拉结钢筋　3—纵向钢筋　4—箍筋

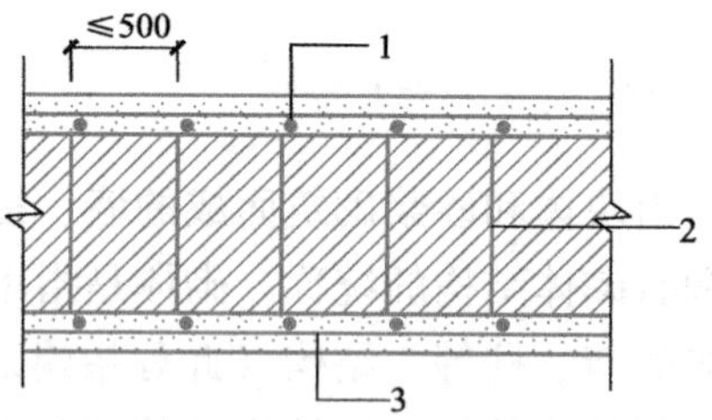

图4-4　混凝土或砂浆面层组合墙

1—竖向受力钢筋　2—拉结钢筋　3—水平分布钢筋

组合砖砌体构件的构造应符合下列规定：

1）面层混凝土强度等级不宜低于C20。面层水泥砂浆强度等级不应低于M10。砌筑砂浆的强度等级不宜低于M7.5。

2）砂浆面层的厚度，可采用30~45mm。当面层厚度大于45mm时，其面层宜采用混凝土。

3）竖向受力钢筋宜采用HPB300级钢筋，对于混凝土面层，也可采用HRB335级钢筋。单侧受压钢筋的配筋率，对砂浆面层，不宜小于0.1%，对混凝土面层，不宜小于

0.2%。受拉钢筋的配筋率，不应小于0.1%。竖向受力钢筋的直径，不应小于8mm，钢筋的净间距，不应小于30mm。

4）箍筋的直径，不宜小于4mm及0.2倍的受压钢筋直径，并不宜大于6mm。箍筋的间距，不应大于20倍受压钢筋的直径及500mm，并不应小于120mm。

5）当组合砖砌体构件一侧的竖向受力钢筋多于4根时，应设置附加箍筋或拉结钢筋。

6）对于截面长短边相差较大的构件如墙体等，应采用穿通墙体的拉结钢筋作为箍筋，同时设置水平分布钢筋。水平分布钢筋的竖向间距及拉结钢筋的水平间距，均不应大于500mm。

7）组合砖砌体构件的顶部和底部，以及牛腿部位，必须设置钢筋混凝土垫块。竖向受力钢筋伸入垫块的长度，必须满足锚固要求。

8）砖砌体和钢筋混凝土构造柱组合墙。需要注意，并非设有钢筋混凝土构造柱的砌体都称为配筋砌体，而是从构造柱的设计上，要多处配置，并间距不能过大，与砌体共同形成组合墙受力，如图4-5所示。否则，在房屋的个别部位设置钢筋混凝土构造柱，与砌体形成不了组合墙共同受力，只能认为是构造措施。

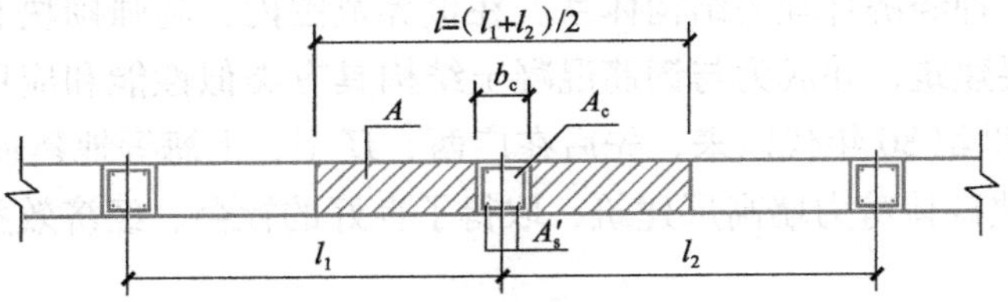

图4-5　砖砌体和构造柱组合墙截面

l_1、l_2—沿墙长方向相邻构造柱的间距　l—沿墙长方向构造柱的间距　b_c—沿墙长方向构造柱的宽度
A—砖砌体的净截面面积　A_c—构造柱的截面面积　A_s'—构造柱受压钢筋截面面积

组合砖墙的材料和构造应符合下列规定：

1）砂浆的强度等级不应低于M5，构造柱的混凝土强度等级不宜低于C20。

2）构造柱的截面尺寸不宜小于240mm×240mm，其厚度不应小于墙厚，边柱、角柱的截面宽度宜适当加大。柱内竖向受力钢筋，对于中柱，钢筋数量不宜少于4根、直径不宜小于12mm；对于边柱、角柱，钢筋数量不宜少于4根、直径不宜小于14mm。构造柱的竖向受力钢筋的直径也不宜大于16mm。其箍筋，一般部位宜采用直径6mm、间距200mm，楼层上下500mm范围内宜采用直径6mm、间距100mm。构造柱的竖向受力钢筋应在基础梁和楼层圈梁中锚固，并应符合受拉钢筋的锚固要求。

3）组合砖墙房屋，应在纵横墙交接处、墙端部和较大洞口的洞边设置构造柱，其间距不宜大于4m。各层洞口宜设置在相应位置，并宜上下对齐。

4）组合砖墙房屋应在基础顶面、有组合墙的楼层处设置现浇钢筋混凝土圈梁。圈梁的截面高度不宜小于180mm；纵向钢筋数量不宜少于4根、直径不宜小于12mm，纵向钢筋接头应符合受拉钢筋的锚固要求；圈梁的箍筋直径宜采用6mm、间距200mm。

5）砖砌体与构造柱的连接处应砌成马牙槎，并应沿墙高每隔500mm设2根直径6mm的拉结钢筋，且每边伸入墙内不宜小于600mm。

6）构造柱可不单独设置基础，但应伸入室外地坪下 500mm，或与埋深小于 500mm 的基础梁相连。

7）组合砖墙的施工顺序应为先砌墙后浇混凝土构造柱。

3. 配筋小砌块砌体剪力墙结构

配筋砌块砌体剪力墙结构是由承受竖向和水平作用的配筋砌块砌体剪力墙和混凝土楼、屋盖所组成的房屋建筑结构。配筋砌块砌体剪力墙结构不同于一般传统砌体，它具有砌体结构和混凝土结构兼容的某些特殊功能，可以用于大开间和高层建筑结构，其优势较为突出。在国外，配筋砌块剪力墙得到较为广泛的应用。美国在 1931 年新西兰那匹尔大地震和 1933 年加利福尼亚长滩大地震无筋砌体严重损害之后，推出了配筋混凝土砌块结构体系，建造了大量多层配筋砌体建筑，如 1952 年建成 26 栋 6~13 层美国退伍军人医院，1966 年在圣地亚哥建成 8 层海纳雷旅馆（位于 9 度区）和洛杉矶 19 层公寓、1990 年 5 月在内华达州拉斯维加斯（7 度区）建成了 4 栋 28 层配筋砌块砌体旅馆等。这些建筑大部分经历了强烈地震的考验，如 1971 年圣费南多大地震，大洛杉矶地区的 1987 年 7.1 级地震、1989 年 6.9 级地震和 1994 年在洛杉矶市西北 35 公里处的 6.6 级地震，配筋砌块建筑都表现了良好的抗震性能。在欧洲的瑞典，在配筋砌块砌体在 10 多年前就被认为是一种经济合理的结构体系。在世界范围内，高强砌块和配筋砌块砌体已成为用以建造高层建筑，并成为与钢筋混凝土结构具有类似性能和应用范围的一种结构体系。国内从 20 世纪 80 年代以来，先后在广西、辽宁、上海等地建造了多栋 11 层、15 层、18 层配筋砌块砌体剪力墙高层建筑，取得了良好的社会、经济效益。

想一想 组合砖墙的材料和构造应符合哪些规定？

知识模块 3 砌体的受压性能

砌体的抗压强度较高，抗拉、抗弯和抗剪强度较低，因而主要用作受压构件，如墙体等。但有时也会遇到受拉、受弯和受剪的情况，如小型水池等。下面分别研究砌体的这些受力性能。

一、砌体的受压破坏特征

砖砌体受压性能试验，采用的标准试件尺寸为 240mm×370mm×720mm。为了使试验机的压力能均匀地传给砌体试件，可在试件两端各加砌一块混凝土垫块，对于常用试件，垫块尺寸可采用 240mm×370mm×200mm，并配有钢筋网片。砌体轴心受压从加荷开始直到破坏，按照裂缝的出现和发展的特点，可分为以下三个阶段。

第一阶段是随压力的增大，在单块砖内出现产生细小的裂缝，如不增加压力，该裂缝也不发展，如图 4-6a 所示，其压力为破坏压力的 50%~70%。

第二阶段是随压力的进一步增大，砌体内裂缝增多，单块砖内的裂缝不断发展，产生贯通几皮砖的竖向裂缝。此时即使压力不增加，裂缝也会继续发展，砌体临近破坏，如图 4-6b 所示，其压力为破坏压力的 80%~90%。在实际工程中，如果出现这种状态是十分危险的，应立即采取措施处理或进行加固。

第三阶段是随压力增加，砌体中竖向裂缝急剧加长、增宽，部分砖被压碎，沿竖向灰缝位置裂缝贯通所形成的小柱体失稳破坏，如图4-6c所示。即将压坏时砌体所能承受的最大荷载为极限荷载。

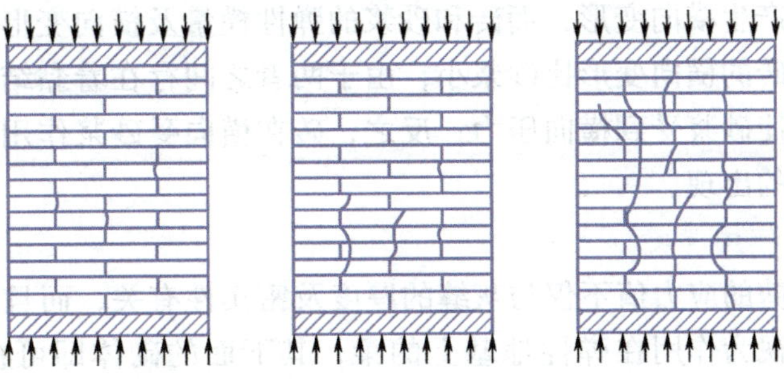

图4-6　砖砌体受压破坏的三个阶段

a）第一阶段　b）第二阶段　c）第三阶段

试验表明，砌体的破坏并不是由于砖本身抗压强度不足引起的，而是由于竖向裂缝扩展贯通把砌体分割成的小立柱最终被压碎或发生失稳造成的。分析其原因是砌体内的单块砖受到复杂应力作用的结果。砌体受压产生压缩变形的同时还要产生横向变形，但在一般情况下砖的横向变形小于砂浆的横向变形，又由于两者之间存在着黏结力和摩擦力，故砖将阻止砂浆横向变形，使砂浆受到横向压力，反过来砖受到砂浆横向拉力作用，加快了砖内裂缝的出现和发展；同时砌体竖向灰缝往往不饱满、不密实，造成砌体竖向灰缝处产生应力集中，也加快了砖的开裂；另外，砌体中水平灰缝不均匀，砖的表面不平整、不规则，砌体轴心受压时砖并非均匀受压。综合上述三方面因素，可见砌体内的砖实际上处于受拉、受弯和受剪的复杂应力共同作用状态，而砖是一种脆性材料，其抗拉、弯、剪的强度远低于它的抗压强度，因而造成砖过早开裂，最终引起小柱体被压碎或失稳而破坏，砖的抗压强度并没有真正发挥出来，故砌体的抗压强度总是低于单块砖的抗压强度。

二、砌体轴心受压时的应力状态

砌体的受压试验结果和相应的砖、砂浆的受压试验结果见表4-8，可以发现：砖的抗压强度和弹性模量值均大大高于砌体；砂浆的抗压强度和弹性模量可能高于、也可能低于砌体相应的数值。

表4-8　砌体和相应砖、砂浆的受压试验结果

材料特性	砖	砂浆	砌体
抗压强度/MPa	15.6~16.8	1.3~6	4.5~5.4
弹性模量/MPa	$(1.28\sim1.39)\times10^4$	$(0.28\sim1.24)\times10^4$	$(0.18\sim0.41)\times10^4$

产生上述结果的原因可以用受压砌体内单块砖的复杂应力状态予以解释：

1. 砌体中的单砖处于压、弯、剪复合受力状态

由于砖的表面不平整，再加之铺设砂浆的厚度和成分不可能非常均匀，水平灰缝也

不饱满，造成单块砖在砌体内并非均匀受压，而是处于同时受压、受弯、受剪，甚至受扭的复合受力状态。砖的抗拉强度很低，一旦拉应力超过砖的抗拉强度，就会引起单块砖的开裂。

2. 砌体中的砖与砂浆的交互作用使砖承受水平拉应力

砌体受压时要产生横向变形，而砖和砂浆的弹性模量及横向变形系数是不同的，当砂浆强度较低时，砖的横向变形比砂浆小，由于两者之间存在着黏结力，砖将阻止砂浆的横向变形，从而使砂浆受到横向压力；反之，砖在横向受砂浆作用产生横向拉力，这样便加快了砖裂缝的出现。

3. 弹性地基梁作用

单块砖受弯受剪的应力值不仅与灰缝的厚度及密实性有关，而且还与砂浆的弹性性质有关。每块砖可视为作用在弹性地基上的梁，其下面的砌体即可视为“弹性地基”。地基的弹性模量越小，砖的弯曲变形越大，砖内发生的弯剪应力越高。

4. 竖向灰缝处存在着应力集中

由于竖向灰缝往往不饱满以及砂浆收缩等原因，使竖向灰缝内砂浆和砖的黏结力减弱，因此，在荷载作用下，位于竖向灰缝处的砖内产生了较大的横向拉应力和剪应力的集中，加速了砌体中单砖的开裂，降低了砌体的强度。

三、影响砌体抗压强度的主要因素

1. 块体和砂浆的强度

块体和砂浆强度是影响砌体抗压强度的最主要因素。块体和砂浆的强度等级越高，砌体的抗压强度越高，且增大块体强度等级比增大砂浆强度等级使砌体抗压强度提高的幅度大，因而采用强度等级高的块体较为有利。

2. 砂浆的和易性和保水性

砂浆的和易性和保水性好，砂浆灰缝铺砌均匀、饱满、密实，砌体受力越均匀，砌体的强度越高。水泥砂浆的和易性和保水性差，砌体抗压强度平均降低 10%。

3. 块体的规整程度和尺寸

块体表面越规则、平整，砌体受压越均匀，砌体的抗压强度越高。块体的尺寸，尤其是块体高度对砌体抗压强度也有较大的影响。高度大的块体的抗弯、抗剪和抗拉强度增大，砌体抗压强度提高。

4. 施工质量

当砌体中灰缝砂浆的饱满度、灰缝厚度、块体砌筑时的含水率以及砌体组砌方法等符合规定的要求，表明砌筑质量好，砌体强度高。对灰缝的砂浆饱满度应大于 80%，控制砖的含水率为 10%~15%，水平灰缝厚度为 8~12mm。对于砖砌体，要上下错缝、内外搭砌，不可采用包心砌法；对于混凝土小型空心砌块，要底面朝上反砌于墙上，既便于铺砌砂浆又能提高水平灰缝的砂浆饱满度。

砌体工程施工质量控制等级是根据施工现场的质量管理情况、砂浆和混凝土的强度、砌筑工人技术等级等因素综合考虑确定的，分为 A、B、C 三级（表 4-9）。施工质量控制等级与砌体强度设计值直接挂钩，A 级施工质量控制等级砌体强度设计值最高，

B 级次之，C 级最低。

表 4-9 砌体工程施工质量控制等级

项目	施工质量控制等级		
	A	B	C
现场质保体系	制度健全，并严格执行；非施工方质量监督人员经常到现场进行质量控制；或者现场设有常驻代表；施工方有在岗专业技术管理人员，并持证上岗	制度基本健全，并能执行；非施工方质量监督人员间断地到现场进行质量控制；或者现场设有常驻代表；施工方有在岗专业技术管理人员，并持证上岗	有制度，非施工方质量监督人员很少做现场质量控制；施工方有在岗专业技术管理人员
砂浆、混凝土强度	试块按规定制作，强度满足验收规定，离散性小	试块按规定制作，强度满足验收规定，离散性较小	试块强度满足验收规定，离散性小
砂浆拌和方式	机械拌和；配合比计量控制严格	机械拌和；配合比计量控制一般	机械或人工拌和；配合比计量控制较差
砌筑工人技术等级	中级工以上，其中高级工不少于 20%	高、中级工不少于 70%	初级工以上

5. 试验方法

采用不同的试件尺寸和试验方法所测得的砌体强度是不相等的。如普通砖砌体的抗压试件尺寸应采用 240mm×370mm×720mm，当砖砌体的截面尺寸与此不符时，其抗压强度应加以修正。对于混凝土小型砌块砌体抗压试件，厚度应为砌块厚度，宽度应为主规格砌块的长度，高度应为三皮砌块高加灰缝厚度，且试件中间一皮砌块应有一条竖向灰缝。

四、砌体的抗压强度

国内外确定砌体抗压强度的基本方法是以影响砌体抗压强度的主要因素为参数，通过对大量的试验结果进行统计分析，来建立砌体抗压强度的计算公式。近年来，我国对各类砌体的抗压强度做了大量的试验，通过分析提出了适用于各类砌体的轴心抗压强度平均值、标准值、设计值计算公式，可参见《砌体结构设计规范》（GB 50003—2011）。该规范列出的各类砌体抗压强度设计值是指施工质量控制等级为 B 级、龄期为 28d 的以毛截面计算的砌体强度设计值，砂浆强度为零时的砌体抗压强度设计值，是指施工阶段砂浆尚未硬化的新砌砌体的强度值。

1. 砌体强度标准值 f_k

砌体强度标准值是结构设计时采用的强度基本代表值。可按《砌体结构设计规范》（GB 50003—2011）规定取用

2. 砌体强度设计值 f

砌体强度设计值 f 与砌体强度标准值 f_k 的关系为：

$$f=\frac{f_k}{\gamma_f}$$

式中 γ_f——砌体结构材料性能分项系数，一般情况下宜按施工控制等级为 B 级考虑，取 1.6；当为 C 级时，取 1.8。

3. 砌体强度设计值的调整

在某些特定的情况下，砌体强度设计值需乘以调整系数。

各类砌体的抗压强度设计值见表 4-10~表 4-15。

表 4-10　烧结普通砖和烧结多孔砖砌体的抗压强度设计值（单位：N/mm^2）

砖强度等级	砂浆强度等级					砂浆强度
	M15	M10	M7.5	M5	M2.5	0
MU30	3.94	3.27	2.93	2.59	2.26	1.15
MU25	3.60	2.98	2.68	2.37	2.06	1.05
MU20	3.22	2.67	2.39	2.12	1.84	0.94
MU15	2.79	2.31	2.07	1.83	1.60	0.82
MU10	—	1.89	1.69	1.50	1.30	0.67

注：当烧结多孔砖的孔洞率大于 30%时，表中数值应乘以 0.9。

表 4-11　蒸压灰砂砖和蒸压粉煤灰砖砌体的抗压强度设计值（单位：N/mm^2）

砖强度等级	砂浆强度等级				砂浆强度
	M15	M10	M7.5	M5	0
MU25	3.60	2.98	2.68	2.37	1.05
MU20	3.22	2.67	2.39	2.12	0.94
MU15	2.79	2.31	2.07	1.83	0.82
MU10	—	1.89	1.69	1.50	0.67

表 4-12　单排孔混凝土和轻骨料混凝土空心砌块砌体的抗压强度设计值

（单位：N/mm^2）

砖强度等级	砂浆强度等级				砂浆强度
	Mb15	Mb10	Mb7.5	Mb5	0
MU20	5.68	4.95	4.41	3.94	2.33
MU15	4.61	4.02	3.61	3.20	1.89
MU10	—	2.79	2.50	2.22	1.31
MU7.5	—	—	1.93	1.71	1.01
MU5	—	—	—	1.19	0.70

注：1. 对错孔砌筑的砌体，应按表中数值乘以 0.8。
2. 对独立柱或厚度为双排组砌的砌块砌体，应按表中数值乘以 0.7。
3. 对 T 形截面砌体，应按表中数值乘以 0.85。
4. 表中轻骨料混凝土砌块为煤矸石和水泥煤渣混凝土砌块。
5. 孔洞率不大于 30%的单排孔或多排孔轻骨料混凝土砌块砌体的抗压强度设计值，应按表 4-11 采用。
6. 单排孔混凝土砌块对孔砌筑的灌孔砌体的抗压强度设计值，采用下列公式计算：

$$f_g = f + 0.6\alpha f_c \quad \alpha = \delta\rho$$

式中　f_g——灌孔砌体的抗压强度设计值，并不应大于未灌孔砌体抗压强度设计值的 2 倍；

f——未灌孔砌体的抗压强度设计值，应按表 4-12 采用；

f_c——灌孔混凝土的轴心抗压强度设计值；混凝土强度等级不应低于 Cb20，也不应低于 1.5 倍的块体强度等级；

α——砌块砌体中灌孔混凝土面积和砌体毛面积的比值；

δ——混凝土砌块的孔洞率；

ρ——混凝土砌块砌体灌孔率，为截面灌孔混凝土面积和截面孔洞面积的比值，ρ 不应小于 33%。

表 4-13　双排孔、多排孔轻骨料混凝土砌块砌体的抗压强度设计值

（单位：N/mm^2）

砌块强度等级	砂浆强度等级			砂浆强度
	Mb10	Mb7.5	Mb5	0
MU10	3.08	2.76	2.45	1.44
MU7.5	—	2.31	1.88	1.12
MU5	—	—	1.31	0.78

注：1. 表中的砌块为火山灰、浮石和陶粒轻骨料混凝土砌块。
2. 对厚度方向为双排组砌的轻骨料混凝土砌块砌体抗压强度设计值，应按表中数值乘以 0.8。

表 4-14　块体高度为 180~350mm 的毛料石砌体的抗压强度设计值

（单位：N/mm^2）

毛料石强度等级	砂浆强度等级			砂浆强度
	M7.5	M5	M2.5	0
MU100	5.42	4.80	4.18	2.13
MU80	4.85	4.29	3.73	1.91
MU60	4.20	3.71	3.23	1.65
MU50	3.83	3.39	2.95	1.51
MU40	3.43	3.04	2.64	1.35
MU30	2.97	2.63	2.29	1.17
MU20	2.42	2.15	1.87	0.95

注：对下列各类料石砌体，应按表中数值分别乘以系数：
细料石砌体 1.5；半细料石砌体 1.3；粗料石砌体 1.2；干砌勾缝石砌体 0.8。

表 4-15　毛石砌体的抗压强度设计值

（单位：N/mm^2）

砌块强度等级	砂浆强度等级			砂浆强度
	M7.5	M7.5	M2.5	0
MU100	1.27	1.12	0.98	0.34
MU80	1.13	1.00	0.87	0.30
MU60	0.98	0.87	0.76	0.26
MU50	0.90	0.80	0.69	0.23
MU40	0.80	0.71	0.62	0.21
MU30	0.69	0.61	0.53	0.18
MU20	0.56	0.51	0.44	0.15

忆一忆　影响砌体抗压强度的主要因素有哪些？

本任务工作单

自测训练

一、填空题

1. 砌体的抗压强度主要取决于________和________的强度。
2. 砌体的抗拉强度主要取决于________的强度。
3. 地面以下有饱和水情况的砌体应采用________砂浆。
4. 实砌标准砖的厚度：一砖为________，1.5 砖为________。
5. 目前我国常用的块体为________、________和________。
6. 普通烧结砖的强度等级是根据其________和________来划分强度等级的。
7. 砌体是由________和________砌筑而成的整体材料，按照块体的不同，砌体分为________、________和________。
8. 砂浆是由________、________和________搅拌而成的混合材料。
9. 砂浆按其组成成分分为________、________、________。

二、判断题

1. 由于整体效应，砖砌体抗压强度高于砖的抗压强度。（　　）
2. 相同条件下，用混合砂浆砌筑的砌体比用相同强度等级的水泥砂浆砌筑的砌体强度低。（　　）
3. 砖砌体是用砖砌成的，所以砌体的抗压强度不会低于砖的抗压强度。（　　）
4. 砌体的抗压强度一定低于砂浆的抗压强度。（　　）

三、选择题

1. 目前我国生产的标准实心烧结黏土砖规格（　　）。

A. 240×120×60　B. 240×115×60　C. 240×120×53　D. 240×115×53

2. 块体和砂浆的强度等级划分是由（　　）确定的。

A. 抗压强度　B. 弯曲抗拉强度　C. 轴心抗拉强度　D. 抗剪强度

3. 砌体结构最适宜建造的房屋类型是（　　）。

A. 高层办公楼　B. 影剧院　C. 飞机库　D. 多层宿舍

4. 下列（　　）不是影响砖砌体抗压强度的主要因素。

A. 砖的制作材料　B. 砖的强度等级　C. 砂浆的强度等级　D. 砌筑质量

5. 砌筑用砂浆的质量在很大程度上取决于其（　　）。

A. 强度　B. 流动性　C. 保水性　D. 可塑性

6. 提高砖砌体的抗压强度，主要是要提高（　　）。

A. 砂浆强度等级　B. 砖强度等级　C. 增加灰缝厚度

7. 地上砖石砌体在砌筑时一般宜采用（　　）。

A. 水泥砂浆　B. 石灰砂浆　C. 混合砂浆

四、简答题

1. 砂浆的种类有哪些？
2. 砌体结构设计对块体和砂浆有哪些基本要求？
3. 影响砌体抗压强度的因素有哪些？
4. 为什么一般情况下砌体的抗压强度远小于块体的抗压强度？

任务 2 混合结构房屋结构选型

任务单

课程	建筑结构		
学习情境四	砌体结构设计	学时	14
任务 2	混合结构房屋结构选型	学时	4
布置任务			
任务目标	1. 掌握混合结构房屋的组成； 2. 能够准确确定混合结构房屋的布置方案； 3. 学会区分不同类型的静力计算方案； 4. 验算墙、柱的高厚比； 5. 准确查询《砌体结构设计规范》（GB 50003—2011）； 6. 能够在完成任务过程中锻炼职业素养，做到工作程序严谨认真对待，完成任务能够吃苦耐劳主动承担，能够主动帮助小组落后的其他成员，有团队意识，诚实守信、不瞒骗，培养保证质量等建设优质工程的爱国情怀。		
任务描述	混合结构房屋的结构选型，工作如下： 1. 根据设计要求，明确混合结构房屋的组成，确定混合结构房屋的布置方案； 2. 熟悉房屋的空间工作性能； 3. 确定房屋静力计算方案； 4. 确定墙、柱计算高度； 5. 验算墙、柱的高厚比		

学时安排	布置任务与资讯	计划	决策	实施	检查	评价
	1 学时	0.5 学时	0.5 学时	1 学时	0.5 学时	0.5 学时

对学生的要求	
	1. 每名同学均能按照知识思维导图自主学习，并完成知识模块中的自测训练； 2. 严格遵守课堂纪律，学习态度认真、端正，能够正确评价自己和同学在本任务中的素质表现，积极参与小组工作任务讨论，严禁抄袭； 3. 小组讨论混合结构房屋的组成，确定混合结构房屋的布置方案； 4. 独立查询《砌体结构设计规范》（GB 50003—2011）； 5. 确定房屋静力计算方案； 6. 验算墙、柱的高厚比； 7. 各小组接受教师与学生的点评，同时参与小组自评与互评。

任务知识

知识思维导图

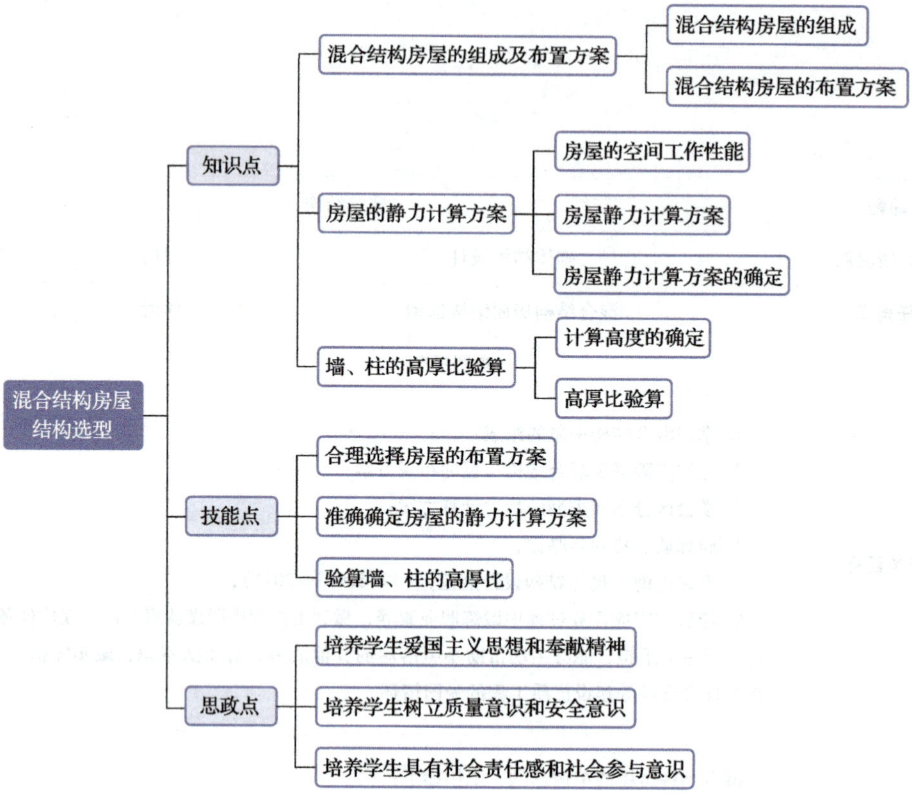

知识模块 1 混合结构房屋的组成布置方案

一、混合结构房屋的组成

混合结构房屋是指主要承重构件由不同的材料组成的房屋。房屋的水平承重构件（屋盖和楼盖）通常采用钢筋混凝土结构或木结构，而竖向承重构件（墙、柱和基础）多采用砖、石、砌块等砌体材料。

混合结构房屋所用材料可就地取材，造价低，而且可利用工业废料，所以应用范围比较广泛，如民用建筑中的住宅、办公楼、学校、商店、食堂等，以及中小型的工业厂房。

由于烧制黏土砖将占用大量农田，不利于环境和资源保护，因此，近年来许多城市已禁止使用黏土砖。今后在混合结构房屋设计时，应尽可能采用其他墙体材料，如蒸压灰砂砖、蒸压粉煤灰砖、混凝土小型空心砌块等。

二、混合结构房屋的布置方案

根据荷载传递路线的不同，混合结构房屋的结构布置可分为横墙承重、纵墙承重、纵横墙混合承重和内框架承重四种承重体系。

1. 横墙承重体系

横墙承重体系是由横墙直接承受屋面、楼面荷载的结构承重体系，如图 4-7 所示。荷载的传递路线是：楼（屋）盖荷载→横墙→基础→地基。

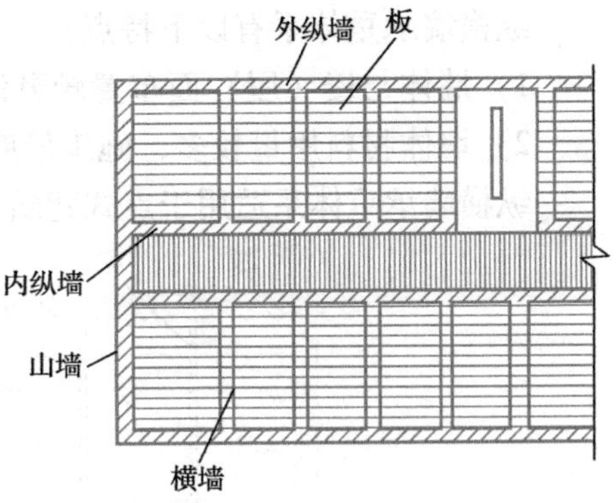

图 4-7　横墙承重体系

横墙承重体系有以下特点：

1）横墙是主要的承重墙，不能随意拆除；纵墙起围护、隔断及与横墙连成整体的作用。在纵墙上可以灵活开设门窗洞口，有利于外墙面装饰。

2）横墙间距较小，墙体较多，又有纵墙拉结，故房屋的横向刚度较大，整体性好，对抗风、抗震及调整地基不均匀沉降有利。

3）结构布置简单，施工方便，节省楼面结构材料，但墙体材料用量较多。

横墙承重体系适于小开间、小面积的房屋。

2. 纵墙承重体系

纵墙承受屋盖、楼盖竖向荷载及纵墙自重，因此是承重墙，而横墙仅承受自身墙重，是非承重墙。跨度较小的房屋，楼（屋）面板可直接搁置在内外纵墙上；跨度较大的房屋，楼（屋）面板搁置在楼（屋）盖大梁上，楼（屋）盖大梁搁置在纵墙上，如图 4-8 所示。荷载的传递路线是：楼（屋）盖荷载→梁（屋架）→纵墙→基础→地基。

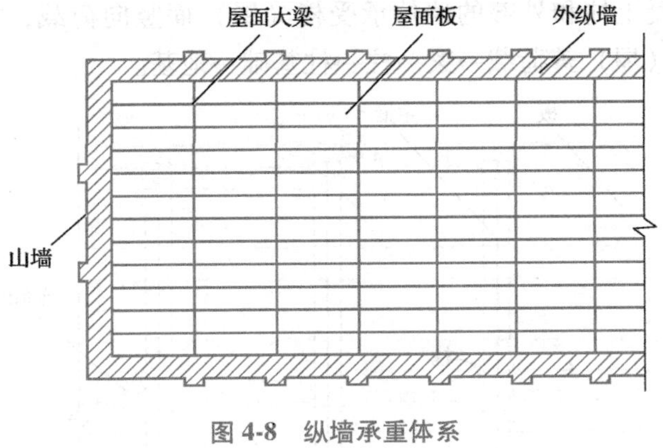

图 4-8　纵墙承重体系

纵墙承重体系有以下特点：

1）纵墙是承重墙，横墙是非承重墙，纵墙荷载较大，纵墙上设置门窗洞口的宽度和大小受限制。

2）横墙间距大、数量少、室内空间较大，利于使用上灵活布置。

3）房屋横向刚度较差。墙体用料较少，但楼（屋）盖材料用量较多。

纵墙承重体系适用于要求有较大空间的房屋。

3. 纵横墙混合承重体系

纵墙和横墙混合承受楼（屋）面竖向荷载和墙体荷载，纵横墙均为承重墙。楼

（屋）面板搁置在横墙和纵墙上，如图 4-9 所示。荷载的传递路线是：楼（屋）盖荷载→纵墙（横墙）→基础→地基。

纵横墙承重体系有以下特点：

1）墙体与楼（屋）面布置较灵活，房屋空间刚度较大。

2）墙体材料用量较多，施工较麻烦。

纵横墙承重体系适用于点式建筑。

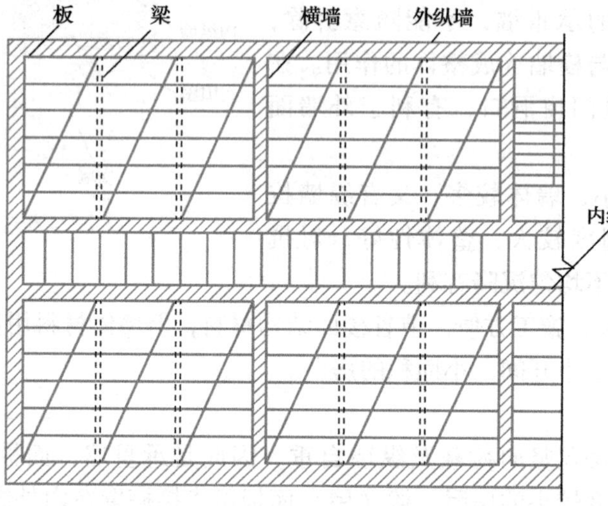

图 4-9　纵横墙混合承重体系

4. 内框架承重体系

内部的钢筋混凝土柱和外部的墙体承受楼（屋）面竖向荷载，如图 4-10 所示。荷载传递路线是：楼（屋）盖荷载→梁→柱→柱基础→地基。

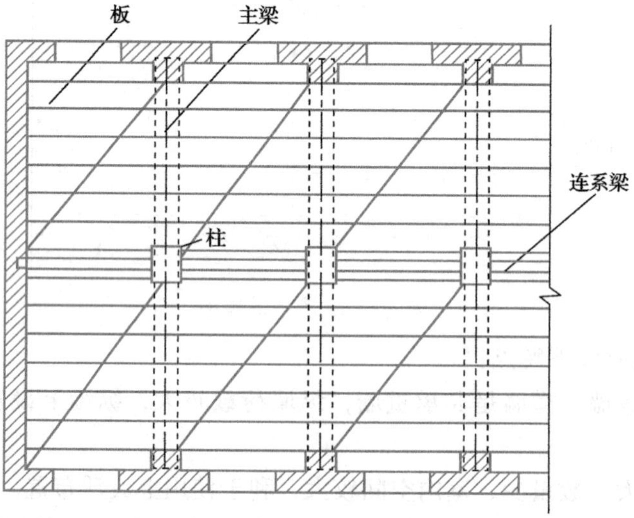

图 4-10　内框架承重体系

内框架承重体系有以下特点：

1）墙、柱为主要承重构件，房屋开间大、平面布置灵活。

2）横墙较少，空间刚度较差，抗震能力较弱。

3）竖向承重构件所用材料不同，两者压缩性能不同，柱下和墙下基础的沉降量差别较大，从而引起较大的附加内力，抗震能力较弱。

想一想 混合结构房屋的布置方案分为哪几种？

知识模块 2 房屋的静力计算方案

一、房屋的空间工作性能

混合结构房屋中，屋盖、楼盖、纵墙和基础等构件组成相互联系组成一空间受力体系。在外荷载作用下，不仅直接承受荷载的构件在工作，而且与其相连的其他构件也都不同程度地会参与工作。这些构件参与共同工作的程度体现了房屋的空间刚度。

二、房屋静力计算方案

根据房屋空间刚度的大小，可将房屋经理计算方案分为以下 3 种，如图 4-11 所示。

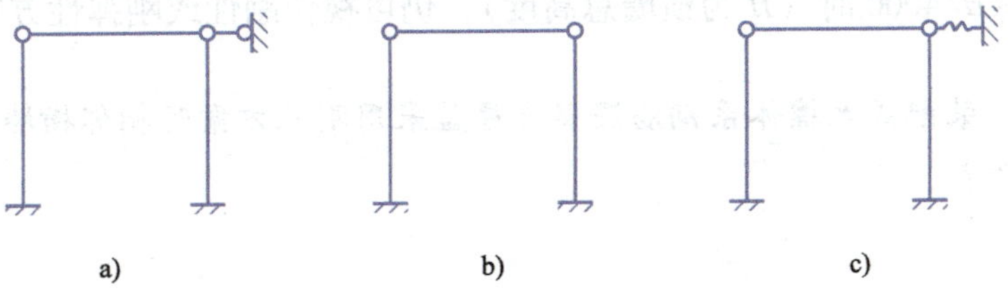

图 4-11 单层、单跨房屋砌体的计算简图
a）刚性方案 b）弹性方案 c）刚弹性方案

1. 刚性方案

当房屋的横墙壁间距较小、屋盖和楼盖的水平刚度较大时，房屋的空间刚度也较大，可假定墙、柱顶端的水平位移为零。用这种方法计算的房屋为刚性方案房屋。刚性方案计算简图如图 4-11a 所示。

2. 弹性方案

当房屋的横墙间距较大，或无横墙（山墙），房屋的空间刚度较小，按不考虑空间工作的平面排架来计算。用这种方法计算的房屋为弹性方案房屋。弹性方案计算简图如图 4-11b 所示。

3. 刚弹性方案

当房屋的横墙间距不太大，楼（屋）盖的水平刚度较大时，房屋具有一定的空间刚度。在确定这种房屋的墙柱计算简图时，可认为屋（楼）盖为纵墙的弹性支座，墙柱的内力可按上端为弹性支座，下端为嵌固于基础顶面的竖向构件计算，房屋的空间刚度介于刚性方案与弹性方案之间。刚弹性方案计算简图如 4-11c 所示。

三、房屋静力计算方案的确定

根据相邻横墙间距 s 及屋盖或楼盖的类别划分静力计算方案，见表 4-16。

表 4-16 房屋的静力计算方案

屋盖或屋盖类别		刚性方案	刚弹性方案	弹性方案
1	整体式、装配整体和装配式无檩体系钢筋混凝土屋盖或钢筋混凝土楼盖	$s<32$	$32\leqslant s\leqslant 72$	$s>72$
2	装配式有檩体系钢筋混凝土屋盖、轻钢屋盖和有密铺板的木屋盖或木楼盖	$s<20$	$20\leqslant s\leqslant 48$	$s>48$
3	瓦材屋面的木屋盖和轻钢屋盖	$s<16$	$16\leqslant s\leqslant 36$	$s>36$

注：1. 表中 s 为房屋横墙间距，其长度单位为“m”。
2. 当屋盖、楼盖类别不同或横墙间距不同时，可按规范的规定确定房屋的静力计算方案。
3. 对无山墙或伸缩缝处无横墙的房屋，应按弹性方案考虑。

刚性和刚弹性方案房屋的横墙，应符合下列要求：

1）横墙中开有洞口时，洞口的水平截面面积不应超过横墙截面面积的 50%。

2）横墙的厚度不宜小于 180mm。

3）单层房屋的横墙长度不宜小于其高度，多层房屋的横墙长度不宜小于 $H/2$（H 为横墙总高度）。

4）当横墙不能同时符合上述要求时，应对横墙的刚度进行验算。如横墙的最大水平位移值 $u_{max}\leqslant H/4000$ 时（H 为横墙总高度），仍可视作刚性或刚弹性方案房屋的横墙。

忆一忆 装配式无檩体系钢筋混凝土屋盖采用刚性方案时相邻横墙间距 s 应满足什么条件？

知识模块 3 墙、柱的高厚比验算

混合结构房屋中的墙、柱一般为受压构件，对于受压构件，无论是承重墙还是非承重墙，除满足承载力要求外，还要满足稳定性要求，即需要对构件进行高厚比验算。高厚比是指墙、柱的计算高度 H 与墙厚或柱截面边长 h 的比值。墙、柱的高厚比越大，及构件越细长，稳定性越差。

一、计算高度的确定

墙、柱的计算高度按表 4-17 取值。

表 4-17 受压构件的计算高度 H_0

<table>
<tr><th colspan="3" rowspan="2">房屋类别</th><th colspan="2">柱</th><th colspan="3">带壁柱墙或周边拉结的墙</th></tr>
<tr><th>排架方向</th><th>垂直排架方向</th><th>$s>2H$</th><th>$2H\geqslant s>H$</th><th>$s\leqslant H$</th></tr>
<tr><td rowspan="3">有吊车的单层房屋</td><td rowspan="2">变截面柱上段</td><td>弹性方案</td><td>$2.5H_u$</td><td>$1.25H_u$</td><td colspan="3">$2.5H_u$</td></tr>
<tr><td>刚性、刚弹性方案</td><td>$2.0H_u$</td><td>$1.25H_u$</td><td colspan="3">$2.0H_u$</td></tr>
<tr><td colspan="2">变截面柱下段</td><td>$1.0H_l$</td><td>$0.8H_l$</td><td colspan="3">$1.0H_l$</td></tr>
</table>

（续）

房屋类别			柱		带壁柱墙或周边拉结的墙		
			排架方向	垂直排架方向	$s>2H$	$2H \geqslant s>H$	$s \leqslant H$
无吊车的单层和多层房屋	单跨	弹性方案	$1.5H$	$1.0H$	$1.5H$		
		刚弹性方案	$1.2H$	$1.0H$	$1.2H$		
	多跨	弹性方案	$1.25H$	$1.0H$	$1.25H$		
		刚弹性方案	$1.1H$	$1.0H$	$1.1H$		
	刚性方案		$1.0H$	$1.0H$	$1.0H$	$0.4s+0.2H$	$0.6s$

注：1. 表中 H_u 为变截面柱的上段高度，H_l 为变截面柱的下段高度。
2. 对于上端为自由端的构件，$H_0=2H$。
3. 当无柱间支撑的独立砖柱，在垂直排架方向的 H_0 应按表中数值乘以 1.25 后采用。
4. s 为房屋横墙间距。
5. 自承重墙的计算高度应根据周边支承或拉接条件确定。

表中的构件高度 H 应按下列规定采用：

1）在房屋底层，为楼板顶面到构件下端支点的距离。下端支点的位置，可取在基础顶面。当埋置较深且有刚性地坪时，可取室外地面下 500mm 处。

2）在房屋其他层，为楼板或其他水平支点间的距离。

3）对于无壁柱的山墙，可取层高加山墙尖高度的 1/2；对于带壁柱的山墙可取壁柱处的山墙高度。

4）对有吊车的房屋，当荷载组合不考虑吊车作用时，变截面柱上段的计算高度可按本规范表 4-17 规定采用；变截面柱下段的计算高度，可按下列规定采用：

①$H_u/H \leqslant 1/3$ 时，取无吊车房屋的 H_0。

②当 $1/3 \leqslant H_u/H<1/2$ 时，取表中无吊车房屋的 H_0 乘以修正系数 μ。

$$\mu=1.3-0.3\frac{I_u}{I_l}$$

式中　I_u，I_l——变截面柱上、下段截面的惯性矩。

③当 $H_u/H \geqslant 1/2$ 时，取表中无吊车房屋的 H_0，但在确定高厚比 β 时，应采用上柱截面。

上述规定也适用于无吊车房屋的变截面柱。

二、高厚比验算

1. 墙、柱的允许高厚比

非承重墙的允许高厚比可适当放宽些，按表 4-18 中的允许高厚比［β］值乘以一个大于 1 的系数 μ_1 予以提高。《砌体结构设计规范》（GB 50003—2011）规定：

厚度 $h \leqslant 240$mm 的非承重墙，［β］的提高系数 μ_1 为：

当 $h=240$mm 时，$\mu_1=1.2$；

当 $h=90$mm 时，$\mu_1=1.5$；

当 240mm>h>90mm 时，μ_1 可按线性插入法取值。

对于开有门窗洞口的墙，由于断面的削弱，刚度和稳定性因开洞而降低，其允许高厚比应按表 4-18 中所列的［β］值乘以降低系数 μ_2：

$$\mu_2=1-0.4\frac{b_s}{s}$$

式中　b_s——在宽度 s 范围内的门窗洞口宽度；

s——相邻窗间墙或壁柱之间距离。

表 4-18　墙、柱的允许高厚比［β］值

砂浆强度等级	墙	柱
M2.5	22	15
M5.0 或 Mb5.0、Ms5.0	24	16
≥M7.5 或 Mb7.5、Ms7.5	26	17
配筋砌块砌体	30	21

注：1. 毛石墙、柱允许高厚比应按表中数值降低 20%。
2. 组合砖砌体构件的允许高厚比，可按表中数值提高 20%，但不得大于 28。
3. 验算施工阶段砂浆尚未硬化的新砌砌体高厚比时，允许高厚比对墙取 14，对柱取 11。

当按公式算得的 μ_2 值小于 0.7 时，应采用 0.7。当洞口高度等于或小于墙高的 1/5 时，可取 μ_2 等于 1.0。

2. 墙、柱的高厚比验算

（1）不带壁柱矩形截面墙、柱的高厚比验算

$$\beta=\frac{H_0}{h}\leqslant\mu_1\mu_2[\beta]$$

式中　H_0——墙、柱的计算高度；

h——墙厚或矩形柱与所考虑的 H_0 相对应的边长；

μ_1——非承重墙允许高厚比的修正系数；

μ_2——有门窗洞口墙允许高厚比的修正系数；

［β］——墙、柱的允许高厚比。

（2）带壁柱墙的高厚比验算

1）整片墙的高厚比验算。带有壁柱的整片墙其计算截面应考虑为 T 形截面，在按下式进行验算时，式中的墙厚 h 应采用 T 形截面的折算厚度 h_T，

$$\beta=\frac{H_0}{h_T}\leqslant\mu_1\mu_2[\beta]$$

式中　h_T——带壁柱墙截面的折算厚度，$h_T=3.5i$；

i——带壁柱墙截面的回转半径，$i=\sqrt{\frac{I}{A}}$；

I，A——分别为带壁柱墙截面的惯性矩和面积。

2）壁柱间墙的高厚比验算。壁柱间墙可根据不带壁柱矩形截面墙的下式验算。

$$\beta=\frac{H_0}{h}\leqslant\mu_1\mu_2[\beta]$$

在确定 H_0 时，s 应取相邻壁柱间的距离。而且，不论带壁柱墙体房屋的静力计算属于何种方案，H_0 一律按刚性方案一栏选用。

想一想　无吊车的单层和多层房屋刚性方案中受压构件的计算高度如何选取？

本任务工作单

自测训练

一、填空题

1. 混合结构房屋中，承重墙、柱必须满足________和________两方面要求；非承重墙必须满足________的要求，可以较承重墙降低些要求。

2. 混合结构的静力计算方案有________、________、________、________。

3. 铺板式楼盖的布置可以根据房屋的________确定，即按所采用的是横墙承重、纵墙承重、还是纵横墙混合承重具体考虑。

4. 对墙体进行高厚比验算是为了保证墙体的________和________。

二、判断题

1. 承重墙的允许高厚比应比同条件的非承重墙的允许高厚比小。 （　）

2. 砖石墙柱高厚比验算的目的是为了保证其稳定性和刚度。 （　）

3. 砌体结构墙柱高厚比验算的目的是为了保证墙柱的受压承载力。 （　）

三、选择题

1. 刚性静力计算方案中，确定墙的计算高度与（　）关系最大。

A. 砌体抗压强度　B. 墙的厚度　C. 横墙间距　D. 门窗尺寸

2. 某刚性计算方案单层砖砌体结构，柱截面 360mm×360mm，柱高 3.6m，其高厚比应为（　）。

A. 9　B. 10　C. 11　D. 12

3. 砌体结构房屋外墙产生垂直贯通裂缝的最可能原因是（　）。

A. 温度变化　B. 局部压力过大　C. 高厚比过大　D. 正应力过大

4. 混合结构中的墙柱高厚比是为了保证墙柱的（　）。

A. 强度要求　B. 稳定性

C. 应力不致过大　D. 可靠传递风荷载产生的内力

5. 划分砖石结构房屋为刚性、刚弹性、弹性静力计算方案的主要依据是（　）。

A. 横墙间距　B. 横墙刚度

C. 屋盖（楼盖）类型　D. 横墙间距和屋盖类型

6. 墙体高厚比（　），稳定性越好。

A. 越大　B. 越小　C. 适中

7. 下列（　）对墙柱高厚比验算没有直接关系。

A. 砂浆的强度等级　B. 砌体的类型　C. 支承条件　D. 砌体的强度等级

8. 带壁柱墙的高厚比验算公式 $\beta=H_0/h_T\leqslant u_1u_2[\beta]$，其中 h_T 采用（　）。

A. 壁柱厚度　B. 壁柱和墙厚的平均值

C. 墙的厚度　D. 带壁柱墙的厚度

四、简答题

1. 刚性、刚弹性方案房屋中对横墙的要求有哪些？

2. 刚性方案多层房屋的外墙，符合哪些要求静力计算时可不考虑风荷载的影响？

3. 混合结构房屋的结构布置方案有哪几种？

4. 影响墙体允许高厚比的因素有哪些？

任务 3 砌体结构房屋构造措施设计

任务单

<table>
<tr><td>课程</td><td colspan="6">建筑结构</td></tr>
<tr><td>学习情境四</td><td colspan="3">砌体结构设计</td><td colspan="2">学时</td><td>14</td></tr>
<tr><td>任务 3</td><td colspan="3">砌体结构房屋构造措施设计</td><td colspan="2">学时</td><td>6</td></tr>
<tr><td colspan="7">布置任务</td></tr>
<tr><td>任务目标</td><td colspan="6">1. 掌握墙体的构造措施；
2. 能够准确确定防止或减轻墙体开裂的措施；
3. 学会圈梁、过梁的构造措施设计；
4. 学会墙梁、挑梁的构造措施设计；
5. 准确查询《砌体结构设计规范》(GB 50003—2011)；
6. 能够在完成任务过程中锻炼职业素养，做到工作程序严谨认真对待，完成任务能够吃苦耐劳主动承担，能够主动帮助小组落后的其他成员，有团队意识，诚实守信、不瞒骗，培养保证质量等建设优质工程的爱国情怀。</td></tr>
<tr><td>任务描述</td><td colspan="6">砌体结构房屋构造措施设计，工作如下：
1. 根据设计要求，明确墙、柱的一般构造要求；
2. 确定防止或减轻墙体开裂的措施；
3. 设计圈梁、过梁的构造措施；
4. 设计墙梁、挑梁的构造措施。</td></tr>
<tr><td>学时安排</td><td>布置任务与资讯
2 学时</td><td>计划
0.5 学时</td><td>决策
0.5 学时</td><td>实施
2 学时</td><td>检查
0.5 学时</td><td>评价
0.5 学时</td></tr>
<tr><td>对学生的要求</td><td colspan="6">1. 每名同学均能按照知识思维导图自主学习，并完成知识模块中的自测训练；
2. 严格遵守课堂纪律，学习态度认真、端正，能够正确评价自己和同学在本任务中的素质表现，积极参与小组工作任务讨论，严禁抄袭；
3. 小组讨论墙、柱的一般构造要求，确定防止或减轻墙体开裂的措施；
4. 独立查询《砌体结构设计规范》(GB 50003—2011)；
5. 设计圈梁、过梁的构造措施；
6. 设计墙梁、挑梁的构造措施；
7. 各小组接受教师与学生的点评，同时参与小组自评与互评。</td></tr>
</table>

任务知识

知识思维导图

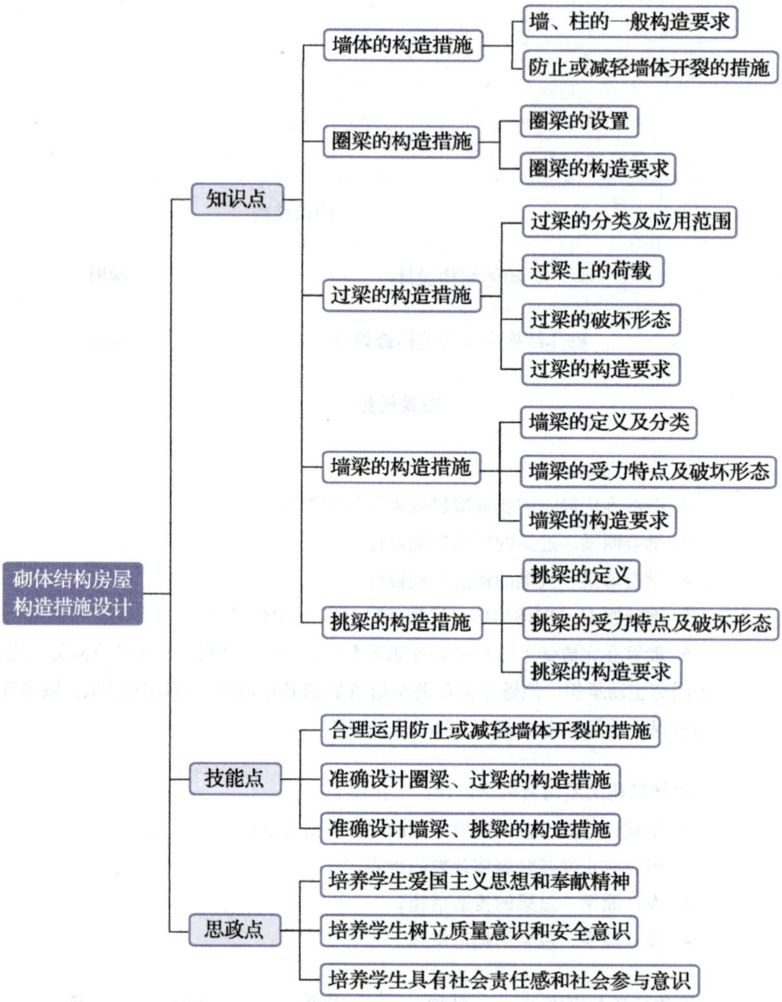

目前为止，由于材料的不均匀性、工作环境以及受力性能的复杂性，砌体结构和构件的承载力计算公式是根据主要的破坏形态得到的，尚不能全面考虑所有的破坏模式，也不能全面考虑所有的影响因素（如温度的变化、砌体的收缩等因素），单凭计算不能保证房屋的安全性，也不能保证房屋具有良好的工作性能和足够的耐久性能。因此，在设计砌体结构时，必须采取必要的和合理的构造措施来弥补计算的不足，才能确保结构的安全和正常使用。设计砌体结构时，构造措施是与计算同等重要的，不可忽视。

知识模块 1 墙体的构造措施

砌体结构墙体的构造要求主要包括两个方面：墙、柱的一般构造要求；防止或减轻墙体开裂的主要措施。

一、墙、柱的一般构造要求

1. 砌体材料最低强度等级

块体和砂浆的强度等级不仅对砌体结构和构件的承载力有显著影响，而且影响房屋的耐久性。块体和砂浆的强度等级低，房屋的耐久性就差，容易出现腐蚀风化现象。当砌体处于潮湿环境或有酸、碱等腐蚀介质时，砌体易出现酥散、掉皮等现象，腐蚀风化更加严重。因此，应对不同受力情况和环境下的墙柱所用材料的最低强度等级加以限制，具体规定如下。

1）六层及六层以上房屋的墙，以及受震动或层高大于6m的墙、柱所用材料的最低强度等级，应符合下列要求：砖采用MU10；砌块采用MU7.5；石材采用MU30；砂浆采用M5。对安全等级为一级或设计使用年限大于50年的房屋，墙、柱所用的材料的最等级应至少提高一级。

2）地面以下或防潮层以下的砌体，潮湿房间的墙或环境类别为2的砌体，所用材料的最低强度等级应符合表4-19的规定：

表4-19　地面以下或防潮层以下的砌体、潮湿房间墙所用材料的最低强度等级

潮湿程度	烧结普通砖	混凝土普通砖、蒸压普通砖	混凝土砌块	石材	水泥砂浆
稍潮湿的	MU15	MU20	MU7.5	MU30	MU5
很潮湿的	MU20	MU20	MU10	MU30	MU7.5
含水饱和的	MU20	MU25	MU15	MU40	MU10

注：1. 在冻胀地区，地面以下或防潮层以下的砌体，不宜采用多孔砖，如采用时，其孔洞应用不低于M10的水泥砂浆预先灌实。当采用混凝土空心砌块时，其孔洞应采用强度等级不低于Cb20的混凝土预先灌实。
2. 对安全等级为一级或设计使用年限大于50年的房屋，表中材料强度等级应至少提高一级。

2. 墙柱的截面、支承及连接构造要求

（1）墙柱的最小截面尺寸

截面尺寸小的墙、柱，其稳定性越差，承载力低。此外，截面局部削弱、施工质量对墙柱承载力的影响更加明显。因此，墙柱的最小截面应满足下列要求：承重的独立砖柱截面尺寸不应小于240mm×370mm。毛石墙的厚度不宜小于350mm，毛料石柱较小边长不宜小于400mm，当有振动荷载时，墙、柱不宜采用毛石砌体。

（2）壁柱设置

在墙体的支承处等部位设置壁柱可增强墙体的刚度和稳定性。当梁的跨度大于或等于6m（采用240mm厚的砖墙）、4.8m（采用180mm厚的砖墙）、4.8m（采用砌块、料石墙）时，其支承处宜加设壁柱，或采取其他加强措施。山墙处的壁柱或构造柱宜砌至山墙顶部，屋面构件应与山墙可靠拉结。

（3）垫块设置

屋架、大梁端部支承处的砌体处于局部受压状态，为确保其局部受压承载力，对于跨度大于6m的屋架和跨度大于4.8m（采用砖砌体时）、4.2m（采用砌块或料石砌体时）、3.9m（采用毛石砌体时）的梁，应在支承处砌体上设置混凝土或钢筋混凝土垫块；当墙中设有圈梁时，垫块与圈梁宜浇成整体。

（4）支承构造

混合结构房屋中，屋架、大梁和楼板支承在墙、柱上，屋架、梁和楼板又是墙、柱的水平支承。为了确保竖向力和水平力的有效传递，它们之间应可靠的拉结。支承构造应符合下列要求：

预制钢筋混凝土板在混凝土圈梁上的支承长度不应小于80mm，板端伸出的钢筋应与圈梁可靠连接，且同时浇筑；预制钢筋混凝土板在墙上的支承长度不应小于100mm，并应按下列方法进行连接：

1）板支承于内墙时，板端钢筋伸出长度不应小于70mm，且与支座处沿墙配置的纵筋绑扎，并用强度等级不应低于C25的混凝土浇筑成板带。

2）板支承于外墙时，板端钢筋伸出长度不应小于100mm，且与支座处沿墙配置的纵筋绑扎，并用强度等级不应低于C25的混凝土浇筑成板带。

3）预制钢筋混凝土板与现浇板对接时，预制板端钢筋应伸入现浇板中进行连接后，再浇筑现浇板。

4）支承在墙、柱上的吊车梁、屋架及跨度大于或等于9m（支承于砖砌体上）、7.2m（支承于砌块和料石砌体上）的预制梁的端部，应采用锚固件与墙、柱上的垫块锚固。

（5）填充墙、隔墙与墙、柱连接

填充墙、隔墙与墙、柱连接处应采用拉结钢筋等构造措施予以加强，以确保填充墙、隔墙的稳定性，避免连接处墙体开裂。

在正常使用和正常维护条件下，填充墙的使用年限宜与主体结构相同，结构的安全等级可按二级考虑。填充墙的构造设计，应符合下列规定：

1）填充墙宜选用轻质块体材料，其强度等级应符合规范的规定。

2）填充墙砌筑砂浆的强度等级不宜低于M5（Mb5、Ms5）。

3）填充墙墙体墙厚不应小于90mm。

4）用于填充墙的夹心复合砌块，其两肢块体之间应有拉结。

3. 混凝土砌块墙体的构造要求

混凝土砌块的块体高、壁薄，应采取下列措施增加混凝土砌块房屋的整体刚度、提高其抗裂能力。

1）砌块砌体应分皮错缝搭砌，上、下皮搭砌长度不应小于90mm。当搭砌长度不满足上述要求时，应在水平灰缝内设置不小于2根直径不小于4mm的焊接钢筋网片（横向钢筋的间距不应大于200mm，网片每端应伸出该垂直缝不小于300mm）。

2）砌块墙与后砌隔墙交接处，应沿墙高每400mm在水平灰缝内设置不少于2根直径不小于4mm、横筋间距不应大于200mm的焊接钢筋网片，如图4-12所示。

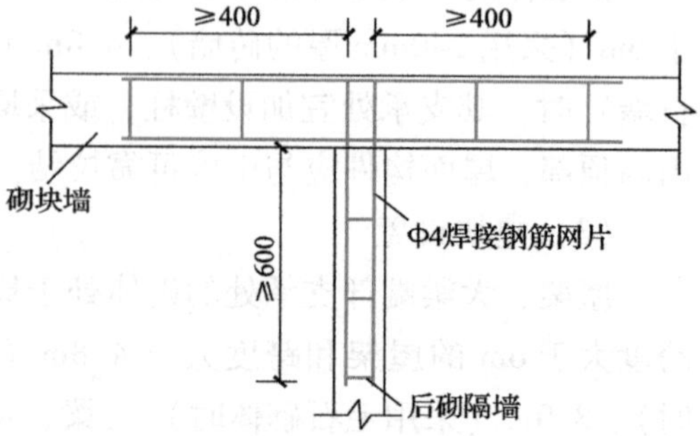

图4-12 砌块墙与后砌隔墙交接处钢筋网片

3）混凝土砌块房屋，宜将纵横墙交接

处，距墙中心线每边不小于300mm范围内的孔洞，采用不低于Cb20混凝土沿全墙高灌实。

4）混凝土砌块墙体的下列部位，如未设圈梁或混凝土垫块，应采用不低于Cb20混凝土将孔洞灌实。

①搁栅、檩条和钢筋混凝土楼板的支承面下，高度不应小于200mm的砌体。

②屋架、梁等构件的支承面下，长度不应小于600mm、高度不应小于600mm的砌体。

③挑梁支承面下，距墙中心线每边不应小于300mm、高度不应小于600mm的砌体。

4. 砌体中预留槽洞及埋设管道时的构造要求

在砌体中预留槽洞及埋设管道对砌体的承载力影响较大，对截面尺寸较小的承重墙体、独立柱更加不利，因此，应遵守下列规定：

1）不应在截面长边小于500mm的承重墙体、独立柱内埋设管线。

2）不宜在墙体内穿行暗线或预留、开凿沟槽。如果无法避免时，应采取必要的措施或按削弱后的截面验算墙体的承载力。

注：对受力较小或未灌孔的砌块砌体，允许在墙体的竖向孔洞内设置管线。

5. 夹心墙的构造要求

为了适应我国建筑节能要求，根据我国的试验研究并参照国外规范的有关规定，对高效节能的多叶墙，即夹心墙的构造提出要求以指导工程设计。

1）为了保证夹心墙具有良好的稳定性和足够的耐久性，混凝土砌块的强度等级不应低于MU10；夹心墙的夹层厚度不宜大于120mm；夹心墙外叶墙的最大横向支撑间距：设防烈度为6度时不宜大于9m，7度时不宜大于6m，8、9度时不宜大于3m。

2）夹心墙叶墙间的连接。试验表明，在竖向荷载作用下，夹心墙叶墙间采用的连接件能起到协调内外叶墙的变形，为内叶墙提供了一定的支持作用，提高了内叶墙的承载力和增加了叶墙的稳定性。在往复荷载作用下，钢筋拉结件可以在大变形情况下避免外叶墙失稳破坏，使内外叶墙变形协调，共同工作。因此，采用钢筋拉结件能防止地震作用下已开裂墙体出现脱落倒塌现象。另外，为了保证夹心墙的耐久性，应对夹心墙中的钢筋拉结件进行防腐处理。基于上面所述，夹心墙叶墙间的连接应符合下列要求：

①当采用环形拉结件时，钢筋直径不应小于4mm，当为Z形拉结件时，钢筋直径不应小于6mm；拉结件应沿竖向梅花形布置，拉结件的水平和竖向最大间距分别不宜大于800mm和600mm；对有振动或有抗震设防要求时，其水平和竖向最大间距分别不宜大于800mm和400mm。

②当采用可调拉结件时，钢筋直径不应小于4mm，拉结件的水平和竖向最大间距均不宜大于400mm。叶墙间灰缝的高差不大于3mm，可调拉结件中孔眼和扣钉间的公差不大于1.5mm。

③当采用钢筋网片作拉结件时，网片横向钢筋的直径不应小于4mm；其间距不应大于400mm；网片的竖向间距不宜大于600mm；对有振动或有抗震设防要求时，不宜大于400mm。

④拉结件在叶墙上的搁置长度，不应小于叶墙厚度的2/3，并不应小于60mm。

⑤门窗洞口周边300mm范围内应附加间距不大于600mm的拉结件。

3）夹心墙拉结件或网片的选择与设置应符合下列规定：

①夹心墙宜用不锈钢拉结件。拉结件用钢筋制作或采用钢筋网片时，应先进行防腐处理。

②非抗震设防地区的多层房屋，或风荷载较小地区的高层的夹芯墙可采用环形或Z形拉结件；风荷载较大地区的高层建筑房屋宜采用焊接钢筋网片。

③抗震设防地区的砌体房屋（含高层建筑房屋）夹心墙应采用焊接钢筋网作为拉结件。焊接网应沿夹心墙连续通长设置，外叶墙至少有一根纵向钢筋。钢筋网片可计入内叶墙的配筋率，其搭接与锚固长度应符合有关规范的规定。

④可调节拉结件宜用于多层房屋的夹心墙，其竖向和水平间距均不应大于400mm。

二、防止或减轻墙体开裂的措施

目前，随着我国住宅商品化的发展，砌体房屋墙体开裂现象引起越来越多的关注。从砌体房屋使用材料的角度来看，砌体房屋的楼盖、屋盖是采用钢筋混凝土材料，砌体则是采用砌体材料，这两种材料的物理力学性能存在明显差异；从砌体房屋在使用阶段的工作环境来看，存在着温度变化、地基不均匀沉降以及构件之间的相互约束等各种因素。砌体房屋之所以比较容易出现裂缝，就是上述各种因素共同作用的结果。

钢筋混凝土和砌体材料的线膨胀系数不同，钢筋混凝土的线膨胀系数为$(1.0\sim1.4)\times10^{-5}/℃$，烧结普通砖砌体为$0.5\times10^{-5}/℃$，混凝土砌块砌体则为$1.0\times10^{-5}/℃$，毛料石砌体为$0.8\times10^{-5}/℃$。当温度升高时，钢筋混凝土屋盖的膨胀伸长变形大于墙体的变形。由于墙体与屋盖相互支撑和约束，屋盖伸长变形收到墙体的阻碍，从而导致屋盖处于受压状态而墙体则处于受拉和受剪状态，其中房屋端部墙体的应力最大。实际工程中，由于屋盖处于室外而温差最大，因此房屋顶层墙体中的应力最大。当墙体中的主拉应力或剪应力超过砌体的抗拉或抗剪强度时，墙体中将出现斜裂缝和水平裂缝，顶层墙体开裂最为严重，外纵墙和横墙上端裂缝呈八字形分布，屋盖与墙体之间产生水平裂缝，纵横墙交接处呈包角裂缝。

钢筋混凝土的最大收缩率为$(200\sim400)\times10^{-6}$，砌体的收缩率则较小。当温度降低或混凝土收缩时，则情况正好与上述相反，屋盖或楼盖处于受拉和受剪状态，其中在房屋中部产生的内力最大。对楼盖或屋盖而言，当主拉应力超过混凝土的抗拉强度时，屋盖或楼盖将开裂；对墙体而言，当主拉应力超过砌体的抗拉强度时，将在墙体的中产生上下贯通的裂缝。另外，门窗洞口边由于应力集中也容易产生斜裂缝。因此，应按照材料干缩、温度变化、地基不均匀沉降等不同因素在墙体中引起的裂缝形式和分布规律的不同情况，分别采取相应的措施。

1. 防止或减轻因温差和砌体干缩引起的墙体竖向裂缝

墙体因温差和砌体干缩引起的拉应力与房屋的长度成正比。当房屋较长时，为了防止或减轻房屋在正常使用条件下由温差和砌体干缩引起墙体出现竖向裂缝，可在因温度和收缩变形可能引起较大应力或应力集中、最可能出现裂缝的墙体中设置伸缩缝，如房屋的中间部位、房屋的平面转折处、体形变化处以及错层处。墙体的伸缩缝间距与楼盖、屋盖的类别、砌体的类别以及是否设置保温层或隔热层等因素有关。当楼盖、屋盖的刚度较大、砌体的干缩变形又较大且无保温层或隔热层时，会产生较大的温度和收缩变形，从而在墙体中引起较大内力，伸缩缝的间距宜小一些。砌体房屋伸缩缝的最大间距可按表 4-20 采用。

表 4-20　砌体房屋伸缩缝的最大间距

屋盖或楼盖类别		间距/m
整体式或装配整体式钢筋混凝土结构	有保温层或隔热层的屋盖、楼盖	50
	无保温层或隔热层的屋盖	40
装配式无檩体系钢筋混凝土结构	有保温层或隔热层的屋盖、楼盖	60
	无保温层或隔热层的屋盖	50
装配式有檩体系钢筋混凝土结构	有保温层或隔热层的屋盖	75
	无保温层或隔热层的屋盖	60
瓦材屋盖、木屋盖或楼盖、轻钢屋盖		100

注：1. 对烧结普通砖、多孔砖、配筋砌块砌体房屋取表中数值；对石砌体、蒸压灰砂普通砖、蒸压粉煤灰普通砖、混凝土砌块、混凝土普通砖和混凝土多孔砖房屋，取表中数值乘以 0.8 的系数，当墙体有可靠保温措施时，其间距可取表中数值。
2. 在钢筋混凝土屋面上挂瓦的屋盖应按钢筋混凝土屋盖采用。
3. 层高大于 5m 的烧结普通砖、烧结多孔砖、配筋砌块砌体结构单层房屋，其伸缩缝间距可按表中数值乘以 1.3。
4. 温度较大且变化频繁地区和严寒地区不采暖的房屋及构筑物墙体的伸缩缝的最大间距，应按表中数值予以适当减小。
5. 墙体的伸缩缝应与结构的其他变形缝相重合，缝宽度应满足各种变形缝的变形要求；在进行立面处理时，必须保证缝隙的变形作用。

2. 防止或减轻房屋顶层墙体的裂缝

针对前面所述引起房屋顶层墙体开裂的原因，可采取降低屋盖与墙体之间的温差、选择整体性和刚度较小的屋盖、减小屋盖与墙体之间的约束以及提高墙体本身的抗拉、抗剪等措施。实际工程中，可根据具体情况采取措施。

1）屋面设置保温、隔热层。屋面设置的保温、隔热层可缩小屋面顶板与墙体的温差，减小墙体中的温度应力，从而推迟或阻滞顶层墙体裂缝的出现。

2）屋面保温（隔热）层或屋面刚性面层及砂浆找平层应设置分隔缝，分隔缝间距不宜大于 6m，其缝宽不小于 30mm，并与女儿墙隔开。

采取这一措施可以减小屋面板温度应力，减小屋面板与墙体之间的相对变形差，从而减小墙体中的温度应力。

3）采用装配式有檩体系钢筋混凝土屋盖和瓦材屋盖。采取这一措施可降低屋面的整体性和刚度，使墙体在温度变化时受屋盖的约束较小，从而减小了墙体中的温度应力。

4）顶层屋面板下设置现浇钢筋混凝土圈梁，并沿内外墙拉通，房屋两端圈梁下的墙体内宜设置水平钢筋。

设置现浇钢筋混凝土圈梁，一方面可以增加墙体的整体性，提高墙体的抗拉、抗剪能力，另一方面可以增加墙体的刚度，缩小屋盖与墙体之间刚度的差异，缩小屋盖与墙体之间温度变形差，减小了墙体中的温度应力。房屋两端墙体的温度应力最大，容易出现水平裂缝和斜裂缝，在该部位墙体内配置水平钢筋可以提高墙体自身的抗拉、抗剪强度。

5）顶层墙体有门窗洞等洞口时，在过梁上的水平灰缝内设置2~3道焊接钢筋网片或2根直径6mm的钢筋，焊接钢筋网片或钢筋应伸入洞口两端墙内不小于600mm。顶层墙体在门窗洞等处被洞口削弱，且有应力集中现象，墙体干缩和温度变化产生的应力较大，更易开裂，采取这一措施可提高墙体的抗拉或抗剪强度，延缓墙体开裂或分散墙体裂缝。

6）顶层及女儿墙砂浆强度等级不低于M7.5（Mb7.5、Ms7.5）。顶层及女儿墙受外界温度变化的影响较大，砂浆强度等级越高，墙体的抗拉、抗剪强度就越高。采用强度等级大于M7.5的砂浆，使墙体具有较高的抗拉、抗剪能力。

7）女儿墙应设置构造柱，构造柱间距不宜大于4m，构造柱应伸至女儿墙顶并与现浇钢筋混凝土压顶整浇在一起。女儿墙为露天构件，受外界温度变化的影响很大。按本措施设置构造柱和压顶，可使女儿墙具有较强的整体性和较高的抗拉、抗剪强度，改善其抗裂性能。

8）对顶层墙体施加竖向预应力。

3. 防止或减轻房屋底层墙体的裂缝

房屋底层墙体对地基不均匀沉降的敏感程度比其他楼层大，底层墙体在窗洞处被削弱，在底层窗洞下墙体内由于不均匀沉降产生的应力较大，底层窗洞边则受墙体干缩和温度变化的影响产生应力集中，因此底层墙体较容易开裂。通过增大基础圈梁的刚度，尤其是增大圈梁的高度可减小地基不均匀沉降，在窗台下墙体灰缝内配筋，可提高墙体的刚度及抗拉、抗剪强度，从而提高底层墙体的抗裂性。具体而言可采取如下措施：

1）增大基础圈梁的刚度。

2）在底层的窗台下墙体灰缝内设置3道焊接钢筋网片或2根直径6mm钢筋，并伸入两边窗间墙内不小于600mm。

4. 防止墙体交接处开裂

墙体转角部位和纵横墙交接部位对加强房屋的整体性和约束墙体两个方向的变形起着重要作用，为防止其开裂，墙体转角处和纵横墙交接处应沿竖向每隔400~500mm设拉结钢筋，其数量为每120mm墙厚不少于1根直径6mm的钢筋；或采用焊接钢筋网片，埋入长度从墙的转角或交接处算起，对实心砖墙每边不小于500mm，对多孔砖墙和砌块墙不小于700mm。

5. 防止或减轻混凝土砌块房屋顶层两端和底层第一、第二开间门窗洞处裂缝的措施

工程经验表明，混凝土砌块房屋顶层两端和底层第一、第二开间门窗洞处，在砌体干缩或温度变化的影响下产生的应力较大，存在应力集中现象，因而极易出现裂缝。为此，可以采取下列措施防裂：

1）在门窗洞口两边墙体的水平灰缝中，设置长度不小于900mm、竖向间距为400mm的2根直径4mm的焊接钢筋网片。

2）在顶层和底层设置通长钢筋混凝土窗台梁，窗台梁高宜为块材高度的模数，梁内纵筋不少于4根，直径不小于10mm，箍筋直径不小于6mm，间距不大于200mm，混凝土强度等级不低于C20。

3）在混凝土砌块房屋门窗洞口两侧不少于一个孔洞中设置直径不小于12mm的竖

向钢筋，竖向钢筋应在楼层圈梁或基础内锚固，孔洞用不低于 Cb20 混凝土灌实。

6. 设置竖向控制缝

工程经验表明，采用本节前面所述有关抗裂构造措施，并不能完全消除在砌体房屋中出现的裂缝，为此，借鉴欧、美规范和工程实践，提出设置竖向控制缝的概念。根据砌体材料的干缩特性，设置在墙体应力比较集中或与墙的垂直灰缝相一致的部位，并允许墙身自由变形和对外力有足够抵抗能力的构造缝，称为控制缝。控制缝通过把较长的砌体房屋的墙体划分成若干个较小的区段，使砌体因温度、干缩变形引起的应力或裂缝很小，而达到可以控制的目的。在我国砌体结构设计中，控制缝是一种新做法，与我国普遍采用的双墙温度缝不同，它是单墙设缝，该缝沿墙长方向能自己伸缩，而墙体出平面则能承受一定的水平力。嵌缝材料对防水密封有一定要求。

在工程实施上需要结合具体情况来设置控制缝和选择适合的嵌缝材料。当房屋刚度较大时，可在窗台下或窗台角处墙体内设置竖向控制缝。墙体高度或厚度突然变化处有变形突变，是裂缝的多发处，宜设置竖向控制缝，竖向控制缝的构造和嵌缝材料应满足墙体平面外传力和防护要求。

想一想 防止或减轻墙体开裂的措施有哪些？

知识模块 2 圈梁的构造措施

一、圈梁的设置

1. 圈梁的定义

在房屋的檐口、窗顶、楼层、吊车梁顶或基础顶面标高处，沿砌体墙水平方向设置的封闭状的按构造配筋的钢筋混凝土梁式构件，称为圈梁。

2. 圈梁的作用

1）减小墙体的计算高度，提高墙体稳定性；加强墙体间及梁板间的连接，从而增强房屋的整体性和空间刚度。

2）建筑在软弱地基或地基压缩性不均匀的砌体房屋，可能会因地基的不均匀沉降而在墙体中出现裂缝，设置圈梁后，可以抑制墙体开裂裂缝的宽度或延迟开裂的时间，还可以有效地消除或减弱较大振动荷载对墙体产生的不利影响。以设置在基础顶面部位和檐口部位的圈梁对抵抗不均匀沉降作用最有效。当房屋中部的沉降量比两端的沉降量大时，位于基础顶面部位的圈梁作用大；当房屋两端的沉降量比中部的沉降量大时，位于檐口部位的圈梁作用大。

3）跨越门窗洞口的圈梁，配筋若不少于过梁的配筋时，可兼作过梁。

3. 圈梁的设置

根据近年来工程实践经验和住房商品化对房屋质量要求的不断提高，为提高砌体房屋的整体性、抗震和抗倒塌能力，应加强砌体房屋圈梁的设置和构造。

1）对厂房、仓库、食堂等空旷的单层房屋，按下列规定设置圈梁：

①砖砌体房屋，檐口标高为5~8m时，应在檐口标高处设置圈梁一道，檐口标高大于8m时，应增加设置数量。

②砌块及料石砌体房屋，檐口标高为4~5m时，应在檐口标高处设置圈梁一道，檐口标高大于5m时，应增加设置数量。

③对有吊车或较大振动设备的单层工业房屋，当未采取有效的隔振措施时，除在檐口或窗顶标高处设置现浇混凝土圈梁外，尚应增加设置数量。

2）对多层砌体房屋，按下列规定设置圈梁：

①住宅、办公楼等多层砌体结构民用房屋，且层数为3~4层时，应在底层和檐口标高处各设置一道圈梁。当层数超过4层时，除应在底层和檐口标高处各设置一道圈梁外，至少应在所有纵、横墙上隔层设置。

②对多层砌体工业房屋，应每层设置现浇钢筋混凝土圈梁。

③设置墙梁的多层砌体结构房屋，应在托梁、墙梁顶面和檐口标高处设置现浇钢筋混凝土圈梁。

④采用现浇混凝土楼（屋）盖的多层砌体结构房屋。当层数超过5层时，除应在檐口标高处设置一道圈梁外，可隔层设置圈梁，并应与楼（屋）面板一起现浇。未设置圈梁的楼面板嵌入墙内的长度不应小于120mm，并沿墙长配置不少于2根直径为10mm的纵向钢筋。

3）建筑在软弱地基或不均匀地基上的砌体房屋，除按上述规定设置圈梁外，还应按下列规定设计圈梁：

①在多层房屋的基础和顶层处各设置一道圈梁，其他各层可隔层设置，必要时也可层层设置。

②单层工业厂房、仓库等，可结合基础梁、连系梁、过梁等酌情设置。

③在墙体上开洞时，宜在开洞部位适当配筋或采用构造柱及圈梁加强。

④圈梁应设置在外墙、内纵墙和主要内横墙上，并宜在平面内连成封闭系统。

二、圈梁的构造要求

由于砌体结构房屋的空间工作比较复杂，关于圈梁计算虽然已经提出过一些近似的简化方法，但都还不成熟，因此，目前仍主要采用构造要求来设计圈梁。圈梁应符合下列构造要求：

1）圈梁宜连续地设在同一水平面上，并形成封闭状；当圈梁被门窗洞口截断时，应在洞口上部增设相同截面的附加圈梁。附加圈梁与圈梁的搭接长度不应小于其中到中垂直间距的2倍，且不得小于1m，如图4-13所示。

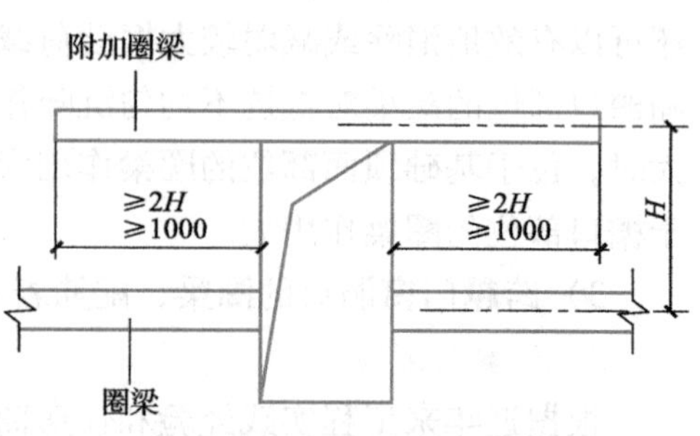

图4-13 圈梁附加圈梁

2）纵、横墙交接处的圈梁应可靠连接。刚弹性和弹性方案房屋，圈梁应与屋架、大梁等构件可靠连接。

3）混凝土圈梁的宽度宜与墙厚相同，当墙厚不小于240mm时，其宽度不宜小于墙厚的 2/3。圈梁高度不应小于 120mm。纵向钢筋数量不应少于 4 根，直径不应小于 10mm，绑扎接头的搭接长度按受拉钢筋考虑，箍筋间距不应大于 300mm。

4）圈梁兼作过梁时，过梁部分的钢筋应按计算面积另行增配。以上圈梁布置、构造要求为非抗震设计，当房屋的设防烈度为 6 度及以上时，则应按房屋抗震构造措施进行设计。

忆一忆　圈梁的构造设计有哪些要求？

知识模块 3 过梁的构造措施

一、过梁的分类及应用范围

1. 过梁的定义

过梁是在墙体的门窗洞口上方设置的构件，用来承担门窗洞口以上的墙体自重以及上层楼面梁、板传来的均布荷载或集中荷载。

2. 过梁的分类

常用的过梁有砖砌过梁和钢筋混凝土过梁两类。

砖砌过梁按梁底是否配置纵向受力钢筋又分为砖砌平拱和钢筋砖过梁两种。砖砌平拱是将砖竖立和侧立成跨越门窗洞口的直线形过梁，其厚度等于墙厚，高度一般为 240mm 和 370mm，净跨度 l_n 不应超过 1.2m。钢筋砖过梁是在过梁底部水平灰缝内配置纵向受力钢筋而形成的过梁，钢筋砖过梁净跨 l_n 不宜超过 1.5m。

砖砌过梁广泛应用于洞口净宽不大的墙中，但由于砖砌过梁的整体性差，对基础不均匀沉降和振动荷载极为敏感，因此，对有较大振动荷载或可能产生不均匀沉降的房屋或当门窗洞口宽度较大时，应该采用钢筋混凝土过梁。

过梁的形式如图 4-14 所示。

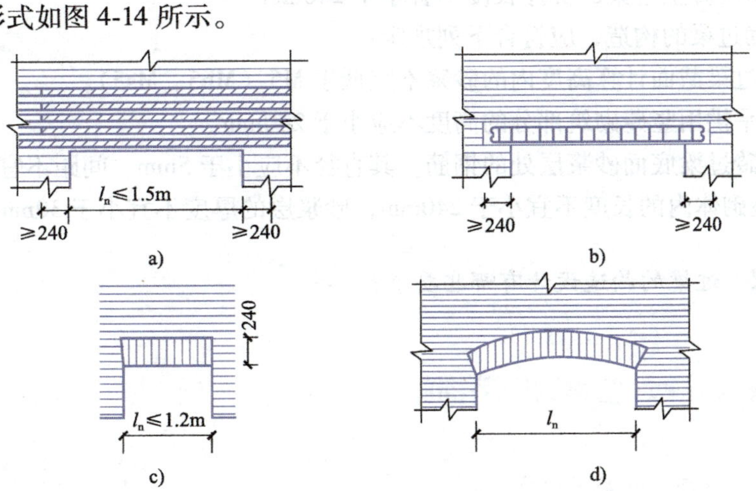

图 4-14　过梁的形式

a）钢筋砖过梁　b）钢筋混凝土过梁　c）砖砌平拱过梁　d）砖砌弧拱过梁

砖砌过梁的整体性差，对有较大振动荷载或可能产生不均匀沉降的房屋，应采用混凝土过梁。当过梁的跨度不大于 1.5m 时，可采用钢筋砖过梁；不大于 1.2m 时，可采用砖砌平拱过梁。

二、过梁上的荷载

（1）梁、板荷载

对砖和砌块砌体，当梁、板下的墙体高度 $h_w<l_n$ 时（l_n 为过梁的净跨），过梁应计入梁、板传来的荷载；当梁、板下的墙体高度 $h_w \geqslant l_n$ 时，可不考虑梁板荷载。

（2）墙体荷载

1）对砖砌体，当过梁上的墙体高度 $h_w<l_n/3$ 时，墙体荷载应按墙体的均布自重采用；当墙体高度 $h_w \geqslant l_n/3$ 时，则按高度为 $l_n/3$ 墙体的均布自重来采用。

2）对砌块砌体，当过梁上的墙体高度 $h_w<l_n/2$ 时，墙体荷载应按墙体的均布自重采用；当墙体高度 $h_w \geqslant l_n/2$ 时，则按高度为 $l_n/2$ 墙体的均布自重采用。

三、过梁的破坏形态

（1）砖砌过梁可能发生的 3 种破坏

1）过梁跨中截面受弯承载力不足而破坏。

2）过梁支座附近斜截面受剪承载力不足使阶梯的裂缝不断扩展而破坏。

3）过梁支座处水平灰缝因受剪承载力不足而发生支座滑动破坏。

（2）钢筋混凝土过梁可能发生的 3 种破坏

1）过梁跨中截面受弯承载力不足而破坏。

2）过梁支座附近斜截面受剪承载力不足而破坏。

3）梁端支承处砌体局部受压破坏。

四、过梁的构造要求

（1）钢筋混凝土过梁的支撑长度不宜小于 240mm

（2）砖砌过梁的构造，应符合下列规定：

1）砖砌过梁截面计算高度内的砂浆不宜低于 M5（Mb5、Ms5）。

2）砖砌平拱用竖砖砌筑部分的高度不应小于 240mm。

3）钢筋砖过梁底面砂浆层处的钢筋，其直径不应小于 5mm，间距不宜大于 120mm，钢筋伸入支座砌体内的长度不宜小于 240mm，砂浆层的厚度不宜小于 30mm。

想一想 过梁的构造设计有哪些要求？

知识模块 4 墙梁的构造措施

一、墙梁的定义及分类

由钢筋混凝土梁和砌筑于其上的计算高度范围内的砌体墙组成的组合构件，称为墙梁，其中的钢筋混凝土梁称为托梁。

在墙梁这一组合构件中，不但托梁承托墙体自重及其上的楼盖、屋盖的荷载或其他荷载，而且墙体还作为结构的一部分与托梁共同工作。在民用建筑如下层为商场、上层为住宅的商场—住宅，下层为餐厅、上层为旅馆的餐厅—旅馆等多层混合结构房屋中，采用墙梁可以解决底层为大房间，上层为小房间的矛盾。与框架结构相比，墙梁可以节约钢材、模板和水泥，施工方便迅速，降低工程造价。因此，在工业与民用建筑，如商场、住宅、旅馆建筑以及工业厂房的围护墙得到越来越广泛的应用。

根据墙梁是否承受梁、板荷载，墙梁可分为自承重墙梁和承重墙梁两类。自承重墙梁仅仅承受托梁自重和托梁顶面以上墙体自重，如工业建筑的围护结构中的基础梁、连系梁与其上部墙体形成的墙梁即为自承重墙梁，如图 4-15a 所示。承重墙梁除承受托梁和墙体自重外，还承受楼（屋）面传来的荷载，如二层为住宅或旅馆，底层为较大空间的商场或餐厅，通常采用承重墙梁。根据支撑情况不同，墙梁又可分为简支墙梁、连续墙梁和框支墙梁，如图 4-15b、c、d 所示，根据墙体是否开洞，墙梁又可分为无洞口墙梁和有洞口墙梁。

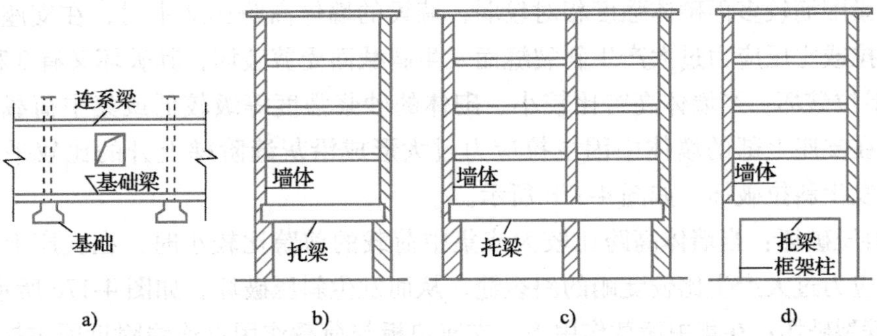

图 4-15　墙梁
a）自承重墙梁　b）简支墙梁　c）连续墙梁　d）框支墙梁

墙梁计算高度范围内墙体顶面处的现浇钢筋混凝土圈梁，称为顶梁，墙梁支座处与墙体垂直连接的纵向落地墙体称为翼墙。

二、墙梁的受力特点及破坏形态

1. 墙梁的受力特点

试验表明，墙梁的受力与钢筋混凝土深梁类似，在顶部荷载作用下，无洞口墙梁及跨中洞墙梁近似于拉杆拱受力机构，墙体以受压为主，托梁处于小偏心受拉状态，如图 4-16a 所示；偏开洞墙梁由于洞口切入拱肋内，相当一部分荷载将通过洞口内侧墙体作用在托梁上，如图 4-16b 所示，托梁内的拉力减小，弯矩增大。偏开洞墙梁为梁—拱组合受力结构，托梁不仅承受墙梁整体抗弯时产生的拉力，而且承受由于偏开洞而产生的局部弯矩，在洞口靠近跨中的边缘，托梁处于大偏心受拉状态。

2. 墙梁的破坏形态

影响墙梁破坏形态的因素主要有墙体计算高跨比、托梁高跨比、托梁配筋率、砌体和混凝土强度、加荷方式、墙体开洞情况等。

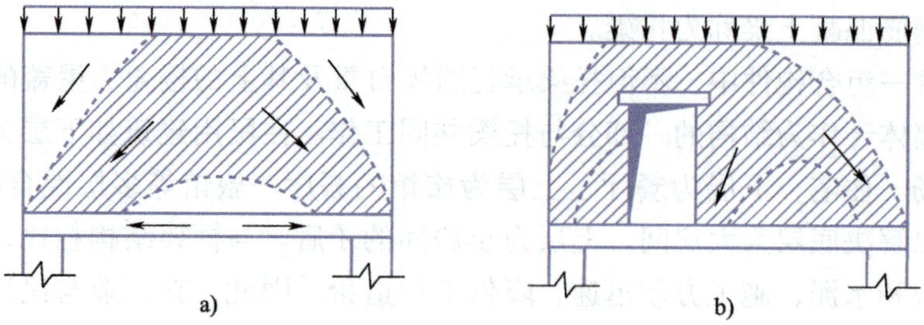

图 4-16　墙梁的受力特点

对于无洞口及跨中开洞墙梁，其破坏形态主要有以下 3 种：

（1）弯曲破坏

当托梁配筋较少而砌体强度相对较强，同时墙梁的墙体高跨比较小时，跨中或洞口边缘处托梁首先出现垂直裂缝，该裂缝将穿过托梁与墙体之间的界面而迅速上升进入墙体，最后托梁纵向钢筋受拉屈服而发生拉弯破坏，整个墙梁发生正截面弯曲破坏，如图 4-17a 所示。

（2）剪切破坏

当托梁配筋较多而砌体强度相对较弱，墙梁的墙体高跨比适中时，在支座上部的墙体中因主拉或主压应力过大产生斜裂缝而发生斜截面受剪破坏，其破坏又有 3 种形式：

1）斜拉破坏：当墙体高跨比较小、砌体的砂浆强度等级较低或集中荷载的剪跨比较大时，在支座上部的墙体中因主拉应力过大形成沿灰缝阶梯上升的比较平缓的斜裂缝，从而发生斜拉破坏，如图 4-17b 所示。

2）斜压破坏：当墙体高跨比较大或集中荷载的剪跨比较小时，在支座上部的墙体中因主压应力过大产生比较陡峭的斜裂缝，从而发生斜压破坏，如图 4-17c 所示。

3）劈裂破坏：在集中荷载作用下，支座垫板与荷载作用点连线附近因主拉应力过大而产生斜裂缝，该裂缝一出现立即延伸，并上下贯通而发生劈裂破坏，如图 4-17d 所示。

（3）局压破坏

当托梁配筋较多而砌体强度相对较弱，墙梁的墙体高跨比较大时，在支座上部的墙体中因集中竖向压应力过大而在托梁端部上方较小范围内发生局部压碎破坏，如图 4-17e 所示。

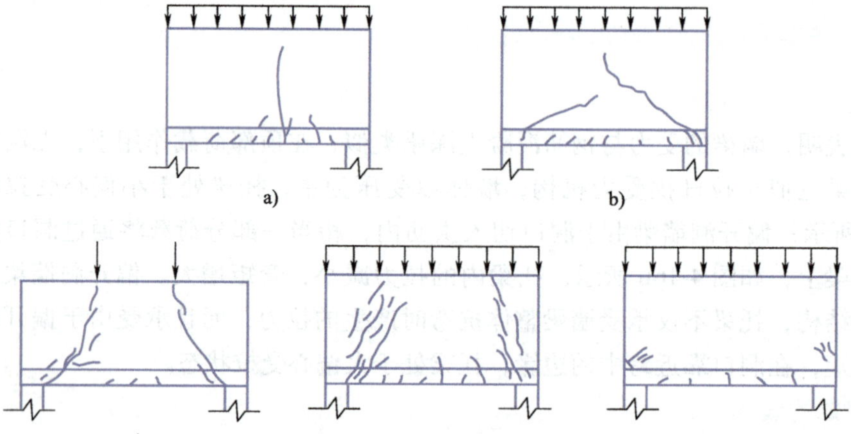

图 4-17　无洞口墙梁的破坏形态

对于偏开洞墙梁，其破坏形态除弯曲破坏及托梁的剪切破坏常发生在洞口内边缘截面外，其余均与无洞口墙梁相似。

三、墙梁的构造要求

1. 一般规定

1）采用烧结普通砖砌体、混凝土普通砖砌体、混凝土多孔砖砌体和混凝土砌块砌体的墙梁设计应符合表 4-21 规定。

表 4-21　墙梁的一般规定

墙梁类别	墙体总高度/m	跨度/m	墙体高跨比 h_w/l_{0i}	托梁高跨比 h_b/l_{0i}	洞宽比 b_h/l_{0i}	洞高 h_h
承重墙梁	≤18	≤9	≥0.4	≥1/10	≤0.3	$\leq 5h_w/6$ 且 $h_w-h_h\geq 0.4$m
自承重墙梁	≤18	≤12	≥1/3	≥1/15	≤0.8	—

注：1. 墙体总高度指托梁顶面到檐口的高度，带阁楼的坡屋面应算到山尖墙 1/2 高度处。
2. h_w 为墙体计算高度，h_b 为托梁截面高度，l_{0i} 为墙梁计算跨度，b_h 为洞口宽度，h_h 为洞口高度，对窗洞取洞顶至托梁顶面的距离。

2）墙梁计算高度范围内每跨允许设置一个洞口，洞口高度，对窗洞取洞顶至托梁顶面距离。对自承重墙梁，洞口至边支座中心的距离不应小于 $0.1l_{0i}$，门窗洞上口至墙顶的距离不应小于 0.5m。

3）洞口边缘至支座中心的距离，距边支座不应小于墙梁计算跨度的 0.15 倍，距中支座不应小于墙梁计算跨度的 0.07 倍。托梁支座处上部墙体设置混凝土构造柱且构造柱边缘至洞口边缘的距离不小于 240mm 时，洞口边至支座中心距离的限值可不受本规定限制。

4）托梁高跨比，对无洞口墙梁不宜大于 1/7，对靠近支座有洞口的墙梁不宜大于 1/6。配筋砌块砌体墙梁的托梁高跨比可适当放宽，但不宜小于 1/14；当墙梁结构中的墙体均为配筋砌块砌体时，墙体总高度可不受本规定限制。

下面对上述相应规定予以简要解释。

（1）墙体的总高度和墙梁跨度

墙体的总高度和墙梁跨度不能过大的规定，主要是基于工程经验，为了安全、稳妥起见而做出的。

（2）墙体高跨比和托梁高跨比

试验表明，墙体高跨比过小时，墙体易发生抗剪承载力较低的斜拉破坏，而墙体抗剪承载力的计算公式是根据墙体高跨比较大时发生的斜压破坏得出的。因此，为了保证墙体的抗剪计算模式与剪切破坏形态相一致，需要规定墙体高跨比不能过小。托梁是墙梁的关键构件，有限元分析和试验表明，托梁刚度大，对改善墙体抗剪性能和托梁支座上部砌体局部受压性能有利，故限制托梁高跨比不能过小。但是，随着托梁高跨比的增大，竖向荷载向跨中分布，而不是向支座聚集，托梁与墙体的组合作用不能充分发挥。因此，设计时，从经济合理的角度出发，托梁也不能采用过大的高跨比。

（3）洞口的设置

有限元分析和试验表明，墙上设置的洞口将不同程度地影响墙梁的刚度和承载能力，尤其是设置偏开洞口，对墙梁组合作用的发挥极为不利。洞口过宽，将明显降低墙梁的组合作用，故需要限制洞的宽跨比不能过大；洞口过高，将极易导致洞顶部位砌体发生脆性的剪切破坏，故需要限制洞高不能过大；洞口外墙肢过小，托梁将由于在洞口内侧截面上的弯矩和剪力增大而发生剪切破坏，洞口外墙肢将极易发生剪切破坏或被推出破坏，故需要限制洞口边至支座中心的距离。

2. 其他规定

墙梁除了满足上述的一般构造规定和现行国家标准《混凝土结构设计规范》（GB 50010—2010）（2015 年版）的有关构造规定外，在材料、墙体和托梁几个方面还应该符合下列构造要求：

（1）材料

1）托梁和框支柱的混凝土强度等级不应低于 C30。

2）纵向钢筋宜用 HRB335、HRB400 或 RRB400 级钢筋。

3）承重墙梁的块体强度等级不应低于 MU10，计算高度范围内墙体的砂浆强度等级不应低于 M10（Mb10）。

（2）墙体

1）框支墙梁的上部砌体房屋，以及设有承重的简支墙梁或连续墙梁的房屋，应满足刚性方案房屋的要求。

2）墙梁的计算高度范围内的墙体厚度，对砖砌体不应小于 240mm，对混凝土砌块砌体不应小于 190mm。

3）墙梁洞口上方应设置混凝土过梁，其支承长度不应小于 240mm；洞口范围内不应施加集中荷载。

4）承重墙梁的支座处应设置落地翼墙，翼墙厚度，对砖砌体不应小于 240mm，对混凝土砌块砌体不应小于 190mm，翼墙宽度不应小于墙梁墙体厚度的 3 倍，并与墙梁墙体同时砌筑。当不能设置翼墙时，应设置落地且上、下贯通的混凝土构造柱。

5）当墙梁墙体在靠近支座 1/3 跨度范围内开洞时，支座处应设置落地且上、下贯通的混凝土构造柱，并应与每层圈梁连接。

6）墙梁计算高度范围内的墙体，每天可砌筑高度不应超过 1.5m，否则，应加设临时支撑。

（3）托梁

1）托梁两侧各两个开间的楼盖应采用现浇混凝土楼盖，楼板厚度不应小于 120mm，当楼板厚度大于 150mm 时，应采用双层双向钢筋网，楼板上应少开洞，洞口尺寸大于 800mm 时应设洞口边梁。

2）托梁每跨底部的纵向受力钢筋应通长设置，不应在跨中弯起或截断；钢筋连接应采用机械连接或焊接。

3）托梁的跨中截面纵向筋受力钢筋总配筋率不应低于 0.6%。

4）托梁上部通长布置的纵向钢筋面积与跨中下部纵向钢筋面积之比值不应小于 0.4；连续墙梁或多跨框支墙梁的托梁支座上部附加纵向钢筋从支座边缘算起每边延伸长度不应小于 $l_0/4$。

5）承重墙梁的托梁在砌体墙、柱上的支承长度不应小于 350mm；纵向受力钢筋伸入支座的长度应符合受拉钢筋的锚固要求。

6）当托梁高度 $h_b \geqslant 450$mm 时，应沿梁截面高度设置通长水平腰筋，其直径不应小于 12mm，间距不应大于 200mm。

7）对于洞口偏置的墙梁，其托梁的箍筋加密区范围应延到洞口外，距洞边的距离大于等于托梁截面高度 h_b，如图 4-18 所示，箍筋直径不应小于 8mm，间距不应大于 100mm。

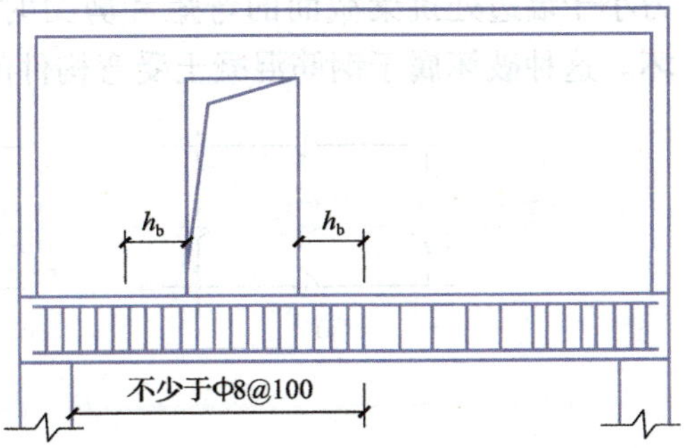

图 4-18　偏开洞时托梁箍筋加密区

想一想　墙梁的构造设计有哪些要求？

知识模块 5 ▶▶ 挑梁的构造措施

一、挑梁的定义

阳台、雨篷以及悬挑外廊等是混合结构房屋中经常遇到的构件，这些构件往往是由一端埋置嵌固于砌体中、一端悬挑在外的钢筋混凝土梁来支撑的。这种一端嵌固在砌体中的悬挑式钢筋混凝土梁称为挑梁。

二、挑梁的受力特点及破坏形态

挑梁的悬挑部分是钢筋混凝土受弯构件，埋入墙体的部分可看作是以砌体为基础的弹性地基梁，它不但受到上方砌体的压应力作用，还受到由于悬挑部分的荷载作用而在墙边支座截面产生的弯矩和剪力的作用，使埋入端产生弯曲变形。其变形与墙体的刚度和挑梁埋入端的刚度有关。随着挑出端荷载的增加，埋入端下部砌体压缩变形增加，挑梁与墙体的上界面出现水平裂缝，继而在埋入端尾部下方也出现水平裂缝，挑梁在墙边及埋入端尾部分别与上部墙体和下部墙体脱开。若挑梁本身的强度足够，挑梁与周围墙体可能发生 3 种破坏：

1. 挑梁倾覆破坏

当挑梁埋入端砌体强度足够，埋入段长度较小时，可能在埋入段尾部上方砌体中产生阶梯形斜裂缝，随着裂缝的发展，抗倾覆荷载不足以抵抗挑梁的倾覆时，挑梁即发生倾覆破坏，如图 4-19a 所示。

2. 挑梁下砌体局部受压破坏

当挑梁埋入段较长且砌体强度较低时，在挑梁倾覆前，挑梁下面砌体被压碎，发生局部受压破坏，如图 4-19b 所示。

3. 挑梁的正截面受弯破坏或斜截面受剪破坏

随着悬挑端竖向外荷载的增加，当挑梁自身的正截面受弯承载力或斜截面受剪承载力小于墙边处挑梁截面的弯矩和剪力时，挑梁将发生正截面受弯破坏或斜截面受剪破坏。这种破坏属于钢筋混凝土受弯构件的破坏，如图 4-19c 所示。

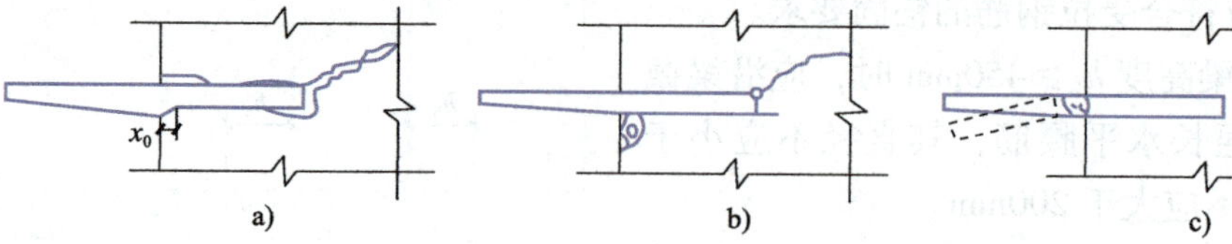

图 4-19　挑梁的受力及破坏形态

三、挑梁的构造要求

挑梁设计除应符合现行国家标准《混凝土结构设计规范》（GB 50010—2010）(2015 年版）的有关规定外，尚应满足下列要求：

1）纵向受力钢筋至少应有 1/2 的钢筋面积伸入梁尾端，且不少于 2Φ12。其余钢筋伸入支座的长度不应小于 $2l_1/3$。

2）挑梁埋入砌体长度 l_1 与挑出长度 l 之比宜大于 1.2；当挑梁上无砌体时，l_1 与 l 之比宜大于 2。

想一想　挑梁的构造设计有哪些要求?

本任务工作单

自测训练

一、填空题

1. 砌体结构房屋可以通过计算保证各构件的承载力，但为了增强房屋的________和________必须采取一些构造上的措施。

2. 过梁可采用________、________、________和________。

3. 保证墙、柱在使用时具备必要的稳定性和刚度的一项重要措施是________。

4. 墙体一般具有________和________的双重作用。除承受自重外，还承受屋盖楼盖传来的荷载的墙称为________；而只承受自身重量的墙称为________。

二、判断题

1. 沿房屋平面较短方向布置的墙叫纵墙。（　　）

2. 影响房屋空间刚度的因素有屋面（楼面）结构类型和横墙（山墙）间距。（　　）

3. 当建筑物很长时宜设置沉降缝。（　　）

4. 承重横墙的危险截面在横墙根部。（　　）

5. 当洞口宽度超过 1.5m 时宜采用钢筋混凝土过梁。（　　）

6. 外墙上钢筋混凝土过梁宜采用 L 形。（　　）

7. 圈梁的作用是加墙房屋的整体刚度和墙体的稳定性。（　　）

8. 墙梁是由托梁和其上部的计算高度范围内的墙体所组成的组合结构。（　　）

三、选择题

1. 顶层设有隔热层，楼盖或屋盖采用装配整体式的砌体房屋，温度伸缩缝的最大间距为（　　）。

A. 40m　　B. 50m　　C. 55m　　D. 60m

2. 在砌体结构房屋中，（　　）不是圈梁的主要作用。

A. 提高房屋构件的承载力

B. 防止由于地基不均匀沉降对房屋引起的不利影响

C. 防止由于较大振动荷载对房屋引起的不利影响

D. 增强房屋的整体刚度

3. 当多层砌体房屋可能在中部产生较大沉降时，（　　）的圈梁对防因不均匀沉降而可能引起的墙体开裂最有效。

A. 设置在檐口处　　B. 设置在房屋高度的中间处

C. 设置楼盖处　　D. 设置在基础顶面处

4. 对于砌体结构中的圈梁，下述何项论点正确（　　）。

A. 由于圈梁的配筋较小，梁截面高度较小，在房屋产生不均匀沉降时，虽然有些作用但并不十分显著

B. 圈梁应连续设置在墙的同一水平面上，在任何情况下都必须形成封闭的圈梁

C. 对刚性和刚弹性方案房屋，圈梁应与屋架、大梁等构件可靠连结

D. 对有电动桥式吊车的单层工业厂房，设置圈梁的位置是檐口和基础顶面

5. 计算雨篷的抗倾覆力矩时，荷载取（　　）。

A. 标准值　　B. 设计值　　C. 标准值或设计值均可

6. 计算雨篷的抗倾覆力矩设计值时，雨篷的抗倾覆荷载为雨篷梁尾端上部 45°扩散角范围内的砌体与下列数值之和（　　）。

A. 楼面可变荷载设计值　　B. 楼面永久、可变荷载标准值

C. 楼面永久荷载标准值　　D. 楼面可变荷载标准值

7. 在计算过梁上的荷载时，若梁板下砖墙高小于过梁净跨，则（　　）。

A. 应考虑梁板的荷载　　B. 可不考虑梁板荷载

C. 梁板荷载考虑不考虑均可

四、简答题

1. 在墙体的构造措施中，砌体材料的最低强度等级是如何规定的?
2. 如何防止或减轻砌体墙的裂缝?
3. 圈梁的构造要求有哪些?
4. 过梁的构造要求有哪些?

学习情境五

钢结构设计

学习指南

情境导入

某单层工业厂房为门式刚架轻型房屋钢结构，在进行结构设计过程中，门式刚架的柱、梁及连接节点设计是整个结构设计中的重要一环。本学习情境以钢结构的材料选取、钢结构的连接设计、门式刚架轻型房屋钢结构设计三个真实的工作任务为载体，使学生通过工作任务掌握作为技术员、质检员、监理员等应具备的钢结构的基本知识，掌握钢结构的设计方法，从而胜任这些岗位的工作。

学习目标

通过教师的讲解和引导，使学生明确工作任务目标和进行钢结构构件设计的关键要素。通过完成工作任务，使学生熟悉钢结构材料的基本性能和钢材的基本知识，了解影响钢材力学性能的主要因素，掌握建筑钢结构钢材的选用原则；明确钢结构连接的种类及特点，掌握对接焊缝的构造及计算，熟悉角焊缝的构造要求，熟悉普通螺栓和高强螺栓的构造要求；理解轻型钢结构的含义、特点及结构形式，掌握门式刚架轻型房屋钢结构的组成和特点，熟悉门式刚架轻型房屋钢结构的设计原则，熟悉门式刚架轻型房屋钢结构的节点构造，为钢结构施工图的识读奠定基础；了解门式刚架的形式，使学生能够借助设计资料准确的标注出门式刚架轻型房屋钢结构的各组成部分；通过学习，使学生掌握坚实的专业理论知识，确立正确的结构设计观念，养成利用所学知识进行全面思考问题的习惯，锻炼学生解决实际工程结构问题的能力，具有处理施工中有关结构问题的一般能力。

工作任务

1. 钢结构的材料选取；
2. 钢结构的连接设计；
3. 门式刚架轻型房屋钢结构设计。

任务 1 钢结构的材料选取

任务单

课程	建筑结构					
学习情境五	钢结构设计			学时	16	
任务 1	钢结构的材料选取			学时	4	
布置任务						
任务目标	1. 熟悉钢结构材料的力学性能和材料基本知识； 2. 了解影响钢材力学性能的主要因素； 3. 能够正确选择钢结构所用材料、品质、规格； 4. 学会如何选择各种钢结构类型所用的钢材； 5. 能够在完成任务过程中锻炼职业素养，做到工作程序严谨认真对待，完成任务能够吃苦耐劳主动承担，能够主动帮助小组落后的其他成员，有团队意识，诚实守信、不瞒骗，培养保证质量等建设优质工程的爱国情怀。					
任务描述	根据工程案例的材料表，提交各种形式钢材的截面简图及详细尺寸。工作如下： 1. 根据材料表，提交所用钢板的详细尺寸； 2. 根据材料表，提交各种型钢的截面简图及详细尺寸。					
学时安排	布置任务与资讯 0.5 学时	计划 0.5 学时	决策 0.5 学时	实施 1.5 学时	检查 0.5 学时	评价 0.5 学时
对学生的要求	1. 每名同学均能按照知识思维导图自主学习，并完成知识模块中的自测训练； 2. 严格遵守课堂纪律，学习态度认真、端正，能够正确评价自己和同学在本任务中的素质表现，积极参与小组工作任务讨论，严禁抄袭； 3. 小组讨论工程案例所用材料的类型及规格，能够充分考虑各种影响因素，能够合理选取结构用钢材，既能保证结构安全，又能做到经济合理； 4. 独立进行工程案例所用钢材的选取； 5. 讲解材料的选取方案，接受教师与学生的点评，同时参与小组自评与互评。					

任务知识

知识思维导图

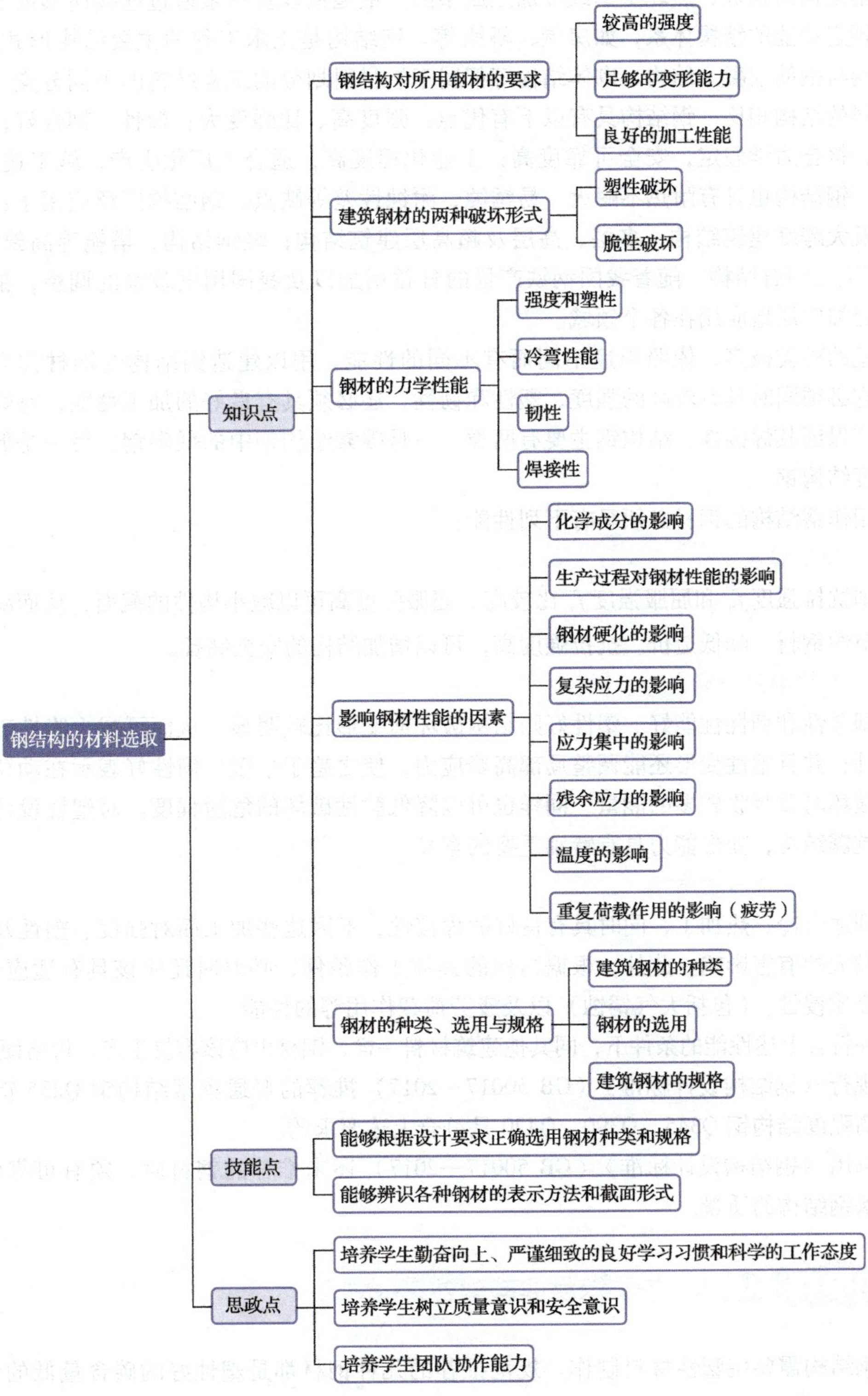
钢结构的材料选取
知识点
钢结构对所用钢材的要求
较高的强度
足够的变形能力
良好的加工性能
建筑钢材的两种破坏形式
塑性破坏
脆性破坏
钢材的力学性能
强度和塑性
冷弯性能
韧性
焊接性
影响钢材性能的因素
化学成分的影响
生产过程对钢材性能的影响
钢材硬化的影响
复杂应力的影响
应力集中的影响
残余应力的影响
温度的影响
重复荷载作用的影响（疲劳）
钢材的种类、选用与规格
建筑钢材的种类
钢材的选用
建筑钢材的规格
技能点
能够根据设计要求正确选用钢材种类和规格
能够辨识各种钢材的表示方法和截面形式
思政点
培养学生勤奋向上、严谨细致的良好学习习惯和科学的工作态度
培养学生树立质量意识和安全意识
培养学生团队协作能力

知识模块 1 钢结构对所用钢材的要求

钢结构由钢板、热轧型钢或冷加工成型的薄壁型钢以及钢索通过连接而形成的能够承担预定功能的结构体系，如房屋、桥梁等。钢结构是土木工程的主要结构形式之一。钢结构与钢筋混凝土结构、砌体结构等都属于按材料划分的工程结构的不同分支。与其他材料的结构相比，钢结构具有以下有优点：强度高、比强度大；塑性、韧性好；材质均匀，符合力学假定，安全可靠度高；工业化程度高，适合工厂化生产，施工速度快。同时，钢结构也具有耐热不耐火、易锈蚀、耐蚀性差等缺点。钢结构广泛应用于：重型结构及大跨度建筑结构；多层、高层及超高层建筑结构；轻钢结构；塔桅等高耸结构；钢-混凝土组合结构。随着我国钢铁产量的日益增加以及我国用钢政策的调整，钢结构将会更加广泛地应用在各个领域。

钢的种类极多，依照用途不同而有不同的性能。用以建造钢结构的钢材称为结构钢，它必须同时具有较高的强度、塑性和韧性，还必须具有良好的加工性能，对焊接结构还应保证其焊接性。结构钢主要有两类，一是碳素结构钢中的低碳钢，另一是低合金高强度结构钢。

用作钢结构的钢材必须具有下列性能：

1. 较高的强度

即抗拉强度f_u和屈服强度f_y比较高。屈服强度高可以减小构件的截面，从而减轻自重，节约钢材，降低造价。抗拉强度高，可以增加结构的安全储备。

2. 足够的变形能力

即塑性和韧性性能好。塑性好则结构破坏前变形比较明显，从而可减少脆性破坏的危险性；并且塑性变形还能调整局部高峰应力，使之趋于平缓。韧性好表示在动荷载作用下破坏时要吸收较多的能量，同样也可以降低脆性破坏的危险程度。对塑性设计的结构和抗震结构，变形能力具有特别重要的意义。

3. 良好的加工性能

即适合冷、热加工，同时具有良好的焊接性，不因这些加工而对强度、塑性及韧性带来较大的有害影响。此外，根据结构的具体工作条件，必要时还应该具有适应低温、有害介质侵蚀，（包括大气锈蚀）以及疲劳荷载作用等的性能。

在符合上述性能的条件下，同其他建筑材料一样，钢材也应该容易生产，价格便宜。

现行《钢结构设计标准》（GB 50017—2017）推荐的普通碳素结构钢 Q235 钢和低合金高强度结构钢 Q345、Q390、Q420 是符合上述要求的。

选用《钢结构设计标准》（GB 50017—2017）还未推荐的钢材时，须有可靠依据，以确保钢结构的质量。

知识模块 2 建筑钢材的两种破坏形式

钢结构需要用塑性材料制作。规范推荐的几种钢材都是塑性好的碳含量低的钢材，他们都是塑性材料。钢结构不能用脆性材料如铸铁来制造，因为没有明显变形的突然断裂会在房屋、桥梁及船体等供人使用的结构中造成恶性后果。

塑性材料是指由于材料原始性能以及在常温、静载并一次加荷的工作条件之下能在破坏前发生较大塑性变形的材料。然而一种钢材具有塑性变形能力的大小，不仅取决于钢材原始的化学成分，熔炼与轧制条件，也取决于后来所处的工作条件，即使原来塑性表现极好的钢材，改变了工作条件，如在很低的温度之下受冲击作用，也完全可能呈现脆性破坏。所以，严格地说，不宜把钢材划分为塑性材料和脆性材料，而应该区分材料可能发生的塑性破坏与脆性破坏。

取两种拉伸试件，一种是标准圆棒试件，另一种是比标准试件加粗但在中部车有小槽，其净截面面积仍与标准试件截面面积相同的试件。当两种试件分别在拉力试验机上均匀的加荷直至拉断时，其受力性能和破坏特征呈现出非常明显的区别。

标准的光滑试件拉断时有比较大的伸长和变细，加荷的延续时间长，断口呈纤维状，色发暗，有时还能看到滑移的痕迹，断口与作用力的方向均呈45°角。由于此种破坏的塑性特征明显，故被称为塑性破坏或延性破坏。

带小槽试件的抗拉强度比光滑试件的高，但是拉断前塑性变形很小，且几乎无任何迹象而突然断裂，其断口平齐，呈有光泽的晶粒状，故此种破坏形式为脆性破坏。

由此可以看出，同一种钢材当处于不同的条件下工作时，具有性质完全不同的两种破坏形式。由于钢材在塑性破坏前有明显的变形，延续的时间较长，很容易及时发现和采取措施进行补救，因此，在钢结构中未经发现与不补救而真正发生塑性破坏的情形是极少见的。另外，塑性变形后出现的内力重分布，会使结构中原先应力不均匀的部分趋于均匀，同时也可提高结构的承载能力。而脆性破坏由于破坏前变形极小（拉断后试件的总长度与原长度几乎相等），又无任何预兆，是突然发生的，其危险性比塑性破坏大得多。因设计、制造或使用条件不适当而发生脆性破坏的情形是有的。因此，我们应该充分认识到钢材脆性破坏的危险性，在设计、制造、安装和使用中，均应采取措施加以防止。

知识模块 3 钢材的力学性能

一、强度和塑性

建筑钢材的强度和塑性一般由常温静载下单向拉伸试验曲线表明，该试验是将钢材的标准试件在拉伸试验机上，在常温下按规定的加荷速度逐渐施加拉力荷载，使试件逐渐伸长，直至拉断破坏，然后根据加荷过程中所测得的数据画出其应力-应变曲线（即 σ-ε 曲线）。图 5-1 是低碳钢在常温静载下的单向拉伸 σ-ε 曲线。

从这条曲线中可以看出钢材在单向受拉过程中有五个阶段。

1. 弹性阶段（曲线的 *OA* 段）

应力很小，不超过 *A* 点，这时如果试件卸荷，σ-ε 曲线将沿着原来的曲线下降，至应力为 0 时，应变也为 0，即没有残余的永久变形，这时钢材处于弹性工作阶段，*A* 点的应力称为钢材的弹性极限f_p，所发生的变形（应变）称为弹性变形。该阶段的应变随应力的增加而成比例地增长，即应力应变关系符合虎克定律，直线的斜率$E=\Delta\sigma/\Delta\varepsilon$称为钢材的弹性模量，《钢结构设计标准》（GB 50017—2017）取各类建筑钢材的弹性模量$E=2.06\times10^5$N/mm^2。

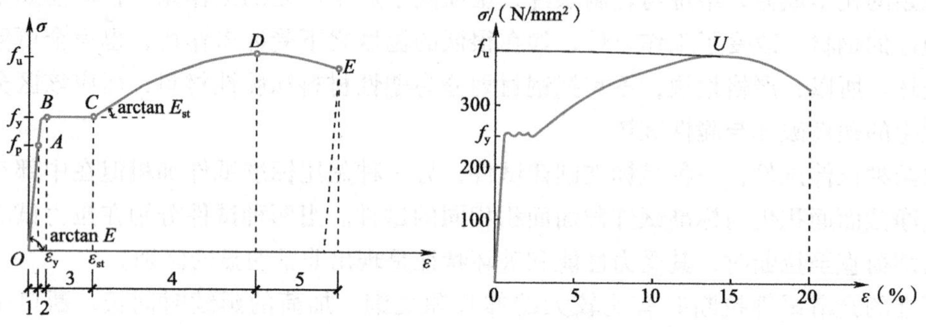

图 5-1　低碳钢在常温静载下的单向拉伸 $\sigma-\varepsilon$ 曲线

2. 弹塑性阶段（曲线的 *AB* 段）

在这一阶段应力与应变不再保持直线变化而呈曲线关系。弹性模量也由 *A* 点处 $E=2.06\times10^5$N/mm^2 逐渐下降，至 *B* 点趋于 0。*B* 点的应力称为钢材的屈服强度（或称屈服应力）f_y。这时如果卸荷，$\sigma-\varepsilon$ 曲线将从卸荷点开始沿着与 *OA* 平行的方向下降，至应力为 0 时，应变将保持一定数值（$\varepsilon=0.15\%$）称为塑性应变或残余应变。在这一阶段，试件既包括弹性变形（应变），也包括塑性变形（应变），因此 *AB* 段称为弹塑性阶段。其中，弹性变形在卸荷后可以恢复，塑性变形在卸荷后仍旧保留，故塑性变形又称为永久变形。

3. 屈服阶段（曲线的 *BC* 段）

低碳钢在应力达到屈服强度f_y后，应力不再增加，应变却可以继续增加，应变由 *B* 点开始屈服时（$\varepsilon_y=0.15\%$）增加到屈服终点 *C* 时，$\varepsilon=0.25\%$左右，这一阶段曲线保持水平，故又称为屈服台阶，在这一阶段钢材处于完全的塑性状态。对于材料厚度（直径）不大于 16mm 的 Q235 钢，$f_y\approx235$N/mm^2。

4. 应变硬化阶段（曲线的 *CD* 段）

钢材在屈服阶段经过很大的塑性变形，达到 *C* 点以后又恢复继续承载的能力，$\sigma-\varepsilon$ 曲线又开始上升，直到应力达到 *D* 点的最大值，即抗拉强度f_u。这一阶段（*CD* 段）称为应变硬化阶段。对于 Q235 钢，$f_u\approx375\sim460$N/mm^2。

5. 颈缩阶段（曲线的 *DE* 段）

试件应力达到抗拉强度f_u时，试件中部截面变细，形成缩颈现象。随后 $\sigma-\varepsilon$ 曲线下降直到试件被拉断（*E* 点），曲线的 *DE* 段称为缩颈阶段。试件拉断后的残余应变称为伸长率δ，见式（5-1）。对于材料厚度（直径）不大于 16mm 的 Q235 钢，$\delta\geqslant26\%$。

$$\delta=\frac{l_1-l_0}{l_0}\times100\% \tag{5-1}$$

式中　l_0——试件原标距长度；

l_1——试件拉断后的标距长度。

钢材拉伸试验所得的屈服强度f_y、抗拉强度f_u和伸长率δ，是钢结构设计对钢材力学性能要求的三项重要指标。f_y、f_u反映钢材的强度，其值越大承载力越高。钢结构设计中，常把钢材应力达到屈服强度f_y，作为评价钢结构承载能力（抗拉、抗压、抗弯强度）极限状态的标志，即取f_y作为钢材标准强度。设计时还将$\sigma-\varepsilon$曲线简化为如图5-2所示的理想弹塑性材料的$\sigma-\varepsilon$曲线。根据这条曲线，认为钢材应力小于f_y时是完全弹性的，应力超过f_y后是完全塑性的。设计中以f_y作为极限，是因为当超过f_y时钢材就进入应变硬化阶段，材料性能发生改变，使基本的计算假定（理想弹塑性材料）无效。另外，钢材从开始屈服到破坏，塑性区变形范围很大（$\varepsilon=0.15\%\sim0.25\%$），约为弹性区变形的200倍。同时抗拉强度$f_u$又比屈服强度$f_y$高出很多，因此取屈服强度$f_y$作为钢材设计强度极限，可以使钢结构有相当大的强度安全储备。

钢材的伸长率δ是反映钢材塑性（或延性）的指标之一。其值越大，钢材破坏吸收的应变能越多，塑性越好。建筑用的钢材不仅要求强度高，还要求塑性好，能够调整局部高峰应力，提高结构抗脆断的能力。

建筑中有时也使用强度很高的钢材，例如用于制造高强度螺栓的经过热处理的钢材。这类钢材没有明显的屈服台阶，伸长率也相对较小，对于这类钢材，取卸荷后残余应变为$\varepsilon=0.2\%$时所对应的应力作为屈服强度，这种屈服强度又称为条件屈服强度$f_{0.2}$，如图5-3所示。

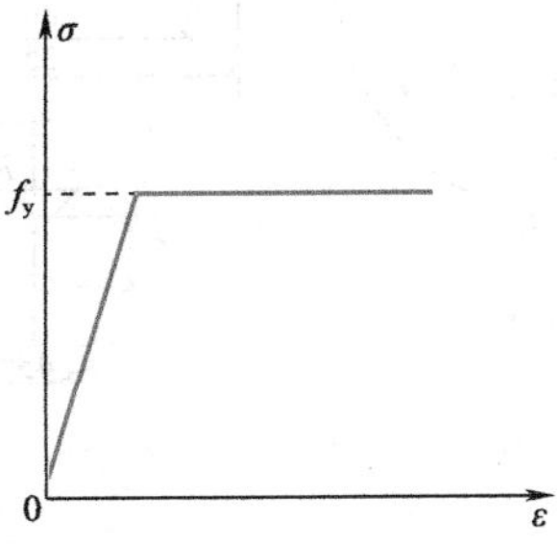

图5-2　理想弹塑性材料的$\sigma-\varepsilon$曲线

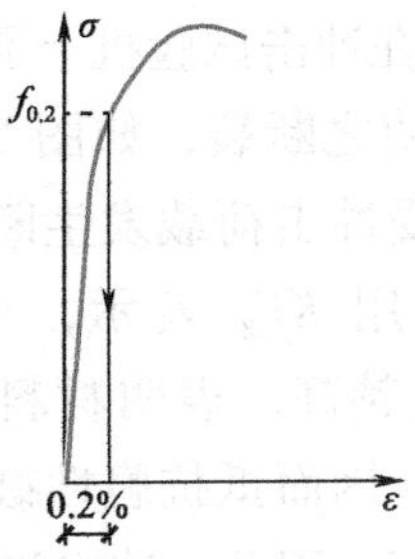

图5-3　钢材的条件屈服强度

二、冷弯性能

冷弯试验又称为弯曲试验。它是将钢材按原有厚度（直径）做成标准试件，放在如图5-4所示的冷弯试验机上，用具有一定弯心直径d的冲头，在常温下对标准试件中部施加荷载，使之弯曲达180°，然后检查试件表面，如果不出现裂纹和起层，则认为试件材料冷弯试验合格。冲头的弯心直径d根据试件厚度和钢种确定，一般厚度越大，d也越大。同时，钢种不同，d也有区别。

冷弯试验一方面可以检验钢材能否适应构件加工制作过程中的冷作工艺，另一方面可暴露出钢材的内部缺陷（如颗粒组织、结晶状况，夹杂物分布及夹杂情况，内部微观裂纹气泡等）由于冷弯试件在试验过程中，受到冲头挤压以及弯曲和剪切的作用，因此冷弯试验性能指标也是考察钢材在复杂应力状态下发展塑性变形能力的一项指标。

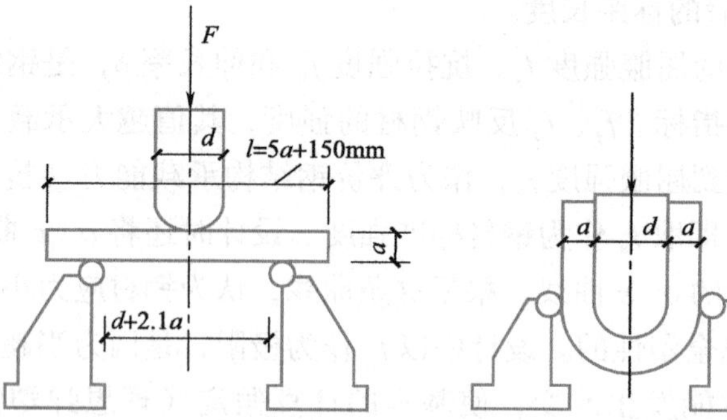

图 5-4　冷弯试验

三、韧性

韧性是指钢材抵抗冲击或振动荷载的能力，其衡量指标称为冲击韧性值。前述钢材的屈服强度f_y、抗拉强度f_u、伸长率δ是在常温静载下试验得到的，因此只能反映钢材在常温静载下的性能。实际的钢结构常常会承受冲击或振动荷载，如厂房中的吊车梁、桥梁结构等。为保证结构安全地承受动力荷载，就要求钢材的韧性好、冲击韧性高。韧性值由冲击试验求得，即用带 V 型缺口的夏比标准试件（截面 10mm×10mm、长 55mm），在冲击试验机上通过动摆施加冲击荷载，使之断裂，如图 5-5 所示，由此测出试件受冲击荷载发生断裂所吸收的冲击能量，用KV_8表示，单位为焦耳（J）。KV_8值越高，表明材料破坏时吸收的能量越多，因而抵抗脆性破坏的能力越强，韧性越好。因此，冲击韧性值是衡量钢材强度、塑性及材质的一项综合指标。

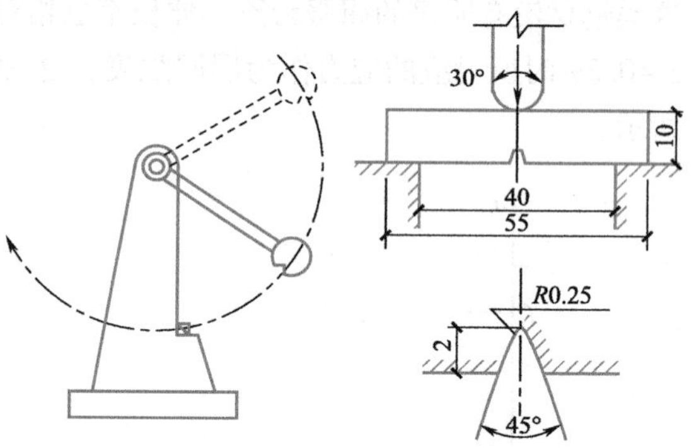

图 5-5　冲击韧性试验

冲击韧性值的大小与钢材的轧制方向有关。顺着轧制方向（纵向）由于钢材受碾压次数多，内部结晶构造细密，性能好。故沿纵向切取的试件冲击韧性值较高，横向切取的则较低。冲击韧性值的大小还与试验温度有关，试验温度越低，其值越低。对于 Q235 钢，根据钢材质量等级不同，有的不要求保证KV_8值，有的则要求在+20℃或−20℃时，纵向值大于 27J。

四、焊接性

焊接性是指采用一般焊接工艺就可完成合格的（无裂纹的）焊缝的性能。

钢材在焊接过程中，焊缝及其附近的金属要经历升温熔化冷却及凝固的过程，这与一个复杂的金属冶炼过程类似。经历这样一个过程后，焊缝区金属力学性能是否发生变化，是否还能满足结构设计要求，是钢材焊接性研究的课题。目前，我国还没有规定衡量钢材焊接性的指标。一般说来，焊接性良好的钢材，用普通的焊接方法焊接后，焊缝金属及其附近热影响区的金属不产生裂纹，并且其力学性能不低于母材的力学性能。钢材焊接性与钢材品种、焊缝构造及所采用的焊接工艺规程有关。只要焊缝构造设计合理并遵循恰当的焊接工艺规程，《钢结构设计标准》（GB 50017—2017）推荐的几种建筑钢材（当碳含量不超过0.2%时）均有良好的焊接性。

综上所述，反映钢材质量的主要力学性能指标有：屈服强度f_y、抗拉强度f_u、伸长率δ、冷弯性能及冲击韧性KV_8。此外，钢材的工艺性能和化学成分也是反映钢材性能的重要内容。

知识模块 4 影响钢材性能的因素

影响钢材性能的因素有化学成分、钢材制造过程、钢材硬化、复杂应力、应力集中、残余应力、温度变化及疲劳等。

一、化学成分的影响

钢是碳含量小于2%的铁碳合金，碳的质量分数大于2%时则为铸铁。制造钢结构所用的材料有碳素结构钢中的低碳钢及低合金结构钢。

钢的化学成分直接影响钢的颗粒组织和结晶构造，并与钢材力学性能关系密切。碳素结构钢由纯铁、碳及杂质元素组成，其中纯铁约占99%，其余是碳（C）和硅（Si）、锰（Mn）等有利元素以及在冶炼过程不易除尽的有害杂质元素硫（S）、磷（P）、氧（O）、氮（N）等。碳及杂质元素约占1%。低合金钢中，除上述元素外还加入合金元素，后者总量通常不超过3%。碳及其他元素虽然所占比重不大，但对钢材性能却有重要影响。

1. 碳（C）

碳是除纯铁外的最主要元素，其含量直接影响钢材的强度、塑性、韧性和焊接性等。随着碳含量的增加，钢材的屈服强度和抗拉强度提高，而塑性和冲击韧性尤其是低温冲击韧性下降，冷弯性能、焊接性和耐蚀性等也明显恶化。因此，钢结构采用的钢材碳含量不宜太高，以便保持其他的优良性能。按碳的含量区分，质量分数小于0.25%的为低碳钢，大于0.25%而小于0.6%的为中碳钢，大于0.6%的为高碳钢。钢结构用钢的碳含量一般不超过0.22%，对于焊接结构，为了有良好的焊接性，以不超过0.2%为好。所以建筑钢结构用的钢材都是低碳钢。

2. 锰（Mn）

锰是有益元素，当锰含量不太多时可有效提高钢材的屈服强度和抗拉强度，降低硫、氧对钢材的热脆影响，改善钢材的热加工性能和冷脆倾向，且对钢材的塑性和冲击韧性无明显降低。锰有脱氧作用，是弱脱氧剂。但是锰可使钢材的焊接性降低，故含量有限制。碳素结构钢中锰含量一般为0.3%~0.8%；在低合金钢中锰是合金元素，含量为1.0%~1.7%。它能显著提高钢材强度但不过多降低塑性和冲击韧性。

3. 硅（Si）

硅是有益元素。它作为强脱氧剂而加入普通碳素钢中，以制成质量较优的镇静钢。

适量的硅可提高钢的强度，而对塑性、冲击韧性、焊接性及冷弯性能无明显不良影响。硅的含量在碳素镇静钢中为0.12%~0.3%，低合金钢中为0.2%~0.55%，过量时则会恶化焊接性及抗锈蚀性。

4. 钒（V）、铌（Nb）、钛（Ti）

钒、铌、钛都能使钢材晶粒细化。我国的低合金钢都含有这三种元素，作为锰以外的合金元素，既可提高钢材强度，又保持良好的塑性、韧性。

5. 铝（Al）、铬（Cr）、镍（Ni）

铝是强脱氧剂，用铝进行补充脱氧，不仅进一步减少钢中的有害氧化物，而且能细化晶粒。低合金钢的C、D及E级都规定铝含量不低于0.015%，以保证必要的低温韧性。铬和镍是提高钢材强度的合金元素，用于Q390钢和Q420钢。

6. 硫（S）

硫是有害元素，属于杂质，能生成易于熔化的硫化铁，当热加工及焊接温度达800~1000℃时，可能出现裂纹，称为热脆。硫还能降低钢的冲击韧性，同时影响疲劳性能与耐蚀性。因此，对硫的含量必须严加控制，一般应不超过0.045%~0.050%。

7. 磷（P）

磷既是有害元素也是能利用的合金元素，磷是碳素钢中的杂质，它在低温下使钢变脆，这种现象称为冷脆。磷还能降低钢的塑性、冲击韧性、冷弯性能和焊接性，因此钢材中磷的含量也要严格控制，一般应不超过0.035%~0.045%。但磷能提高钢的强度和抗锈蚀能力，经过合适的冶金工艺也能作为合金元素。

8. 氧（O）、氮（N）

氧和氮也属于有害杂质，在金属熔化的状态下可以从空气中进入，氧能使钢热脆，其作用比硫剧烈，氮能使钢冷脆，与磷相似。氧和氮的含量也应严加控制。

二、生产过程对钢材性能的影响

钢材在冶炼、轧制过程中常常出现的缺陷有偏析、夹层、裂纹等。偏析是指金属结晶后化学成分分布不均匀。钢材中的夹层是由于钢锭内留有气泡，有时气泡还有非金属夹渣，当轧制温度及压力不够时，不能使气泡压合，气泡被压扁延伸，形成了夹层。此外，因冶炼过程中残留的气泡、非金属夹渣，或因钢锭冷却收缩，或因轧制工艺不当，还可能导致钢材内部形成细小的裂纹。偏析、夹层、裂纹等缺陷都会使钢材性能变差。

钢液从出炉到浇注的过程中，会析出氧气并生成氧化铁，造成钢材内部夹渣等缺陷，为保证钢材质量，需要在钢液中加入脱氧剂进行脱氧。根据脱氧程度不同，钢材分为沸腾钢、半镇静钢、镇静钢及特殊镇静钢。沸腾钢是以脱氧能力较弱的锰作为脱氧剂，因而脱氧不够充分，在浇注过程中，有大量气体逸出，钢液表面剧烈沸腾（故成为沸腾钢）。沸腾钢注锭时冷却快，钢液中的气体（氧、氮、氢等）来不及逸出，在钢中形成气泡。同时，沸腾钢结晶构造粗细不匀、偏析严重，常有夹层，塑性、韧性及焊接性相对较差。镇静钢所用脱氧剂除锰之外，还用脱氧能力较强的硅，因而脱氧充分，同时脱氧过程中产生很多热量，使钢液冷却缓慢，气体容易逸出，浇注时没有沸腾现象，钢锭模内钢液表面平静（故称为镇静钢）。镇静钢结晶构造细密，杂质气泡少，偏析程度低，因而塑性、冲击韧性及焊接性比沸腾钢好，同时冷脆性及时效敏感性也低。半镇静钢的情况介于沸腾钢及镇静钢之间。特殊镇静钢是在用锰和硅脱氧之后，再加铝或钛进行补充脱氧，其性能得到明显改善，尤其是焊接性显著提高。

轧制钢材时，在轧机压力作用下，钢材的结晶晶粒会变得更加细密均匀，钢材内部的气泡、裂纹可以得到压合。因此，轧制钢材的性能比铸铁优越。轧制次数多的钢材其性能比轧制次数少的钢材改善程度要好些，一般薄钢材的强度及冲击韧性优于厚钢材。此外，钢材的性能与轧制方向也有关，一般钢材顺轧制方向的强度和冲击韧性比横方向的要好。

对于某些特殊用途的钢材，在轧制后还常需经过热处理进行调质，以改善钢材性能。常见的热处理方式有淬火、正火、回火、退火等。用作高强度螺栓的合金钢，如20MnTiB（20锰钛硼）合金钢就要进行热处理调质（淬火后高温回火），使其强度提高，同时又保持良好的塑性和韧性。

三、钢材硬化的影响

1. 时效硬化

轧制钢材放置一段时间后，其力学性能也会发生变化。钢材的 $\sigma-\varepsilon$ 曲线会由原来的实线变成虚线，如图 5-6a 所示。比较实线和虚线，可以看出钢材放置一段时间后，强度提高，塑性降低。这种现象称为时效硬化。

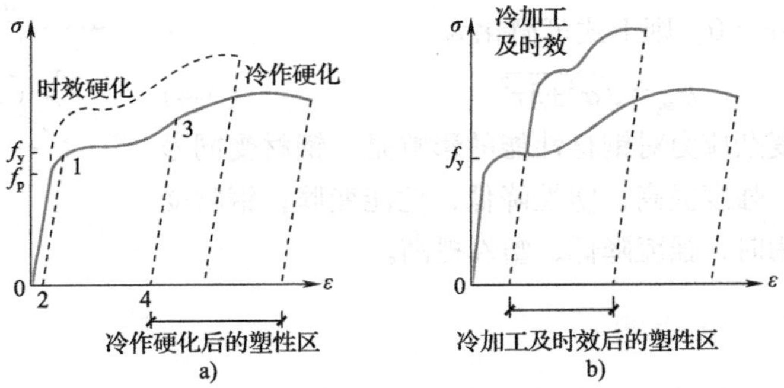

图 5-6　冷作与时效硬化

2. 冷作硬化（应变硬化）

钢材受荷超过弹性范围以后，若反复地卸荷、加荷，将使钢材弹性极限提高，塑性降低，这种现象称为应变硬化或冷作硬化，如图 5-6b 所示。

如果钢材经过冷加工产生塑性变形，时效过程会加快。如果冷加工后又将钢材加热（例如加热到 100℃左右），其时效过程就更加迅速，这种处理方法称为人工时效。

在钢筋混凝土结构中，常常利用这种性能对钢筋进行冷拉、冷拔等，然后再做人工失效处理，以提高钢筋承载力。对于冷弯薄壁型钢，考虑到它在经受冷弯加工成形过程中，由于冷作硬化和时效硬化的影响，其屈服强度较原来有较大的提高，其抗拉强度也略有提高，伸长率降低，经过一系列的理论试验研究，并借鉴国外成功的经验，认为在设计中可以考虑利用冷弯效应引起的强度提高，以充分发挥冷弯薄壁型钢的承载力，因此在现行的冷弯薄壁型钢技术规范中，列入了考虑冷弯效应引起设计强度提高的条款。

但是，在一般的热轧型钢和钢板组成的钢结构中，不利用冷作硬化提高钢材强度。对于直接承受动荷载的结构，还要求采取措施消除冷加工后钢材硬化的影响，防止钢材性能变脆。例如，经过剪切机剪断的钢板，为消除剪切边缘冷作硬化的影响，常常用火焰烧烤使之“退火”，或者将剪切边缘部分钢材用刨削的方法除去（刨边）。

四、复杂应力的影响

钢材在单向应力作用下，是以屈服强度 f_y 作为由弹性工作状态转向塑性工作状态的标志。但当钢材受复杂应力（即二向应力或三向应力）作用时，钢材的屈服不能以某一方向的应力作用达到屈服强度 f_y 来判别，而是按折算应力 σ_{eq} 与钢材在单向应力作用时的屈服强度 f_y 比较来判别。

当用应力分量 σ_x、σ_y、σ_z、τ_{xy}、τ_{yz}、τ_{zx} 表示时，如图 5-7 所示，有

$$\sigma_{eq}=\sqrt{\sigma_x^2+\sigma_y^2+\sigma_z^2-(\sigma_x\sigma_y+\sigma_y\sigma_z+\sigma_z\sigma_x)+3(\tau_{xy}^2+\tau_{yz}^2+\tau_{zx}^2)} \tag{5-2}$$

若 $\sigma_{eq}<\delta_y$ 时，弹性工作状态，$\sigma_{eq}\geqslant\delta_y$ 时，塑性工作状态

当两向受力，用分量 σ_x、σ_y、τ_{xy} 表示时，有

$$\sigma_{eq}=\sqrt{\sigma_x^2+\sigma_y^2-\sigma_x\sigma_y+3\tau_{xy}^2} \tag{5-3}$$

在普通梁中，一般只有正应力 σ 和剪应力 τ 作用，即 $\sigma_x=\sigma$、$\tau_{xy}=\tau$ 和 $\sigma_y=0$，则上式可简化为

$$\sigma_{eq}=\sqrt{\sigma^2+3\tau^2} \tag{5-4}$$

试验表明：复杂应力对钢材性能的影响是，钢材受同号复杂应力作用时，强度提高，塑性降低，性能变脆；钢材受异号复杂应力作用时，强度降低，塑性提高。

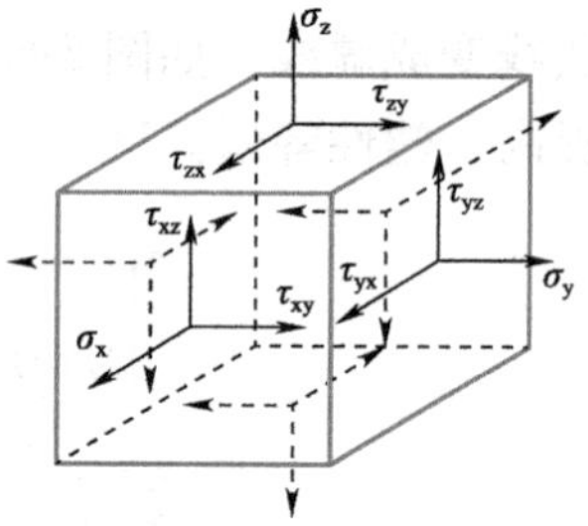

图 5-7　复杂应力作用状态

五、应力集中的影响

实际钢结构中的构件，常因构造需要而有孔洞、缺口、凹槽，或采用变厚度、变宽度的截面。这类构件由于截面的突然改变，致使应力在孔洞边缘或缺口尖端处，出现高峰，其余部分则应力较低，这种现象称为应力集中，如图 5-8 所示。

应力高峰值及应力分布不均匀的程度与杆件截面变化急剧的程度有关。例如，槽孔尖端处（图 5-8b）就比圆孔（5-8a）的应力集中程度大得多。同时，应力集中处，不仅有纵向应力 σ_x，还有横向应力 σ_y，常常形成同号应力场，有时还会有三向的同号应力场，这种同号应力场导致钢材塑性降低，脆性增加，使结构发生脆性破坏的危险性增大。

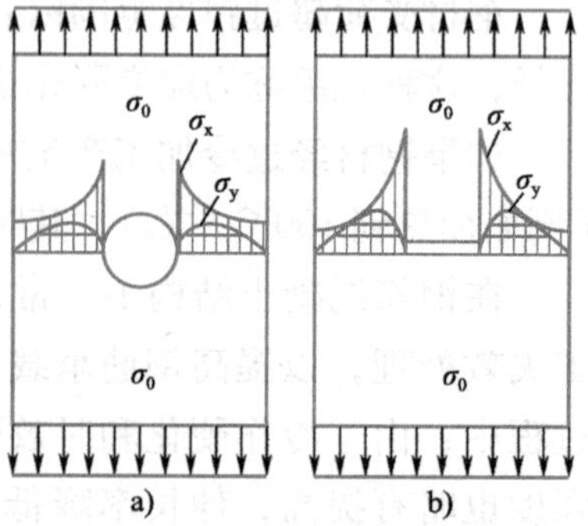

图 5-8　构件孔洞处的应力集中现象

常温下受静载的结构，只要符合设计和施工规范要求，计算时可不考虑应力集中的影响。但是对于受

动荷载的结构，尤其是低温下受动荷载的结构，应力集中引起钢材变脆的倾向更为显著，常常是导致钢结构脆性破坏的原因。对于这类结构，设计时应注意构件形状合理，避免构件截面急剧变化以减小应力集中程度，从构造措施上来防止钢材的脆性破坏。

六、残余应力的影响

残余应力是钢材在热轧、焊接时加热和冷却过程中产生的，先冷却的部分常形成压应力，而后冷却的部分则形成拉应力。钢材中的残余应力是自相平衡的，与外荷载无关，对构件的强度极限状态承载力没有影响，但能降低构件的刚度和稳定性。对钢材进行“退火”热处理，在一定程度上可以消除一些残余应力。

七、温度的影响

从总的趋势来看，随着温度升高，钢材强度（f_y、f_u）及弹性模量会降低，但在200℃钢材性能变化不大，超过200℃，尤其是在430～540℃之间，f_y、f_u会急剧下降，到600℃强度很低已不能继续承载。所以，钢结构是一种不耐火的结构，故《钢结构设计标准》（GB 50017—2017）对于受高温作用的钢结构根据不同情况所采取相应的措施有具体的规定。

此外，当钢材在250℃左右，f_u有局部提高。f_y也有回升现象，这时，塑性相应降低，钢材性能转脆，由于在这个温度下钢材表面氧化膜呈蓝色，故称蓝脆。在蓝脆温度区加工钢材，可能引起裂纹，故应尽量避免在这个温度区进行热加工。

在负温范围内，随着温度下降，f_y、f_u增加，但塑性变形能力减小，冲击韧性降低，即钢材在低温下性能转脆。钢材低温转脆的情况一般用冲击韧性试验来评定。《钢结构设计标准》（GB 50017—2017）要求在低温下工作的结构，尤其是焊接结构，应保证钢材在低温下（如0℃、−20℃、−40℃）冲击韧性值合格。

八、重复荷载作用的影响（疲劳）

生活中常有这样的经验，一根细小的铁丝，要拉断它很不容易，但将它弯折几次就折断了；又如机械设备中高速运转的轴，由于轴内截面上应力不断交替变化，承载能力就较静载时低得多，常常在低于屈服强度时就断了。这些实例说明，钢材承受重复变化的荷载作用时，材料强度降低，破坏提早。这种现象称为疲劳破坏。疲劳破坏的特点是强度降低，材料转为脆性，破坏突然发生。

钢材发生疲劳一般认为是由于钢材内部有细小的裂纹，在连续反复变化的荷载作用下，裂纹端部产生应力集中，交变的应力致使裂纹逐渐扩展，这种累积的损伤最后导致突然断裂。因此，钢材发生疲劳对应力集中也最敏感。

知识模块 5 钢材的种类、选用与规格

一、建筑钢材的种类

建筑结构用钢的钢种主要是碳素结构钢和低合金钢两种。在碳素结构钢中，建筑钢

材只使用低碳钢（碳含量不大于0.25%）。低合金钢（合金元素低于5%）是在冶炼碳素结构钢时添加一些合金元素炼成的钢，目的是提高钢材的强度、冲击韧性、耐腐性等，而不致过多降低塑性。

根据国家标准《碳素结构钢》（GB/T 700—2006）将碳素结构钢按屈服强度数值分为4个牌号：Q195、Q215、Q235及Q275，是按强度由低到高排列的。钢材强度主要由其中碳元素含量的多少来决定，但与其他一些元素的含量也有关系。所以，钢号的由低到高在较大程度上代表了碳含量的由低到高。《钢结构设计标准》（GB 50017—2017）中所推荐的碳素结构钢是Q235钢。《低合金高强度结构钢》（GB/T 1591—2018）将低合金高强度结构钢按屈服强度分为4个牌号：Q345、Q390、Q420及Q460，《钢结构设计标准》（GB 50017—2017）中所推荐的低合金高强度结构钢是Q345、Q390及Q420钢。

《碳素结构钢》（GB/T 700—2006）中钢材牌号表示方法由字母Q、屈服强度数值（单位N/mm^2）、质量等级代号（A、B、C、D）及脱氧方法代号（F、B、Z、TZ）四个部分组成。Q是“屈”字汉语拼音的首位字母，质量等级中A级最差、D级最优，F、B、Z、TZ则分别是“沸”“半”“镇”及“特镇”汉语拼音的首位字母，分别代表沸腾钢、半镇静钢、镇静钢及特殊镇静钢。其中，代号Z、TZ可以省略。Q235中A、B级有沸腾钢、半镇静钢、镇静钢，C级全部为镇静钢，D级全部为特殊镇静钢。《低合金高强度结构钢》（GB/T 1591—2018）标准中钢材全部为镇静钢或特殊镇静钢，所以它的牌号就只由Q、屈服强度数值及质量等级三个部分组成，其中质量等级有A~E五个级别。

A级钢要求保证三项指标，即屈服强度f_y、抗拉强度f_u和伸长率δ，不要求冲击韧性。冷弯试验也只在需方有要求时才进行，而B、C、D、E级钢均要求保证屈服强度f_y、抗拉强度f_u和伸长率δ、冷弯试验和冲击韧性（温度分别为：B级20℃、C级0℃、D级-20℃、E级-40℃）。

这样按照国家标准，钢号的代表意义如下：

Q235-A：代表屈服强度为$235N/mm^2$的A级镇静碳素结构钢；

Q235-B·F：代表屈服强度为$235N/mm^2$的B级沸腾碳素结构钢；

Q235-D：代表屈服强度为$235N/mm^2$的D级特殊镇静碳素结构钢；

Q345-E：代表屈服强度为$345N/mm^2$的E级低合金高强度结构钢。

除上述Q235、Q345、Q390和Q420钢4个牌号外，其他专用结构如《桥梁用结构钢》（GB/T 714—2015）中Q345q、Q370q和Q420q（字母q表示“桥”）等；《高层建筑结构用钢板》（YB 4104—2000）中的Q235GJ、Q345GJ和Q235GJZ、Q345GJZ（字母GJ表示“高层建筑”、字母Z表示“Z向钢板”）等钢号，由于其力学性能优于一般钢种，故也适用于钢结构。

二、钢材的选用

钢材的选用原则：保证结构安全可靠，同时要经济合理，节约钢材。考虑的因素有：

1. 结构的重要性

按照《建筑结构可靠性设计统一标准》（GB 50068—2018）的规定，建筑结构按其破坏可能产生的后果（危及人的生命、造成经济损失、产生社会影响等）的严重性分为重要的、一般的和次要的，其相应的安全等级为一、二、三级。安全等级高者（如重型工业建筑结构或构筑物、大跨度结构、高层民用建筑等）应选用较好的钢材；对一般工业与民用建筑结构，可按工作性质分别选用普通质量的钢材。当构件破坏导致整个结构不能正常使用时，则后果严重；如果构件破坏只造成局部性损坏而不致危及整个结构的正常使用，则后果就不十分严重。两者对材料要求也应有所区别。

2. 荷载情况

结构所受的荷载可为静态或动态的，经常作用、有时作用或偶然出现（如地震）的，经常满载或不经常满载等。应根据荷载的上述特点选用适当的钢材，对直接承受动力荷载的构件应选用综合性能（主要指塑性和韧性）较好的钢材，其中需要进行抗疲劳验算的构件对钢材的综合性能要求更高，对承受静力荷载或间接承受动力荷载的结构构件可采用一般质量的钢材。

3. 应力特征

因为拉应力容易使构件产生断裂破坏，危险性较大，所以对受拉和受弯的构件应选用质量较好的钢材，而对受压或受压弯的构件就可选用一般质量的钢材。

4. 连接方法

钢结构的连接可分为焊接或非焊接（螺栓或铆钉）。对于焊接结构，焊接时的不均匀加热和冷却常使构件内产生很高的焊接残余应力，对钢材产生不利影响。此外，碳和硫的含量过高会严重影响钢材的焊接性。因此，焊接结构钢材的质量要求应高于同样情况的非焊接结构钢材，碳、硫、磷等有害元素的含量应较低，塑性和韧性应较好。

5. 结构的工作温度

钢材的塑性和韧性随温度的降低而降低，处于较低负温下工作的钢结构容易发生脆性断裂，尤其是焊接结构，故应选用化学成分和力学性能质量较好和脆性转变温度低于结构工作温度的钢材。

6. 钢材厚度

薄钢材辊轧次数多，轧制的压缩比大，钢的内部组织致密；厚度大的钢材压缩比小，内部组织欠佳。所以，厚度大的钢材不但强度较小，而且塑性、冲击韧性和焊接性能也较差，且易产生三项残余应力。因此，厚度大的焊接结构应采用材质较好的钢材。

7. 环境条件

露天结构的钢材容易产生时效硬化。在有害介质作用下，钢材容易腐蚀，若有一定大小的拉应力（包括残余应力）存在，将产生应力腐蚀现象，经过一定时期后会发生断裂，即延迟断裂。延迟断裂现象主要发生于高强度钢（如高强度螺栓），钢材的碳含量越高，塑性和韧性越差，越容易发生延迟断裂。

钢结构的工作性能是受上述多种因素影响的，例如钢结构的脆性破坏就与结构的工作温度、钢材厚度、应力特征、加载速率和环境条件等因素有关。所以，在具体选用钢材时，对上述各项原则和需考虑的因素要根据具体情况进行综合分析，分清主次，除重要性原则是基本出发点以外，不同的工作条件各有不同的主要矛盾，但总的来说，连接方式和应力特征始终是选用钢材时要考虑的主要因素。

根据《钢结构设计标准》（GB 50017—2017），选用钢材时，要遵照下列规定：

1）承重结构的钢材应具有抗拉强度、伸长率、屈服强度和硫、磷含量的合格保证，对焊接结构尚应具有碳含量的合格保证（合称三项保证）。

2）焊接承重结构以及重要的非焊接承重结构的钢材还应具有冷弯试验的合格保证（合称四项保证）。

3）对于需要验算疲劳的焊接结构的钢材应具有常温冲击韧性的合格保证（合称五项保证）。当结构工作温度等于或低于0℃但高于-20℃时，Q235和Q345钢应具有0℃冲击韧性的合格保证（合称六项保证），即须用C级钢；Q390和Q420钢应具有-20℃冲击韧性的合格保证，即须用D级钢。当结构工作温度等于或低于-20℃时，钢材的质量级别还要提高一级，Q235和Q345应选用具有-20℃冲击韧性合格保证（合称七项保证）的D级钢，而Q390和Q420钢应选用-40℃冲击韧性合格保证的E级钢。

4）非焊接结构发生脆性断裂的危险性比焊接结构小些，对材质的要求可比焊接结构适当放宽，但需要验算疲劳的钢材仍应具有常温冲击韧性的合格保证。

三、建筑钢材的规格

钢结构采用的钢材品种主要为热轧钢板和型钢以及冷弯薄壁型钢和压型钢板。钢结构构件一般宜直接选用型钢，这样可减少制造工作量，降低造价。型钢尺寸不够或构件很大时采用钢板制作。

（一）钢板

钢板分厚钢板、薄钢板和扁钢，其规格用符号“一”和宽度×厚度×长度的毫米数表示。如：一 300×10×3000 表示宽度为300mm，厚度为10mm，长度为3000mm的钢板。

厚钢板：厚度大于4mm，宽度600~3000mm，长度4~12m；

薄钢板：厚度小于4mm，宽度500~1500mm，长度0.5~4m；

扁钢：厚度4~60mm，宽度12~200mm，长度3~9m。

（二）热轧型钢

常用的热轧型钢有H型钢、T型钢、工字钢、槽钢、角钢和钢管等，如图5-9所示。

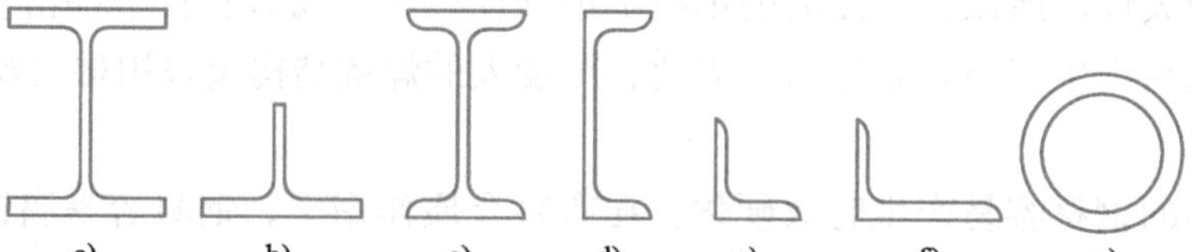

图 5-9 热轧型钢

a）H型钢 b）T型钢 c）工字钢 d）槽钢 e）等边角钢 f）不等边角钢 g）钢管

1. H型钢和T型钢

H型钢和T型钢（全称为剖分T型钢，因其由H型钢对半分割而成，故得名）是近年来我国推广应用的新品种热轧型钢。由于其截面形式较传统型钢（工字钢、槽钢、角钢）合理，使钢材能更好地发挥效能，且内、外表面平行，便于与其他构件连接，因此只需少量加工，便可直接用作柱、梁和屋架杆件。H型钢和T型钢均分为宽、中、窄三种类别，其代号分别为 HW、HM、HN 和 TW、TM、TN，后面加“高度（毫米）×宽度（毫米），例如 HW300×300，即为截面高度为 300mm、翼缘宽度为 300mm 的宽翼缘 H 型钢。T 型钢规格标记与 H 型钢相同。宽、中、窄翼缘 H 型钢见表 D-5，T 型钢见表 D-6。

2. 工字钢

工字钢型号用符号 I 及号数表示，见表 D-1，号数代表截面高度的厘米数。20 号和 32 号以上的普通工字钢，同一号数中又分 a、b 和 a、b、c 类型，同类的普通工字钢宜选用腹板厚度最薄的 a 类，这是因其重量轻，而截面惯性矩相对较大。如 I32a 表示截面高度为 320mm、腹板厚度为 a 类的普通工字钢。我国生产的普通工字钢的规格有 10～63 号，长度为 5～19m，一般宜用于单向受弯构件。

3. 槽钢

槽钢型号用符号“［”及号数表示，见表 D-2，号数也代表截面高度的厘米数。14 号和 25 号以上的普通槽钢，同一号数中又分 a、b 和 a、b、c 类型，我国生产的最大槽钢为 40 号，长度为 5～19m。

4. 角钢

角钢分为等边角钢和不等边角钢两种，见表 D-3 及表 D-4，等边角钢的型号用符号“∟”和肢宽×肢厚的毫米数表示，如 ∟100×10 为肢宽 100mm、肢厚 10mm 的等边角钢。不等边角钢的型号用符号“∟”和长肢宽×短肢宽×肢厚的毫米数表示，如 ∟100×80×8 是为长肢宽 100mm、短肢宽 80mm、肢厚 8mm 的不等边角钢。我国目前生产的最大等边角钢的肢宽为 200mm，最大不等边角钢的肢宽为 200mm×125mm。角钢的长度一般为 3～19m。

5. 钢管

钢管分为无缝钢管和电焊钢管两种，型号用“ϕ”和外径×壁厚的毫米数表示，如 ϕ219×14 为外径 219mm、壁厚 14mm 的钢管。我国生产的最大无缝钢管为 ϕ630×16，最大电焊钢管为 ϕ152×5. 5。

（三）冷弯型钢和压型钢板

建筑中使用的冷弯型钢常用厚度为 1. 5～5mm，薄钢板或钢带经冷轧（弯）或模压而成，故也称为冷弯薄壁型钢，如图 5-10 所示。另外，还有用厚钢板（大于 6mm）冷弯成的方管、矩形管、圆管等称为冷弯厚壁型钢。压型钢板是冷弯型钢的另一种形式，它是用厚度为 0. 3～2mm 的镀锌或镀铝锌钢板、彩色涂层钢板经冷轧（压）成的各种类型的波形板，如图 5-11 所示。冷弯型钢和压型钢板分别适用于轻钢结构的承重构件和屋面、墙面构件。冷弯型钢和压型钢板都属于高效经济截面，由于壁薄，截面几何形状开展，截面惯性矩大，刚度好，故能高效地发挥材料的作用，节约钢材。

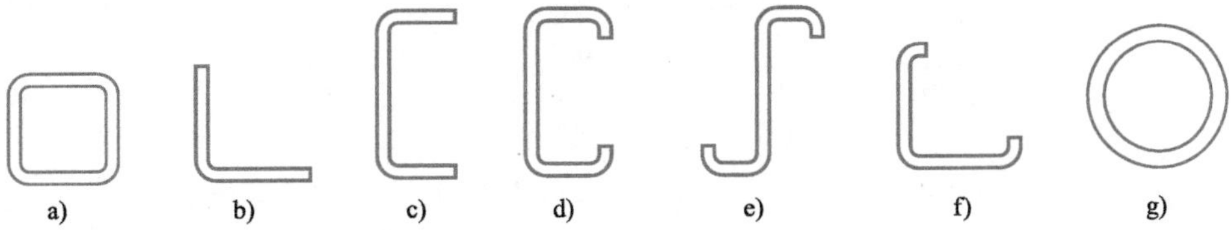

图 5-10　冷弯薄壁型钢

a）方钢管　b）等肢角钢　c）槽钢　d）卷边槽钢　e）卷边 Z 形钢　f）卷边等肢角钢　g）焊接薄壁钢管

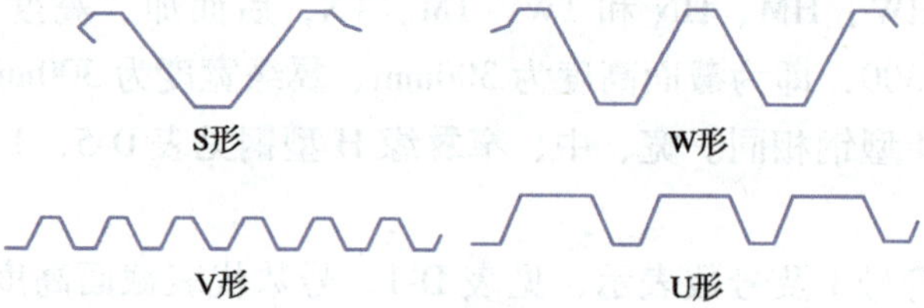

图 5-11　压型钢板

本任务工作单

自测训练

一、填空题

1. 承受动力荷载作用的钢结构，应选用________的钢材。
2. 钢材中磷的含量过多，将使钢材出现________现象。
3. 钢材牌号 Q235-BF，其中 235 表示________，B 表示________，F 表示________。
4. 衡量钢材塑性性能的主要指标是________________。
5. ∟100×10 表示的________________等边角钢。

二、简答题

1. 体现钢材塑性性能的指标是（　　）。
A. 屈服强度　　B. 强屈比　　C. 伸长率　　D. 抗拉强度
2. 在构件发生断裂破坏前，有明显先兆的情况是（　　）的典型特征。
A. 脆性破坏　　B. 塑性破坏　　C. 强度破坏　　D. 失稳破坏
3. 同类钢种的钢板，厚度越大（　　）。
A. 强度越低　　B. 塑性越好
C. 韧性越好　　D. 内部构造缺陷越少
4. 钢材的冷弯试验是判别钢材（　　）的指标。
A. 强度　　B. 塑性　　C. 塑性及冶金质量　　D. 韧性及焊接性
5. 钢材的强度指标是（　　）。
A. 伸长率　　B. 韧性指标　　C. 屈服强度　　D. 冷弯性能
6. 钢结构具有良好的抗震性能是因为（　　）。
A. 钢材的强度高　　B. 钢结构的自重轻
C. 钢材良好的吸能能力和延性　　D. 钢结构的材质均匀

三、简答题

1. 作为结构工程师检验钢材性能指标时，至少要求了解哪几项指标？
2. 列举三种容易引起钢材变“脆”的因素。
3. 影响钢材性能的主要因素有哪些？
4. 钢结构中，选用钢材时考虑哪些主要因素？

四、案例题

表 5-1 为某钢结构工程主结构材料表，根据材料表画出每个构件的截面简图并标注详细尺寸。

表 5-1　某钢结构工程主结构材料表

材料表						
零件编号	规格	长度	数量		质量/kg	
			正	反	单件	总和
1	∟125×80×7	18244	2	2	201.9	807.6
2	∟70×5	1343	4		7.3	29.2
3	∟80×5	1920	2		11.9	23.8

（续）

材料表						
零件编号	规格	长度	数量		质量/kg	
			正	反	单件	总和
4	└63×5	2052	4		9.9	39.6
5	−270×8	390	1		6.6	6.6
6	−305×8	355	1		6.8	6.8
7	−255×8	355	1		5.7	5.7
8	−215×8	250	2		3.4	6.8
9	−215×8	250	2		3.4	6.8
10	I20a	2000	2		55.86	111.72
11	ϕ114×3.5	5500	2		52.47	104.94
12	HN300×150×6.5×9	6000	2		220.2	440.4
13	[20a	4000	2		90.52	181.04
14	C160×60×20×2.5	5000	2		31.4	6.28

任务 2 钢结构的连接设计

任务单

课程	建筑结构				
学习情境五	钢结构设计			学时	16
任务 2	钢结构的连接设计			学时	6
布置任务					
任务目标	1. 熟悉钢结构连接的种类及特点； 2. 了解焊接连接的形式、标注方法和质量检验； 3. 掌握对接焊缝的构造及计算； 4. 熟悉角焊缝的构造要求； 5. 熟悉普通螺栓和高强螺栓的构造要求； 6. 能够在完成任务过程中锻炼职业素养，做到工作程序严谨认真对待，完成任务能够吃苦耐劳主动承担，能够主动帮助小组落后的其他成员，有团队意识，诚实守信、不瞒骗，培养保证质量等建设优质工程的爱国情怀。					
任务描述	根据工程案例设计图对接焊缝节点，校核对接焊缝节点是否安全，工作如下： 1. 根据节点图计算直焊缝内力； 2. 验算直焊缝是否满足要求； 3. 计算斜焊缝内力； 4. 验算斜焊缝是否满足要求。					
学时安排	布置任务与资讯 1 学时	计划 0.5 学时	决策 0.5 学时	实施 3 学时	检查 0.5 学时	评价 0.5 学时
对学生的要求	1. 每名同学均能按照知识思维导图自主学习，并完成知识模块中的自测训练； 2. 严格遵守课堂纪律，学习态度认真、端正，能够正确评价自己和同学在本任务中的素质表现，积极参与小组工作任务讨论，严禁抄袭； 3. 小组讨论钢结构连接节点形式设计方案，能够充分考虑各种影响因素，保证各种节点设计安全可靠； 4. 独立进行对接焊缝计算校核； 5. 讲解对接焊缝校核方案，接受教师与学生的点评，同时参与小组自评与互评。					

任务知识

知识思维导图

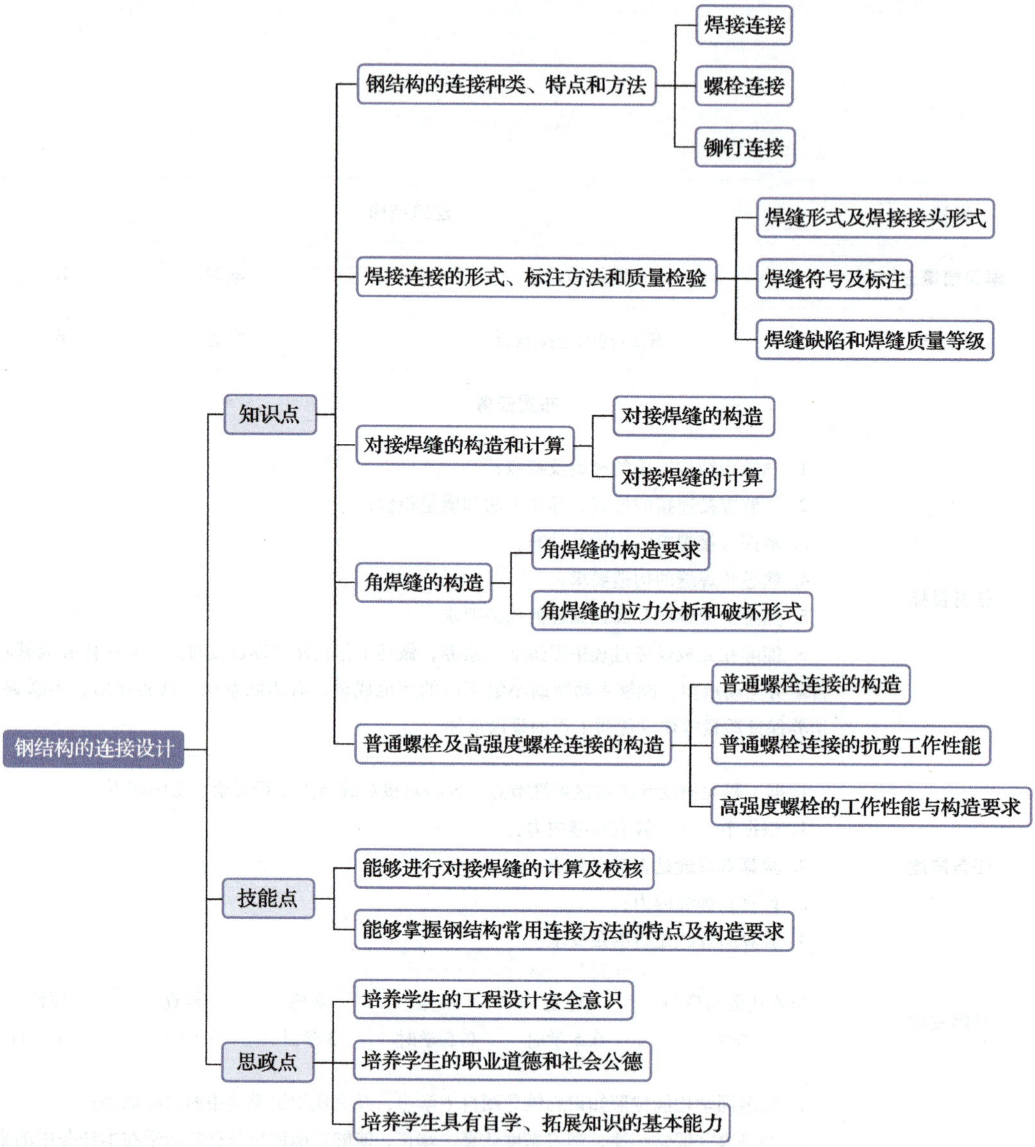

知识模块 1 钢结构的连接种类、特点和方法

钢结构是由各种钢板和型钢通过连接制成的。钢结构在工作过程中，连接部位应有足够的强度；被连接的构件间应保持正确的相互位置，以满足传力和使用要求。所以连接的质量直接影响钢结构的安全和使用寿命，连接的方式方法直接影响钢结构的构造、制作工艺和工程造价。

钢结构的连接种类有焊接连接、铆钉连接和螺栓连接三种，如图 5-12 所示。

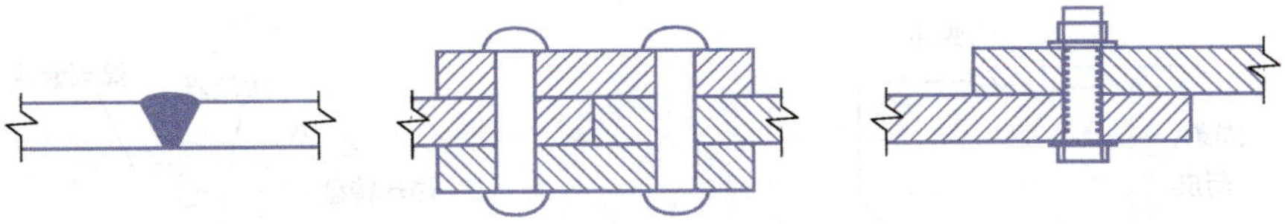

图 5-12 钢结构的连接方式
a）焊接连接 b）铆钉连接 c）螺栓连接

在钢结构的连接中焊接连接应用最为普遍；在螺栓连接中，高强度螺栓连接发展很快，使用越来越多；铆钉连接因其加工不便，且费工费料，较少使用。钢结构连接的加工和安装比较复杂且费工，其多数工序的机械化程度不高，需要大量的人工操作。钢结构连接在整个钢结构的制造和安装作业中占的工作量较大。因此选定连接方案是钢结构设计中的重要环节。钢结构连接时一般采用同一种连接方法，有时也可采用螺栓和焊接共同连接的方法。

一、焊接连接

焊接连接是钢结构连接的最主要、最常用的连接方式。焊接是通过电弧产生热量，使焊条和焊件局部熔化，经冷却凝结成焊缝，使焊件连成一体。钢结构的焊接方法有焊条电弧焊、电阻焊和气焊。

1. 焊条电弧焊

焊条电弧焊的焊缝质量比较可靠，是最常用的一种焊接方法。电弧焊包括手工电弧焊、自动或半自动埋弧焊。

（1）手工电弧焊

手工电弧焊由焊件、焊条、焊钳、电焊机和导线等组成，如图 5-13 所示。手工电弧焊由于电焊设备简单，使用方便，适用于空间全方位焊接，故应用广泛，尤其适用于工地安装焊缝、短焊缝和曲折焊缝。在施工现场进行高空焊接时，只能采用手工电弧焊。但手工电弧焊的生产效率低，且劳动条件差，弧光眩目，焊接质量在一定程度上取决于焊工的技术水平，容易波动。

手工电弧焊的焊条应与焊件的金属强度相适应。Q235 的钢焊件，宜采用 E43 型的焊条；Q345 的钢焊件，宜采用 E50 型的焊条；Q390 和 Q420 的钢焊件，宜采用 E55 型的焊条。当不同种的钢材连接时，宜采用与强度等级低的钢材相适应的焊条。

（2）自动或半自动埋弧焊

自动或半自动埋弧焊（图 5-14）采用没有涂层的焊丝，埋在焊剂层下，通电后由于电弧的作用使焊丝与焊剂熔化。自动埋弧焊由于电弧热量集中，故熔深大，焊缝质量均匀，内部缺陷少，塑性和冲击韧性都好，优于手工焊，适用于直长焊缝。半自动埋弧焊的质量介于自动埋弧焊和手工电弧焊之间。自动或半自动埋弧焊的速度快，生产效率高，成本低，劳动条件好。但由于焊机须沿着顺焊缝的导轨移动，故要有一定的操作条件，使其应用受到了限制。因此，自动或半自动埋弧焊只适用于梁、柱、板等的大批量拼装制造焊缝。

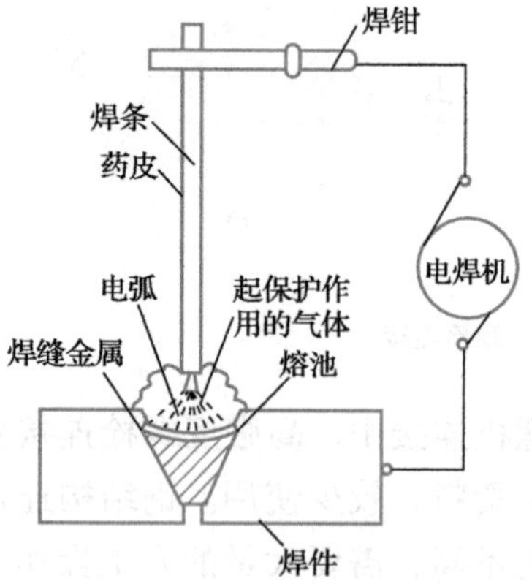

图 5-13　手工电弧焊示意图

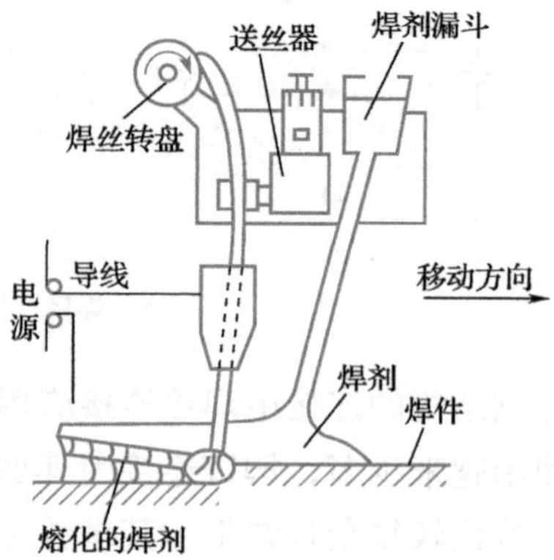

图 5-14　自动埋弧焊示意图

2. 电阻焊

电阻焊利用电流通过接触点表面的电阻产生的热量来熔化金属，再通过压力使焊件焊合，如图 5-15 所示。薄壁型钢焊件常采用电阻焊。电阻焊适用于板叠厚度不超过 12mm 的焊接。

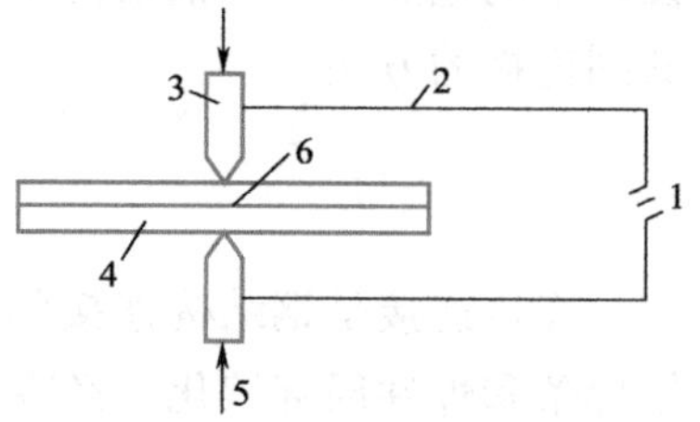

图 5-15　电阻焊示意图
1—电源　2—导线　3—夹头
4—焊件　5—压力　6—焊缝

3. CO_2 气体保护焊

CO_2 气体保护焊是用喷枪喷出 CO_2 气体作为电弧的保护介质，使熔化金属与空气隔绝，以保持焊接过程稳定。CO_2 气体保护焊的电弧产生及焊接原理与手工焊和埋弧焊相似，其区别在于没有手工焊条药皮及埋弧焊剂产生的大量熔渣，故便于观察焊缝的成形过程，但操作时须在室内避风处，在工地则须搭设防风棚。气体保护施焊电弧使加热集中，焊接速度快，熔深大，故焊缝强度高于手工焊缝强度，塑性好。CO_2 气体保护焊采用高锰高硅型焊丝，具有较强的抗锈能力，焊缝不易产生气孔，适用于低碳钢、低合金高强度钢的焊接，尤其适合于厚钢板或特厚钢板（t>100mm）的焊接。气体保护焊即可用手工操作，也可进行自动焊接。

钢结构的焊接优点是焊件间可直接焊接，不需要辅助零件，构造简单，加工方便，省料；不需要在钢材上打孔钻眼，不削弱构件的截面，使材料可以充分利用，省工；易于自动化操作；连接的密闭性好，且刚度大。焊接的缺点是焊缝质量易受钢材质量和焊接操作的影响；焊接后会在焊件内产生焊接应力和焊接变形；焊接结构对裂纹很敏感，一旦局部发生裂缝便有可能迅速扩展到整个截面，尤其在低温下容易发生脆性断裂；焊缝质量要通过多种途径的检验来保证。

二、螺栓连接

螺栓连接的操作方法是先在构件上开孔，然后通过扳手拧紧螺栓产生紧固力，使被连接板件连接成一体。螺栓连接分为普通螺栓连接和高强度螺栓连接两种。

1. 普通螺栓连接

普通螺栓制作材料为 Q235 钢材，材料的强度较低，扭紧螺帽时螺栓产生的预拉力很小，由板件接触面挤压力产生的摩擦力忽略不计。普通螺栓连接抗剪时是依靠孔壁承压和栓杆抗剪来传力。

普通螺栓有A、B级和C螺栓两种。A、B级螺栓为精制螺栓，适用于Ⅰ类孔，即螺栓孔径比螺栓杆直径大0.18~0.25mm。螺栓孔径与螺栓杆直径差很小，故要求尺寸准确，精度较高，螺栓孔壁和螺栓杆表面需加工磨光，精制螺栓施工安装困难，费工，目前建筑工程很少使用。

C级螺栓为粗制螺栓，适用于Ⅱ类孔，即螺栓孔径比螺栓杆直径大1.5~2.0mm。其优点是螺栓表面不加工，尺寸不太准确，成本低，施工简单，拆装方便。其缺点是由于螺栓杆与螺栓孔之间存在着较大的空隙，当传递剪力时，连接变形较大，工作性能较差。但传递拉力的性能仍较好，故宜用于承受拉力的连接，次要结构、可拆卸结构的受剪连接或安装时的临时固定。

普通螺栓常用的螺栓直径为M18、M20、M22、M24，按照力学性能等级分为4.6、4.8、5.6、5.8、6.8级。

2. 高强度螺栓连接

高强度螺栓采用高强度钢材制作，一般由低合金钢等高强度钢材经热处理制成，因而可以对其螺栓杆施加强大的紧固预拉力，使被连接构件的接触面之间产生挤压力，形成接触面之间垂直于螺栓杆方向受剪时的摩擦力。依靠接触面间的摩擦力来阻止其相对滑移，以达到传递外力的目的。

高强度螺栓适用于Ⅱ类孔。常用直径为M16、M20、M22、M24，按照性能等级分为8.8、10.9级。高强度螺栓连接保持着普通螺栓连接施工条件好、安装方便、可以装拆等优点，其制孔要求大致与C级螺栓连接相当（承压型螺栓孔径比螺栓杆直径大1.0~2.0mm）。高强度螺栓连接的缺点是在材料、扳手、制造和安装方面有一些特殊的技术要求，价格昂贵。

高强度螺栓连接受剪力时，按传力方式不同可分为摩擦型和承压型两种。

高强度螺栓摩擦型连接受剪设计时，以外剪力达到板件接触面间的最大摩擦力为极限状态，即保证连接在整个使用期间外剪力不超过其最大摩擦力为准则。这样，板件间不会发生相对滑移变形，被连接板件弹性整体受力。由于摩擦型螺栓具有连接紧密、受力可靠、耐疲劳、可拆换、安装简单以及动力荷载作用下不易松动等优点，因此在桥梁、工业与民用建筑结构中得到广泛应用。

高强度螺栓承压型连接起初由摩擦传力，在被连接件间的摩擦力被克服后则依靠栓杆抗剪和孔壁承压传力，以杆身剪切或孔壁承压破坏，即达到连接的最大承载力作为连接受剪的极限状态，故其后期受力性能与普通螺栓连接相同。高强度螺栓承压型连接，由于摩擦力被克服产生相对滑移后可以继续承载，所以其设计承载力高于摩擦型，因而可节省螺栓用量，也具有连接紧密，可拆换，安装简单等优点，但与摩擦型相比，变形大，整体性和刚度较差，动力性能差，实际强度储备小，只限于承受静力或间接动力荷载结构中允许发生一定滑移变形的连接。

三、铆钉连接

铆钉连接的操作方法是先在构件上开孔，然后将一端带有半圆形预制钉头的且钉杆烧红的铆钉，迅速插入被连接构件的钉孔中，再用铆钉枪将另一端也打铆成钉头，以使连接达到紧固。铆钉连接在受力和计算上与普通螺栓连接相仿，其特点是传力可靠，塑性、韧性较好，质量易于检查，适合于承受动力荷载的结构、荷载较大和跨度较大的结构。但因其劳动强度大，打铆时噪声大，连接费工费料，目前已极少使用，多被焊接和高强度螺栓连接所代替，仅在一些重型和直接承受动力荷载的结构中偶尔使用。

知识模块 2 焊接连接的形式、标注方法和质量检验

一、焊缝形式及焊接接头形式

1. 焊缝形式

焊缝形式是指焊缝本身的截面形式，分为坡口焊缝形式和角焊缝形式。

坡口焊缝是指被连接板件边缘相对焊接。因为在施焊时，焊件间须具有适合于焊条运转的空间，因此一般均将焊件边缘开成坡口，熔敷金属通过施焊填充在坡口内形成的焊缝。所以坡口焊缝是被连接板件的组成部分。

坡口焊缝按是否焊透还分为焊透和不焊透两种。焊透的坡口焊缝强度高，受力性能好，故应用广泛。

角焊缝是将板件搭接，沿板件边缘施焊形成的截面形式，角焊缝不必对板件边缘加工，熔敷金属通过施焊填充在由被连接板件形成的直角或斜角区域内，分为直角角焊缝和斜角角焊缝。斜角角焊缝主要用于钢管结构中，除钢管结构外，斜角角焊缝一般不宜用作受力焊缝。直角角焊缝受力性能较好，应用广泛，角焊缝一词通常是指这种焊缝。

2. 焊接接头形式

根据被连接构件间的相互位置，焊件接头形式分为平接、搭接、T 形连接和角接四种形式，如图 5-16 所示。在具体应用时，应根据连接的受力情况，结合制造、安装和焊接条件进行选择。

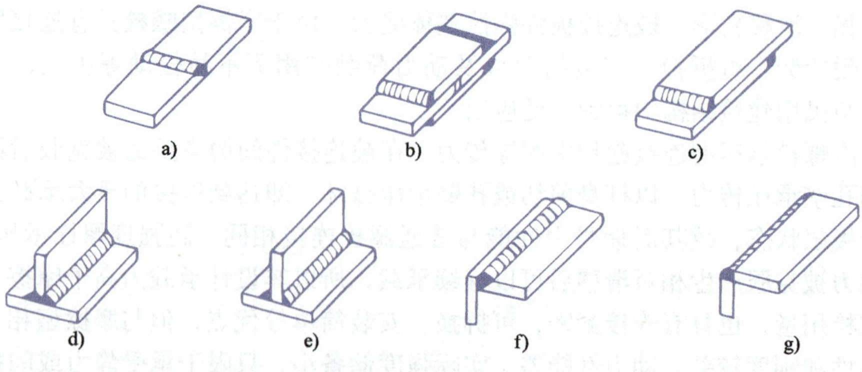

图 5-16 焊接接头形式

a)、b) 平接接头 c) 搭接接头 d)、e) T 形接头 f)、g) 角接接头

平接接头，其焊缝形式有坡口焊缝（图 5-16a），也称为对接焊缝。其特点是用料经济，传力平顺均匀，没有明显的应力集中，静力强度和疲劳强度都很高；但焊件边缘需

要剖口加工，下料尺寸必须精确，故制造较费工。也可采用角焊缝加盖板的平接接头（图 5-16b），其特点是允许下料尺寸有偏差，制造省工，但用料不经济，多用钢板和焊条，传力要通过盖板，应力集中严重，静力强度和疲劳强度较低。

搭接接头，其焊缝形式为角焊缝（图 5-16c）。其特点和加盖板的平接连接相似，传力不均匀，材料较费，但由于构造简单，施工方便，故应用广泛。

T 形接头，其焊缝形式可以是坡口焊缝（图 5-16d），采用 K 形坡口的对接焊缝。其疲劳强度高，适用于繁重操作（重级工作制和起重量 Q 为 50t 的中级工作制）的吊车梁腹板与上翼缘的连接。T 形接头也可以是角焊缝（图 5-16e），即采用双面角焊缝连接的 T 形连接，它的特点是构造简单，省工省料，但因截面有突变，应力集中严重，疲劳强度低。

角接接头，其焊缝形式一般为角焊缝（图 5-16f），也可采用腹板边缘开坡口的对接焊缝（图 5-16g），特点是构造简单，不费料，焊缝主要是起联系作用，但焊接位置要求准确。在具体应用时，应根据连接的受力情况，结合制造、安装和焊接条件进行合理选择。

3. 施焊方位

焊缝按施焊时焊缝与焊件之间的相对空间位置，分为平焊、立焊、横焊和仰焊四种，如图 5-17 所示。平焊也称为俯焊，施焊方便，质量易保证；在工程施焊时，由于焊件不能翻转，因而出现一些横焊、立焊和仰焊，横焊和立焊比平焊较难操作，质量和效率均低于平焊，仰焊是操作最困难的，施焊位置最差，焊缝质量不易保证。故设计时，应根据实际条件详细考虑每条焊缝的施焊方位，特别是工地施焊的焊缝，由于焊件不易翻转，更应注意使主要焊缝大多数处于平焊位置，尽量避免仰焊。

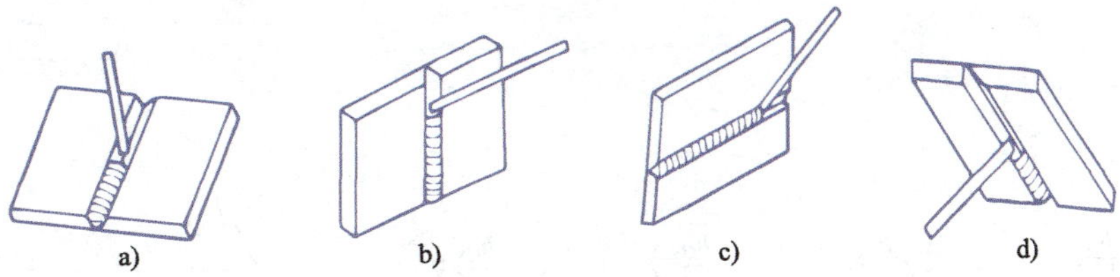

图 5-17　焊缝的施焊方位

a）平焊　b）立焊　c）横焊　d）仰焊

二、焊缝符号及标注

钢结构施工图上，要用焊缝代号表明焊缝的形式、尺寸和辅助要求。焊缝一般应按《焊缝符号表示法》（GB/T 324—2008）和《建筑结构制图标准》（GB/T 50105—2010）的规定，将焊缝的形式、尺寸和辅助要求用焊缝符号在钢结构施工图中标注，如图 5-18 所示。

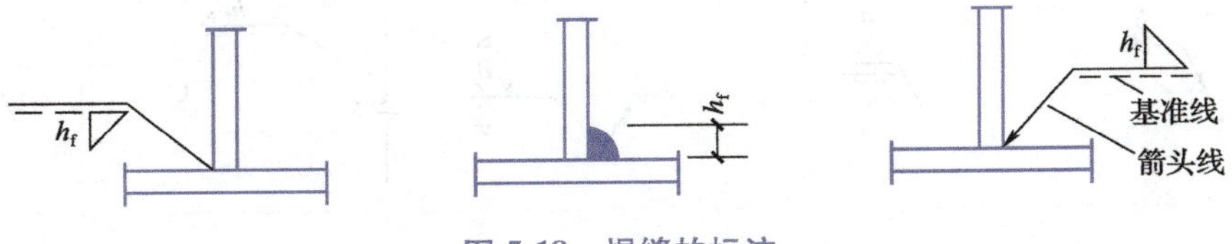

图 5-18　焊缝的标注

完整的焊缝符号包括基本符号、指引线、补充符号、尺寸符号及数据等。一般在图中标注焊缝时只采用基本符号和指引线，其他内容在有关的文件中（如焊接工艺规程等）明确。基本符号表示焊缝横截面的基本形式或特征。补充符号用来补充说明有关焊缝或接头的某些特征（如表面形状、衬垫、焊缝分布、施焊地点等）。

在焊缝符号中，基本符号和指引线为基本要素。焊缝的准确位置由基本符号和指引线之间的相对位置决定，具体位置包括：箭头的位置，基准线的位置，基本符号的位置。指引线由箭头线和基准线（实线和虚线）组成。箭头指向的焊接一侧为箭头侧，与之相对的焊缝另一侧为非箭头侧。基本符号在实线侧时，表示焊接在箭头侧；基本符号在虚线侧时，表示焊缝在非箭头侧；对称焊缝允许省略虚线；有些双面焊缝也可省略虚线。基准线一般应与图样的底边平行，必要时也可与底边垂直。

《焊缝符号表示法》（GB/T 324—2008）规定的标注规则为：横向尺寸标注在基本符号的左侧；纵向尺寸标注在基本符号的右侧；坡口角度、坡口面角度、根部间隙标注在基本符号的上侧或下侧；相同焊缝数量标注在尾部；当尺寸较多不易分辨时，可在数据前标注相应的尺寸符号。当箭头方向改变时，上述规则不变。当焊缝分布不规则时，在标注焊缝符号的同时，还可以在焊缝位置处加栅线表示。钢结构中常用的焊缝符号见表 5-2。

表 5-2　钢结构中常用的焊缝符号

	角焊缝					
	单面焊缝	双面焊缝	搭接接头	安装焊缝	双 T 形接头	塞焊缝
焊缝形式	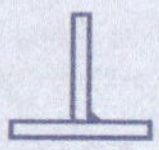	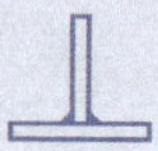	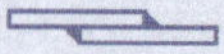	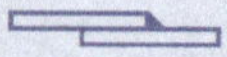	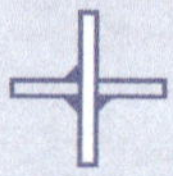	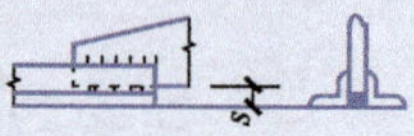
符号标注	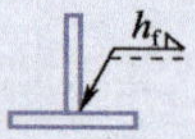	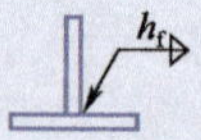	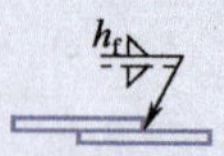	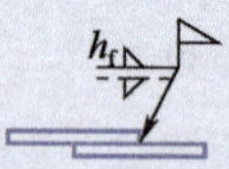	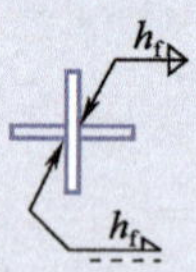	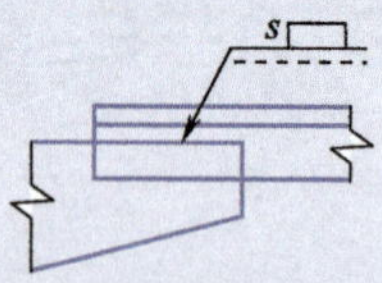

	对接焊缝			三面围焊	周围焊缝
	I 形坡口	V 形坡口	T 形接头（不焊透）		
焊缝形式	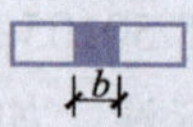	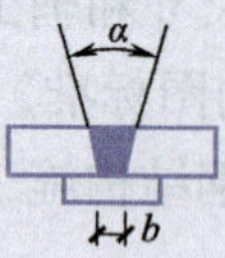	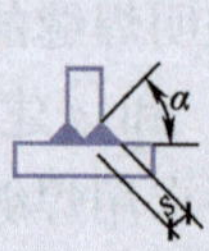	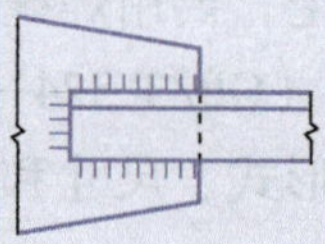	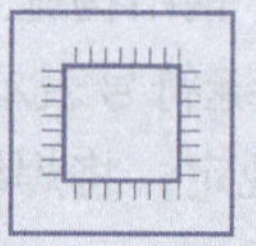
符号标注	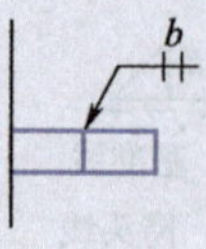	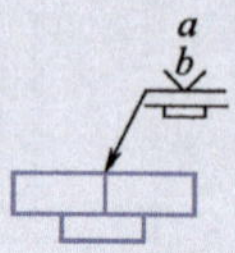	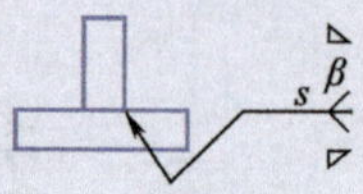	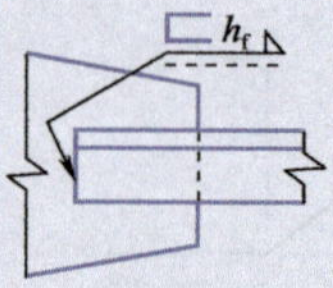	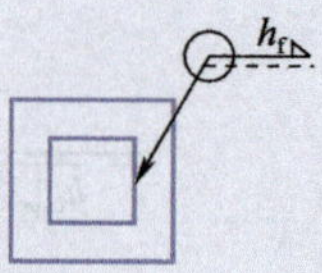

三、焊缝缺陷和焊缝质量等级

1. 焊缝缺陷

焊缝的缺陷是指在焊接过程中，产生于焊缝金属或附近热影响区钢材表面或内部的缺陷。最常见的缺陷有裂纹、焊瘤、烧穿、咬边、气孔、夹渣、弧坑、未熔合、未焊透及焊缝外形尺寸不符合要求、焊缝成形不良等，如图 5-19 所示。

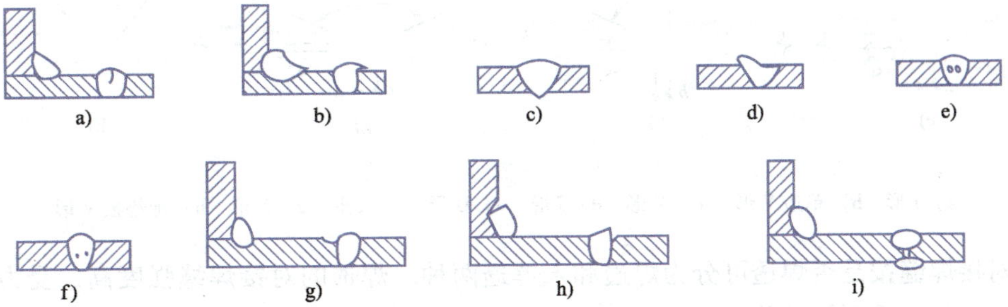

图 5-19　焊缝的缺陷种类

a）裂纹　b）焊瘤　c）烧穿　d）咬边　e）气孔　f）夹渣　g）弧坑　h）未熔合　i）未焊透

焊缝缺陷将直接影响焊缝质量和连接强度，使焊缝受力面积削弱，且在缺陷处引起应力集中，导致裂纹产生，并由裂纹扩展引起断裂，施工施焊应引起足够的重视。

2. 焊缝质量检验

焊缝缺陷不同程度地降低了焊件的承载能力，影响结构的工作性能。为保证焊缝工作的可靠性，对焊缝质量需进行质量检验。《钢结构工程施工质量验收标准》（GB 50205—2020）规定，焊缝质量检查标准分为三级，其中第三级只要求通过外观检查，即检查焊缝实际尺寸是否符合设计要求和有无看得见的裂纹、咬边等缺陷。对于重要结构或要求焊缝金属强度等于被焊金属强度的对接焊缝，必须进行一级或二级质量检验，即在外观检查的基础上再做无损检验。其中二级要求用超声波检验每条焊缝的 20% 长度，一级要求用超声波检验每条焊缝全部长度，以便揭示焊缝内部缺陷。对于焊缝缺陷的控制和处理，见《钢结构超声波探伤及质量分级法》（JG/T 203—2007）。对承受动载的重要构件焊缝，还可增加射线探伤。焊缝质量与施焊条件有关，对于施焊条件较差的高空安装焊缝，其强度设计值应乘以折减系数 0.9。焊缝质量等级须在施工图中标注，但三级不必标注。

知识模块 3 ▶▶ 对接焊缝的构造和计算

一、对接焊缝的构造

1. 对接焊缝坡口的形式

通常把坡口焊缝称为对接焊缝。对接焊缝连接的板件常需把焊件的焊接边缘加工成 I 形或各种形式的坡口，如图 5-20 所示。坡口的形式由焊件厚度和施焊条件来确定，以保证焊缝质量、便于施焊和减小焊缝截面为原则，一般由制造厂结合工艺条件并根据国家标准来确定。

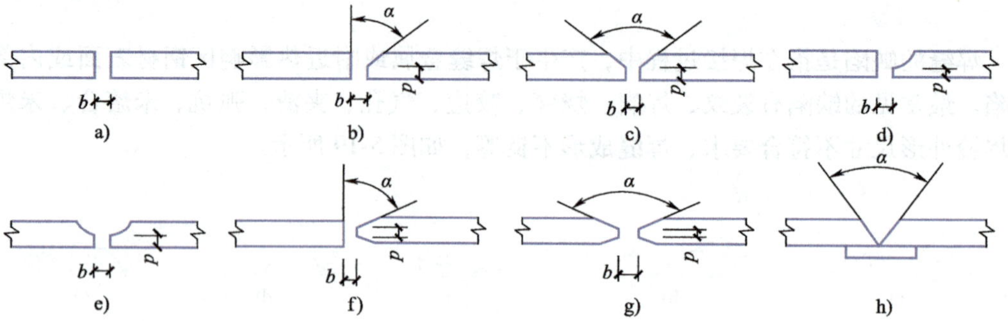

图 5-20　对接焊缝坡口的形式

a）I 形　b）单边 V 形　c）V 形　d）J 形　e）U 形　f）K 形　g）X 形　h）加垫板 V 形

对接焊缝按是否焊透可分为焊透和未焊透两种。焊透的对接焊缝强度高，受力性能好，故一般均采用焊透的对接焊缝。只有当板件较厚而内力较小或甚至不受力时，才可采用未焊透的对接焊缝，以省工省料和减小焊接变形。但由于是未焊透的焊缝，应力集中和残余应力严重，对于直接承受动力荷载的构件不宜采用。以下仅对焊透的对接焊缝的构造和计算加以详细论述。

2. 不同宽度或厚度的钢板拼接

当对接焊缝拼接的钢板宽度不同或厚度相差 4mm 以上时，应在宽度或厚度方向从一侧或两侧做成坡度不大于 1 : 2.5 的斜坡，如图 5-21 所示，以使截面平缓过渡，减少应力集中。当厚度相差不大于 4mm 时，可不做斜坡，因焊缝表面形成的斜度即可满足平缓过渡的要求。

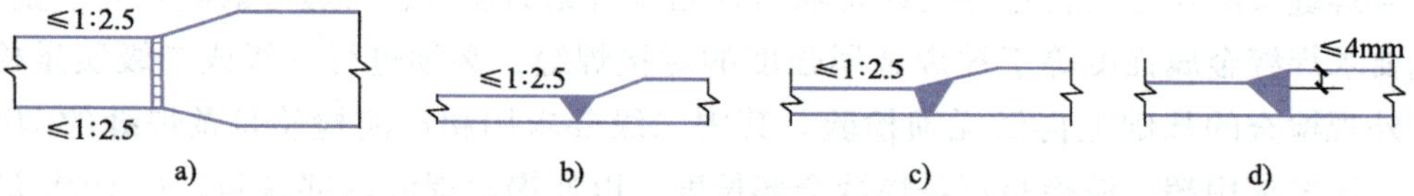

图 5-21　不同宽度或厚度的焊接拼接要求

a）宽度不同　b）、c）、d）厚度不同

3. 引弧板的设置

在对接焊缝的起弧落弧处，常出现弧坑等缺陷，以致引起应力集中并易产生裂纹，这对承受动力荷载的结构尤为不利。为了消除焊口的缺陷，《钢结构工程施工质量验收标准》（GB 50205—2020）规定各种接头的对接焊缝均应在焊缝的两端设置引弧板（图 5-22），这样，起弧落弧均在引弧板上发生。引弧板材质和坡口形式应与焊件的相同，引弧的焊缝长度为：埋弧焊应大于 50mm，手工电弧焊及气体保护焊应大于 20mm，并应在焊接完毕用气割切除，并修磨平整。对某些特殊情况无法采用引弧板时，则应在计算中将每条焊缝的长度减去 $2t$（此处 t 为较薄焊件厚度），

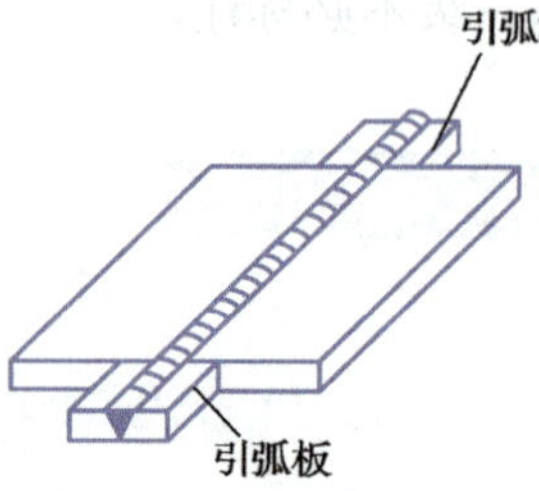

图 5-22　引弧板

但这仅限于承受静力荷载或间接承受动力荷载结构的焊缝。

在直接承受动载的结构中，为提高疲劳强度，应将对接焊缝的表面磨平，打磨方向应与应力方向平行。垂直于受力方问的焊缝应采用焊透的对接焊缝，不宜采用部分焊透的对接焊缝。

二、对接焊缝的计算

对接焊缝位于被焊构件之间，焊接完成后，对接焊缝可视为被焊构件的一部分，其截面与被焊构件截面相同，在受力时应与被焊构件等强。计算时可应用材料力学中各种受力状态下构件强度的计算公式。

1. 轴心受力构件的对接焊缝

当外力作用于对接焊缝的垂直方向时，如图 5-23 所示，应按式（5-5）计算：

$$\sigma=\frac{N}{l_w t}\leqslant f_t^w \quad 或 \quad f_c^w \tag{5-5}$$

式中　N——轴心拉力（轴心压力）设计值，N/mm²；

l_w——焊缝的计算长度，当采用引弧板时取焊缝的实际长度，当未采用引弧板时，每条焊缝取实际长度减去 $2t$（引弧、灭弧端各减 t）；

t——在对接接头中为连接板件中的较小厚度，不考虑焊缝余高，在 T 形连接中为腹板厚度；

f_t^w、f_c^w——对接焊缝的抗拉、抗压强度设计值，根据焊缝质量检验等级按表 B-2 选用。

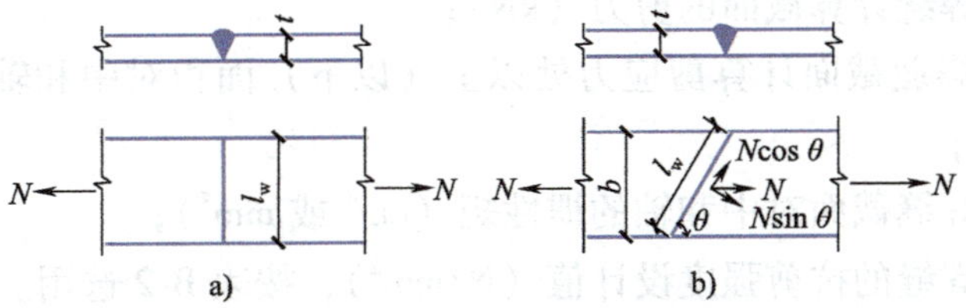

图 5-23　轴心受力构件的对接焊缝连接

a）正对接焊缝　b）斜对接焊缝

对接焊缝的抗压及抗拉强度设计值均与钢材的相同，而抗拉强度设计值也只在焊缝质量检验标准为三级时才较低。这是因为在对接焊缝中，即使有缺陷，在承受压力或剪力作用时，对焊缝强度尚无明显影响，但在承受拉力作用时则影响显著。由于一、二级质量标准的焊缝缺陷较少，其影响也小，而三级质量标准的焊缝缺陷一般较多，其抗拉强度通常只能达到钢材的 85%，故强度设计值按钢材的 85%取用。所以三级质量检验标准的对接焊缝承受拉力作用且无法采用引弧板时需要按式（5-5）进行计算。

当正对接焊缝（图 5-23a）的连接经式（5-5）计算不满足强度要求时，可采用斜对接焊缝（图 5-23b）。斜焊缝可加长焊缝，提高连接的承载力，但较费材料。《钢结构设计标准》（GB 50017—2017）规定，当斜焊缝与作用力间的夹角符合 $tg\theta\leqslant1.5$ 时，其强度超过母材，可不作计算。

2. 受弯矩、剪力共同作用的对接焊缝

对接焊缝在弯矩和剪力共同作用时，如图 5-24 所示，应根据焊缝截面的应力分布，

确定危险点处的应力状态，并按材料力学公式计算。

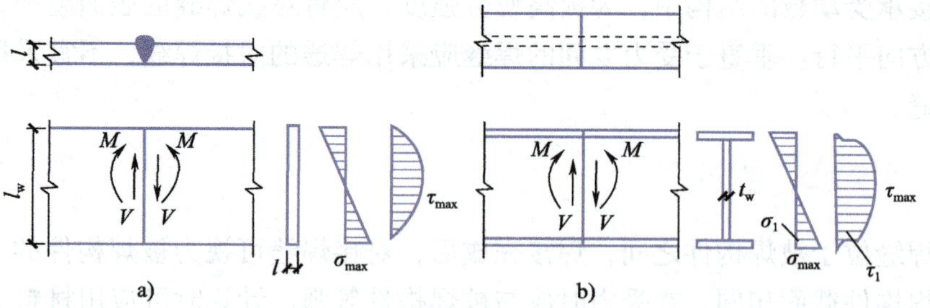

图 5-24　弯矩和剪力共同作用时的对接焊缝连接
a）矩形截面　b）工字形截面

（1）矩形截面的对接焊缝

矩形截面的对接焊缝连接形式及应力分布如图 5-24a 所示。最大弯曲正应力和最大剪应力不在同一点处，应分别按式（5-6）和式（5-7）计算最大正应力与最大剪应力。

$$\sigma_{\max}=\frac{M}{W_{\mathrm{w}}}=\frac{6M}{l_{\mathrm{w}}^{2}t}\leqslant f_{\mathrm{t}}^{\mathrm{w}}\quad 或\quad f_{\mathrm{c}}^{\mathrm{w}}\tag{5-6}$$

$$\tau_{\max}=\frac{VS_{\mathrm{w}}}{I_{\mathrm{w}}t}=1.5\frac{V}{l_{\mathrm{w}}t}\leqslant f_{\mathrm{v}}^{\mathrm{w}}\tag{5-7}$$

式中　M——对接焊缝计算截面的弯矩（kN·m）；

W_{w}——对接焊缝截面抵抗矩（cm^3 或 mm^3）；

V——对接焊缝计算截面的剪力（kN）；

S_{w}——对接焊缝截面计算剪应力处以上（以下）面积对中和轴的面积矩（cm^3 或 mm^3）；

I_{w}——对接焊缝截面对中和轴的惯性矩（cm^4 或 mm^4）；

$f_{\mathrm{v}}^{\mathrm{w}}$——对接焊缝的抗剪强度设计值（$N/mm^2$），按表 B-2 选用。

（2）工字形、T 形截面的对接焊缝

工字形截面（图 5-24b）、T 形截面的对接焊缝构件，在弯矩和剪力共同作用时，计算截面中的最大弯曲正应力与最大剪应力同样不在同一点处，所以应按式（5-6）计算最大正应力；按式（5-8）计算最大剪应力。

$$\tau_{\max}=\frac{VS_{\mathrm{w}}}{I_{\mathrm{w}}t_{\mathrm{w}}}\leqslant f_{\mathrm{v}}^{\mathrm{w}}\tag{5-8}$$

位于翼缘与腹板连接处“1”点处的对接焊缝受弯曲正应力和剪应力的共同作用，虽然不是最大，但弯曲正应力仍较大，而剪应力值突变增量较大，此处需按复杂应力状态计算其折算应力，折算应力按式（5-9）计算。

$$\sqrt{\sigma_1^2+3\tau_1^2}\leqslant 1.1f_{\mathrm{t}}^{\mathrm{w}}\tag{5-9}$$

$$\sigma_1=\frac{M}{W_{\mathrm{w}}}\frac{h_0}{h}=\sigma_{\max}\frac{h_0}{h}$$

$$\tau_1=\frac{VS_1}{I_{\mathrm{w}}t_{\mathrm{w}}}$$

式中 σ_1——翼缘与腹板对接焊缝“1”点处的正应力（N/mm^2）；

τ_1——翼缘与腹板对接焊缝“1”点处的剪应力（N/mm^2）；

h——型钢截面高度（mm）；

h_0——腹板高度（mm）；

S_1——工字形对接焊缝截面剪应力计算处外侧截面对中和轴的面积矩（cm^3 或 mm^3）；

t_w——工字形截面的腹板厚度（cm 或 mm）；

1.1——考虑最大折算应力只发生在焊缝的局部，而焊缝强度最低值与最不利应力同时存在的几率较小，故将其强度设计值提高10%。

3. 轴力、弯矩和剪力共同作用时的对接焊缝

对接焊缝在弯矩、剪力和轴力共同作用下的连接形式，如图5-25所示。

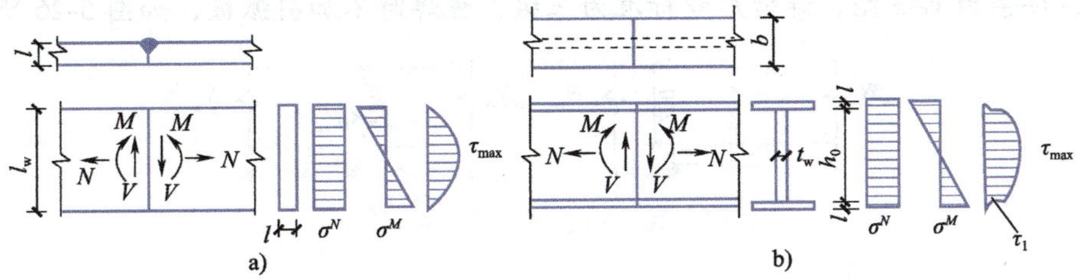

图5-25 弯矩、剪力和轴力共同作用时的对接焊缝连接

a）矩形截面 b）工字形截面

（1）矩形截面的对接焊缝

矩形截面对接焊缝的连接（图5-25a）在轴力、弯矩和剪力共同作用下，轴力和弯矩使焊缝截面不均匀受拉（或受压）和均匀受剪，经对焊缝截面进行经受力分析，确定焊缝截面应力最大处并对其进行计算。最大正应力按式（5-10）计算，最大剪应力按式（5-8）计算：

$$\sigma_{max}=\sigma_N+\sigma_M\frac{M}{l_w t}+\frac{M}{W_w}\leqslant f_t^w \quad 或 \quad f_c^w \tag{5-10}$$

当轴力较大而弯矩相对较小时，在剪应力最大处（中和轴）虽然弯曲正应力为零，但此处尚受较大轴向应力和最大剪应力共同作用，因此还需计算该处的折算应力：

$$\sqrt{\sigma_N^2+3\tau_{max}^2}\leqslant 1.1f_t^w \tag{5-11}$$

（2）工字形截面的对接焊缝

工字形截面对接焊缝连接（图5-25b）在轴力、弯矩和剪力共同作用下，由轴力和弯矩产生的叠加正应力应按式（5-12）计算：

$$\sigma_{max}=\sigma_N+\sigma_M\frac{N}{A_w}+\frac{M}{W_w}\leqslant f_t^w \quad 或 \quad f_c^w \tag{5-12}$$

最大剪应力应按式（5-8）计算；

$$\tau_{max}=\frac{VS_w}{I_w t_w}\leqslant f_v^w \tag{5-8}$$

位于翼缘与腹板连接处“1”点处的焊缝正应力为轴心力和“1”点处弯矩产生的应力之和，该点处的剪应力虽然不是最大，但突变增量较大，此处属于复杂应力状态，其

折算应力按式（5-13）计算：

$$\sqrt{(\sigma_N+\sigma_M)^2+3\tau_1^2}\leqslant 1.1f_t^w \tag{5-13}$$

· 工程案例 ·

工程案例：对接焊缝计算

1. 计算要求

验算钢板的对接焊缝的强度。

2. 基本资料

钢板宽度为200mm，板厚为14mm，轴心拉力设计值为$N=490\text{kN}$，钢材为Q235，手工焊，焊条为E43型，焊缝质量标准为三级，施焊时不加引弧板，如图5-26所示。

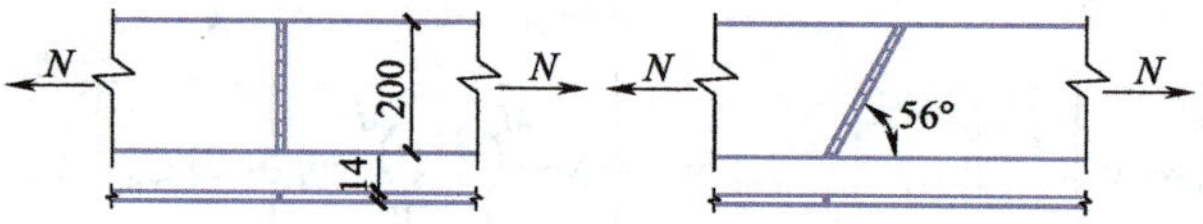

图5-26　轴心受力的对接焊缝

解：查表B-2得$f_t^w=185\text{N/mm}^2$，$f_v^w=125\text{N/mm}^2$

焊缝计算长度$l_w=(200-2\times14)\text{mm}=172\text{mm}$

焊缝正应力为

$$\sigma=\frac{490\times10^3}{172\times14}\text{N/mm}^2=203.5\text{N/mm}^2>f_t^w=185\text{N/mm}^2$$

不满足要求，改为斜对接焊缝。取焊缝斜度为1.5∶1，相应的倾角$\theta=56°$，焊缝长度

$$l'_w=\left(\frac{200}{\sin56°}-2\times14\right)\text{mm}=213.2\text{mm}$$

此时焊缝正应力为

$$\sigma=\frac{N\sin\theta}{l'_w t}=\frac{490\times10^3\times\sin56°}{213.2\times14}\text{N/mm}^2=136.1\text{N/mm}^2<f_t^w=185\text{N/mm}^2$$

剪应力为

$$\tau=\frac{N\cos\theta}{l'_w t}=\frac{490\times10^3\times\cos56°}{213.2\times14}\text{N/mm}^2=91.80\text{N/mm}^2<f_v^w=125\text{N/mm}^2$$

斜焊缝满足要求。$\text{tg}56°=1.49$，这也说明当$\text{tg}\theta\leqslant1.5$时，焊缝强度能够保证，可不必计算。

知识模块 4 ▶▶ 角焊缝的构造

一、角焊缝的构造要求

1. 角焊缝的形式

角焊缝分为直角角焊缝和斜角角焊缝两类，如图5-27所示。直角角焊缝受力性能较好，广泛用于建筑钢结构中；斜角角焊缝一般不宜用作受力焊缝，主要用于钢管结构中。

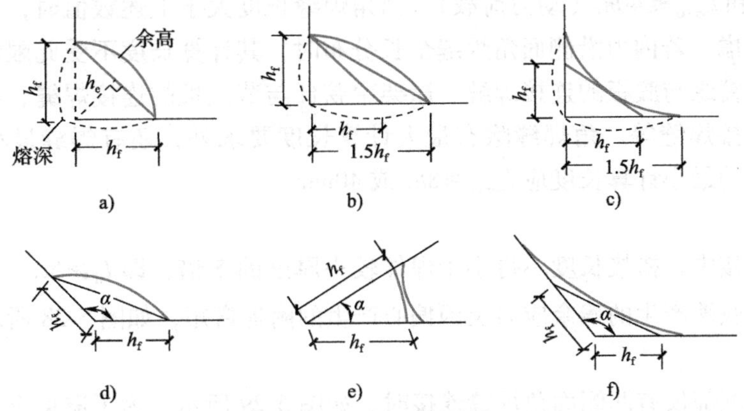

图 5-27　角焊缝的形式

直角角焊缝的计算高度为其截面45°角所在截面高度 $h_e = 0.7h_f$，并且不计凸起部分的余高（图 5-27a）；凹形角焊缝计算高度按图 5-27c 取；其他非直角角焊缝高度按图 5-27d、e、f 取。

直角角焊缝按其与外力方向的关系分为三种：焊缝长度方向与外力作用方向平行，称为侧面角焊缝（侧焊缝）；焊缝长度方向与外力作用方向垂直，称为正面角焊缝（端焊缝）；焊缝长度方向与外力作用方向既不平行也不垂直，称为斜向角焊缝。

2. 最大和最小焊脚尺寸 h_f

角焊缝的焊脚尺寸是指焊缝根角至焊缝外边的尺寸 h_f，如图 5-27a 所示。

（1）最小焊脚尺寸规定

焊脚尺寸不宜过小，当焊件较厚而焊脚过小时，焊缝内部将因冷却过快而产生裂纹。手工焊角焊缝应满足 $h_{fmin} \geqslant 1.5\sqrt{t_{max}}$，$t_{max}$ 为较厚焊件的厚度，单位为 mm。自动焊因热量集中，熔深较大，最小焊脚应满足 $h_{fmin} \geqslant 1.5\sqrt{t_{max}}-1\text{mm}$；T 形接头的单面角焊缝性能较差，最小焊脚厚度应满足 $h_{fmin} \geqslant 1.5\sqrt{t_{max}}+1\text{mm}$；当焊件厚度 $t \leqslant 4\text{mm}$ 时，h_{fmin} 应与焊件厚度相等。

（2）最大焊脚尺寸规定

角焊缝焊脚尺寸也不宜过大，以避免热量过大烧穿较薄焊件。因此最大焊脚尺寸应符合 $h_{fmin} \leqslant 1.2t_{min}$ 要求，t_{min} 为较薄焊件的厚度。

位于焊件边缘的角焊缝，当 $t \geqslant 6\text{mm}$ 时，取 $h_{fmax} = t-(1\sim2)\text{mm}$；当 $t \leqslant 6\text{mm}$ 时，取 $h_{fmax} = t$。选择的焊脚尺寸应符合 $h_{fmax} \leqslant h_f \leqslant h_{fmax}$。

3. 最大和最小焊缝计算长度 l_w

角焊缝在受力时，其应力沿长度方向分布不均匀，两端大，中间小。试验表明：侧面焊缝长度与焊脚尺寸之比越大，应力分布不均匀性也越大，焊缝端部应力将会达到极值而首先破坏，而此时焊缝中部还未充分发挥其承载能力。过大焊缝计算长度不仅影响焊缝的静力强度，对焊缝在动力荷载作用下的工作尤为不利。为了保证焊缝受力接近较为均匀合理，焊缝不宜过长。

《钢结构设计标准》（GB 50017—2017）规定：侧面角焊缝计算长度为 $l_{wmax} \leqslant 60h_f$（静力荷载）和 $l_{wmax} \leqslant 40h_f$（动力荷载）。当角焊缝长度大于上述数值时，其超过部分在计算中不予考虑。若内力沿侧面角焊缝全长分布时，其计算长度不受此限制。如工字形截面柱或梁的翼缘与腹板的连接焊缝、屋架中弦杆与节点板的连接焊缝、梁的支承加劲肋与腹板的连接焊缝等。角焊缝除有最大计算长度要求外，还有焊缝最小计算长度要求，即角焊缝的最小计算长度应 $l_{wmin} \geqslant 8h_f$ 或 40mm。

4. 搭接长度

在搭接连接中，搭接长度不得小于焊件较小厚度的 5 倍，即 $l_d \geqslant 5t_1$，且 $l_d \geqslant 25$mm，以减小因焊缝收缩产生的残余应力及因偏心产生的附加弯矩，如图 5-28 所示。

5. 仅用两侧缝连接

当板件的端部仅有两侧面角焊缝连接时，如图 5-29 所示，为了避免应力传递过分弯折而使构件中应力过分不均，应使每条侧面角焊缝长度大于它们之间的距离，即 $l_w \geqslant b$。再为了避免焊缝收缩时引起板件的拱曲过大，还宜使 $b \leqslant 16t$（当 $t>12$mm）或 $b \leqslant 190$mm（当 $t \leqslant 12$mm），t 为较薄焊件厚度。当不满足此规定时，则应加正面角焊缝。

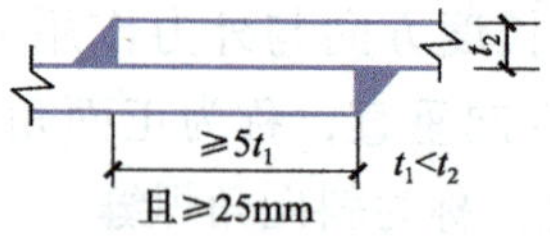

图 5-28 搭接长度要求

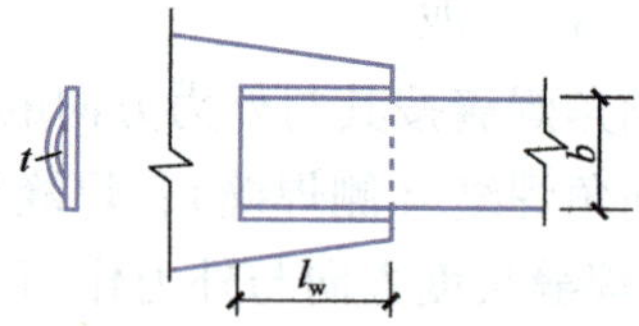

图 5-29 防止板件拱曲

6. 角焊缝的绕角焊

当角焊缝的端部在构件转角处时，为避免起落弧的缺陷发生在此应力集中较大部位，宜作长度为 $2h_f$ 的绕角焊，如图 5-30 所示，且转角处（包括围焊缝的转角处）必须连续施焊，不能断弧，以改善连接的受力性能。

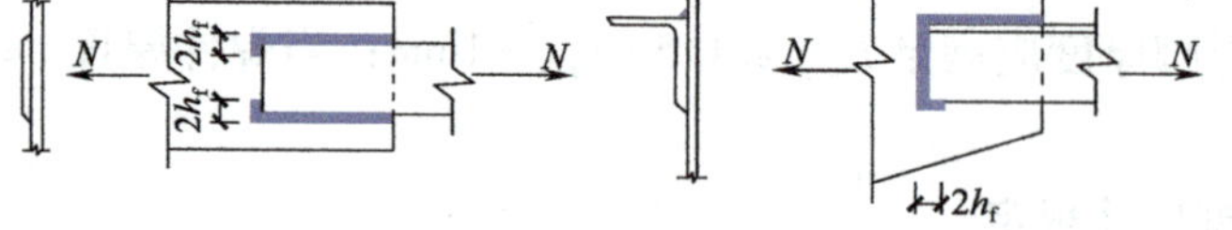

图 5-30 绕角焊的构造要求

二、角焊缝的应力分析和破坏形式

1. 直角角焊缝的应力分析

直角角焊缝的截面形式如图 5-31 所示。其应力状态极为复杂，设计强度值都是通过试验确定的。直角角焊缝经大量试验表明：通过角焊缝直角根角处的任一辐射面均可能为破坏截面，但侧面角焊缝的破坏截面多数在 45°喉部截面处，而正面角焊缝可发生在通过直角根角处的任一辐射面；在角焊缝中，正面角焊缝的强度高于侧面角焊缝，一般为侧面角焊缝的 1.35～1.55 倍。据此，《钢结构设计标准》（GB 50017—2017）规定：

直角角焊缝的破坏截面在45°喉部截面处，且不考虑焊缝余高。该截面称为角焊缝的破坏截面，也称为角焊缝的有效截面或角焊缝的计算截面，其截面的有效高度为 h_e，与焊脚尺寸关系为 $h_e=0.7h_f$。

2. 侧面角焊缝的应力分析

侧面角焊缝在轴心力 N 作用下，如图5-32所示，主要承受由剪力产生的平行于焊缝长度方向的剪应力 τ''。由轴心力 N 引起偏心弯矩产生的垂直于焊缝轴线方向的正应力很小，可忽略不计，故侧面角焊缝长的主要是受剪。由于剪应力 τ'' 沿侧面角焊缝长度方向的分布不均，两端大中间小，因此在弹性阶段，其弹性模量和承载力均较低。但侧面角焊缝长的塑性变形性能较好，当侧面角焊缝长的长度不大时，两端出现塑性变形后将产生应力重分布，剪应力可逐渐趋于均匀，故侧面角焊缝在计算时可按均匀分布考虑。通常破坏发生在焊缝最小截面处，破坏的起始点在焊缝两端，当该处出现裂纹后即迅速扩展，最终导致焊缝破坏。

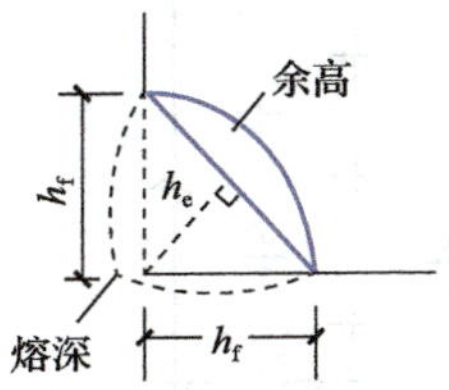

图5-31 直角角焊缝的截面形式

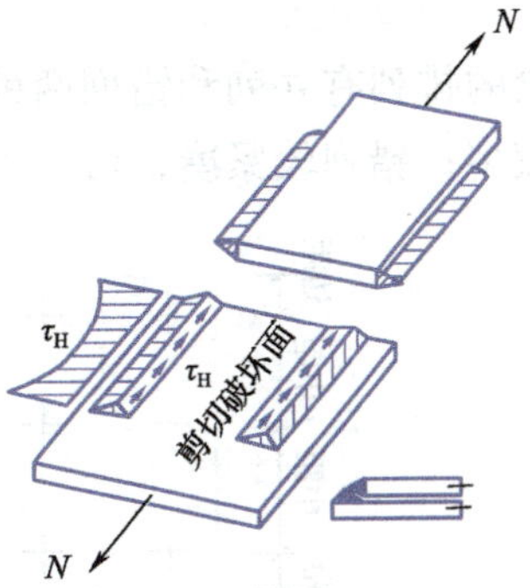

图5-32 侧面角焊缝的应力分析

3. 正面角焊缝

正面角焊缝在轴心力 N 的作用下（图5-33a），计算截面上主要是由 N 力产生的水平应力。该应力沿焊缝长度方向分布比较均匀，中间部分比两端略高，但应力状态比侧面角焊缝复杂。在焊缝的根角处（B 点）有正应力和剪应力，且分布很不均匀，应力集中严重。故通常裂纹首先在根角处产生，破坏形式可能是沿焊缝的焊脚 AB 面的剪坏，或 BC 面的拉坏或计算厚度 BD 面的断裂破坏（图5-33b）。正面角焊缝刚度大，破坏时变形小，故强度比侧面角焊缝高，但塑性变形能力比侧面角焊缝差，常呈脆性破坏。

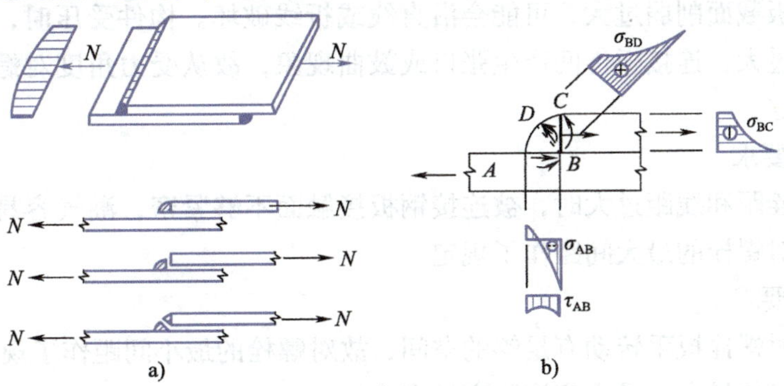

图5-33 正面角焊缝的应力状态分析

知识模块 5 普通螺栓及高强度螺栓连接的构造

一、普通螺栓连接的构造

（一）螺栓的规格

钢结构采用的普通螺栓形式为六角头型，其代号用字母 M 和公称直径的毫米数表示。为制造方便，一般情况下，同一结构中宜尽可能采用一种栓径和孔径的螺栓，需要时也可采用 2、3 种螺栓直径。

螺栓直径 d 应根据整个结构及其主要连接的尺寸和受力情况选定，同时还应考虑与被连接件的厚度相匹配。建筑工程中常用 M16、M20、M24、M27 等。

（二）螺栓的排列

1. 螺栓排列的形式

螺栓的排列有并列和错列两种基本形式，如图 5-34 所示。并列较简单，但栓孔对截面削弱较多；错列较紧凑，可减少截面削弱，但排列较复杂。

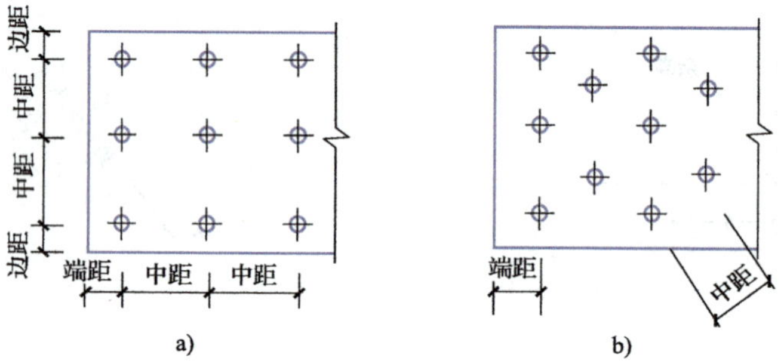

图 5-34 螺栓的排列
a）并列 b）错列

2. 螺栓的间距

螺栓在构件上的排列间距，应满足受力要求、构造要求和施工要求。

（1）受力要求

构件受拉时，螺栓的端距过小，钢板可能沿作用力方向被剪断。当螺栓的栓距和线距过小时，钢板截面削弱过大，可能会沿直线或折线破坏。构件受压时，若沿作用力方向的螺栓栓距过大，连接板件间产生张口或鼓曲现象，故从受力角度对螺栓的最大和最小间距作了规定。

（2）构造要求

当螺栓的栓距和线距过大时，被连接钢板接触面不够紧密，潮气容易侵入缝隙引起钢板锈蚀，故对螺栓的最大间距作了规定。

（3）施工要求

为了施工时螺栓扳手转动有足够的空间，故对螺栓的最小间距作了规定。

螺栓或铆钉的最大、最小容许距离见表 5-3。

表 5-3　螺栓或铆钉的最大、最小容许距离

名称	位置和方向			最大容许距离（取两者的较小值）	最小容许距离
中心间距	外排（垂直内力或顺内力方向）			$8d_0$ 或 $12t$	$3d_0$
	中间排	垂直内力方向		$16d_0$ 或 $24t$	
		顺内力方向	构件受压力	$12d_0$ 或 $18t$	
			构件受拉力	$16d_0$ 或 $24t$	
	沿对角线方向			—	
中心至构件边缘距离	顺内力方向			$4d_0$ 或 $8t$	$2d_0$
	垂直内力方向	剪切或手工气割边			$1.5d_0$
		轧制边、自动气割或锯割边	高强度螺栓		$1.5d_0$
			其他螺栓		$1.5d_0$

注：1. d_0 为螺栓或铆钉的孔径，t 为外层较薄板件厚度。

2. 钢板边缘与刚性构件（如角钢、槽钢等）相连的螺栓或铆钉的最大间距，可按中间排的数值采用。

对于角钢、工字钢、槽钢上的螺栓排列如图 5-35 所示，除应满足表 5-3 要求外，还应注意不要在靠近截面倒角和圆角处打孔，应分别符合表 5-4、表 5-5 和表 5-6 的要求，在 H 型钢上的螺栓排列，腹板上的 c 值可参照普通工字钢取值，翼缘上 e 值或 e_1、e_2 值（指螺栓轴线至截面弱轴 y 轴的距离）可根据外伸宽度参照角钢取值。

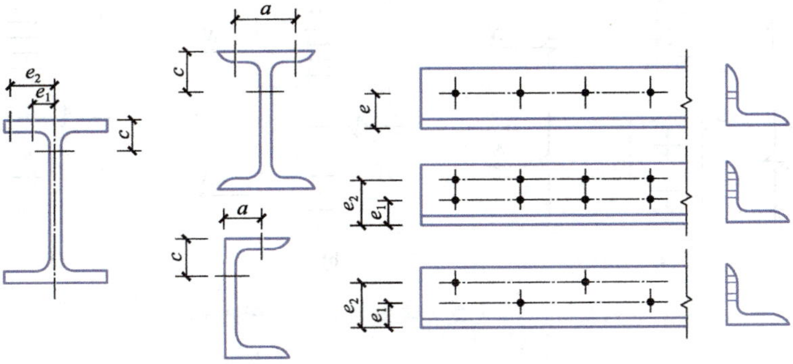

图 5-35　型钢的螺栓排列

表 5-4　角钢上螺栓的最小容许线距和最大孔距

肢宽		40	45	50	56	63	70	75	80	90	100	110	125	140	160	180	200
单行	e	25	25	30	30	25	40	40	45	50	55	60	70				
	d_{0max}	11.5	13.5	13.5	15.5	17.5	20	22	22	24	24	26	26				
双行错列	e_1												55	60	70	70	80
	e_2												90	100	120	140	160
	d_{0max}												24	24	26	26	26
双行并列	e_1														60	70	80
	e_2														130	140	160
	d_{0max}														24	24	26

表 5-5 工字钢翼缘和腹板上螺栓最小容许线距和最大孔距

型号	12.6	14	16	18	20	22	25	28	32	36	40	45	50	56	63
a	40	45	50	50	55	60	65	70	75	80	80	85	90	90	95
c	40	45	45	45	50	50	55	60	60	65	70	75	75	75	75
d_{0max}	11.5	13.5	15.5	17.5	17.5	20	20	20	22	24	24	26	26	26	26

表 5-6 槽钢翼缘和腹板上螺栓最小容许线距和最大孔距

型号	12.6	14	16	18	20	22	25	28	32	36	40
a	30	35	35	40	40	45	45	45	50	55	60
c	40	45	50	50	55	55	55	60	65	70	75
d_{0max}	17.5	17.5	20	22	22	22	22	24	24	26	26

（三）普通螺栓连接的形式

普通螺栓连接按其受力形式可分为：受剪螺栓连接（图 5-36a）；受拉螺栓连接（图 5-36b）；同时受剪和受拉的螺栓连接（图 5-36c）。在外力作用下，被连接板件有相对错动的趋势称为抗剪螺栓连接；被连接板件间的接触面有脱开的趋势称为抗拉螺栓连接。

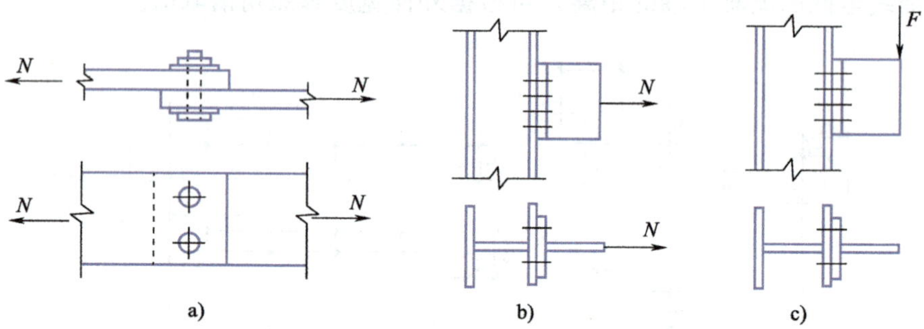

图 5-36 普通螺栓连接按其受力形式分类

二、普通螺栓连接的抗剪工作性能

（一）普通螺栓的抗剪工作性能

在螺栓连接中，实际采用的是螺栓群连接。在对螺栓群计算时，按单个螺栓的工作性能和受力分析计算。

抗剪螺栓连接受力后，当外力不大时，依靠构件间的摩擦阻力传力，摩擦阻力的大小取决于拧紧螺栓时在螺栓杆中所形成的初拉力值。普通螺栓的材料强度不高，所以拧紧螺栓产生的初拉力很小。当外力持续增大超过摩擦阻力后，构件之间出现相对滑移，螺栓杆开始与栓孔孔壁接触进而相互挤压，螺杆受剪并弯曲，孔壁则受挤压。

（二）抗剪螺栓的五种可能破坏形式

1. 螺栓杆被剪断

当螺栓的直径较小而板件较厚时，螺栓杆可能被剪坏，如图 5-37a 所示，这时连接的承载能力由螺栓杆的抗剪强度控制。

2. 连接板件被挤压坏

当螺栓杆直径较大，构件相对较薄时，连接板的孔壁因被螺栓挤压而产生破坏，如图 5-37b 所示。连接的可靠性与连接板件的强度有关。

3. 连接板被拉（或压）坏

连接板件本身由于开孔使截面削弱严重而被拉（或压）坏，如图 5-37c 所示。连接承载力由连接板的强度及截面尺寸控制。

4. 连接板端被剪断

由于板件端部的端距太小，钢板有可能沿约 35°冲剪破坏，如图 5-37d 所示。连接的可靠性与第一排螺栓至板件边缘距离有关。

5. 螺栓杆弯曲破坏

连接板件太厚，螺栓杆过长而细，杆身可能发生过大的弯曲，如图 5-37e 所示，影响连接的正常使用，故也属于破坏。连接构件满足使用要求由螺栓杆长度决定。

上述五种破坏形式中，第 4、5 种破坏形式可通过构造措施加以防止，即采用端距≥$2d_0$（d_0 为栓孔直径），以避免钢板在板端处被剪断；使螺栓连接的板叠加厚度≤$5d$（d 为栓杆直径），防止螺栓杆发生影响连接正常使用的过大弯曲变形，而 1、2、3 种破坏形式则须通过计算保证连接的安全性。

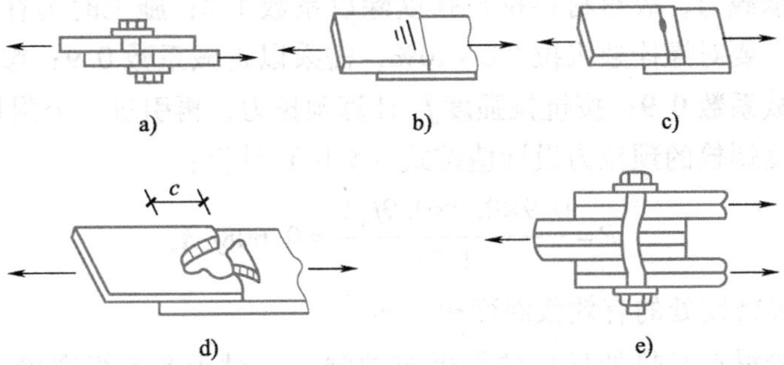

图 5-37 受剪螺栓连接的破坏形式

a）杆身被剪坏 b）板被压坏 c）板被拉坏 d）板被剪坏 e）杆身受弯破坏

三、高强度螺栓的工作性能与构造要求

1. 高强度螺栓的材料

高强度螺栓的杆身、螺帽和垫圈均采用高强度钢材制作，螺栓杆采用 45 号钢或 40 硼钢，螺帽和垫圈采用 45 号钢，且都须经热处理后达到规定的指标要求。目前工程中逐渐采用 20 锰硼钛钢作为高强度螺栓的专用材料。

高强度螺栓常用直径为 M16、M20、M22、M24，按热处理后的强度性能等级分为 8. 8 级和 10. 9 级两种，其中小数点前的数字（8 和 10）表示螺栓成品的抗拉强度f_u不低于 800N/mm^2 和 1000N/mm^2；小数点后的数字（0. 8 和 0. 9）表示其屈服强度与强度之比f_u/f_y。8. 8 级的高强度螺栓采用 35 号钢和 45 号钢制作；10. 9 级的高强度螺栓采用 20 锰钛硼、40 硼和 35 钒硼制作。

2. 高强度螺栓连接的工作性能

高强度螺栓连接受剪时，按传力方式不同可分为摩擦型和承压型两种。高强度摩擦型螺栓连接受剪设计时，以外剪力达到板件接触面间的最大摩擦力为极限状态，即保证连接在整个使用期间外剪力不超过其最大摩擦力为准则。高强度螺栓承压型连接起初由摩擦传力，在连接件间的摩擦力被克服后则依靠栓杆抗剪和孔壁承压传力，以杆身剪切或孔壁承压破坏，即达到连接的最大承载力作为连接受剪的极限状态。因此，其后期受力性能及计算与普通螺栓相同。高强度螺栓连接受拉时，其工作性能与普通螺栓没有区别。

3. 高强度螺栓的构造要求

高强度螺栓的构造和排列要求，除栓杆与孔径的差值较小外，其余与普通螺栓相同。高强度螺栓应采用钻成孔。高强度螺栓摩擦型连接因受力时不产生滑移，其孔径比螺栓公称直径可稍大些，一般采用 1.5~2.0mm。高强度螺栓承压型连接则应比摩擦型相应减小 0.5mm，一般为 1.0~1.5mm。

4. 高强度螺栓的预拉力

高强度螺栓的预拉力值应尽可能高些，但需保证螺栓在拧紧过程中不会屈服或断裂，所以控制预拉力是保证连接质量的一个关键性因素。高强度螺栓的设计预拉力值由螺栓的材料强度和有效截面确定，并且考虑了在拧紧螺栓时扭矩使螺栓产生的剪应力将降低螺栓的抗拉承载力，故对材料抗拉强度除以系数 1.2；施工时为补偿螺栓松弛所造成的预拉力损失，要对螺栓超张拉 5%~10%，需乘以折减系数 0.9；螺栓材质抗力的变异性，需乘以折减系数 0.9；按抗拉强度 f_u 计算预拉力，再引进一个附加安全系数 0.9。

故此，高强度螺栓的预拉力设计值按式（5-14）计算：

$$P=\frac{0.9\times0.9\times0.9f_uA_e}{1.2}=0.608f_uA_e \tag{5-14}$$

式中 A_e——螺栓螺纹处的有效截面面积，mm^2；

f_u——螺栓材料经热处理后的最低抗拉强度。对于 8.8 级螺栓，$f_u=830N/mm^2$；对于 10.9 级螺栓，$f_u=1040N/mm^2$；

P——高强度螺栓的预拉力值，可查表 5-7 得。

表 5-7 高强度螺栓的预拉力设计值 P （单位：kN）

螺栓的性能等级	螺栓公称直径（mm）					
	M16	M20	M22	M24	M27	M30
8.8 级	80	125	150	175	230	280
10.9 级	100	155	190	225	290	355

本任务工作单

自测训练

一、填空题

1. 焊接接头分为：________、________和________。
2. 对接焊缝常用坡口形式有________、________、________和________。
3. 角焊缝的最小计算长度不得小于________和________。
4. 采用手工电弧焊焊接Q345钢材时应采用________焊条。
5. 在螺栓连接中，最小端距是________。

二、简答题

1. 下列螺栓破坏属于构造破坏的是（　　）。

A. 钢板被拉坏　B. 钢板被剪坏　C. 螺栓被剪坏　D. 螺栓被拉坏

2. 摩擦型高强度螺栓抗剪能力是依靠（　　）。

A. 栓杆的预拉力　B. 栓杆的抗剪能力

C. 被连接板件间的摩擦力　D. 栓杆与被连接板件间的挤压力

3. 摩擦型高强度螺栓抗拉连接，其承载力（　　）。

A. 比承压型高强螺栓连接小　B. 比承压型高强螺栓连接大

C. 与承压型高强螺栓连接相同　D. 比普通螺栓连接小

4. 角焊缝的焊脚尺寸不宜过大，是为了（　　）。

A. 便于检查质量　B. 宜于自动焊

C. 防止产生较大变形　D. 避免焊穿较薄焊件

三、简答题

1. 对接焊缝的截面形式有哪些？
2. 角焊缝的截面形式有哪些？
3. 螺栓连接中螺栓的排列方式有哪些？
4. 摩擦型高强螺栓连接和普通螺栓连接有什么不同？

四、计算题

设计图5-38所示钢板的对接焊缝拼接。钢板承受的轴心拉力设计值为1100kN（静力荷载）。已知钢材为Q235，采用E43型焊条，手工电弧焊，三级质量标准，施焊时未用引弧板。

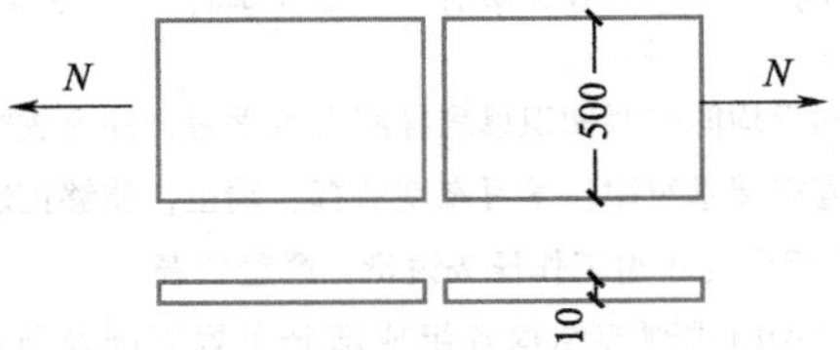

图 5-38

任务 3 门式刚架轻型房屋钢结构设计

任务单

<table>
<tr><td>课程</td><td colspan="6">建筑结构</td></tr>
<tr><td>学习情境五</td><td colspan="3">钢结构设计</td><td>学时</td><td colspan="2">16</td></tr>
<tr><td>任务 3</td><td colspan="3">门式刚架轻型房屋钢结构设计</td><td>学时</td><td colspan="2">6</td></tr>
<tr><td colspan="7">布置任务</td></tr>
<tr><td>任务目标</td><td colspan="6">1. 理解轻型钢结构的含义、特点及结构形式；
2. 掌握门式刚架轻型房屋钢结构的组成和特点；
3. 熟悉门式刚架轻型房屋钢结构的设计原则；
4. 熟悉门式刚架轻型房屋钢结构的节点构造，为钢结构施工图的识读奠定基础；
5. 了解门式刚架的形式；
6. 能够在完成任务过程中锻炼职业素养，做到工作程序严谨认真对待，完成任务能够吃苦耐劳主动承担，能够主动帮助小组落后的其他成员，有团队意识，诚实守信、不瞒骗，培养保证质量等建设优质工程的爱国情怀。</td></tr>
<tr><td>任务描述</td><td colspan="6">根据工程案例设计图，能够识别门式刚架轻型房屋钢结构的各组成部分，并列举各组成部分设计原则，工作如下：
1. 根据工程案例图标注出刚架各组成部分；
2. 根据工程案例图标注出各支撑系统组成部分；
3. 列举刚架部分设计原则；
4. 列举支撑系统各部分设计原则；
5. 列举围护系统各部分设计原则。</td></tr>
<tr><td>学时安排</td><td>布置任务与资讯
1 学时</td><td>计划
0.5 学时</td><td>决策
0.5 学时</td><td>实施
3 学时</td><td>检查
0.5 学时</td><td>评价
0.5 学时</td></tr>
<tr><td>对学生的要求</td><td colspan="6">1. 每名同学均能按照知识思维导图自主学习，并完成知识模块中的自测训练；
2. 严格遵守课堂纪律，学习态度认真、端正，能够正确评价自己和同学在本任务中的素质表现，积极参与小组工作任务讨论，严禁抄袭；
3. 小组讨论门式刚架结构各组成部分布置原则及节点构造，保证正确理解各个布置原则；
4. 独立进行工程案例图纸标注；
5. 讲解各标注部分布置原则，接受教师与学生的点评，同时参与小组自评与互评。</td></tr>
</table>

任务知识

知识思维导图

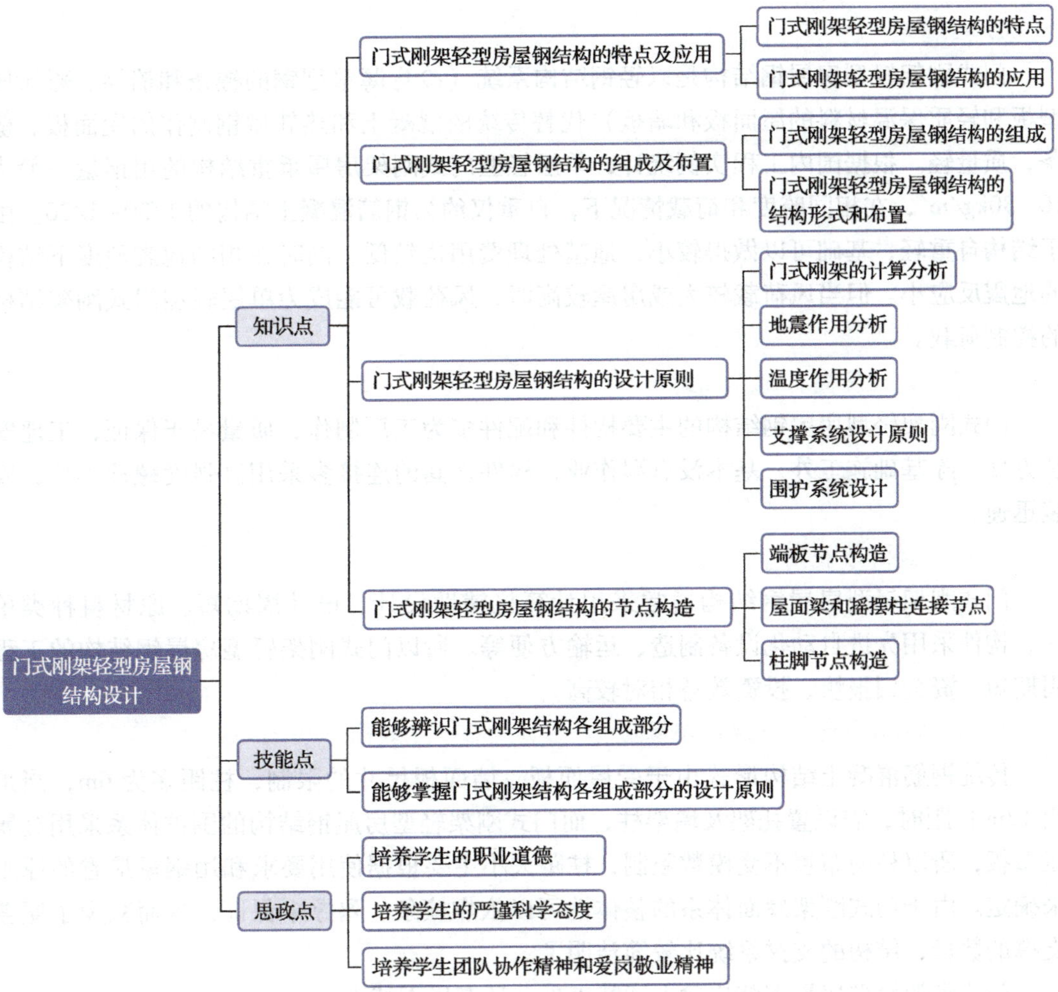

知识模块 1　门式刚架轻型房屋钢结构的特点及应用

轻型钢结构是当前采用较多的一种建筑结构形式，轻型钢结构建筑是指以冷弯薄壁型钢、轻型焊接和高频焊接型钢、薄钢板、薄壁钢管、轻型热轧型钢，及以上各种构件拼接、焊接而成的组合构件等为主要受力构件，并且大量采用轻质围护结构的建筑。它具有结构自重轻、加工制造简单、工业化程度高、运输安装方便、经济指标好等特点，应用范围很广。

单层轻型钢结构房屋一般采用门式刚架、屋架、网架为主要承重结构。

门式刚架是典型的轻型钢结构，也是目前国内应用最为广泛的轻型钢结构。门式刚架可以单跨或多跨。由于构造简单，易于建造，用钢量省，且可利用的房屋空间较大，适应性强，在房屋钢结构中应用较多。门式刚架轻型房屋钢结构主要由门式刚架、支撑系统、檩条、墙梁、压型钢板屋面板和墙面板组成。

一、门式刚架轻型房屋钢结构的特点

1. 自重轻

门式刚架轻型房屋钢结构是以轻钢结构系统（冷弯薄壁型钢的檩条和檣梁、彩涂压型板和轻质保温材料的屋面板和墙板）代替传统的混凝土和热轧型钢制作的屋面板、檩条，质量轻。根据国内工程实例统计，单层轻型门式刚架房屋承重结构的用钢量一般为10~30kg/m^2，在相同跨度和荷载情况下，自重仅约为钢筋混凝土结构的1/30~1/20。由于结构自重轻，基础可以做得较小，地基处理费用也较低。同时在相同地震烈度下结构的地震反应小。但当风荷载较大或房屋较高时，风荷载可能成为单层轻型门式刚架结构的控制荷载。

2. 工业化程度高，施工周期短

门式刚架轻型房屋钢结构的主要构件和配件多为工厂制作，质量易于保证，工地安装方便；除基础施工外，基本没有湿作业；构件之间的连接多采用高强度螺栓连接，安装迅速。

3. 综合经济效益高

门式刚架轻型房屋钢结构通常采用计算机辅助设计、设计周期短、原材料种类单一、构件采用先进自动化设备制造、运输方便等。所以门式刚架轻型房屋钢结构的工程周期短、资金回报快、投资效益相对较高。

4. 柱网布置灵活、支撑系统简洁

传统钢筋混凝土结构形式由于受屋面板、墙面板尺寸的限制，柱距多为6m，当采用12m柱距时，需设置托架及墙架柱，而门式刚架轻型房屋钢结构的围护体系采用金属压型板，所以柱网布置不受模数限制，柱距大小主要根据使用要求和用钢量最省的原则来确定。由于门式刚架屋面体系的整体性可以依靠檩条、隅撑来保证，从而减少了屋盖支撑的数量，结构的支撑系统比较简洁明了。

门式刚架轻型房屋钢结构除上述特点外，还有以下特点：

门式刚架的梁、柱多采用变截面杆件，如图5-39变截面轻型门式刚架，可以节省材料。由于刚架的截面抵抗矩与抗弯承载力成正比，故刚架可根据其截面上的弯矩值大小，采用变截面形式；变截面位置处根据需要可改变腹板的高度和厚度及翼缘的宽度，做到材尽其用。

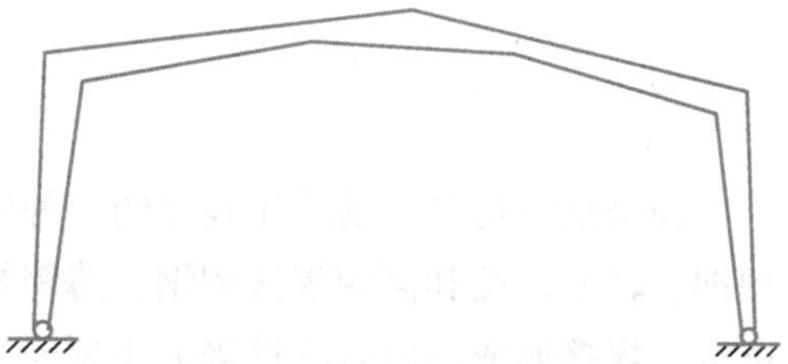

图5-39 变截面轻型门式刚架

门式刚架钢梁的侧向刚度和稳定性可通过檩条和隅撑来提供保证。钢梁的平面外计算长度为檩条或隅撑间距。设置隅撑，可省去部分门式刚架的纵向刚性构件，减小钢梁的翼缘宽度，从而降低结构用钢量。结构构件本身的截面尺寸较小，还可以有效地利用建筑空间，降低房屋的高度，减小建筑体积，建筑造型美观。

组成构件的杆件较薄，对制作、涂装、运输、安装的要求高，在门式刚架轻型房屋钢结构中，焊接构件中板的最小厚度为3.0mm；冷弯薄壁型钢构件中板的最小厚度为1.5mm；压型钢板的最小厚度为0.4mm。板件的宽厚比大，使得构件在外力撞击下容易发生局部变形。同时，锈蚀对构件截面削弱带来的后果更为严重。

构件截面的抗弯刚度、抗扭刚度比较小，结构的整体刚度也比较小。因此，在运输和安装过程中要采取必要的措施，防止构件发生弯曲和扭转变形。同时，要重视支撑体系和隅撑的布置，重视屋面板、墙面板与构件的连接构造，使其能参与结构的整体工作。

二、门式刚架轻型房屋钢结构的应用

门式刚架轻型房屋钢结构在我国的应用大约始于20世纪80年代初期。从我国目前情况来看，门式刚架轻型房屋钢结构已如雨后春笋般发展起来，大量单层工业厂房、多层工业厂房以及中小型商场、体育馆等建筑物都应用这种结构形式。可以说，门式刚架轻型房屋钢结构是近年来发展最快、应用最广的结构形式之一。

知识模块 2 ▶▶ 门式刚架轻型房屋钢结构的组成及布置

一、门式刚架轻型房屋钢结构的组成

门式刚架轻型房屋钢结构是梁、柱单元构件的组合体，它一般由结构（刚架、吊车梁）、次结构（檩条、墙架柱及抗风柱、墙梁）、支撑结构（屋盖支撑、柱间支撑）及围护结构（屋面、墙面）几个部件一起协同工作。

门式刚架轻型房屋钢结构的组成如图5-40所示。在门式刚架轻型房屋钢结构体系中，主刚架可采用变截面实腹刚架，屋盖应采用压型钢板屋面板和冷弯薄壁型钢檩条，外墙宜采用压型钢板墙板和冷弯薄壁型钢墙梁，也可以采用砌体外墙或底部为砌体、上部为轻质材料的外墙。主刚架斜梁下翼缘和刚架内翼缘的平面外稳定性，由与檩条或墙梁相连接的隅撑来保证。主刚架间的交叉支撑可采用张紧的圆钢。

单层门式刚架轻型房屋可采用乙烯泡沫塑料、硬质聚氨酯泡沫塑料、岩棉、矿棉、玻璃棉等作为保温隔热材料，可以采用带保温层的板材作屋面。

门式刚架轻型房屋屋面坡度宜取1/20~1/8，在雨水较多的地区宜取其中较大值。

二、门式刚架轻型房屋钢结构的结构形式和布置

1. 结构形式

1）门式刚架分为单跨（图5-41a）、双跨（图5-41b）、多跨（图5-41c）刚架以及带挑檐的（图5-41d）和带毗屋的（图5-41e）刚架等形式。多跨刚架中间柱与斜梁的连接可采用铰接。多跨刚架宜采用双坡或单坡屋盖（图5-41f），也可采用由多个双坡屋盖组成的多跨刚架形式。

当设置夹层时，夹层可沿纵向设置（图5-41g）或在横向端跨设置（图5-41h）。夹层与柱的连接可采用刚性连接或铰接。

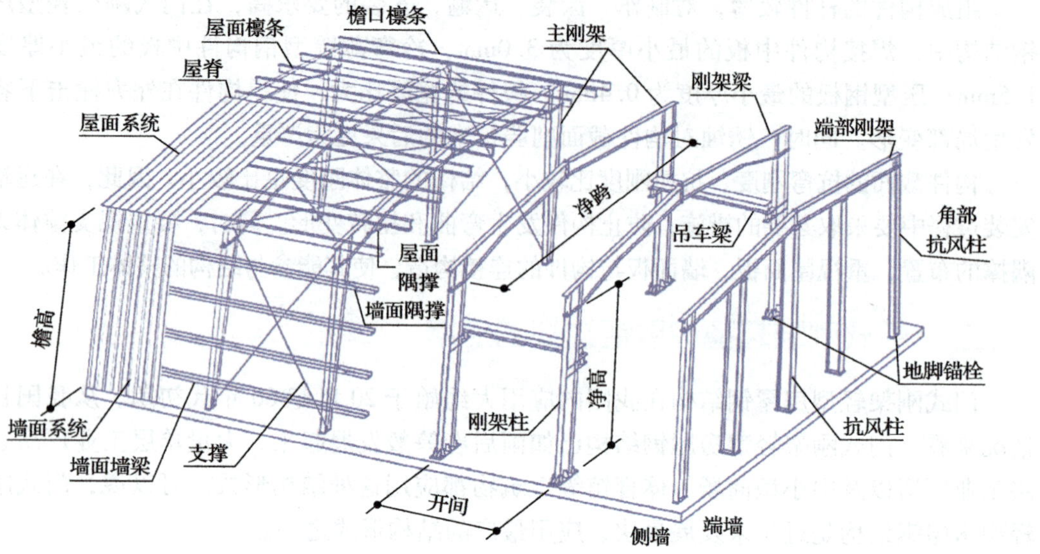

图 5-40　门式刚架轻型房屋钢结构的组成

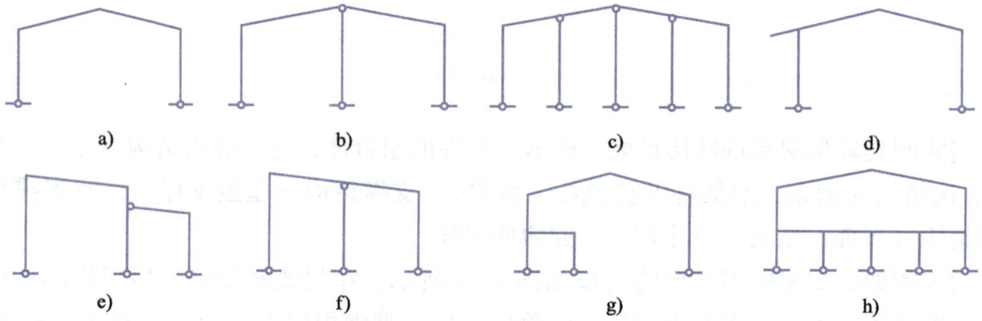

图 5-41　门式刚架的结构形式

a）单跨刚架　b）双跨刚架　c）多跨刚架　d）带挑檐刚架

e）带毗屋刚架　f）单坡刚架　g）纵向带夹层刚架　h）端跨带夹层刚架

2）根据跨度、高度和荷载不同，门式刚架的梁、柱可采用变截面或等截面实腹焊接工字形截面或轧制 H 形截面。设有桥式起重机时，柱宜采用等截面构件。变截面构件宜做成改变腹板高度的楔形；必要时也可改变腹板厚度。结构构件在制作单元内不宜改变翼缘截面，当必要时，仅可改变翼缘厚度；邻接的制作单元可采用不同的翼缘截面，两单元相邻截面高度宜相等。

3）门式刚架的柱脚宜按铰接支承设计。当用于工业厂房且有 5t 以上桥式起重机时，可将柱脚设计成刚接。

4）门式刚架可由多个梁、柱单元构件组成。柱宜为单独的单元构件，斜梁可根据运输条件划分为若干个单元。单元构件本身应采用焊接，单元构件之间宜通过端板采用高强度螺栓连接。

2. 结构平面布置

1）门式刚架轻型房屋钢结构的尺寸应符合下列规定：

①门式刚架的跨度，应取横向刚架柱轴线间的距离。

②门式刚架的高度，应取室外地面至柱轴线与斜梁轴线交点的高度。高度应根据使用要求的室内净高确定，有起重机的厂房应根据轨顶标高和起重机净空要求确定。

③柱的轴线可取通过柱下端（较小端）中心的竖向轴线。斜梁的轴线可取通过变截面梁段最小端中心与斜梁上表面平行的轴线。

④门式刚架轻型房屋的檐口高度，应取室外地面至房屋外侧檩条上缘的高度。门式刚架轻型房屋的最大高度，应取室外地面至屋盖顶部檩条上缘的高度。门式刚架轻型房屋的宽度，应取房屋侧墙墙梁外皮之间的距离。门式刚架轻型房屋的长度，应取两端山墙墙梁外皮之间的距离。

2）门式刚架的单跨跨度宜为12~48m。当有根据时，可采用更大跨度。当边柱宽度不等时，其外侧应对齐。门式刚架的间距，即柱网轴线在纵向的距离宜为6~9m，挑檐长度可根据使用要求确定，宜为0.5~1.2m，其上翼缘坡度宜与斜梁坡度相同。

3）门式刚架轻型房屋的屋面坡度宜取1/20~1/8，在雨水较多的地区宜取其中的较大值。

4）门式刚架轻型房屋钢结构的温度区段长度，应符合下列规定：

①纵向温度区段不宜大于300m。

②横向温度区段不宜大于150m，当横向温度区段大于150m时，应考虑温度的影响。

③当有可靠依据时，温度区段长度可适当加大。

5）需要设置伸缩缝时，应符合下列规定：

①在搭接檩条的螺栓连接处宜采用长圆孔，该处屋面板在构造上应允许胀缩或设置双柱。

②吊车梁与柱的连接处宜采用长圆孔。

6）在多跨刚架局部抽掉中间柱或边柱处，宜布置托梁或托架。

7）屋面檩条的布置，应考虑天窗、通风屋脊、采光带、屋面材料、檩条供货规格等因素的影响。屋面压型钢板厚度和檩条间距应按计算确定。

8）山墙可设置由斜梁、抗风柱、墙梁及其支撑组成的山墙墙架，或采用门式刚架。

9）房屋的纵向应有明确、可靠的传力体系。当某一柱列纵向刚度和强度较弱时，应通过房屋横向水平支撑，将水平力传递至相邻柱列。

10）墙架布置。

①门式刚架轻型房屋钢结构侧墙墙梁的布置，应考虑设置门窗、挑檐、遮阳和雨篷等构件和围护材料的要求。

②门式刚架轻型房屋钢结构的侧墙，当采用压型钢板作围护面时，墙梁宜布置在刚架柱的外侧，其间距应随墙板板型和规格确定，且不应大于计算要求的间距。

③门式刚架轻型房屋的外墙，当抗震设防烈度在8度及以下时，宜采用轻型金属墙板或非嵌砌砌体；当抗震设防烈度为9度时，应采用轻型金属墙板或与柱柔性连接的轻质墙板。

知识模块 3 门式刚架轻型房屋钢结构的设计原则

门式刚架轻型房屋钢结构传力途径：屋面和墙面承受风、雪等结构荷载的作用，并将这些荷载传到次结构上。次结构（屋面檩条及墙面墙梁等）接受由屋面及墙面传来的荷载，并将其均匀地传到刚架梁、柱上，同时对刚架梁、柱提供有效的侧向约束。吊车梁承受起重机传来的竖向及水平荷载，并将其传给刚架。刚架承受风、雪、起重机荷载及其他荷载并将其传递到建筑基础上。支撑结构以及屋面、墙面为整个建筑提供了整体性。对于轻钢房屋，必须着重强调风荷载的作用。风荷载垂直作用于屋面，可以是风压力，也可以是风吸力。当考虑风吸力作用时，屋面板与檩条的连接必须牢固，特别是屋面四个角部以及檐口处。对于刚架，必须重视柱与基础的连接，考虑风荷载的上拔力来设计锚栓，同时充分考虑风荷载在柱脚处产生的水平反力。

一、门式刚架的计算分析

1）门式刚架应按弹性分析方法计算。

2）门式刚架不宜考虑应力蒙皮效应，可按平面结构分析内力。

3）当未设置柱间支撑时，柱脚应设计成刚接，柱应按双向受力进行设计计算。

4）当采用二阶弹性分析时，应施加假想水平荷载。假想水平荷载应取竖向荷载设计值的 0.5%，分别施加在竖向荷载的作用处。假想荷载的方向与风荷载或地震作用的方向相同。

二、地震作用分析

1）计算门式刚架地震作用时，其阻尼比取值应符合下列规定：

①封闭式房屋可取 0.05。

②敞开式房屋可取 0.035。

③其余房屋应按外墙面积开孔率插值计算。

2）单跨房屋、多跨等高房屋可采用基底剪力法进行横向刚架的水平地震作用计算，不等高房屋可按振型分解反应谱法计算。

3）有起重机厂房，在计算地震作用时，应考虑起重机自重，平均分配于两牛腿处。

4）当采用砌体墙做围护墙体时，砌体墙的质量应沿高度分配到不少于两个质量集中点作为钢柱的附加质量，参与刚架横向的水平地震作用计算。

5）纵向柱列的地震作用采用基底剪力法计算时，应保证每一集中质量处，均能将按高度和质量大小分配的地震力传递到纵向支撑或纵向框架。

6）当房屋的纵向长度不大于横向宽度的 1.5 倍，且纵向和横向均有高低跨，宜按整体空间刚架模型对纵向支撑体系进行计算。

7）门式刚架可不进行强柱弱梁的验算。在梁柱采用端板连接或梁柱节点处是梁柱下翼缘圆弧过渡时，也可不进行强节点弱杆件的验算。其他情况下，应进行强节点弱杆件计算，计算方法应按现行国家标准《建筑抗震设计规范》（GB 50011—2010）的规定执行。

8）门式刚架轻型房屋带夹层时，夹层的纵向抗震设计可单独进行，对内侧柱列的纵向地震作用应乘以增大系数1.2。

三、温度作用分析

1）当房屋总宽度或总长度超出规范规定的温度区段最大长度时，应采取释放温度应力的措施或计算温度作用效应。

2）计算温度作用效应时，基本气温应按现行国家标准《建筑结构荷载规范》（GB 50009—2012）的规定采用。温度作用效应的分项系数宜采用1.4。

3）房屋纵向结构采用全螺栓连接时，可对温度作用效应进行折减，折减系数可取0.35。

四、支撑系统设计原则

1. 一般规定

1）每个温度区段、结构单元或分期建设的区段、结构单元应设置独立的支撑系统，与刚架结构一同构成独立的空间稳定体系。

2）柱间支撑与屋盖横向支撑宜设置在同一开间。

2. 柱间支撑系统

1）柱间支撑应设在侧墙柱列，当房屋宽度大于60m时，在内柱列宜设置柱间支撑。当有起重机时，每个起重机跨两侧柱列均应设置起重机柱间支撑。

2）同一柱列不宜混用刚度差异大的支撑形式。在同一柱列设置的柱间支撑共同承担该柱列的水平荷载，水平荷载应按各支撑的刚度进行分配。

3）柱间支撑采用的形式宜为：门式框架、圆钢或钢索交叉支撑、型钢交叉支撑、方管或圆管人字支撑等。当有起重机时，起重机牛腿以下交叉支撑应选用型钢交叉支撑。

4）当房屋高度大于柱间距2倍时，柱间支撑宜分层设置。当沿柱高有质量集中点、起重机牛腿或低屋面连接点处应设置相应支撑点。

5）柱间支撑的设置应根据房屋纵向柱距、受力情况和温度区段等条件确定。当无起重机时，柱间支撑间距宜取30～45m，端部柱间支撑宜设置在房屋端部第一或第二开间。当有起重机时，起重机牛腿下部支撑宜设置在温度区段中部，当温度区段较长时，宜设置在三分点内，且支撑间距不应大于50m。牛腿上部支撑设置原则与无起重机时的柱间支撑设置相同。

6）柱间支撑的设计，应按支承于柱脚基础上的竖向悬臂桁架计算；对于圆钢或钢索交叉支撑应按拉杆设计，型钢可按拉杆设计，支撑中的刚性系杆应按压杆设计。

3. 屋面横向和纵向支撑系统

1）屋面端部横向支撑应布置在房屋端部和温度区段第一或第二开间，当布置在第二开间时应在房屋端部第一开间抗风柱顶部对应位置布置刚性系杆。

2）屋面支撑形式可选用圆钢或钢索交叉支撑；当屋面斜梁承受悬挂起重机荷载时，

屋面横向支撑应选用型钢交叉支撑。屋面横向交叉支撑节点布置应与抗风柱相对应，并应在屋面梁转折处布置节点。

3）屋面横向支撑应按支承于柱间支撑柱顶水平桁架设计；圆钢或钢索应按拉杆设计，型钢可按拉杆设计，刚性系杆应按压杆设计。

4）对设有带驾驶室且起重量大于15t桥式起重机的跨间，应在屋盖边缘设置纵向支撑；在有抽柱的柱列，沿托架长度应设置纵向支撑。

4. 隅撑设计

1）当实腹式门式刚架的梁、柱翼缘受压时，应在受压翼缘侧布置隅撑与檩条或墙梁相连接。

2）隅撑应按轴心受压构件设计。

5. 檩条设计

1）檩条宜采用实腹式构件，也可采用桁架式构件；跨度大于9m的简支檩条宜采用桁架式构件。

2）实腹式檩条宜采用直卷边槽形和斜卷边Z形冷弯薄壁型钢，斜卷边角度宜为60°，也可采用直卷边Z形冷弯薄壁型钢或高频焊接H型钢。

3）实腹式檩条可设计成单跨简支构件也可设计成连续构件，连续构件可采用嵌套搭接方式组成，计算檩条挠度和内力时应考虑因嵌套搭接方式松动引起刚度的变化。

4）实腹式檩条卷边的宽厚比不宜大于13，卷边宽度与翼缘宽度之比不宜小于0.25，不宜大于0.326。

5）实腹式檩条的计算，应符合下列规定：

①当屋面能阻止檩条侧向位移和扭转时，实腹式檩条可仅做强度计算，不做整体稳定性计算。

②当屋面不能阻止檩条侧向位移和扭转时，应计算檩条的稳定性。

③在风吸力作用下，受压下翼缘的稳定性应按现行国家标准《冷弯薄壁型钢结构技术规范》（GB 50018—2002）的规定计算；当受压下翼缘有内衬板约束且能防止檩条截面扭转时，整体稳定性可不做计。

6）当檩条腹板高厚比大于200时，应设置檩托板连接檩条腹板传力；当腹板高厚比不大于200时，也可不设置檩托板，由翼缘支承传力，但应计算檩条的局部屈曲承压能力。

7）檩条兼做屋面横向水平支撑压杆和纵向系杆时，檩条长细比不应大于200。

8）檩条与刚架的连接和檩条与拉条的连接应符合下列规定：

①屋面檩条与刚架斜梁宜采用普通螺栓连接，檩条每端应设两个螺栓，如图5-42所示。檩条连接宜采用檩托板，檩条高度较大时，檩托板处宜设加劲板。嵌套搭接方式的Z形连续檩条，当有可靠依据时，可不设檩托，由Z形檩条翼缘用螺栓连于刚架上。

②连续檩条的搭接长度$2a$不宜小于10%的檩条跨度，如图5-43所示，嵌套搭接部分的檩条应采用螺栓连接，按连续檩条支座处弯矩验算螺栓连接强度。

③檩条之间的拉条和撑杆应直接连于檩条腹板上，并采用普通螺栓连接，如图5-44a所示，斜拉条端部宜弯折或设置垫块，如图5-44b、c所示。

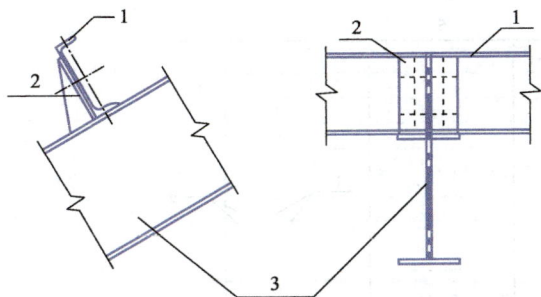

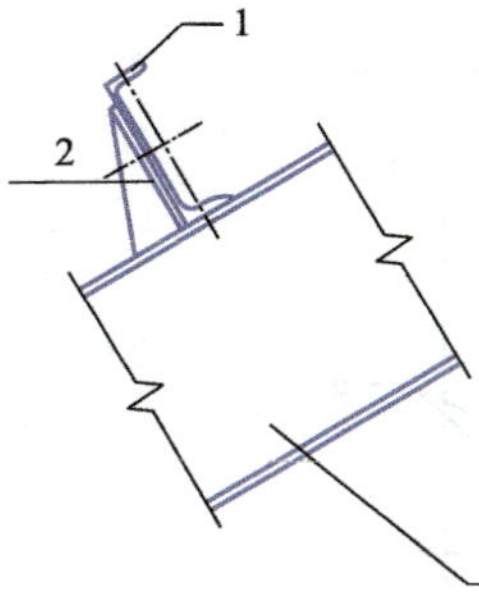

图 5-42　檩条与刚架斜梁连接

1—檩条　2—檩托　3—屋面斜梁

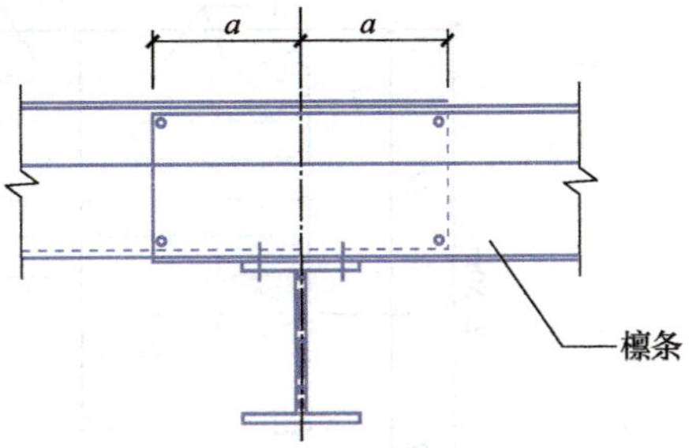

图 5-43　连续檩条的搭接

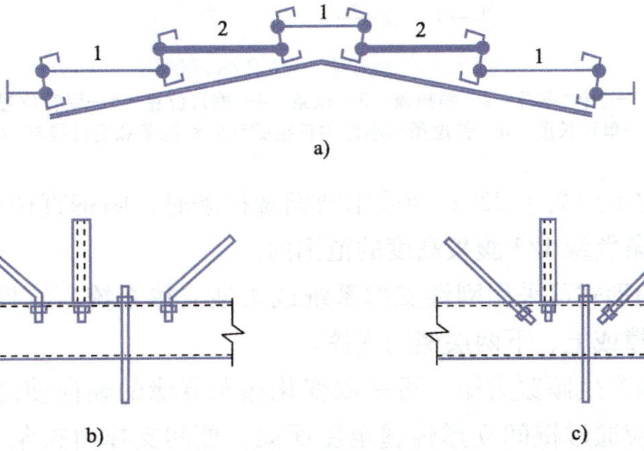

图 5-44　拉条和撑杆与檩条连接

1—拉条　2—撑杆

④屋脊两侧檩条之间可用槽钢、角钢和圆钢相连，如图 5-45 所示。

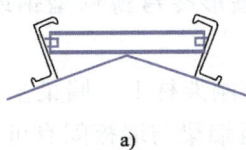

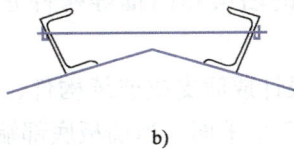

图 5-45　屋脊檩条连接

a）屋脊檩条用槽钢相连　b）屋脊檩条用圆钢相连

6. 拉条设计

1）实腹式檩条跨度不宜大于 12m，当檩条跨度大于 4m 时，宜在檩条间跨中位置设置拉条或撑杆；当檩条跨度大于 6m 时，宜在檩条跨度三分点处各设一道拉条或撑杆；当檩条跨度大于 9m 时，宜在檩条跨度四分点处各设一道拉条或撑杆。斜拉条和刚性撑杆组成的桁架结构体系应分别设在檐口和屋脊处，如图 5-46 所示，当构造能保证屋脊处拉条互相拉结平衡，在屋脊处可不设斜拉条和刚性撑杆。

当单坡长度大于 50m，宜在中间增加一道双向斜拉条和刚性撑杆组成的桁架结构体系，如图 5-46 所示，撑杆长细比不应大于 220；当采用圆钢做拉条时，圆钢直径不宜小于 10mm。圆钢拉条可设在距檩条翼缘 1/3 腹板高度的范围内。

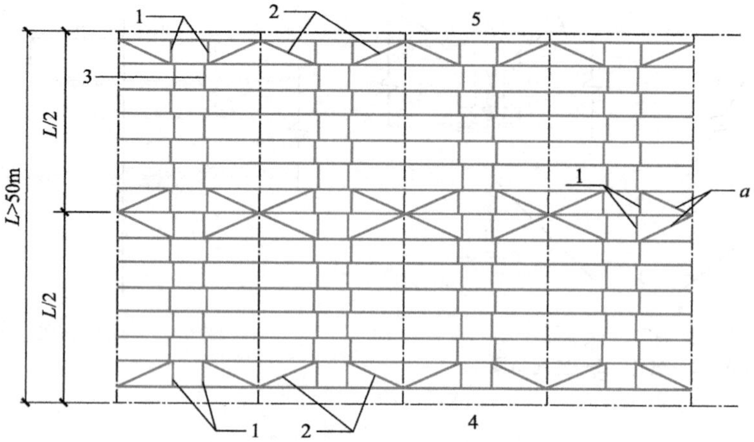

图 5-46　双向斜拉条和撑杆体系

1—刚性撑杆　2—斜拉条　3—拉条　4—檐口位置　5—屋脊位置

L—单坡长度　a—斜拉条与刚性撑杆组成双向斜拉条和刚性撑杆体系

2）撑杆长细比不应大于 220；当采用圆钢做拉条时，圆钢直径不宜小于 10mm。圆钢拉条可设在距檩条翼缘 1/3 腹板高度的范围内。

3）檩间支撑的形式可采用刚性支撑系统或柔性支撑系统。应根据檩条的整体稳定性设置一层檩间支撑或上、下两层檩间支撑。

4）屋面对檩条产生倾覆力矩，可采取变化檩条翼缘的朝向使之相互平衡，当不能平衡倾覆力矩时，应通过檩间支撑传递至屋面梁，檩间支撑由拉条和斜拉条共同组成。应根据屋面荷载、坡度计算檩条的倾覆力大小和方向，验算檩间支撑体系的承载力。

7. 墙梁设计

1）轻型墙体结构的墙梁宜采用卷边槽形或卷边 Z 形的冷弯薄壁型钢或高频焊接 H 型钢，兼做窗框的墙梁和门框等构件宜采用卷边槽形冷弯薄壁型钢或组合矩形截面构件。

2）墙梁可设计成简支或连续构件，两端支承在刚架柱上，墙梁主要承受水平风荷载，宜将腹板置于水平面。当墙板底部端头自承重且墙梁与墙板间有可靠连接时，可不考虑墙面自重引起的弯矩和剪力。当墙梁需承受墙板重量时，应考虑双向弯曲。

3）当墙梁跨度为 4~6m 时，宜在跨中设一道拉条；当墙梁跨度大于 6m 时，宜在跨间三分点处各设一道拉条。在最上层墙梁处宜设斜拉条将拉力传至承重柱或墙架柱；当墙板的竖向荷载有可靠途径直接传至地面或托梁时，可不设传递竖向荷载的拉条。

五、围护系统设计

1. 屋面及墙面板

屋面及墙面板可选用镀层或涂层钢板、不锈钢板、铝镁锰合金板、钛锌板、铜板等金属板材或其他轻质材料板材。一般建筑用屋面及墙面彩色镀层压型钢板，其计算和构造应按现行国家标准《冷弯薄壁型钢结构技术规范》（GB 50018—2002）的规定执行。屋面板与檩条的连接方式可分为直立缝锁边连接型、扣合式连接型、螺钉连接型。

屋面及墙面板的材料性能，应符合下列规定：

1）采用彩色镀层压型钢板的屋面及墙面板的基板力学性能应符合现行国家标准《建筑用压型钢板》（GB/T 12755—2008）的要求，基板屈服强度不应小于 $350N/mm^2$，对扣合式连接板基板屈服强度不应小于 $500N/mm^2$。

2）采用热镀锌基板的镀锌量不应小于 $275g/m^2$，并应采用涂层；采用镀铝锌基板的镀铝锌量不应小于 $150g/m^2$，并应符合现行国家标准《彩色涂层钢板及钢带》（GB/T 12754—2019）及《连续热镀锌和锌合金镀层钢板及钢带》（GB/T 2518—2019）的要求。

屋面及墙面外板的基板厚度不应小于 0.45mm，屋面及墙面内板的基板厚度不应小于 0.35mm。当采用直立缝锁边连接或扣合式连接时，屋面板不应作为檩条的侧向支撑；当屋面板采用螺钉连接时，屋面板可作为檩条的侧向支撑。对房屋内部有自然采光要求时，可在金属板屋面设置点状或带状采光板。当采用带状采光板时，应采取释放温度变形的措施。

金属板材屋面板与相配套的屋面采光板连接时，必须在长度方向和宽度方向上使用有效的密封胶进行密封，连接方式宜和金属板材之间的连接方式一致。金属屋面以上附件的材质宜优先采用铝合金或不锈钢，与屋面板的连接要有可靠的防水措施。

屋面板沿板长方向的搭接位置宜在屋面檩条上，搭接长度不应小于 150mm，在搭接处应做防水处理；墙面板搭接长度不应小于 120mm。屋面排水坡度不应小于表 5-8 的限值。

表 5-8　屋面排水坡度限值

连接方式	屋面排水坡度
直立缝锁边连接衫	1/30
扣合式连接扳及螺钉连接板	1/20

在风荷载作用下，屋面板及墙面板与檩条之间连接的抗拔承载力应有可靠依据。

2. 保温与隔热

门式刚架轻型房屋的屋面和墙面其保温隔热在满足节能环保要求的前提下，应选用导热系数较小的保温隔热材料，并应结合防水、防潮与防火要求进行设计。钢结构房屋的隔热应主要采用轻质纤维状保温材料和轻质有机发泡材料，墙面也可采用轻质砌块或加气混凝土板材。屋面和墙面的保温隔热构造应根据热工计算确定。保温隔热材料应相互匹配。

屋面保温隔热可采用下列方法之一：

1）在压型钢板下设带铝箔防潮层的玻璃纤维毡或矿棉毡卷材；当防潮层未用纤维增强，尚应在底部设置钢丝网或玻璃纤维织物等具有抗拉能力的材料，以承托隔热材料的自重。

2）金属面复合夹芯板。

3）在双层压型钢板中间填充保温材料。

4）在压型钢板上铺设刚性发泡保温材料，外铺热熔柔性防水卷材。

外墙保温隔热可采用下列方法之一：

1）采用与屋面相同的保温隔热做法。

2）外侧采用压型钢板，内侧采用预制板、纸面石膏板或其他纤维板，中间填充保温材料。

3）采用加气混凝土砌块或加气混凝土板，外侧涂装防水涂料。

4）采用多孔砖等轻质砌体。

3. 屋面排水设计

天沟截面形式可采用矩形或梯形。外天沟可用彩色金属镀层钢板制作，钢板厚度不应小于 0.45mm。内天沟宜用不锈钢材料制作，钢板厚度不宜小于 1.0mm。采用其他材料时应做可靠防腐处理，普通钢板天沟的钢板厚度不应小于 3.0mm。

天沟应符合下列构造要求：

1）房屋的伸缩缝或沉降缝处的天沟应对应设置变形缝。

2）屋面板应延伸入天沟。当采用内天沟时，屋面板与天沟连接应采取密封措施。

3）内天沟应设置溢流口，溢流口顶低于天沟上檐 50~100mm。当无法设置溢流口时，应适当增加落水管数量。

4）屋面排水采用内排水时，集水盒外应有网罩防止垃圾堵塞落水管。

落水管的截面形式可采用圆形或方形截面，落水管材料可用金属镀层钢板、不锈钢、PVC 等材料。集水盒与天沟应密封连接。落水管应与墙面结构或其他构件可靠连接。

知识模块 4 门式刚架轻型房屋钢结构的节点构造

门式刚架轻型房屋钢结构的节点设计应传力简捷，构造合理，具有必要的延性；应便于焊接，避免应力集中和过大的约束应力；应便于加工及安装，容易就位和调整。刚架构件间的连接，可采用高强度螺栓端板连接。高强度螺栓直径应根据受力确定，可采用 M16~M24 螺栓。高强度螺栓承压型连接可用于承受静力荷载和间接承受动力荷载的结构；重要结构或承受动力荷载的结构应采用高强度螺栓摩擦型连接；用来耗能的连接接头可采用承压型连接。

一、端板节点构造

1）门式刚架横梁与立柱连接节点，可采用端板竖放（图 5-47a）、平放（图 5-47b）和斜放（图 5-47c）三种形式。斜梁与刚架柱连接节点的受拉侧，宜采用端板外伸式，与斜梁端板连接的柱的翼缘部位应与端板等厚；斜梁拼接时宜使端板与构件外边缘垂直（图 5-47d），应采用外伸式连接，并使翼缘内外螺栓群中心与翼缘中心重合或接近。连接节点处的三角形短加劲板长边与短边之比宜大于 1.5：1.0，不满足时可增加板厚。

2）端板螺栓宜成对布置。螺栓中心至翼缘板表面的距离，应满足拧紧螺栓时的施工要求，不宜小于 45mm。螺栓端距不应小于 2 倍螺栓孔径；螺栓中距不应小于 3 倍螺栓孔径。当端板上两对螺栓间最大距离大于 400mm 时，应在端板中间增设一对螺栓。

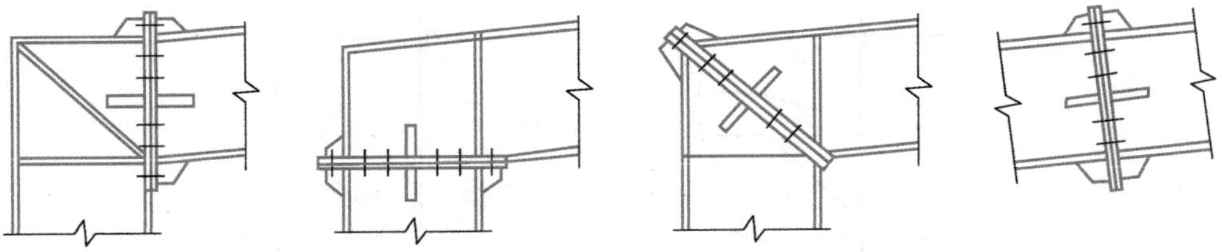

图 5-47　刚架连接节点
a）端板竖放　b）端板平放　c）端板斜放　d）斜梁拼接

3）当端板连接只承受轴向力和弯矩作用或剪力小于其抗滑移承载力时，端板表面可不作摩擦面处理。

4）端板连接应按所受最大内力和按能够承受不小于较小被连接截面承载力的一半设计，并取两者的大值。

5）端板连接节点设计应包括连接螺栓设计、端板厚度确定、节点域剪应力验算、端板螺栓处构件腹板强度、端板连接刚度验算。

二、屋面梁和摇摆柱连接节点

屋面梁与摇摆柱连接节点应设计成铰接节点，采用端板横放的顶接连接方式，如图 5-48 所示。

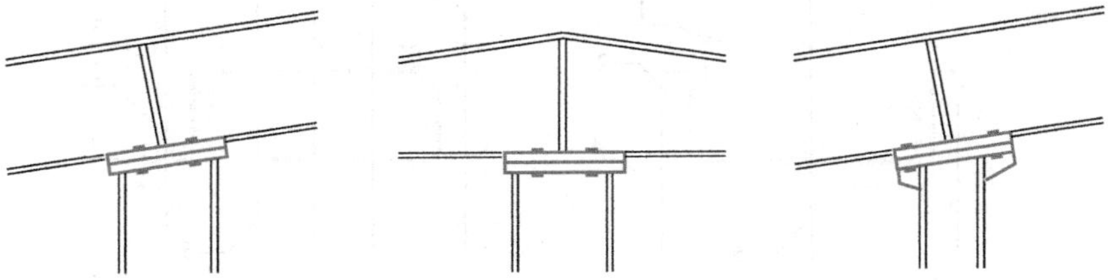

图 5-48　屋面梁和摇摆柱连接节点

三、柱脚节点构造

柱脚节点应符合下列规定：

1）门式刚架柱脚宜采用平板式铰接柱脚，如图 5-49 所示；也可采用刚接柱脚，如图 5-50 所示。

2）计算带有柱间支撑的柱脚锚栓在风荷载作用下的上拔力时，应计入柱间支撑产生的最大竖向分力，且不考虑活荷载、雪荷载、积灰荷载和附加荷载影响，恒载分项系数应取 1.0。计算柱脚锚栓的受拉承载力时，应采用螺纹处的有效截面面积。

3）带靴梁的锚栓不宜受剪，柱底受剪承载力按底板与混凝土基础间的摩擦力取用，摩擦系数可取 0.4，计算摩擦力时应考虑屋面风吸力产生的上拔力的影响。当剪力由不带靴梁的锚栓承担时，应将螺母、垫板与底板焊接，柱底的受剪承载力可按 0.6 倍的锚栓受剪承载力取用。当柱底水平剪力大于受剪承载力时，应设置抗剪键。

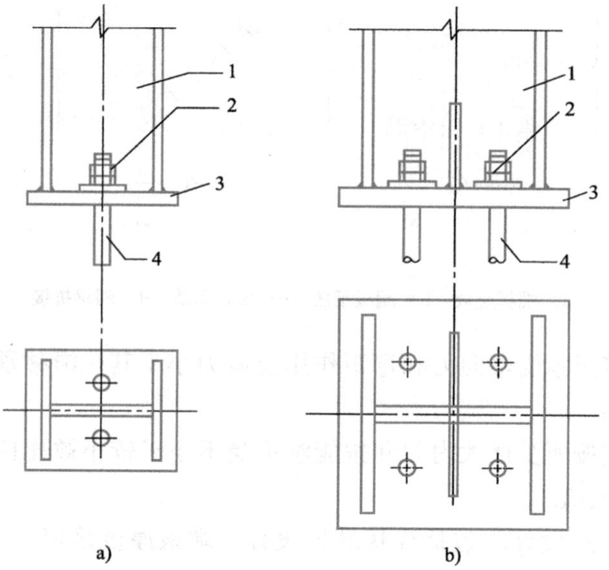

图 5-49　铰接柱脚

a）两个锚栓柱脚　b）四个锚栓柱脚

1—柱　2—双螺母及垫板　3—底板　4—锚栓

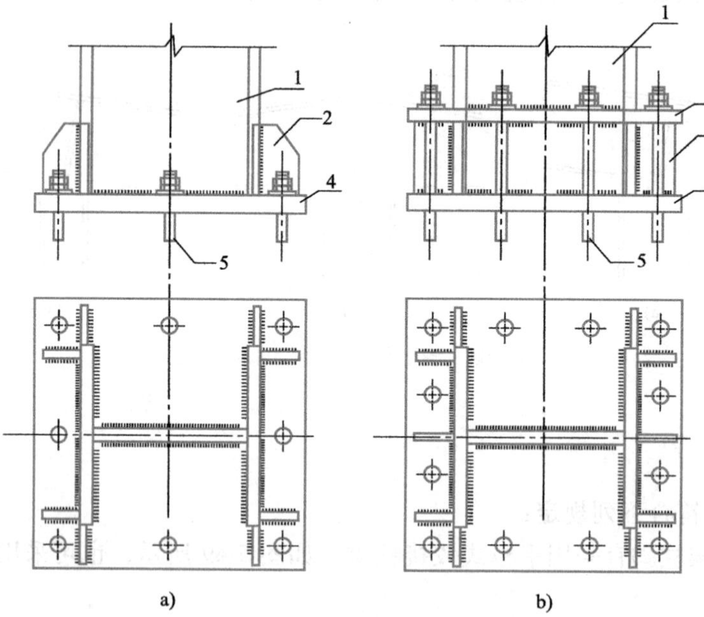

图 5-50　刚接柱脚

a）带加劲肋　b）带靴梁

1—柱　2—加劲板　3—锚栓支承托座　4—底板　5—锚栓

4）柱脚锚栓应采用 Q235 钢或 Q345 钢制作。锚栓端部应设置弯钩或锚件，且应符合现行国家标准《混凝土结构设计规范》（GB 50010—2010)(2015 年版）的有关规定。锚栓的最小锚固长度 l_a（投影长度）应符合表 5-9 的规定，且不应小于 200mm。锚栓直径 d 不宜小于 24mm，且应采用双螺母。

表 5-9　锚栓的最小锚固长度

螺栓钢材	混凝土强度等级					
	C25	C30	C35	C40	C45	≥C50
Q235	20d	18d	16d	15d	14d	14d
Q345	25d	23d	21d	19d	18d	17d

本任务工作单

自测训练

一、简答题

1. 单层轻型钢结构房屋一般采用哪几种形式?
2. 门式刚架轻型房屋钢结构的特点有哪些?其应用范围如何?
3. 门式刚架轻型房屋钢结构由哪些构件组成?它们各起什么作用?
4. 门式刚架轻型房屋钢结构中要求设置哪些支撑?它们各起什么作用?
5. 门式刚架轻型房屋钢结构的柱网及变形缝如何布置?
6. 门式刚架轻型房屋钢结构端板节点连接方法有哪几种?各有什么特点?
7. 门式刚架轻型房屋钢结构柱脚节点主要形式有哪些?

二、思考题

1. 试分别画出等截面门式刚架斜梁与柱铰接及铰接柱脚的节点详图。
2. 写出图 5-51 所示门式刚架结构体系中 9 种构件的名称。

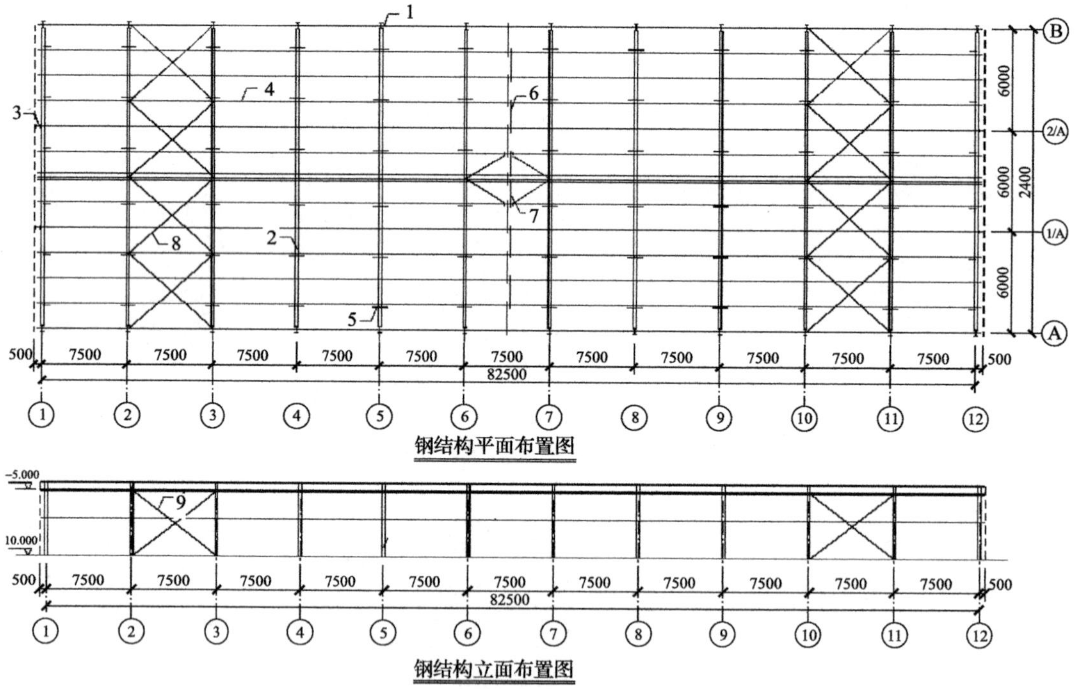

图 5-51　门式刚架结构体系

学习情境六

结构施工图识读

学习指南

情境导入

在工程建设过程中，结构施工图是主要的技术依据。本学习情境以钢筋混凝土结构施工图识读、钢结构施工图识读两个真实的工作任务为载体，使学生通过工作任务掌握作为技术员、质检员、监理员等应具备的结构施工图基本知识，掌握结构施工图的识读方法，从而胜任这些岗位的工作。

学习目标

通过教师的讲解和引导，使学生理解结构施工图的基本知识及制图规定；通过完成工作任务，使学生掌握结构施工图的内容和识读方法，具有识读钢筋混凝土结构平法施工图的能力，具备识读钢结构施工图的能力。使学生在学习过程中养成按规操作、注重安全的职业意识，培养学生团队协作能力。

工作任务

1. 钢筋混凝土结构施工图识读；
2. 钢结构施工图识读。

任务 1 钢筋混凝土结构施工图识读

任务单

课程	建筑结构		
学习情境六	结构施工图识读	学时	10
任务 1	钢筋混凝土结构施工图识读	学时	6

布置任务

任务目标	1. 掌握钢筋混凝土结构平法施工图的制图规则，能够在工程中读懂施工图所表示信息的含义； 2. 学会钢筋混凝土结构施工图识读，能在工程施工中指导施工； 3. 能够在完成任务过程中养成按规操作、注重安全的职业意识。
任务描述	某框架结构教学楼，识读工程施工图，任选一根梁和一根柱，绘制出梁、柱的横截面图和纵截面图，工作如下： 1. 整理熟悉施工图； 2. 选择一根梁和一根柱，描述其平法施工图表示的含义； 3. 绘制梁的横截面和纵截面； 4. 绘制柱的横截面和纵截面。

学时安排	布置任务与资讯	计划	决策	实施	检查	评价
	2 学时	0.5 学时	0.5 学时	2 学时	0.5 学时	0.5 学时

对学生的要求	1. 每名同学均能按照知识思维导图自主学习，并完成知识模块中的自测训练； 2. 严格遵守课堂纪律，学习态度认真、端正，能够正确评价自己和同学在本任务中的素质表现，积极参与小组工作任务讨论，严禁抄袭； 3. 小组讨论任务实施方案，能够小组分工协作整理施工图纸，选出要绘制的梁和柱，并描述其施工图表示的含义 4. 独立绘制梁的横截面和纵截面； 5. 独立绘制柱的横截面和纵截面； 6. 讲解任务完成过程，接受教师与学生的点评，同时参与小组自评与互评。

任务知识

知识思维导图

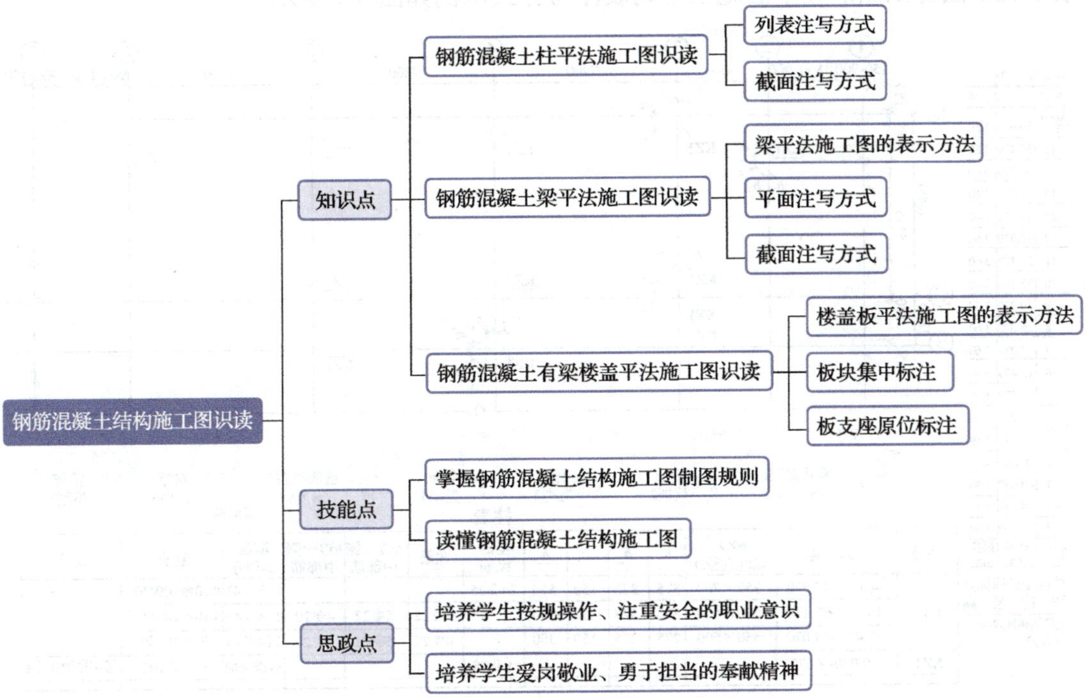

钢筋混凝土结构平法施工图概括地讲就是把结构构件的尺寸和配筋按照平面整体表示方法的制图规则，整体直接表达在各类构件的结构平面布置图上，再与标准构造详图相配合，使之构成一套新型完整的结构施工图，这种表示方法简称为平法施工图。

钢筋混凝土结构平法施工图具有如下特点：标准化程度高，直观性强；降低设计者的劳动强度，提高工作效率；减少出图量，节约图纸量，符合环保和可持续发展的模式；减少了错、漏、碰、缺现象，校对方便、出错易改；易于识读，方便施工，提高了工效。

知识模块 1 钢筋混凝土柱平法施工图识读

柱平法施工图是指在柱平面布置图上，根据结构设计计算结果，采用列表注写或截面注写的方式表达柱截面配筋的施工图，并以此作为施工人员组织施工的依据。设计时采用适当比例单独绘制柱平面布置图，并按规定注明各结构层的标高及相应的结构层号。

一、列表注写方式

在柱平面布置图（一般只需采用适当比例绘制一张柱平面布置图，包括框架柱、框支柱、梁上柱和剪力墙上柱），分别在同一编号的柱中选择一个（有时需要几个）截面标注该柱的几何参数代号；在柱列表中注写柱编号、柱段的起止标高、几何尺寸（含柱截面对轴线的偏心情况）和柱的配筋，并配以各种柱截面形状及箍筋类型图的方式来表示柱平法施工图。柱平法施工图列表注写方式示例如图 6-1 所示。

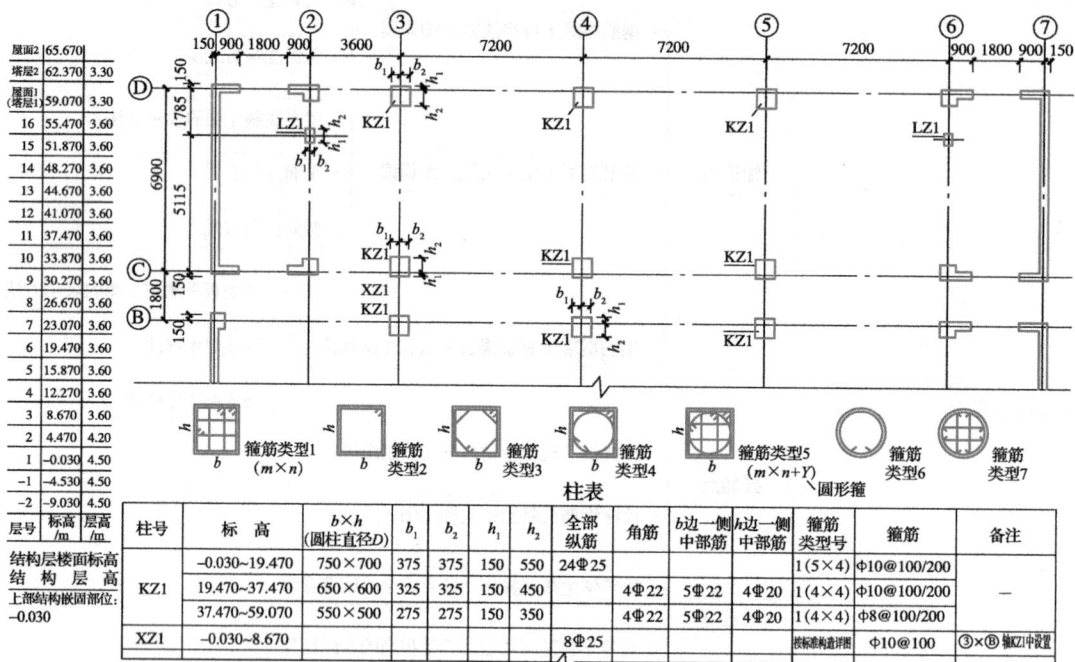

层号	标高/m	层高/m
屋面2	65.670	
塔层2	62.370	3.30
屋面1（塔层1）	59.070	3.30
16	55.470	3.60
15	51.870	3.60
14	48.270	3.60
13	44.670	3.60
12	41.070	3.60
11	37.470	3.60
10	33.870	3.60
9	30.270	3.60
8	26.670	3.60
7	23.070	3.60
6	19.470	3.60
5	15.870	3.60
4	12.270	3.60
3	8.670	3.60
2	4.470	4.20
1	-0.030	4.50
-1	-4.530	4.50
-2	-9.030	4.50

结构层楼面标高
结构层高
上部结构嵌固部位：
-0.030

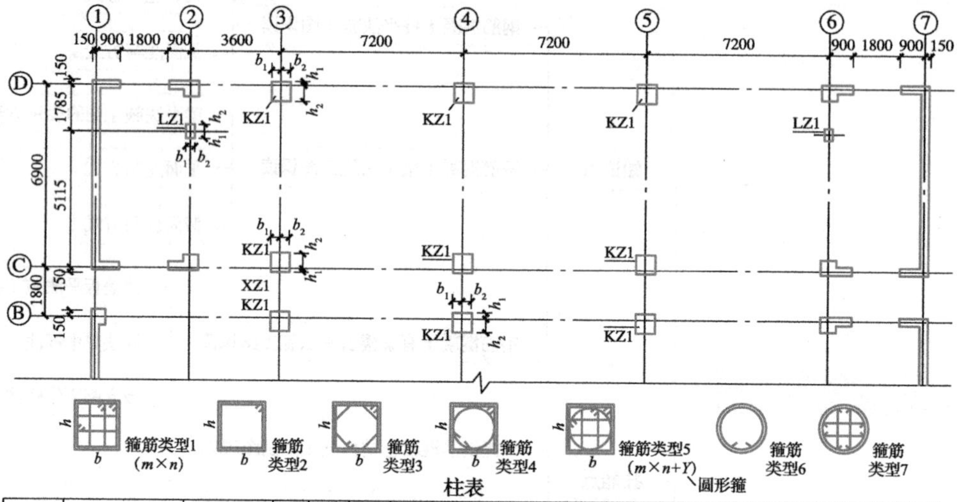

柱表

柱号	标高	b×h（圆柱直径D）	b_1	b_2	h_1	h_2	全部纵筋	角筋	b边一侧中部筋	h边一侧中部筋	箍筋类型号	箍筋	备注
KZ1	-0.030~19.470	750×700	375	375	150	550	24Φ25				1(5×4)	Φ10@100/200	—
	19.470~37.470	650×600	325	325	150	450		4Φ22	5Φ22	4Φ20	1(4×4)	Φ10@100/200	
	37.470~59.070	550×500	275	275	150	350		4Φ22	5Φ22	4Φ20	1(4×4)	Φ8@100/200	
XZ1	-0.030~8.670						8Φ25				按标准构造详图	Φ10@100	③×Ⓑ轴KZ1中设置

图 6-1　柱平法施工图列表注写方式示例

在结构设计时，柱表注写的内容主要包括：柱编号、柱的起止标高、柱几何尺寸和对轴线的偏心、柱纵筋、柱箍筋等主要内容。

1. 柱编号

柱的编号有类型代号和序号两方面组成，类型代号表示的是柱的类型，例如框架柱类型代号为 KZ，转换柱类型代号为 ZHZ，芯柱的类型代号为 XZ，梁上柱类型代号为 LZ，剪力墙上柱类型代号为 QZ。由此可见柱的类型代号也是其名称汉语拼音第一个字母的大写。序号是设计者依据自己习惯或设计顺序给每类柱所编的排序号，一般用小写阿拉伯数字表示编号时，当柱的总高、分段截面尺寸和配筋都对应相同，但是柱分段截面与轴线的关系不同时，可以这些将柱编成相同的编号。

2. 柱的起止标高

（1）各段起止标高的确定

各个柱段的分界线是自柱根部向上开始，钢筋没有改变到第一次变截面处的位置，或从该段底部算起柱内所配纵筋发生改变处截面作为分段界限分别标注。

（2）柱根部标高

框架柱（KZ）和转换柱（ZHZ）的根部标高为基础顶面标高；芯柱（XZ）的根部标高是指根据实际需要确定的起始位置标高；梁上柱（LZ）的根部标高为梁的顶面标

高；剪力墙上柱（QZ）的根部标高分两种情况：一是当柱纵筋锚固在墙顶时，柱根部标高为剪力墙顶面标高；当柱与剪力墙重叠一起时，柱根部标高为剪力墙顶面往下一层的结构楼面标高。

3. 柱几何尺寸和对轴线的偏心

（1）矩形柱

矩形柱的注写截面尺寸 $b \times h$ 及与轴线的几何参数代号 b_1、b_2 和 h_1、h_2 的具体数值，一般对应于各段柱分别标注。其中 $b=b_1+b_2$，$h=h_1+h_2$。当柱截面的某一侧收缩至与柱轴线重合或偏到轴线的另一侧时，b_1、b_2、h_1、h_2 中的某项为零或为负值。

（2）圆柱

柱表中 $b \times h$ 改为用在圆柱直径数字之前加 d 表示。设计中为了使表达的更简单，圆柱截面与轴线的关系用 b_1、b_2 和 h_1、h_2 表示，即 $d=b_1+b_2=h_1+h_2$

4. 柱纵筋

当柱纵筋直径相同、各边根数也相同时，将纵筋注写在“全部纵筋”一栏中，除此之外纵筋为角筋、截面 b 边中部筋和 h 边中部钢筋三类要分别注写。对于对称配筋截面柱只需要注写一侧的中部筋，对称边可以省略。

5. 柱箍筋类型号

对于箍筋宜采用列表注写法，在柱表中按图选择相应的柱截面形状及箍筋类型号，并注写在表中，如图 6-1 所示。

6. 柱箍筋

包括箍筋的级别、直径和间距。在具有抗震设防的柱上下端箍筋加密区与柱中部非加密区长度范围内箍筋的不同间距，在注写时用斜线符号“/”加以区分，斜线前是加密区箍筋的间距，斜线后为非加密区箍筋的间距。箍筋沿柱高间距不变时不需要斜线。例如：某柱箍筋注写为Φ10@ 100/200，表示箍筋采用的是 HPB300 级钢筋，箍筋直径为 10mm，柱端加密区箍筋间距为 100mm，非加密区箍筋间距为 200mm。又如，某柱箍筋注写为Φ10@ 100，表示箍筋采用的是 HPB300 级钢筋，箍筋直径为 10mm，箍筋间距 100mm，沿柱全高箍筋加密。当柱截面为圆形时，采用螺旋箍筋时，在钢筋前加“L”。例如，某柱箍筋标注为LΦ10@ 100/200，表示该柱采用螺旋箍筋，箍筋为 HPB 300 级钢筋，直径为 10mm，加密区间距 100mm，非加密区间距为 200mm。抗震设防时的柱端钢筋加密区的长度根据《建筑抗震设计规范》（GB 50011—2010）（2016 年版）的规定，参照标准构造详图，在几种不同要求的长度中取最大值。

练一练

描述图 6-1 中 KZ1（-0.030~19.470）的截面尺寸及配筋信息。

二、截面注写方式

在施工图设计时，在各标准层绘制的柱平面布置图的柱截面上，分别在相同编号的柱中选择一个截面，将截面尺寸和配筋数值直接标注在选定的截面上的方式，称为柱截面注写方式。柱平法施工图截面注写方式示例如图 6-2 所示。

此种施工图注写方式根据柱的截面、配筋、混凝土强度、标高等条件综合确定柱的标准层，每一标准层都需要有平面布置图，因此，一个工程会需要多张柱配筋图。

层号	标高/m	层高/m
屋面2	65.670	
塔层2	62.370	3.30
屋面1（塔层1）	59.070	3.30
16	55.470	3.60
15	51.870	3.60
14	48.270	3.60
13	44.670	3.60
12	41.070	3.60
11	37.470	3.60
10	33.870	3.60
9	30.270	3.60
8	26.670	3.60
7	23.070	3.60
6	19.470	3.60
5	15.870	3.60
4	12.270	3.60
3	8.670	3.60
2	4.470	4.20
1	−0.030	4.50
−1	−4.530	4.50
−2	−9.030	4.50

结构层楼面标高
结构层高
上部结构嵌固部位：
−0.030

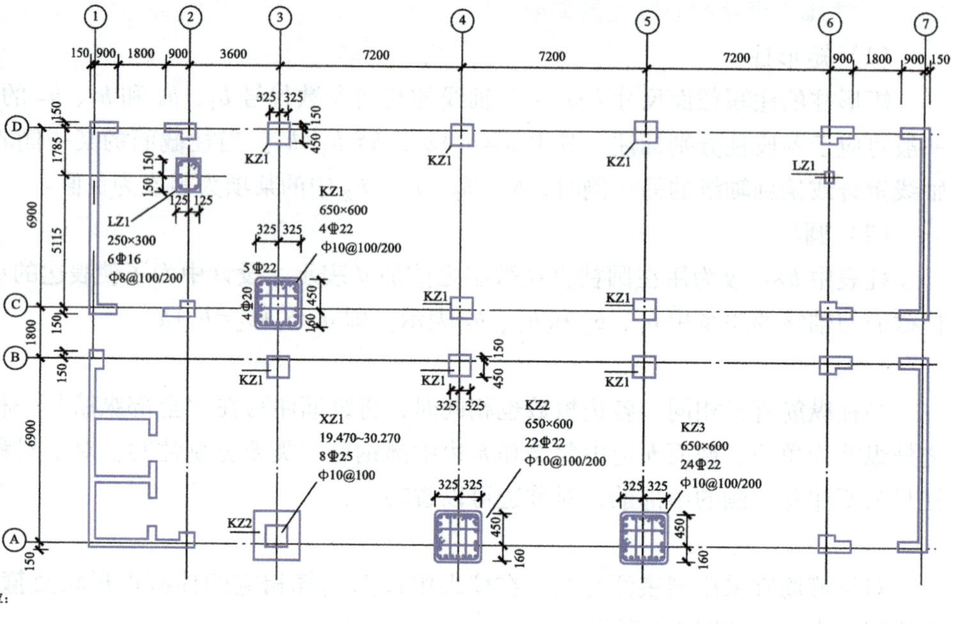

图 6-2　柱平法施工图截面注写方式示例

除芯柱外的所有柱编号、纵筋、箍筋的注写方式和规则与柱列注写方式相同。

1. 芯柱

当在某些框架柱的一定高度范围内，在其内部的中心位置设置芯柱时，首先按照列表注写方式的规定进行编号，继其标号之后注写芯柱的起止标高、全部纵筋及箍筋的具体数值，芯柱的截面尺寸按构造确定，并按标准构造详图施工。

2. 绘制施工图时的注意事项

1）当柱的分段截面尺寸和配筋均相同，仅分段截面与轴线的关系即柱偏心情况不同时，这些柱采用相同的编号。但需要在未画配筋的截面上注写该柱截面与轴线关系的具体尺寸。

2）按平法绘制施工图时，从相同编号的柱中选择一个截面，按需要的比例原位放大绘制柱截面配筋图，并在各配筋图上柱编号的后面注写截面尺寸 $b \times h$、全部纵筋（全部纵筋为同一直径）、角筋、箍筋的具体数值，另外，在柱截面配筋图上标注柱截面与轴线关系 b_1、b_2、h_1、h_2 的具体数值。

3）当柱纵筋采用两种直径时，将截面各边中部纵筋的具体数值注写在截面的侧边；当矩形截面柱采用对称配筋时，仅在柱截面一侧注写中部纵筋，对称边则不注写。

练一练

描述图 6-2 中 KZ3 的截面尺寸及配筋信息。

知识模块 2 钢筋混凝土梁平法施工图识读

一、梁平法施工图的表示方法

1）梁平法施工图是在梁平面布置图上采用平面注写方式或截面注写方式表达。

2）梁平面布置图，应分别按梁的不同结构层（标准层），将全部梁和与其相关联的柱、墙、板一起采用适当比例绘制。

3）在梁平法施工图中，尚应注明各结构层的顶面标高及相应的结构层号。

4）对于轴线未居中的梁，应标注其偏心定位尺寸（贴柱边的梁可不标注）。

二、平面注写方式

1. 平面注写方式介绍

平面注写方式是在梁平面布置图上，分别在不同编号的梁中各选一根梁，在其上注写截面尺寸和配筋具体数值的方式来表达梁平法施工图。

平面注写包括集中标注与原位标注，集中标注表达梁的通用数值，原位标注表达梁的特殊数值。当集中标注中的某项数值不适用于梁的某部位时，则将该项数值原位标注，施工时，原位标注取值优先。如图 6-3 所示，本图四个梁截面采用传统表示方法绘制，用于对比按平面注写方式表达的同样内容。实际采用平面注写方式表达时，不需要绘制梁截面配筋图和图中相应的截面号。

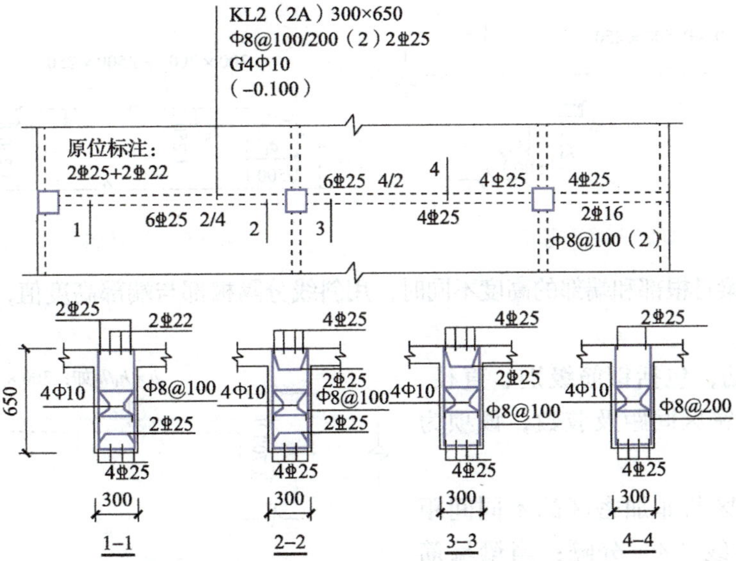

图 6-3　平面注写方式示例

2. 梁集中标注的内容

有五项必注值及一项选注值（集中标注可以从梁的任意一跨引出），规定如下：

1）梁编号，见表 6-1，该项为必注值。

梁编号由梁类型、代号、序号、跨数及有无悬挑代号几项组成，并符合表 6-1 的规定。

表 6-1 梁编号

梁类型	代号	序号	跨数及是否带有悬挑
楼层框架梁	KL	××	(××)、(××A) 或 (××B)
屋面框架梁	WKL	××	(××)、(××A) 或 (××B)
框支梁	KZL	××	(××)、(××A) 或 (××B)
非框架梁	L	××	(××)、(××A) 或 (××B)
悬挑梁	XL	××	(××)、(××A) 或 (××B)
井字梁	JZL	××	(××)、(××A) 或 (××B)
托柱转换梁	TZL	××	(××)、(××A) 或 (××B)
楼层框架扁梁	KBL	××	(××)、(××A) 或 (××B)

表中（××A）为一端有悬挑，（××B）为两端有悬挑，悬挑不计入跨数。如 KL7（5A）表示第 7 号框架梁，5 跨，一端有悬挑；L9（7B）表示第 9 号非框架梁，7 跨，两端有悬挑。

2）梁截面尺寸，该项为必注值。当为等截面梁时，用 $b \times h$ 表示；

当为竖向加腋梁时，用 $b \times h$ GY$c_1 \times c_2$ 表示，其中 c_1 为腋长，c_2 为腋高，如图 6-4 所示。

当为水平加腋梁时，一侧加腋时用 $b \times h$ PY$c_1 \times c_2$ 表示，其中 c_1 为腋长，c_2 为腋宽，加腋部位应在平面图中绘制，如图 6-5 所示。

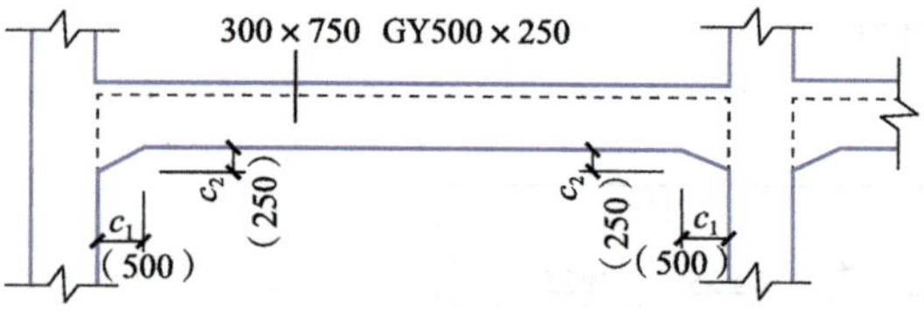

图 6-4 竖向加腋截面注写示意

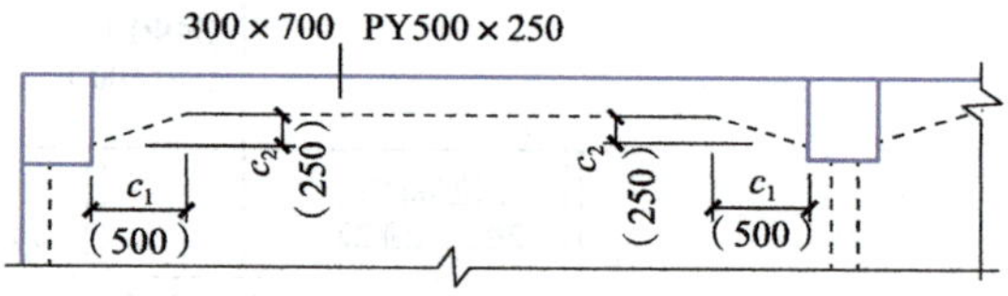

图 6-5 水平加腋截面注写示意

当有悬挑梁且根部和端部的高度不同时，用斜线分隔根部与端部高度值，即为 $b \times h_1/h_2$，如图 6-6 所示。

3）梁箍筋，包括钢筋级别、直径、加密区与非加密区间距及肢数，该项为必注值。

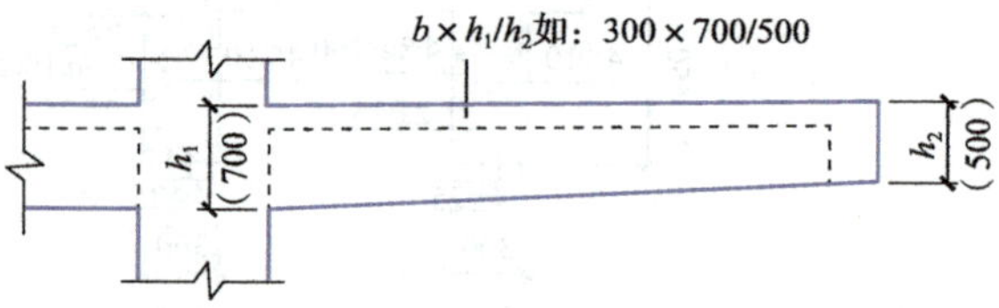

图 6-6 悬挑梁不等高截面注写示意

箍筋加密区与非加密区的不同间距及肢数需用斜线“/”分隔；当梁箍筋为同一种间距及肢数时，则不需要用斜线；当加密区与非加密区的箍筋肢数相同时，则将肢数注写一次；箍筋肢数应写在括号内。加密区范围见相应抗震等级的标准构造详图。如Φ10@100/200（4），表示箍筋为 HPB300 钢筋，直径Φ10，加密区间距为 100，非加密区间距为 200，均为四肢箍。

当抗震设计中的非框架梁、悬挑梁、井字梁，及非抗震设计中的各类梁采用不同的箍筋间距及肢数时，也用斜线“/”将其分隔开来。注写时，先注写梁支座端部的箍筋（包括箍筋的箍数、钢筋级别、直径、间距与肢数），在斜线后注写梁跨中部分的箍筋间距及肢数。如 18Φ10@150（4）/200（2），表示钢筋为 HPB300 钢筋，直径Φ10；梁的两端各有 18 个四肢箍，间距为 150；梁跨中部分，间距为 200，双肢箍。

4）梁上部通长筋或架立筋配置（通长筋可为相同或不同直径采用搭接连接、机械连接或焊接的钢筋），该项为必注值。

所注规格与根数应根据结构受力要求及箍筋肢数等构造要求而定。当同排纵向钢筋中既有通长筋又有架立筋时，应用加号“+”将通长筋和架立筋相连。注写时需将角部纵向钢筋写在加号的前面，架立筋写在加号后面的括号内，以示不同直径及与通长筋的区别。当全部采用架立筋时，则将其写入括号内。如 2Φ22+（4Φ12）用于六肢箍，其中 2Φ22 为通长筋，4Φ12 为架立筋。

当梁的上部纵向钢筋和下部纵向钢筋为全跨相同，且多数跨配筋相同时，此项可加注下部的纵向钢筋配筋值，用分号“；”将上部与下部纵向钢筋的配筋值分隔开来。如 3Φ22；3Φ20 表示梁的上部配置 3Φ22 的通长筋，梁的下部配置 3Φ20 的通长筋。

5）梁侧面纵向构造钢筋或受扭钢筋配置，该项为必注值。

当梁腹板高度超过 450mm 时，需配置纵向构造钢筋，所注规格与根数应符合规范规定。此项注写值以大写字母 G 打头，接续注写设置在梁两个侧面的总配筋值，且对称配置。如 G4Φ12，表示梁的两个侧面共配置 4Φ12 的纵向构造钢筋，每侧各配置 2Φ12。

当梁侧面需配置受扭纵向钢筋时，此项注写值以大写字母 N 打头，接续注写配置在梁两个侧面的总配筋值，且对称配置。受扭纵向钢筋应满足梁侧面纵向构造钢筋的间距要求，且不再重复配置纵向构造钢筋。

如 N6Φ22，表示梁的两个侧面共配置 6Φ22 的受扭纵向钢筋，每侧各配置 3Φ22。

6）梁顶面标高高差，该项为选注值。

梁顶面标高高差是指相对于结构层楼面标高的高差值，对于位于结构夹层的梁，则指相对于结构夹层楼面标高的高差。有高差时，需将其写入括号内，无高差时不注。当某梁的顶面高于所在结构层的楼面标高时，其标高高差为正值，反之为负值。

如某结构标准层的楼面标高为 45.000m 和 47.250m，当某梁的梁顶面标高高差注写为（-0.050）时，即表明该梁顶面标高分别相对于 45.000m 和 47.250m 低 0.05m。

3. 梁原位标注的内容

1）梁支座上部纵向钢筋。该部位含通长筋在内的所有纵向钢筋。

①当上部纵筋多于一排时，用斜线“/”将各排纵筋自上而下分开。如 6Φ20 4/2，表示上一排纵筋为 4Φ20，下一排纵筋为 2Φ20。

②当同排纵筋有两种直径时，用加号“+”将两种直径的纵筋相联，注写时将角部纵筋写在前面。

③当梁中间支座两边的上部纵筋不同时，须在支座两边分别标注；当梁中间支座两边的上部纵筋相同时，可仅在支座的一边标注配筋值，另一边省去不注。

2）梁下部纵向钢筋。

①当下部纵筋多于一排时，用斜线“/”将各排纵筋自上而下分开。

如梁下部纵筋注写为6Φ22 2/4，表示上一排纵筋为2Φ22，下一排纵筋为4Φ22，全部伸入支座。

②当同排纵筋有两种直径时，用加号“+”将两种直径的纵筋相联，注写时角筋写在前面。

③当梁下部纵筋不全部伸入支座时，将梁支座下部纵筋减少的数量写在括号内。

④当梁的集中标注中已注写了梁上部和下部均为通长的纵筋值时，则不需在梁下部重复做原位标注。

3）当在梁上集中标注的内容（即梁截面尺寸、箍筋、上部通长筋或架立筋，梁侧面构造钢筋或受扭纵向钢筋，以及梁顶面标高高差中的某一项或几项数值）不适用于某跨或某悬挑部分时，则将其不同数值原位标注在该跨或该悬挑部位，施工时应按原位标注数值取用。

4）附加箍筋或吊筋，将其直接画在平面图中的主梁上，用线引注总配筋值（附加箍筋的肢数注在括号内），如图6-7所示。当多数附加箍筋或吊筋相同时，可在梁平法施工图上统一注明，少数与统一注明值不同时，再原位引注。施工时应注意，附加箍筋或吊筋的几何尺寸应按照标准构造详图，结合其所在位置的主梁和次梁的截面尺寸而定。

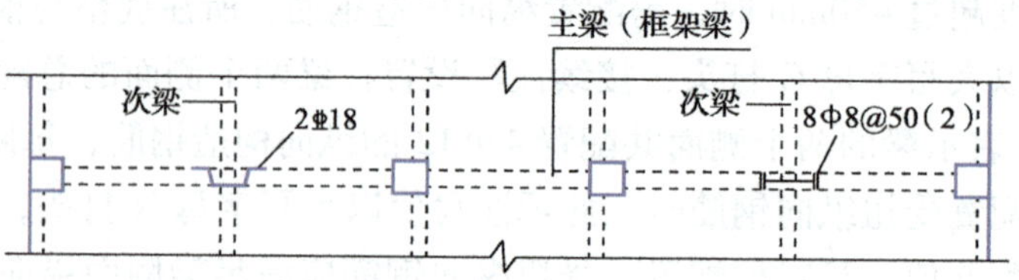

图6-7　附加箍筋和吊筋的画法示例

练一练

描述图6-3中KL2的集中标注的含义。

三、截面注写方式

1）截面注写方式，是在分标准层绘制的梁平面布置图上，分别在不同编号的梁中各选择一根梁用剖面号引出配筋图，并在其上注写截面尺寸和配筋具体数值的方式来表达梁平法施工图。

2）对所有梁按规定进行编号，从相同编号的梁中选择一根梁，先将“单边截面号”画在该梁上，再将截面配筋详图画在本图或其他图上。当某梁的顶面标高与结构层的楼面标高不同时，尚应在其梁编号后注写梁顶面标高高差（注写规定与平面注写方式相同）。

3）在截面配筋详图上注写截面尺寸 $b×h$、上部筋、下部筋、侧面构造筋或受扭筋以及箍筋的具体数值时，其表达形式与平面注写方式相同。

4）截面注写方式既可以单独使用，也可与平面注写方式结合使用。

知识模块 3 钢筋混凝土有梁楼盖平法施工图识读

有梁楼盖的制图规则适用于以梁为支座的楼面与屋面板平法施工图设计。

一、楼盖板平法施工图的表示方法

1. 有梁楼盖板平法施工图

有梁楼盖板平法施工图是在楼面板和屋面板布置图上，采用平面注写的表达方式。板平面注写主要包括板块集中标注和板支座原位标注。

2. 结构平面坐标方向的规定

为方便设计表达和施工识图，规定结构平面的坐标方向为：

1）当两向轴网正交布置时，图面从左至右为 X 向，从下至上为 Y 向。

2）当轴网转折时，局部坐标方向顺轴网转折角度做相应转折。

3）当轴网向心布置时，切向为 X 向，径向为 Y 向。

此外，对于平面布置比较复杂的区域，如轴网转折交界区域、向心布置的核心区域等，其平面坐标方向由设计者另行规定并在图上明确表示。

二、板块集中标注

1. 板块集中标注的内容

板块集中标注的内容为：板块编号、板厚、贯通纵筋以及当板面标高不同时的标高高差。

对于普通楼面，两向均以一跨为一板块；对于密肋楼盖，两向为主梁（框架梁）均以一跨为一板块（非主梁密肋不计）。所有板块应逐一编号，相同编号的板块可择其一做集中标注，其他仅注写置于圆圈内的板编号，以及当板面标高不同时的标高高差。

1）板块编号按表 6-2 规定。

表 6-2　板块编号

板类型	代号	序号
楼面板	LB	××
屋面板	WB	××
悬挑板	XB	××

2）板厚注写为 h=×××（为垂直板面的厚度）；当悬挑板的端部改变截面厚度时，用斜线分隔根部与端部的高度值，注写为 h=×××/×××；当设计已在图注中统一注明板厚度时，此项可不注。

3）贯通纵筋按板块的下部和上部分别注写（当板块上部不设贯通纵筋时则不注），并以 B 代表下部，以 T 代表上部，B&T 代表下部与上部；X 向贯通纵筋以 X 打头，Y 向贯通纵筋以 Y 打头，两向贯通纵筋配置相同则以 X&Y 打头。

当为单向板时，分布筋可不必注写，而在图中统一注明。

当在某些板内（例如在悬挑板 XB 的下部）配置有构造钢筋时，则 X 向以 X_c，Y 向以 Y_c 打头注写。

当 Y 向采用放射配筋时（切向为 X 向，径向为 Y 向），设计者应注明配筋间距的定位尺寸。

当贯通筋采用两种规格钢筋"隔一布一"方式时，表达为Φ *xx*/*yy*@ *xxx*，表示直径为 *xx* 的钢筋和直径为 *yy* 的钢筋二者之间间距为 *xxx*，直径 *xx* 的钢筋的间距为 *xxx* 的 2 倍，直径 *yy* 的钢筋的间距为 *xxx* 的 2 倍。

4）板面标高高差是指相对于结构层楼面标高的高差，应将其注写在括号内，且有高差则注，无高差不注。

2. 同一编号板块标注

同一编号板块的类型、板厚和贯通纵筋均应相同，单板面标高、跨度、平面形状以及板支座上部非贯通纵筋可以不同，如同一编号板块的平面形状可为矩形、多边形及其他形状等。施工预算时，应根据其实际平面形状，分别计算各块板的混凝土与钢筋用量。

三、板支座原位标注

1）板支座原位标注的内容为：板支座上部非贯通纵筋和悬挑板上部受力钢筋。

板支座原位标注的钢筋，应在配置相同跨的第一跨表达（当在梁悬挑部位单独配置时则在原位表达）。在配置相同跨的第一跨（或梁悬挑部位），垂直于板支座（梁或墙）绘制一段适宜长度的中粗实线（当该筋通长设置在悬挑板或短跨板上部时，实线段应画至对边或贯通短跨），以该线段代表支座上部非贯通纵筋，并在线段上方注写钢筋编号（如①、②等）配筋值、横向连续布置的跨数（注写在括号内，且当为一跨时可不注），以及是否横向布置到梁的悬挑端。

板支座上部非贯通筋自支座中线向跨内的伸出长度，注写在线段的下方位置。

当中间支座上部非贯通纵筋向支座两侧对称伸出时，可仅在支座一侧线段下方标注伸出长度，另一侧不注，如图 6-8 所示。

当向支座两侧非对称伸出时，应分别在支座两侧线段下方注写伸出长度，如图 6-9 所示。

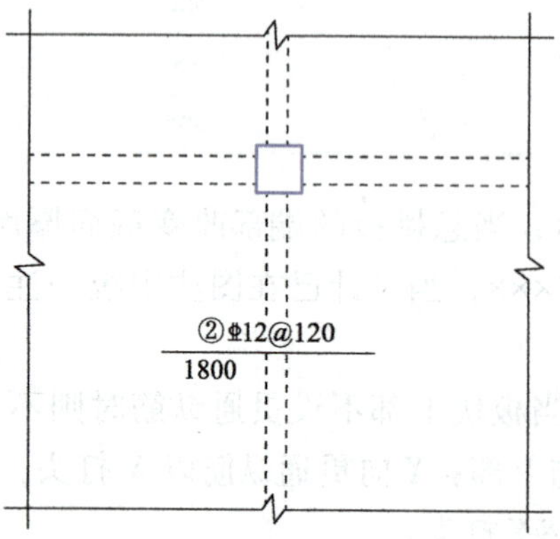

图 6-8 板支座上部非贯通筋对称伸出

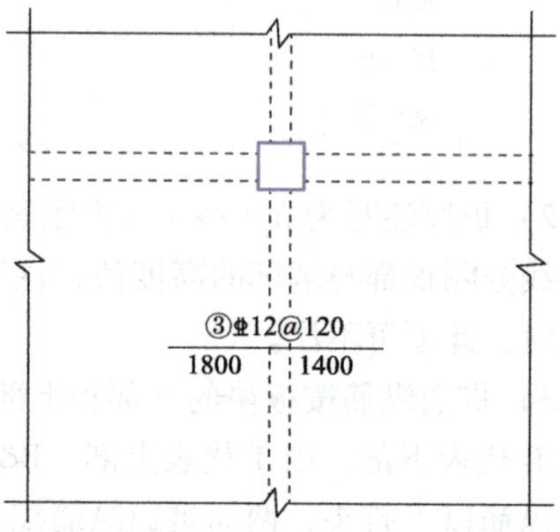

图 6-9 板支座上部非贯通筋非对称伸出

对线段画至对边贯通全跨或贯通全悬挑长度的上部通长纵筋，贯通全跨或伸出至全悬挑一侧的长度值不注，只注明非贯通筋另一侧的伸出长度值，如图 6-10 所示。

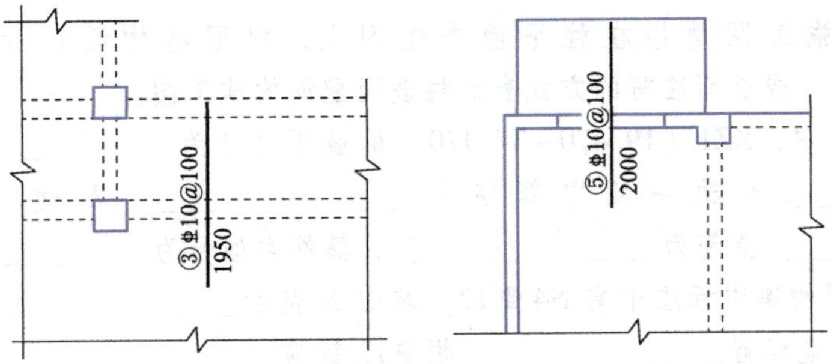

图 6-10　板支座非贯通筋贯通全跨或伸出至悬挑端

当板支座为弧形，支座上部非贯通纵筋呈放射状分布时，设计者应注明配筋间距的度量位置并加注“放射分布”四字，必要时应补绘平面配筋图，如图 6-11 所示。

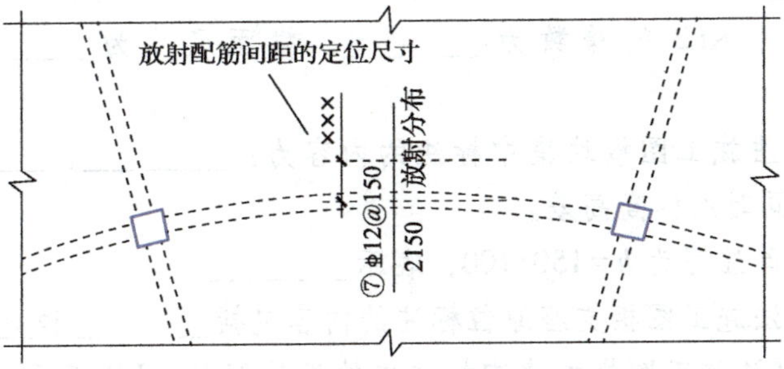

图 6-11　弧形支座处放射配筋

2）当板的上部已配置有贯通纵筋，但需增配板支座上部非贯通纵筋时，应配合已配置的同向贯通纵筋的直径与间距采取“隔一布一”方式配置。

“隔一布一”方式，为非贯通纵筋的标注间距与贯通纵筋相同，两者组合后的实际间距为各自标注间距的 1/2。当设定贯通纵筋为纵筋总截面面积的 50% 时，两种钢筋应取相同直径；当设定贯通纵筋大于或小于总截面面积的 50% 时，两种钢筋则取不同直径。

想一想　板的集中标注都包括哪些内容？

本任务工作单

自测训练

填空题

1. 柱平法施工图是指在柱平面布置图上，根据结构设计计算结果，采用________或截面注写的方式表达柱截面配筋的施工图。

2. 在图6-1中，KZ1（19.470~37.470）的截面尺寸为________，角筋为________，b边一侧中部筋为________，h边一侧中部筋为________，箍筋为________，箍筋类型号为________。

3. 某框架梁的集中标注中有N4Φ12，其中N表示________，4Φ12表示梁的两个侧面每边配置________根Φ12钢筋。

4. 某框架梁的截面尺寸300mm×600mm，表示梁的________是300mm，梁的________是600mm。

5. 某框架梁在集中标注中，注有3Φ25；3Φ22，其中3Φ25表示________，其中3Φ20表示________。

6. 在图6-3中，KL2的跨数为________，截面尺寸为________，配置的箍筋为________。

7. 有梁楼盖平法施工图板块集中标注的内容为：________，________，________，以及当板面标高不同时的标高高差。

8. 悬挑板的板厚注写为h=150/100，表示________。

9. 有梁楼盖平法施工图板支座原位标注的内容包括________和________。

10. 有梁楼盖平法施工图板块集中标注中的板块编号，LB表示________，WB表示________，XB________表示。

任务 2 钢结构施工图识读

任务单

课程	建筑结构					
学习情境六	结构施工图识读			学时	10	
任务 2	钢结构施工图识读			学时	4	
布置任务						
任务目标	1. 了解钢结构施工图的主要内容； 2. 掌握钢结构工程各种图例的表示方法； 3. 理解门式刚架厂房的基本构造要求； 4. 学会门式刚架厂房施工图的表达内容； 5. 能够在完成任务过程中锻炼职业素养，做到工作程序严谨认真对待，完成任务能够吃苦耐劳主动承担，能够主动帮助小组落后的其他成员，有团队意识，诚实守信、不瞒骗，培养保证质量等建设优质工程的爱国情怀。					
任务描述	详细阅读案例图，统计图中所有材料的规格、型号及其数量，工作如下： 1. 根据案例图，统计屋面支撑材料的规格、型号及数量； 2. 根据案例图，统计系杆材料的规格、型号及数量。					
学时安排	布置任务与资讯 1 学时	计划 0.25 学时	决策 0.25 学时	实施 2 学时	检查 0.25 学时	评价 0.25 学时
对学生的要求	1. 每名同学均能按照知识思维导图自主学习，并完成知识模块中的自测训练； 2. 严格遵守课堂纪律，学习态度认真、端正，能够正确评价自己和同学在本任务中的素质表现，积极参与小组工作任务讨论，严禁抄袭； 3. 小组讨论案例图纸中刚架详图的各个零件规格，正确识读刚架详图； 4. 独立完成案例图纸中屋面支撑材料的统计； 5. 独立完成案例图纸中系杆材料的统计； 6. 讲解材料统计的过程，接受教师与学生的点评，同时参与小组自评与互评。					

任务知识

知识思维导图

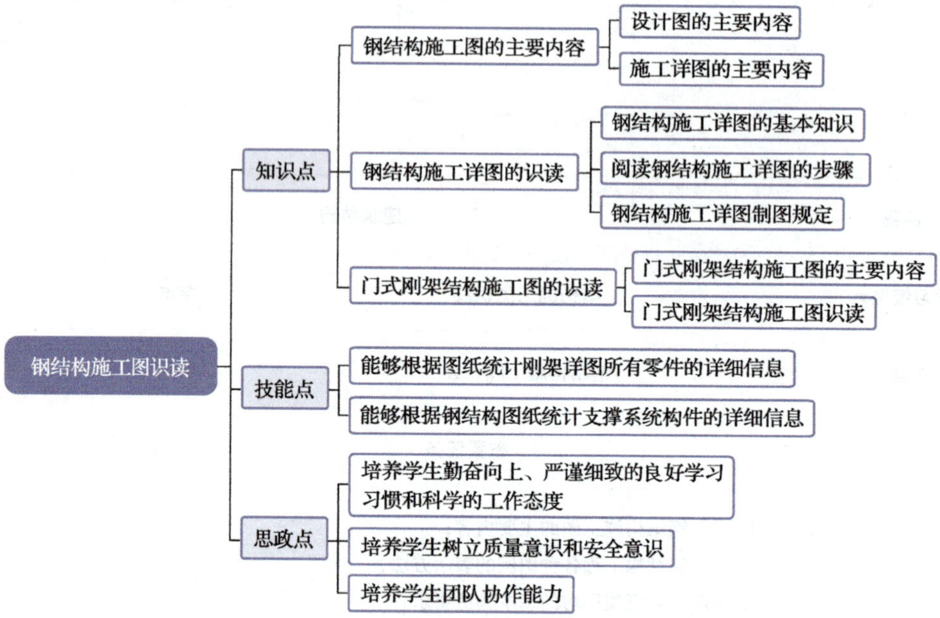

知识模块 1 钢结构施工图的主要内容

在建筑钢结构工程设计中，通常将结构施工图的设计分为设计图设计和施工详图设计两个阶段。设计图设计是由设计单位根据甲方提供的基础资料，如房屋的用途、规模等，按照设计方案、规划条件、建筑风格、结构计算数据等设计成图，是设计单位提供给甲方及施工方的最基础的设计文件。施工详图设计是以设计图为依据，由钢结构加工厂深化编制完成，并将其作为钢结构加工与安装的依据。

一、设计图的主要内容

设计图是根据工艺、建筑和初步设计等要求，经设计和计算编制而成的较高阶段的施工设计图。它的目的和深度以及所包含的内容是作为施工详图编制的依据，它由设计单位编制完成，图纸表达简明，图纸量少。内容一般包括：设计总说明、结构布置图、构件图、节点图和钢材订货表等。

二、施工详图的主要内容

施工详图是根据设计图编制的工厂施工和安装详图，也包含少量的连接和构造计算，它是对设计图的进一步深化设计，目的是为制造厂或施工单位提供制造、加工和安装的施工详图，它一般由制造厂或施工单位编制完成，图纸表示详细，数量多。内容包括构件安装布置图、构件详图等。

知识模块 2 钢结构施工详图的识读

一、钢结构施工详图的基本知识

1. 掌握投影原理和形体的各种表达方法

钢结构施工详图是根据投影原理绘制的，用图样表明结构构件的设计及构造作法。所以要看懂图样，首先必须掌握投影原理，特别是正投影原理和形体的各种表达方法。

2. 熟悉和掌握建筑结构制图标准及相关规定

钢结构施工详图采用了图例符号和必要的文字说明，把设计内容表现在图样上。因此，要看懂施工详图，必须掌握国家相关制图标准，熟悉施工详图中各种图例、符号表示的意义。此外，还应熟悉常用钢结构构件的代号表示方法，一般构件的代号用各构件名称的汉语拼音第一个字母表示，常用钢结构构件代号见表 6-3。

表 6-3　常用钢结构构件代号

序号	名称	代码	序号	名称	代码	序号	名称	代码
1	板	B	15	吊车梁	DL	29	基础	J
2	屋面板	WB	16	圈梁	QL	30	设备基础	SJ
3	空心板	KB	17	过梁	GL	31	桩	ZH
4	槽形板	CB	18	连系梁	LL	32	柱间支撑	ZC
5	折板	ZB	19	基础梁	JL	33	垂直支撑	CC
6	密肋板	MB	20	楼梯梁	TL	34	水平支撑	SC
7	楼梯板	TB	21	檩条	LT	35	梯	T
8	盖板或沟盖板	GB	22	屋架	WJ	36	雨篷	YP
9	挡雨板或檐口板	YB	23	托架	TJ	37	阳台	YT
10	吊车安全走道板	DB	24	天窗架	CJ	38	梁垫	LD
11	墙板	QB	25	框架	KJ	39	预埋件	M
12	天沟板	TGB	26	刚架	GJ	40	天窗端壁	TD
13	梁	L	27	支架	ZJ	41	钢筋网	W
14	屋面梁	WL	28	柱	Z	42	钢筋骨架	G

注：1. 预制钢筋混凝土构件、现浇钢筋混凝土构件、钢构件和木构件，一般可直接采用本表中的构件代号。在设计中，当需要区别上述构件种类时，应在图纸中加以说明。
2. 预应力钢筋混凝土构件代号，应在构件代号前加注“Y-”，如 Y-KB 表示预应力钢筋混凝土空心板。

3. 基本掌握钢结构的特点、构造组成，了解机械制造相关知识

钢结构具有区别于其他建筑结构的显著特点，其零件加工和装配属于机械制造范围，在学习过程中要善于积累有关钢结构组成和构造上的一些基本知识，随着学习的深入和专业实践，可以学到更详细的专业知识，在此基础上，有助于看懂钢结构施工图。

二、阅读钢结构施工详图的步骤

阅读钢结构施工详图的步骤一般为：“从上往下看、从左往右看、由外往里看、由大到小看、由粗到细看、图样与说明对照看、布置详图结合看”。有必要时还要把设备图拿来作参照，这样才能得到较好的看图效果。但是由于图面上的各种线条纵横交错，各种图例、符号繁多，对初学者来说，开始看图时必须要有耐心，认真细致，并要花费较长时间，才能把图看明白。只有掌握了正确的看图方法，读懂每张施工图，做到心中有数，才能明确设计内容，领会设计意图，便于组织施工、指导施工和实施施工计划。

三、钢结构施工详图制图规定

钢结构施工详图制图应满足《房屋建筑制图统一标准》（GB/T 50001—2017）、《建筑结构制图标准》（GB 50105—2010）、《焊缝符号表示法》（GB/T 324—2008）等制图标准要求。钢结构施工详图中的基本内容如图样幅面规格、图线线形、定位轴线、字体、计量单位、比例、各种符号（剖切符号、索引符号、详图符号、引出线、对称符号、连接符号）、尺寸标注等规定与其他建筑结构施工图相同。此外，由于钢结构自身的特点，在钢结构施工详图中，还包括下列内容。

1. 常用型钢的标注方法

常用的型钢有等边角钢、不等边角钢、工字钢、槽钢、方钢、扁钢、钢板及圆钢等，具体常用型钢的标注方法见表 6-4。

表 6-4　常用型钢的标注方法

序号	名称	截面	标注	说明
1	等边角钢	∟	∟ $b\times t$	b 为肢宽 t 为肢厚
2	不等边角钢	B ∟	∟ $B\times b\times t$	B 为长肢宽 b 为短肢宽 t 为肢厚
3	工字钢	I	I N　Q I N	轻型工字钢加注 Q 字 N 工字钢的型号
4	槽钢	[	[N　Q [N	轻型槽钢加注 Q 字 N 槽钢的型号
5	方钢	▨ b	□ b	
6	扁钢	b	— $b\times t$	
7	钢板	——	$\frac{-b\times t}{l}$	$\frac{宽\times厚}{板长}$
8	圆钢	◎	ϕd	
9	钢管	○	$DN\times\times$ $d\times t$	内径 外径×壁厚
10	薄壁方钢管	□	B □ $b\times t$	薄壁型钢加注 B 字 t 为壁厚
11	薄壁等肢角钢	∟	B ∟ $b\times t$	
12	薄壁等肢卷边角钢	∟ a	B ∟ $b\times a\times t$	
13	薄壁槽钢	[h	B [$h\times b\times t$	
14	薄壁卷边槽钢	[a	B [$h\times b\times a\times t$	
15	薄壁卷 Z 型钢	h a	B ⅂_ $h\times b\times a\times t$	

（续）

序号	名称	截面	标注	说明
16	T 型钢		TW×× TM×× TN××	TW 为宽翼缘 T 型钢 TM 为中翼缘 T 型钢 TN 为窄翼缘 T 型钢
17	H 型钢		HW×× HM×× HN××	HW 为宽翼缘 T 型钢 HM 为中翼缘 T 型钢 HN 为窄翼缘 T 型钢
18	起重机钢轨		QU× ×	
19	轻轨及钢轨		× ×kg/m钢轨	详细说明 产品规格型号

2. 常用焊缝的表示方法

焊缝符号一般由指引线、基本符号、辅助符号、补充符号和焊缝尺寸等组成。引出线由横线和带箭头的斜线组成。箭头指到图形上的相应焊缝处，横线的上面和下面用来标注焊缝的图形符号和焊缝尺寸。为了方便，必要时也可在焊缝符号中增加用以说明焊缝尺寸和焊接工艺要求的内容。焊接钢构件的焊缝除应符合现行国家标准《焊缝符号表示法》（CB/T 324—2008）的规定外，还应符合下列各项规定。

1）单面焊缝的标注。

①当箭头指向焊缝所在的一面时，应将图形符号和尺寸标注在横线的上方，如图 6-12a 所示；当箭头指向焊缝所在另一面（相对应的那面）时，应将图形符号和尺寸标注在横线的下方，如图 6-12b 所示。

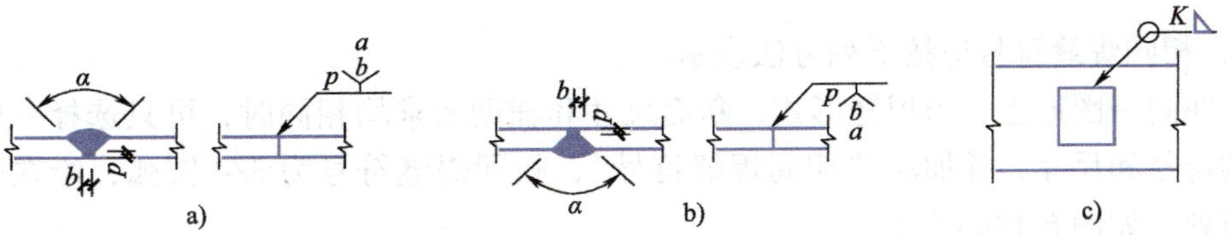

图 6-12　单面焊缝的标注方法

②表示环绕工作件周围的焊缝时，其围焊焊缝符号为圆圈，绘在引出线的转折处，并标注焊脚尺寸 K，如图 6-12c 所示。

2）双面焊缝的标注，应在横线的上、下都标注符号和尺寸。上方表示箭头一面的符号和尺寸，下方表示另一面的符号和尺寸，如图 6-13a 所示；当两面的焊缝尺寸相同时，只需在横线上方标注焊缝的符号和尺寸，如图 6-13b、c、d 所示。

3）3 个和 3 个以上的焊件相互焊接的焊缝，不得作为双面焊缝标注。其焊缝符号和尺寸应分别标注，如图 6-14 所示。

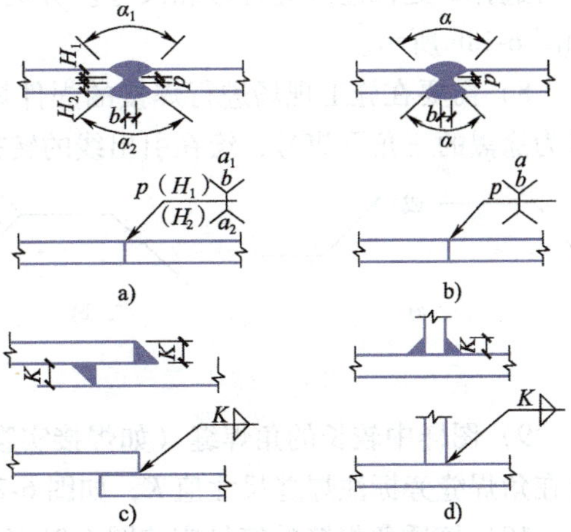

图 6-13　双面焊缝的标注方法

4）相互焊接的 2 个焊件中，当只有 1 个焊件带坡口时（如单面 V 形），引线出线箭头必须指向带坡口的焊件，如图 6-15 所示。

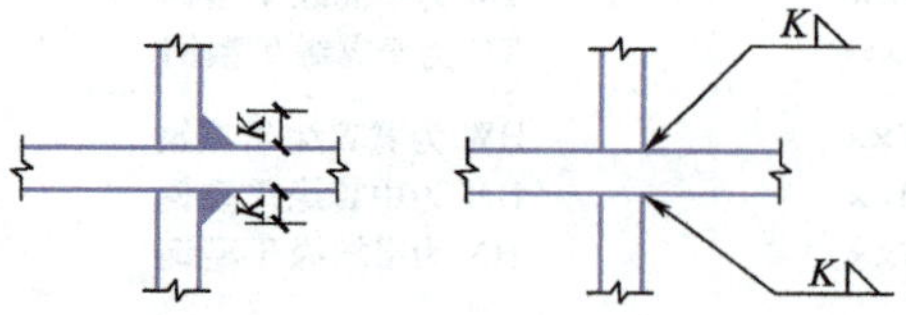

图 6-14　3 个以上焊件焊缝的标注方法

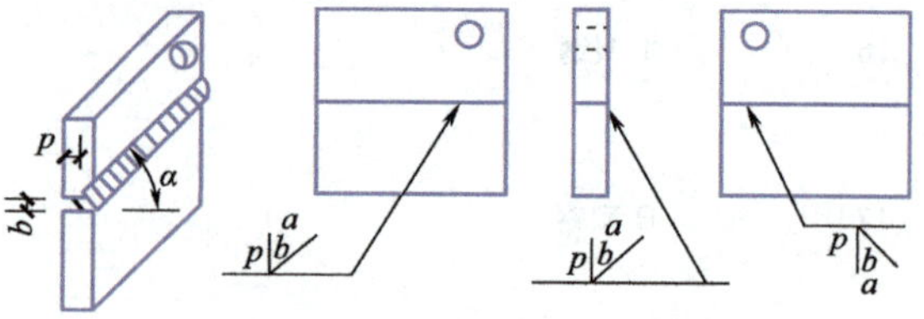

图 6-15　1 个焊件带坡口焊缝的标注方法

5）相互焊接的 2 个焊件，当为单面带双边不对称坡口焊接时，引出线箭头必须指向较大坡口的焊件，如图 6-16 所示。

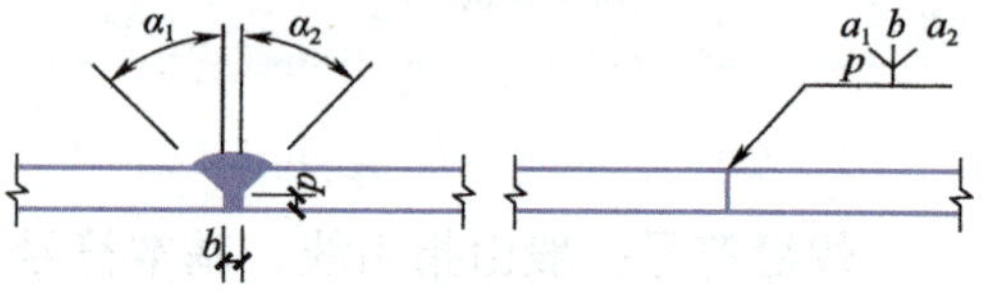

图 6-16　不对称坡口焊缝的标注方法

6）当焊缝分布不规则时，在标注焊缝符号的同时，宜在焊缝处加中实线表示可见焊缝，或加细栅线表示不可见焊缝，如图 6-17 所示。

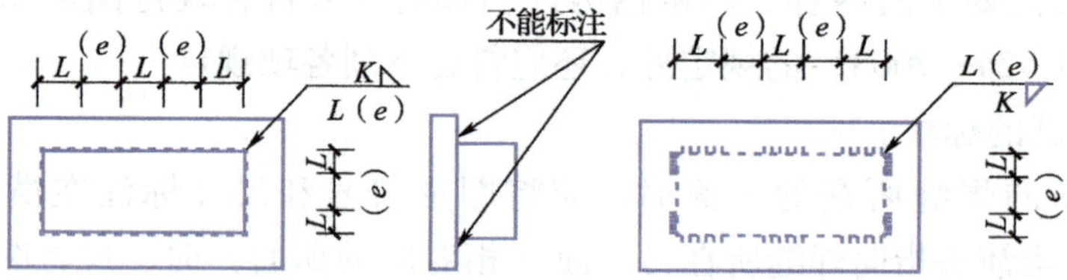

图 6-17　不规则焊缝的标注方法

7）相同焊缝符号应按下列方法表示。

①在同一图形上，当焊缝形式、断面尺寸和辅助要求均相同时，可只选择一处标注焊缝的符号和尺寸，并加注“相同焊缝符号”，相同焊缝符号为 3/4 圆弧，绘在引出线的转折处，如图 6-18a 所示。

②在同一图形上，当有数种相同的焊缝时，可将焊缝分类编号标注。在同一类焊缝中可选择一处标注焊缝符号和尺寸。分类编号采用大写字母的拉丁字母 A、B、C……，如图 6-18b 所示。

8）需要在施工现场进行焊接的焊件焊缝，应标注“现场焊缝”符号。现场焊缝符号为涂黑的三角形旗号，绘在引出线的转折处，如图 6-19 所示。

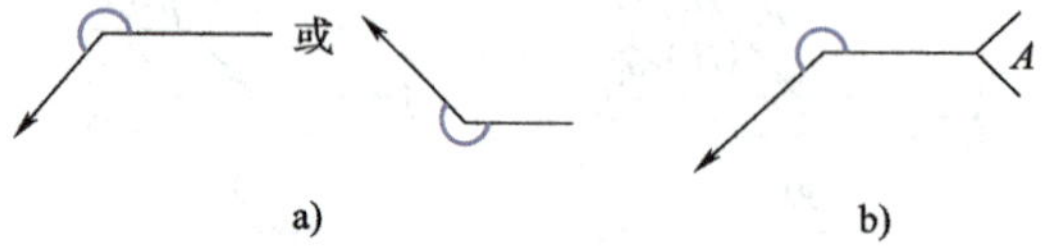

图 6-18　相同焊缝的标注方法

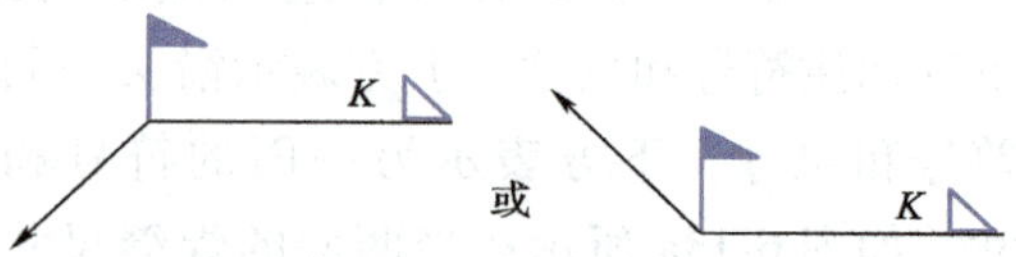

图 6-19　现场焊缝的标注方法

9）图样中较长的角焊缝（如焊接实腹钢梁的翼缘焊缝），可不用引出线标注，而直接在角焊缝旁标注焊缝尺寸值 K，如图 6-20 所示。

10）熔透角焊缝的符号应按图 6-21 所示的方式标注。熔透角焊缝的符号为涂黑的圆圈，绘在引出线的转折处。

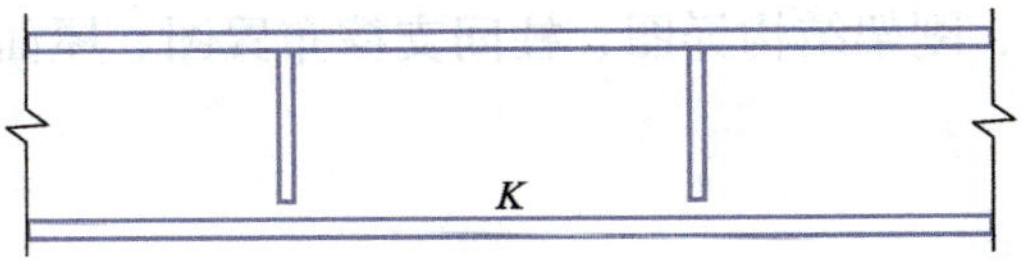

图 6-20　较长焊缝的标注方法

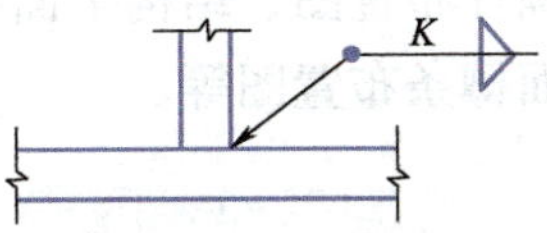

图 6-21　熔透角焊缝的标注方法

11）局部焊缝应按图 6-22 所示的方式标注。

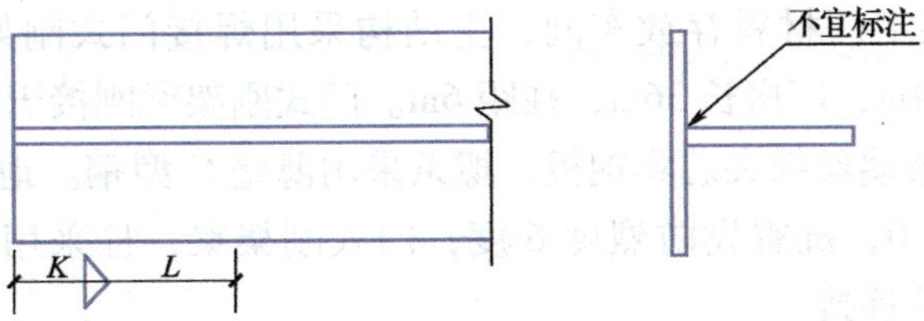

图 6-22　局部焊缝的标注方法

3. 螺栓、孔、电焊铆钉的表示方法

螺栓、孔、电焊铆钉的表示方法见表 6-5。

表 6-5　螺栓、孔、电焊铆钉的表示方法

序号	名称	图例	说明
1	永久螺栓	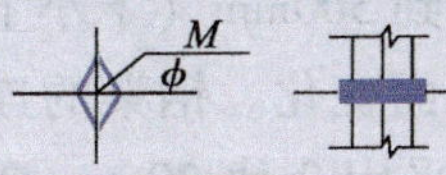	1. 细“+”线表示定位线 2. M 表示螺栓型号 3. ϕ 表示螺栓孔直径 4. d 表示膨胀螺栓、电焊铆钉直径 5. 采用引出线标注螺栓时，横线上标注螺栓规格，横线下标注螺栓孔直径
2	高强螺栓	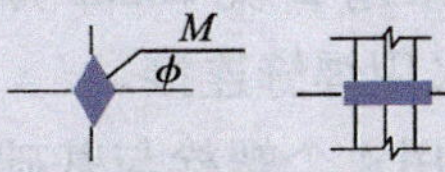	
3	安装螺栓	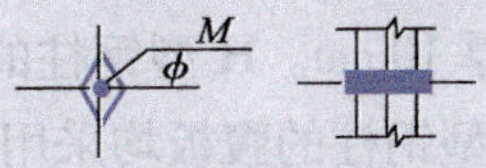	
4	胀锚螺栓	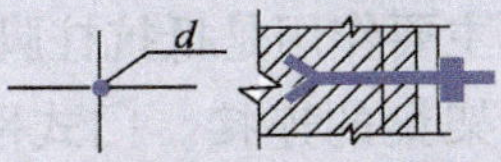	
5	圆形螺栓孔	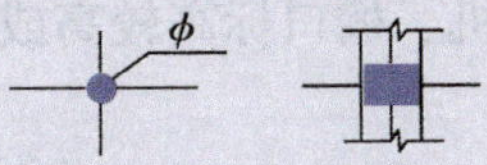	
6	长圆形螺栓孔	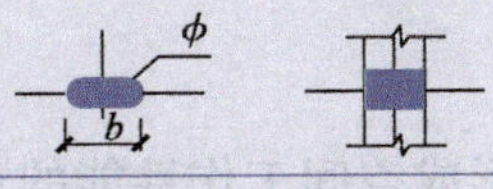	
7	电焊铆钉	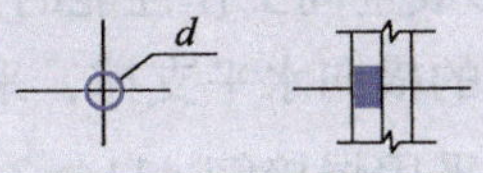	

知识模块 3 ▶▶ 门式刚架结构施工图的识读

一、门式刚架结构施工图的主要内容

门式刚架厂房结构施工图一般要表达以下主要内容：结构设计说明、基础平面布置

图、地脚锚栓布置图、结构平面布置图、刚架结构详图、柱间支撑布置图、屋面檩条布置图、墙面檩条布置图等。

二、门式刚架结构施工图识读

以下结合某工程的门式刚架施工图，说明如何读懂门式刚架施工图。

1. 工程概况

该工程为北方某工厂材料存放车间，主结构采用焊接门式刚架，为单跨双坡封闭式厂房。刚架跨度 24m，厂房长 36m，柱距 6m。门式刚架梁刚接于柱顶，无起重机，屋面板采用 100mm 厚玻璃丝绵夹芯彩钢板，檩条采用薄壁 C 型钢。地面粗糙度类别 B 类，结构重要性基数为 1.0，抗震设防烈度 6 度，门式刚架梁，柱采用 Q345 钢，其余采用 Q235 钢，高强度螺栓连接。

2. 门式刚架梁、柱详图识读

门式刚架一般分中间刚架和两端带有抗风柱的刚架，其施工图往往要分别表示。刚架详图一般应具有刚架梁柱详图、材料表、零件详图和附注说明几部分组成。

图 6-23 是中间部分刚架（GJ-1）详图及部分剖面大样图。

该门式刚架柱采用变截面柱，主要材料是焊接 H 型钢，截面寸为 H（300~500）×250×6×12 表示 H 型钢柱高度由 300mm 变化到 500mm（下小上大），门式刚架梁也是采用变截面焊接 H 型钢梁。型钢梁在 6m 处截面变化。钢梁的连接采用高强度螺栓连接。由 3-3 截面详图可以看到钢梁在变截面处采用 2 块 20mm 厚的连接板和 10 个直径为 20mm 的高强螺栓连接。H 型钢梁与连接板采用焊缝连接。

由 5-5 截面详图可以看到门式刚架柱采用 4 个螺栓与基础连接，柱脚底板厚 20mm。地脚锚栓的直径为 24mm，柱脚底板加劲肋厚 10mm。H 型钢柱的翼缘和腹板均采用单边 V 形坡口焊缝与底板焊接，加劲肋与底板及与型钢柱的腹板均采用双面角焊缝与底板连接。

图中 23 号零件为柱脚的抗剪槽钢。其主要作用是抵抗柱脚所承受的水平力。

在刚架图中，最重要的是刚架柱与刚架梁的连接。门式刚架柱脚与基础宜采用铰接，当水平荷载较大、有 5t 以上桥式起重机、檐口标高较高或刚度要求较高时，柱脚与基础宜采用刚接。

图 6-24 是刚架材料表、附注说明。

3. 屋面支撑、系杆布置图识读

屋面水平支撑和系杆是保证门式刚架形成空间工作性能的重要构件，图 6-25 是该工程屋面支撑、系杆布置图，其中 SC 是屋面的横向水平支撑，采用张紧的圆钢Φ25 制作，XG 为联系所有刚架纵向刚度的刚性系杆，采用焊接管 ϕ114×3.5 制作。屋面横向水平支撑一般布置在厂房的端部开间，也可以布置在两端第二个开间，但此时第一开间必须设置刚性系杆。

屋面水平支撑和系杆是屋面支撑的主要构件，屋面的交叉水平支撑一般按柔性拉杆设计。在刚架转折处（如柱顶和屋脊）应沿厂房纵向设置通长刚性系杆，刚性系杆可以采用双角钢或圆管制作。

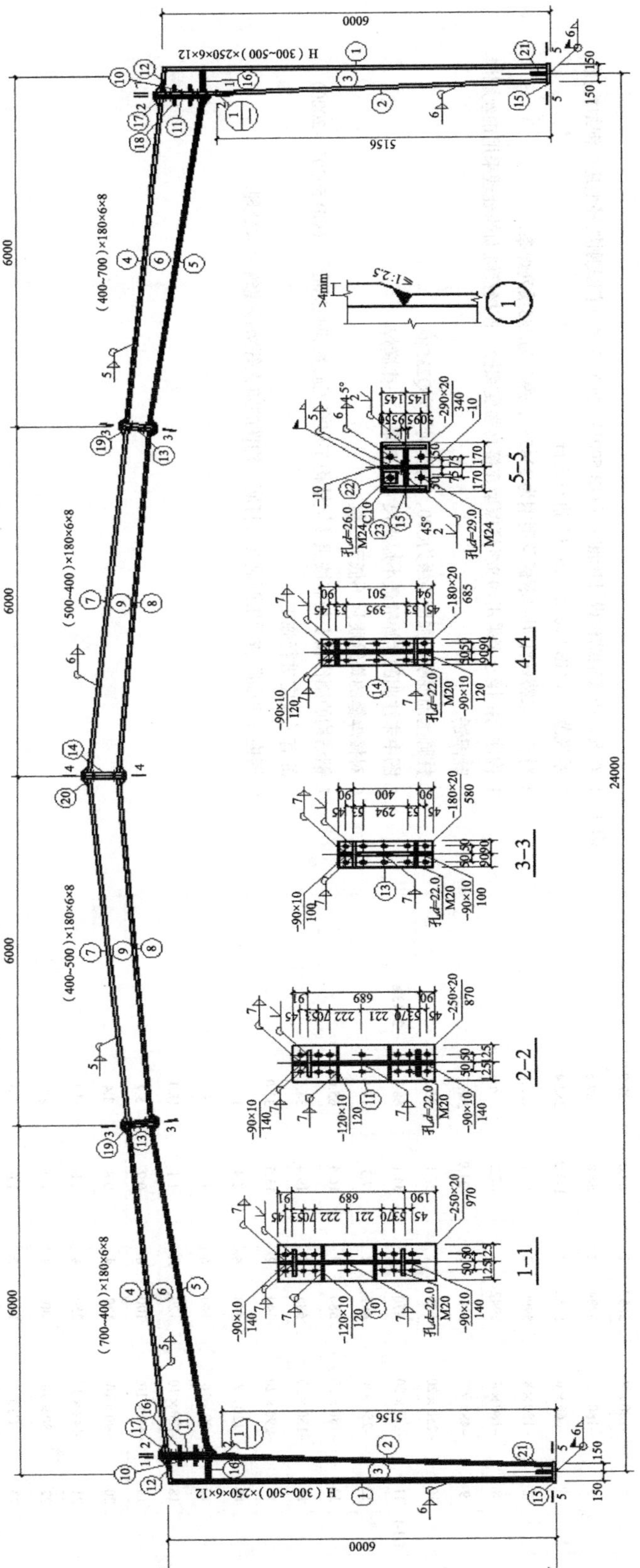

GJ–1 1:50

图6-23　GJ-1详图及部分剖面大样图

材料表									
构件编号	零件编号	规格	长度/mm	数量		重量/kg			备注
				正	反	单重	共重	总重	
GJ-1	1	−250×12	5958	2		140.3	280.6	2148.8	
	2	−250×12	5139	2		121.0	242.0		
	3	−448×6	6003	2		105.4	210.7		
	4	−180×8	5659	2		64.0	127.9		
	5	−180×8	5734	2		64.8	129.6		
	6	−666×6	5752	2		141.2	282.4		
	7	−180×8	5990	2		67.7	135.4		
	8	−180×8	5942	2		67.2	134.3		
	9	−483×6	5989	2		121.9	243.7		
	10	−250×20	970	2		38.1	76.1		
	11	−250×20	870	2		34.1	68.3		
	12	−250×8	462	2		7.3	14.5		
	13	−180×20	580	4		16.4	65.6		
	14	−180×20	685	2		19.4	38.7		
	15	−290×20	340	2		15.5	31.0		
	16	−120×8	448	4		3.4	13.5		
	17	−90×10	140	6		1.0	5.9		
	18	−120×10	120	16		1.1	18.1		
	19	−90×10	100	8		0.7	5.7		
	20	−90×10	120	4		0.8	3.4		
	21	−142×10	250	4		2.8	11.1		
	22	−80×20	80	8		1.0	8.0		
	23	C10	100	2		1.0	2.0		

图例

高强度螺栓

安装螺栓

永久螺栓

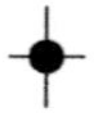
螺栓孔

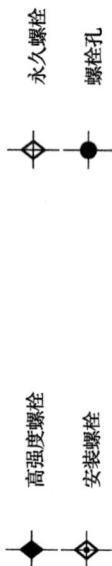

说明：1. 本设计按《钢结构设计标准》（GB 50017—2017）和《门式刚架轻型房屋钢结构技术规范》（GB 51022—2015）进行设计。

2. 材料：未特殊注明的钢板及型钢为Q345钢，焊条为E55系列焊条。

3. 构件的拼接连接采用10.9级摩擦型连接高强度螺栓，连接接触面的处理采用钢丝刷清除浮锈。

4. 柱脚基础混凝土强度等级为C20，锚栓钢号为Q235钢。

5. 图中未注明的角焊缝最小焊脚尺寸为毫米，一律满焊。

6. 对接焊缝的焊缝质量不低于二级。

7. 钢结构的制作和安装需按照《钢结构工程施工质量验收标准》（GB 50205—2020）的有关规定进行施工。

8. 钢构件表面除锈后用两道红丹打底，构件的防火等级按建筑要求处理。

图6-24　GJ-1材料表、附注说明大样图

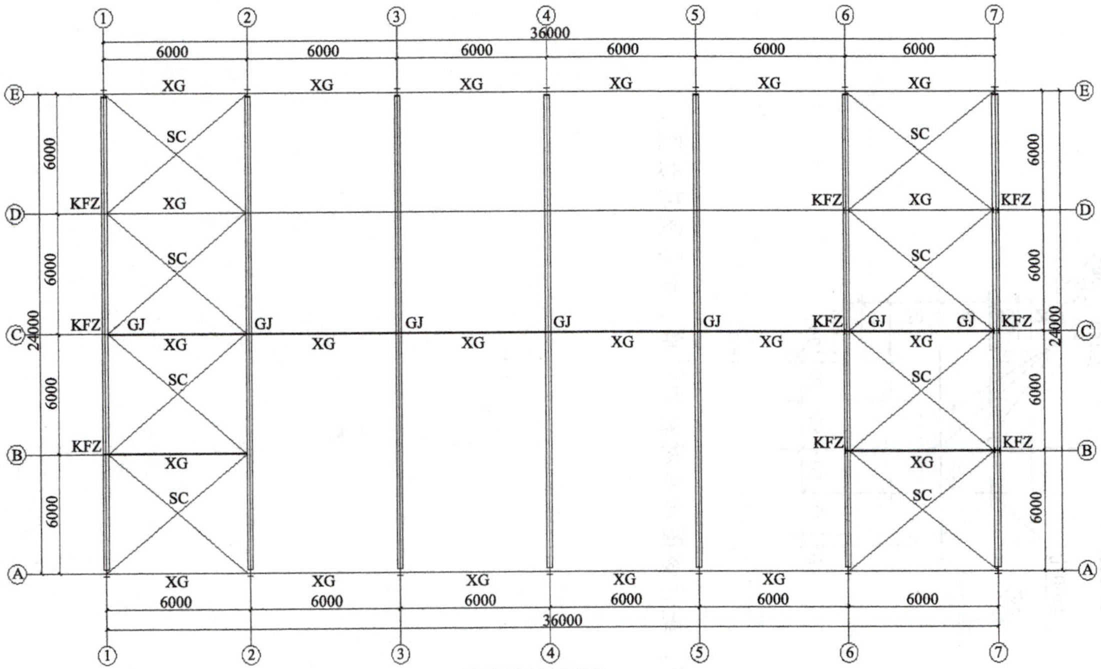

结构平面布置图1：100

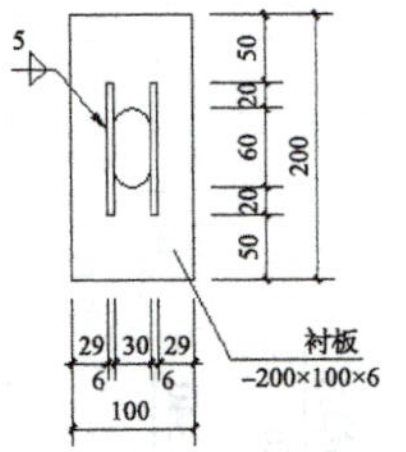

SC安装节点详图

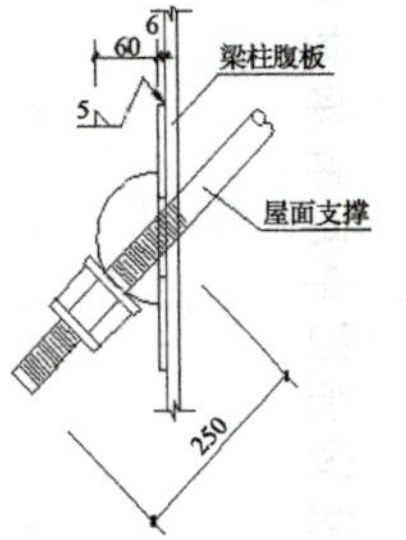

C–C

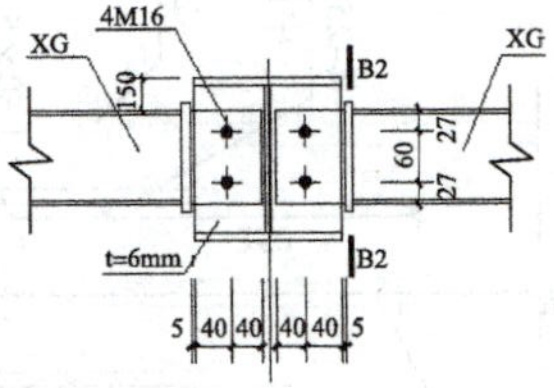

XG安装节点详图1

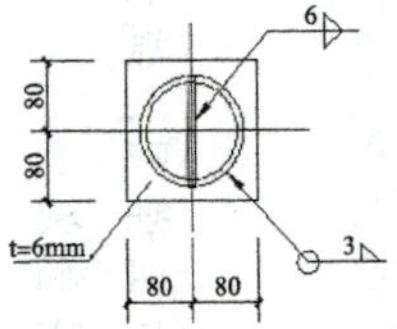

B2–B2

说明：1. XG采用Φ114×3.5钢管，材质：Q235B。

2. SC采用Φ25圆钢，材质：Q235B。

图6-25　屋面支撑、系杆布置图

本任务工作单

自测训练

技能训练

1. 请详细阅读图 6-26 所示的柱脚施工详图，统计该柱脚详图中所有钢材的规格、型号及其数量，并描述该柱脚连接的主要含义。

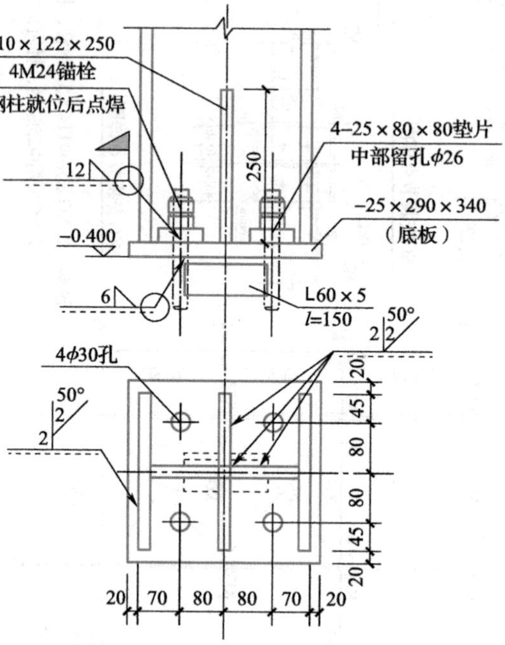

图 6-26　柱脚施工详图

2. 请详细阅读图 6-25，统计该图所有材料的规格、型号及其数量。

附 录

附录 A 钢材的化学成分和力学性能

表 A-1 碳素结构钢 Q235 的化学成分

质量等级	化学成分（质量分数，%）					脱氧方法
	C	Mn	Si≤	S≤	P≤	
A	0. 14~0. 22	0. 30~0. 65	0. 30	0. 050	0. 045	F、b、Z
B	0. 12~0. 20	0. 30~0. 70	0. 30	0. 045	0. 045	F、b、Z
C	≤0. 18	0. 35~0. 80	0. 30	0. 040	0. 040	Z
D	≤0. 17	0. 35~0. 80	0. 30	0. 035	0. 035	TZ

表 A-2 碳素结构钢 Q235 的力学性能

钢材厚度或直径/mm	拉伸试验			180°冷弯试验 d 为弯心直径 a 为试样厚度		冲击试验		
	抗拉强度/(N/mm²)	屈服强度/(N/mm²)	伸长率 A（%）			质量等级	温度/℃	测定的V型缺口试样的吸收能量（纵向）/J
		≥	≥	纵向	横向			
≤16 16~40 40~60	375~460	235 225 215	26 25 24	$d=a$	$d=1.5a$	A B C D	20 0 -20	27
60~100	375~460	205	23	$d=2a$	$d=2.5a$			
100~150 >150	375~460	195 185	22 21	$d=2.5a$	$d=3a$			

表 A-3 低合金高强度结构钢的化学成分

牌号	质量等级	化学成分（质量分数，%）										
		C≤	Mn	Si≤	P≤	S≤	V	Nb	Ti	Al≥	Cr≤	Ni≤
Q345	A	0.20	1.00~1.60	0.55	0.045	0.045	0.02~0.015	0.015~0.060	0.02~0.20	—	—	—
	B	0.20	1.00~1.60	0.55	0.040	0.040	0.02~0.015	0.015~0.060	0.02~0.20	—	—	—
	C	0.20	1.00~1.60	0.55	0.035	0.035	0.02~0.015	0.015~0.060	0.02~0.20	0.015	—	—
	D	0.18	1.00~1.60	0.55	0.030	0.030	0.02~0.015	0.015~0.060	0.02~0.20	0.015	—	—
	E	0.18	1.00~1.60	0.55	0.025	0.025	0.02~0.015	0.015~0.060	0.02~0.20	0.015	—	—
Q390	A	0.20	1.00~1.60	0.55	0.045	0.045	0.02~0.20	0.015~0.060	0.02~0.20	—	0.030	0.70
	B	0.20	1.00~1.60	0.55	0.040	0.040	0.02~0.20	0.015~0.060	0.02~0.20	—	0.030	0.70
	C	0.20	1.00~1.60	0.55	0.035	0.035	0.02~0.20	0.015~0.060	0.02~0.20	0.015	0.030	0.70
	D	0.20	1.00~1.60	0.55	0.030	0.030	0.02~0.20	0.015~0.060	0.02~0.20	0.015	0.030	0.70
	E	0.20	1.00~1.60	0.55	0.025	0.025	0.02~0.20	0.015~0.060	0.02~0.20	0.015	0.030	0.70
Q420	A	0.20	1.00~1.70	0.55	0.045	0.045	0.02~0.20	0.015~0.060	0.02~0.20	—	0.040	0.70
	B	0.20	1.00~1.70	0.55	0.040	0.040	0.02~0.20	0.015~0.060	0.02~0.20	—	0.040	0.70
	C	0.20	1.00~1.70	0.55	0.035	0.035	0.02~0.20	0.015~0.060	0.02~0.20	0.015	0.040	0.70
	D	0.20	1.00~1.70	0.55	0.030	0.030	0.02~0.20	0.015~0.060	0.02~0.20	0.015	0.040	0.70
	E	0.20	1.00~1.70	0.55	0.025	0.025	0.02~0.20	0.015~0.060	0.02~0.20	0.015	0.040	0.70

表 A-4 低合金高强度结构钢的力学性能

牌号	质量等级	屈服强度/(N/mm²) ≥				抗拉强度/(N/mm²)	伸长率 *A*(%) ≥	测定的V型缺口试样的吸收能量（纵向）		180°冷弯试验（*d* 为弯心直径，*a* 为试样厚度）	
		厚度（直径，边长)/mm						温度/℃	*KV*/J ≥	钢材厚度（直径)/mm	
		≤16	16~35	35~50	50~100					≤16	16~100
Q345	A	345	325	295	275	470~630	21	—	—	$d=2a$	$d=3a$
	B	345	325	295	275	470~630	21	+20	34	$d=2a$	$d=3a$
	C	345	325	295	275	470~630	22	0	34	$d=2a$	$d=3a$
	D	345	325	295	275	470~630	22	-20	34	$d=2a$	$d=3a$
	E	345	325	295	275	470~630	22	-40	27	$d=2a$	$d=3a$
Q390	A	390	370	350	330	490~650	19	—	—	$d=2a$	$d=3a$
	B	390	370	350	330	490~650	19	+20	34	$d=2a$	$d=3a$
	C	390	370	350	330	490~650	20	0	34	$d=2a$	$d=3a$
	D	390	370	350	330	490~650	20	-20	34	$d=2a$	$d=3a$
	E	390	370	350	330	490~650	20	-40	27	$d=2a$	$d=3a$
Q420	A	420	400	380	360	520~680	18	—	—	$d=2a$	$d=3a$
	B	420	400	380	360	520~680	18	+20	34	$d=2a$	$d=3a$
	C	420	400	380	360	520~680	19	0	34	$d=2a$	$d=3a$
	D	420	400	380	360	520~680	19	-20	34	$d=2a$	$d=3a$
	E	420	400	380	360	520~680	19	-40	27	$d=2a$	$d=3a$

附录 B 钢材、焊缝和螺栓连接的强度设计值

表 B-1 钢材的强度设计值 （单位：N/mm²）

钢材		抗拉、抗压和抗弯 f	抗剪 f_v	端面承压（刨平顶紧）f_{ce}
牌号	厚度或直径/mm			
Q235	≤16	215	125	325
	16~40	205	120	
	40~60	200	115	
	60~100	190	110	
Q345	≤16	310	180	400
	16~35	295	170	
	35~50	265	155	
	50~100	250	145	
Q390	≤16	350	205	415
	16~35	335	190	
	35~50	315	180	
	50~100	295	170	
Q420	≤16	380	220	440
	16~35	360	210	
	35~50	340	195	
	50~100	325	185	

注：表中厚度是指计算点的钢材厚度，对轴心受拉和轴心受压构件是指截面中较厚板件的厚度。

表 B-2 焊缝强度设计值 （单位：N/mm²）

焊接方法和焊条型号	构件钢材		对接焊缝				角焊缝
	牌号	厚度或直径/mm	抗压 f_c^w	焊缝质量为下列等级时，抗拉，f_t^w		抗剪 f_v^w	抗拉、抗压和抗剪 f_f^w
				一级、二级	三级		
自动焊、半自动焊和 E43 型焊条电弧焊	Q235	≤16	215	215	185	125	160
		16~40	205	205	175	120	
		40~60	200	200	170	115	
		60~100	190	190	160	110	
自动焊、半自动焊和 E50 型焊条电弧焊	Q345	≤16	310	310	265	180	200
		16~35	295	295	250	170	
		35~50	265	265	225	155	
		50~100	250	250	210	145	

（续）

焊接方法和焊条型号	构件钢材		对接焊缝				角焊缝
	牌号	厚度或直径/mm	抗压 f_c^w	焊缝质量为下列等级时，抗拉，f_t^w		抗剪 f_v^w	抗拉、抗压和抗剪 f_f^w
				一级、二级	三级		
自动焊、半自动焊和 E55 型焊条电弧焊	Q390	≤16	350	350	300	205	220
		16~35	335	335	285	190	
		35~50	315	315	270	180	
		50~100	295	295	250	170	
	Q420	≤16	380	380	320	220	220
		16~35	360	360	305	210	
		35~50	340	340	290	195	
		50~100	325	325	275	185	

注：1. 自动焊、半自动焊所采用的焊丝和焊剂，应保证其熔敷金属的力学性能不低于现行国家标准《埋弧焊用非合金钢及细晶粒钢实心焊丝、药芯焊丝和焊丝—焊剂组合分类要求》（GB/T 5293—2018）和《埋弧焊用热强钢实心焊丝、药芯焊丝和焊丝—焊剂组合分类要求》（GB/T 12470—2018）中相关的规定。
2. 焊缝质量等级应符合现行国家标准《钢结构工程施工质量验收标准》（GB 50205—2020）的规定。其中厚度小于 8mm 钢材的对接焊缝，不应采用超声检测确定焊缝质量等级。
3. 对接焊缝在受压区的抗弯强度的设计值取 f_c^w，在受拉区的抗弯强度设计值取 f_t^w。
4. 表中厚度系指计算点的钢材厚度，对轴心受拉和轴心受压构件系指截面中较厚板件的厚度。

表 B-3　螺栓的强度设计值　（单位：N/mm²）

螺栓的性能等级、锚栓和构件钢材的牌号		普通螺栓						锚栓	承压型连接高强度螺栓		
		C 级螺栓			A 级、B 级螺栓						
		抗拉 f_t^b	抗剪 f_v^b	承压 f_c^b	抗拉 f_t^b	抗剪 f_v^b	承压 f_c^b	抗拉 f_t^a	抗拉 f_t^b	抗剪 f_v^b	承压 f_c^b
普通螺栓	4.6 级、4.8 级	170	140	—	—	—	—	—	—	—	—
	5.6 级	—	—	—	210	190	—	—	—	—	—
	8.8 级	—	—	—	400	320	—	—	—	—	—
锚栓	Q235	—	—	—	—	—	—	140	—	—	—
	Q345	—	—	—	—	—	—	180	—	—	—
承压型连接高强度螺栓	8.8 级	—	—	—	—	—	—	—	400	250	—
	10.9 级	—	—	—	—	—	—	—	500	310	—
构件	Q235	—	—	305	—	—	405	—	—	—	470
	Q345	—	—	385	—	—	510	—	—	—	590
	Q390	—	—	400	—	—	530	—	—	—	615
	Q420	—	—	425	—	—	560	—	—	—	655

注：1. A 级螺栓用于 $d \leqslant 24$mm 和 $l \leqslant 10d$ 或 $l \leqslant 150$mm（按较小值）的螺栓；B 级螺栓用于 $d>24$mm 或 $l>10d$ 或 $l>150$mm（按较小值）的螺栓。d 为公称直径，l 为螺杆公称长度。
2. A 级、B 级螺栓孔的精度和孔壁表面粗糙度，C 级螺栓孔的允许偏差和孔壁表面粗糙度，均应符合现行国家标准《钢结构工程施工质量验收标准》（GB 50205—2020）的要求。

附录 C 螺栓规格

表 C-1 普通螺栓规格

螺栓直径 d/mm	螺距 p/mm	螺栓有效直径 d_e/mm	螺栓有效面积 A_e/mm²	注
16	2	14. 12	156. 7	螺栓有效面积 A_e 按下式算得：$A_e=\frac{\pi}{4}\left(d-\frac{13}{24}\sqrt{3}p\right)^2$
18	2. 5	15. 65	192. 5	
20	2. 5	17. 65	244. 8	
22	2. 5	19. 65	303. 4	
24	3	21. 19	352. 5	
27	3	24. 19	459. 4	
30	3. 5	26. 72	560. 6	
33	3. 5	29. 72	693. 6	
36	4	32. 25	816. 7	
39	4	35. 25	975. 8	
42	4. 5	37. 78	1121. 0	
45	4. 5	40. 78	1306. 0	
48	5	43. 31	1473. 0	
52	5	47. 31	1758. 0	
56	5. 5	50. 84	2030. 0	
60	5. 5	54. 84	2362. 0	

附录 D 型钢规格表

表 D-1 普通工字钢

符号：h—高度；
b—翼缘宽度；
d—腹板厚；
R—内圆弧半径；
t—翼缘平均厚度；
I—惯性矩；
W—截面抵抗矩。

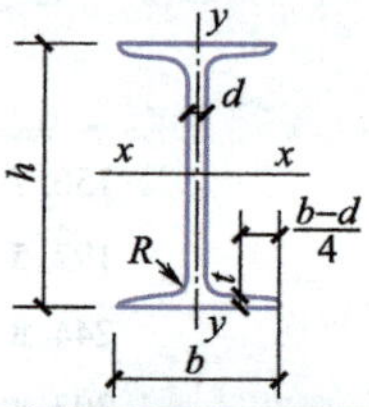

i—回转半径；
S_x—半截面的面积矩。
长度：型号 10~18，长 5~19m；
型号 20~63，长 6~19m。

型号	尺寸/mm					截面积 /cm^2	质量 /(kg/m)	x-x 轴				y-y 轴		
	h	b	d	t	R			I_x /cm^4	W_x /cm^3	i_x /cm	I_x/S_x /cm	I_y /cm^4	W_y /cm^3	i_y /cm
10	100	68	4.5	7.6	6.5	14.3	11.2	245	49	4.14	8.59	33	9.7	1.52
12.6	126	74	5.0	8.4	7.0	18.1	14.2	488	77	5.19	16.8	47	12.7	1.61
14	140	80	5.5	9.1	7.5	21.5	16.9	712	102	5.79	12.0	64	16.1	1.73
16	160	88	6.0	9.9	8.0	26.1	20.5	1130	141	6.58	13.8	93	21.2	1.89
18	180	94	6.5	10.7	8.5	30.6	24.1	1660	185	7.36	15.4	122	26.0	2.00
20 a	200	100	7.0	11.4	9.0	35.5	27.9	2370	237	8.15	17.2	158	31.5	2.12
b	200	102	9.0	11.4	9.0	39.5	31.1	2500	250	7.96	16.9	169	33.1	2.06
22 a	220	110	7.5	12.3	9.5	42.0	33.0	3400	309	8.99	18.9	225	40.9	2.31
b	220	112	9.5	12.3	9.5	46.4	36.4	3570	325	8.78	18.7	239	42.7	2.27
25 a	250	116	8.0	13.0	10.0	48.5	38.1	5020	402	10.18	21.6	280	48.3	2.40
b	250	118	10.0	13.0	10.0	53.5	42.0	5280	423	9.94	21.3	309	52.4	2.40
28 a	280	122	8.5	13.7	10.5	65.4	43.4	7110	508	11.3	24.6	345	56.6	2.49
b	280	124	10.0	13.7	10.5	61.0	47.9	7480	534	11.1	24.2	379	61.2	2.49
32 a	320	130	9.5	15.0	11.5	67.0	52.7	11080	692	12.8	27.5	460	70.8	2.62
b	320	132	11.5	15.0	11.5	73.4	57.7	11620	726	12.6	27.1	502	76.0	2.61
c	320	134	13.5	15.0	11.5	79.9	62.8	12170	760	12.3	26.8	544	81.2	2.61
36 a	360	136	10.0	15.8	12.0	76.3	59.9	15760	875	14.4	30.7	552	81.2	2.69
b	360	138	12.0	15.8	12.0	83.5	65.6	16530	919	14.1	30.3	582	84.3	2.64
c	360	140	14.0	15.8	12.0	90.7	71.2	17310	962	13.8	29.9	612	87.4	2.60
40 a	400	142	10.5	16.5	12.5	86.1	67.6	21720	1090	15.9	34.1	660	93.2	2.77
b	400	144	12.5	16.5	12.5	94.1	73.8	22780	1140	15.6	33.6	692	96.2	2.71
c	400	146	14.5	16.5	12.5	102	80.1	23850	1190	15.2	33.2	727	99.6	2.65
45 a	450	150	11.5	18.0	13.5	102	80.4	32240	1430	17.7	38.6	855	114	2.89
b	450	152	13.5	18.0	13.5	111	87.4	33760	1500	17.4	38.0	894	118	2.84
c	450	154	15.5	18.0	13.5	120	94.5	35280	1570	17.1	37.6	938	122	2.79

（续）

型号	尺寸/mm					截面积/cm^2	质量/(kg/m)	x-x 轴			y-y 轴			
	h	b	d	t	R			I_x/cm^4	W_x/cm^3	i_x/cm	I_x/S_x/cm	I_y/cm^4	W_y/cm^3	i_y/cm
50 a	500	158	12.0	20	14	119	93.6	46470	1860	19.7	42.8	1120	142	3.07
b	500	160	14.0	20	14	129	101	48560	1940	19.4	42.4	1170	146	3.01
c	500	162	16.0	20	14	139	109	50640	2080	19.0	41.8	1220	151	2.96
56 a	560	166	12.5	21	14.5	135	106	65590	2342	22.0	47.7	1370	165	3.18
b	560	168	14.5	21	14.5	146	115	68510	2447	21.6	47.2	1487	174	3.16
c	560	170	16.5	21	14.5	158	124	71440	2551	21.3	46.7	1558	183	3.16
63 a	630	176	13.0	22	15	155	122	93920	2981	24.6	54.2	1701	193	3.31
b	630	178	15.0	22	15	167	131	98080	3164	24.2	53.5	1812	204	3.29
c	630	180	17.0	22	15	180	141	102250	3298	23.8	52.9	1925	214	3.27

表 D-2 普通槽钢

符号：同普通工字型钢

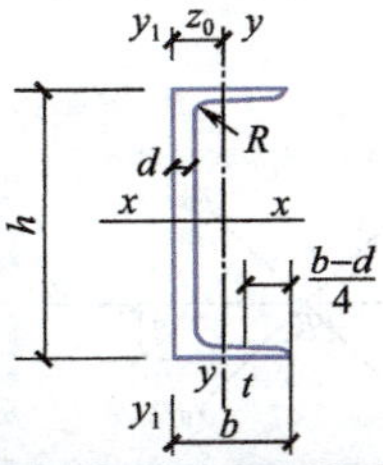

z_0—yy 轴与 y_1y_1 轴间距

长度：型号 5~8，长 5~12m；
型号 10~18，长 5~19m；
型号 20~40，长 6~19m。

型号	尺寸/mm					截面积/cm^2	质量/(kg/m)	x-x 轴			y-y 轴			y_1-y_1 轴	z_0/cm
	h	b	d	t	R			I_x/cm^4	W_x/cm^3	i_x/cm	I_y/cm^4	W_y/cm^3	i_y/cm	I_{y1}/cm^4	
5	50	37	4.5	7.0	7.0	6.9	5.4	26	10.4	1.94	8.3	3.55	1.10	20.9	1.35
6.3	63	40	4.8	7.5	7.5	8.4	6.6	51	16.1	2.45	11.9	4.50	1.18	28.4	1.36
8	80	43	5.0	8.0	8.0	10.2	8.0	101	25.3	3.15	16.6	5.79	1.27	37.4	1.43
10	100	48	5.3	8.5	8.5	12.7	10.0	198	39.7	3.95	25.6	7.8	1.41	55	1.52
12.6	126	53	5.5	9.0	9.0	15.7	12.4	391	62.1	4.95	38.0	10.2	1.57	77	1.59
14 a	140	58	6.0	9.5	9.5	18.5	14.5	564	80.5	5.52	53.2	13.0	1.70	107	1.71
b	140	60	8.0	9.5	9.5	21.3	16.7	609	87.1	5.35	61.1	14.1	1.69	121	1.67
16 a	160	63	6.5	10.0	10.0	21.9	17.2	866	108	6.28	73.3	16.3	1.83	144	1.80
b	160	65	8.5	10.0	10.0	25.1	19.7	934	117	6.10	83.4	17.5	1.82	161	1.75
18 a	180	68	7.0	10.5	10.5	25.7	20.2	1273	141	7.04	98.6	20.0	1.96	190	1.88
b	180	70	9.0	10.5	10.5	29.3	23.0	1370	152	6.84	111	21.5	1.95	210	1.84
20 a	200	73	7.0	11.0	11.0	28.8	22.6	1780	178	7.86	128	24.2	2.11	244	2.01
b	200	75	9.0	11.0	11.0	32.8	25.8	1914	191	7.64	144	25.9	2.09	268	1.95
22 a	220	77	7.0	11.5	11.5	31.8	25.0	2394	218	8.67	158	28.2	2.23	298	2.10
b	220	79	9.0	11.5	11.5	36.2	28.4	2571	234	8.42	176	30.0	2.21	326	2.03
25 a	250	78	7.0	12.0	12.0	34.9	27.5	3370	270	9.82	175	30.5	2.24	322	2.07
b	250	80	9.0	12.0	12.0	39.9	31.4	3530	282	9.40	196	32.7	2.22	353	1.98
c	250	82	11.0	12.0	12.0	44.9	35.3	3696	295	9.07	218	35.9	2.21	384	1.92

（续）

型号	尺寸/mm h	b	d	t	R	截面积 /cm²	质量 /(kg/m)	x-x 轴 I_x /cm⁴	W_x /cm³	i_x /cm	y-y 轴 I_y /cm⁴	W_y /cm³	i_y /cm	y_1-y_1 轴 I_{y1} /cm⁴	z_0 /cm
28 a	280	82	7.5	12.5	12.5	40.0	31.4	4765	340	10.9	218	35.7	2.33	388	2.10
b	280	84	9.5	12.5	12.5	45.6	35.8	5130	366	10.6	242	37.9	2.30	428	2.02
c	280	86	11.5	12.5	12.5	51.2	40.2	5495	393	10.3	268	40.3	2.29	463	1.95
32 a	320	88	8.0	14.0	14.0	48.7	38.2	7598	475	12.5	305	46.5	2.50	552	2.24
b	320	90	10.0	14.0	14.0	55.1	43.2	8144	509	12.1	336	49.2	2.47	593	2.16
c	320	92	12.0	14.0	14.0	61.5	48.3	8690	543	11.9	374	52.6	2.47	643	2.09
36 a	360	96	9.0	16.0	16.0	60.9	47.8	11870	660	14.0	455	63.5	2.73	818	2.44
b	360	98	11.0	16.0	16.0	68.1	53.4	12650	703	13.6	497	66.8	2.70	880	2.37
c	360	100	13.0	16.0	16.0	75.3	59.1	13430	746	13.4	536	70.0	2.67	948	2.34
40 a	400	100	10.5	18.0	18.0	75.0	58.9	17580	879	15.3	592	78.8	2.81	1068	2.49
b	400	102	12.5	18.0	18.0	83.0	65.2	18640	932	15.0	640	82.5	2.78	1136	2.44
c	400	104	14.5	18.0	18.0	91.0	71.5	19710	986	14.7	688	86.2	2.75	1221	2.42

表 D-3 等边角钢

单角钢

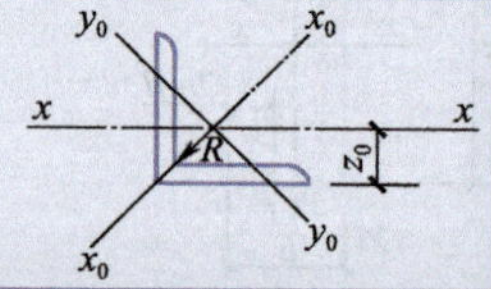

双角钢

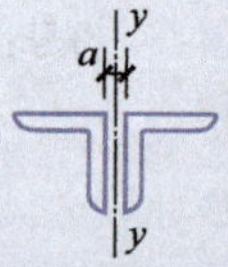

角钢型号	圆角 R	重心距 z_0	截面积	质量	惯性矩 I_x	截面抵抗矩 W_x^{max}	W_x^{min}	回转半径 i_x	i_{x0}	i_{y0}	i_y，当 a 为下列数值 6mm	8mm	10mm	12mm
	mm		cm²	kg/m	cm⁴	cm³		cm			cm			
└20×3	3.5	6.0	1.13	0.89	0.4	0.67	0.29	0.59	0.75	0.39	1.08	1.16	1.25	1.34
4	3.5	6.4	1.46	1.14	0.5	0.78	0.36	0.58	0.73	0.38	1.11	1.19	1.28	1.37
└25×3	3.5	7.3	1.43	1.12	0.81	1.12	0.46	0.76	0.95	0.49	1.28	1.36	1.44	1.53
4	3.5	7.6	1.86	1.46	1.03	1.36	0.59	0.74	0.93	0.48	1.30	1.38	1.46	1.55
└30×3	4.5	8.5	1.75	1.37	1.46	1.72	0.68	0.91	1.15	0.59	1.47	1.55	1.63	1.71
4	4.5	8.9	2.28	1.79	1.84	2.05	0.87	0.90	1.13	0.58	1.49	1.57	1.66	1.74
└36×3	4.5	10.0	2.11	1.65	2.58	2.58	0.99	1.11	1.39	0.71	1.71	1.75	1..86	1.95
4	4.5	10.4	2.76	2.16	3.29	3.16	1.28	1.09	1.38	0.70	1.73	1.81	1..89	1.97
5	4.5	10.7	3.38	2.65	3.95	3.70	1.56	1.08	1.36	0.70	1.74	1.82	1.91	1.99
└40×3	5	10.9	2.36	1.85	3.59	3.3	1.23	1.23	1.55	0.79	1.85	1.93	2.01	2.09
4	5	11.3	3.09	2.42	4.60	4.07	1.60	1.22	1.54	0.79	1.88	1.96	2.04	2.12
5	5	11.7	3.79	2.98	5.53	4.73	1.96	1.21	1.52	0.78	1.90	1.98	2.06	2.14
└45×3	5	12.2	2.66	2.09	5.17	4.24	1.58	1.40	1.76	0.90	2.06	2.14	2.21	2.20
4	5	12.6	3.49	2.74	6.65	5.28	2.05	1.38	1.74	0.89	2.08	2.16	2.24	2.32
5	5	13.0	4.29	3.37	8.04	6.19	2.51	1.37	1.72	0.88	2.11	2.18	2.26	2.34
6	5	13.3	5.08	3.98	9.33	7.00	2.95	1.36	1.70	0.88	2.12	2.20	2.28	2.36

（续）

角钢型号	单角钢 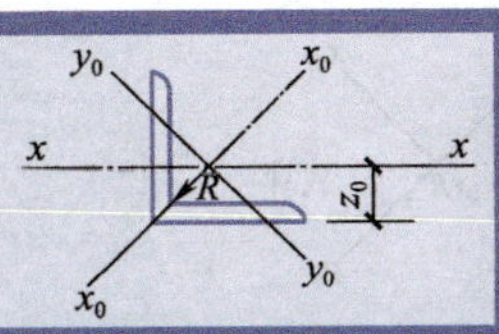										双角钢 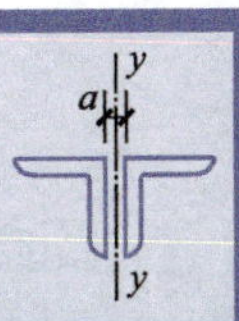			
	圆角 R	重心距 z_0	截面积	质量	惯性矩 I_x	截面抵抗矩		回转半径			i_y，当 a 为下列数值			
						W_x^{max}	W_x^{min}	i_x	i_{x0}	i_{y0}	6mm	8mm	10mm	12mm
	mm		cm^2	kg/m	cm^4	cm^3		cm			cm			
3	5.5	13.4	2.27	2.33	7.18	5.36	1.96	1.55	1.96	1.00	2.26	2.33	2.41	2.49
└50× 4	5.5	13.8	3.90	3.06	9.26	6.71	2.56	1.54	1.94	0.99	2.28	2.35	2.43	2.51
5	5.5	14.2	4.80	3.77	11.21	7.89	3.13	1.53	1.92	0.98	2.30	2.38	2.45	2.53
6	5.5	14.6	5.69	4.46	13.05	8.94	3.68	1.52	1.91	0.98	2.32	2.40	2.48	2.56
3	6	14.8	3.34	2.62	10.2	6.89	2.48	1.75	2.20	1.13	2.49	2.57	2.64	2.71
└56× 4	6	15.3	4.39	3.45	13.2	8.63	3.24	1.73	2.18	1.11	2.52	2.59	2.67	2.75
5	6	15.7	5.41	4.25	16.0	10.2	3.97	1.72	2.17	1.10	2.54	2.62	2.69	2.77
8	6	16.8	8.37	6.57	23.6	14.0	6.03	1.68	2.11	1.09	2.60	2.67	2.75	2.83
4	7	17.0	4.98	3.91	19.0	11.2	4.13	1.96	2.46	1.26	2.80	2.87	2.94	3.02
5	7	17.4	6.14	4.82	23.2	13.3	5.08	1.94	2.45	1.25	2.82	2.89	2.97	3.04
└63×6	7	17.8	7.29	5.72	27.1	15.2	6.0	1.93	2.43	1.24	2.84	2.91	2.99	3.06
8	7	18.5	9.51	7.47	34.5	18.6	7.75	1.90	2.40	1.23	2.87	2.95	3.02	3.10
10	7	19.3	11.66	9.15	41.1	21.3	9.39	1.88	2.36	1.22	2.91	2.99	3.07	3.15
4	8	18.6	5.57	4.37	26.4	14.2	5.14	2.18	2.74	1.40	3.07	3.14	3.21	3.28
5	8	19.1	6.87	5.40	32.2	16.8	6.32	2.16	2.73	1.39	3.09	3.17	3.24	3.31
└70×6	8	19.5	8.16	6.41	37.8	19.4	7.48	2.15	2.71	1.38	3.11	3.19	3.26	3.34
7	8	19.9	9.42	7.40	43.1	21.6	8.59	2.14	2.69	1.38	3.13	3.21	3.28	3.36
8	8	20.3	10.7	8.37	48.2	23.8	9.68	2.12	2.68	1.37	3.15	3.23	3.30	3.38
5	9	20.4	7.38	5.82	40.0	19.6	7.32	2.33	2.92	1.50	3.30	3.37	3.45	3.52
6	9	20.7	8.80	6.90	47.0	22.7	8.64	2.31	2.90	1.49	3.31	3.38	3.46	3.53
└75×7	9	21.1	10.2	7.98	53.0	25.4	9.93	2.30	2.89	1.48	3.33	3.40	3.48	3.55
8	9	21.5	11.5	9.03	60.0	27.9	11.2	2.28	2.88	1.47	3.35	3.42	3.50	3.57
10	9	22.2	14.1	11.1	72.0	32.4	13.6	2.26	2.84	1.46	3.38	3.46	3.53	3.61
5	9	21.5	7.91	6.21	48.8	22.7	8.34	2.48	3.13	1.60	3.49	3.56	3.63	3.71
6	9	21.9	9.40	7.38	57.3	26.1	9.87	2.47	3.11	1.59	3.51	3.58	3.65	3.72
└80×7	9	22.3	10.9	8.52	65.6	29.4	11.4	2.46	3.10	1.58	3.53	3.60	3.67	3.75
8	9	22.7	12.3	9.66	73.5	32.4	12.8	2.44	3.08	1.57	3.55	3.62	3.69	3.77
10	9	23.5	15.1	11.9	88.4	37.61	15.6	2.42	3.04	1.56	3.59	3.66	3.74	3.81
6	10	24.4	10.6	8.35	82.8	33.9	12.6	2.79	3.51	1.80	3.91	3.98	4.05	4.13
7	10	24.8	12.3	9.66	94.8	38.2	14.5	2.78	3.50	1.78	3.93	4.00	4.07	4.15
└90×8	10	25.2	13.9	10.9	106	42.1	16.4	2.76	3.48	1.78	3.95	4.02	4.09	4.17
10	10	25.9	17.2	13.5	129	49.7	20.1	2.74	3.45	1.76	3.98	4.05	4.13	4.20
12	10	26.7	20.3	15.9	149	56.0	23.0	2.71	3.41	1.75	4.02	4.10	4.17	4.25

（续）

角钢型号	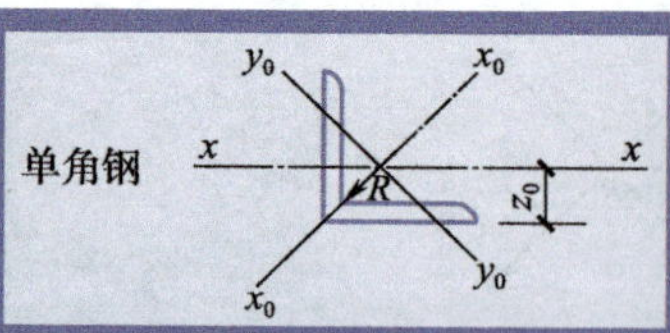										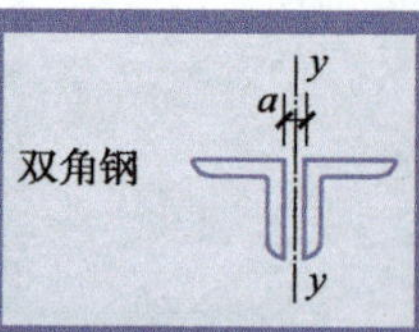			
	圆角 R	重心距 z_0	截面积	质量	惯性矩 I_x	截面抵抗矩 W_x^{max}	截面抵抗矩 W_x^{min}	回转半径 i_x	回转半径 i_{x0}	回转半径 i_{y0}	i_y，当 a 为下列数值 6mm	8mm	10mm	12mm
	mm		cm^2	kg/m	cm^4	cm^3		cm			cm			
6	12	26.7	11.9	9.37	115	43.1	15.7	3.10	3.90	2.00	4.30	4.37	4.44	4.51
7	12	27.1	13.8	10.8	132	48.6	18.1	3.09	3.89	1.99	4.31	4.39	4.46	4.53
8	12	27.6	15.6	12.3	148	53.7	20.5	3.08	3.88	1.98	4.34	4.41	4.48	4.56
∟100×10	12	28.4	19.3	15.1	179	63.2	25.1	3.05	3.84	1.96	4.38	4.45	4.52	4.60
12	12	29.1	22.8	17.9	209	71.9	29.5	3.03	3.81	1.95	4.41	4.49	4.56	4.63
14	12	29.9	26.3	20.6	236	79.1	33.7	3.00	3.77	1.94	4.45	4.53	4.60	4.68
16	12	30.6	29.6	23.3	262	89.6	37.8	2.98	3.74	1.94	4.49	4.56	4.64	4.72
7	12	29.6	15.2	11.9	177	59.9	22.0	3.41	4.30	2.20	4.72	4.79	4.86	4.92
8	12	30.1	17.2	13.5	199	64.7	25.0	3.40	4.28	2.19	4.75	4.82	4.89	4.96
∟110×10	12	30.9	21.3	16.7	242	78.4	30.6	3.38	4.25	2.17	4.78	4.86	4.93	5.00
12	12	32.6	25.2	19.8	283	89.4	36.0	3.35	4.22	2.15	4.81	4.89	4.96	5.03
14	12	31.4	29.1	22.8	321	99.2	41.3	3.32	4.18	2.14	4.85	4.93	5.00	5.07
8	14	33.7	19.7	15.5	297	88.1	32.5	3.88	4.88	2.50	5.34	5.41	5.48	5.55
10	14	34.5	24.4	19.1	362	105	40.0	3.85	4.85	2.49	5.38	5.45	5.52	5.59
∟125× 12	14	35.3	28.9	22.7	423	120	41.2	3.83	4.82	2.46	5.41	5.48	5.56	5.63
14	14	36.1	33.4	26.2	482	133	54.2	3.80	4.78	2.45	5.45	5.52	5.60	5.67
10	14	38.2	27.4	21.5	515	135	50.6	4.34	5.46	2.78	5.98	6.05	6.12	6.19
∟140× 12	14	39.0	32.5	25.5	604	155	59.8	4.31	5.43	2.76	6.02	6.09	6.16	6.23
14	14	39.8	37.6	29.5	689	173	68.7	4.28	5.40	2.75	6.05	6.12	6.20	6.27
16	14	40.6	42.5	33.4	770	190	77.5	4.26	5.36	2.74	6.09	6.16	6.24	6.31
10	16	43.1	31.5	24.7	779	180	66.7	4.98	6.27	3.20	6.78	6.85	6.92	6.99
∟160× 12	16	43.9	37.4	29.4	917	208	79.0	4.95	6.24	3.18	6.82	6.89	6.96	7.02
14	16	44.7	43.3	34.0	1048	234	90.9	4.92	6.20	3.16	6.85	6.92	6.99	7.07
16	16	45.5	49.1	38.5	1175	258	103	4.89	6.17	3.14	6.89	6.96	7.03	7.10
12	16	48.9	42.2	33.2	1321	271	101	5.59	7.05	3.58	7.63	7.70	7.77	7.84
∟180× 14	16	49.7	48.9	38.4	1514	305	116	5.56	7.02	3.56	7.66	7.73	7.81	7.87
16	16	50.5	55.5	43.5	1701	338	131	5.54	6.98	3.55	7.70	7.77	7.84	7.91
18	16	51.3	62.0	48.6	1875	365	146	5.50	6.94	3.51	7.73	7.80	7.87	7.94
14	18	54.6	54.64	2.9	2104	387	145	6.20	7.82	3.98	8.47	8.53	8.60	8.67
16	18	55.4	62.0	48.7	2366	428	164	6.18	7.79	3.96	8.50	8.57	8.04	8.71
∟200×18	18	56.2	69.3	54.4	2621	467	182	6.15	7.75	3.94	8.54	8.61	8.67	8.75
20	18	56.9	76.5	60.1	2867	503	200	6.12	7.72	3.93	8.56	8.64	8.71	8.78
24	18	58.7	90.7	71.2	3338	570	236	6.07	7.64	3.90	8.65	8.73	8.80	8.87

表 D-4 不等边角钢

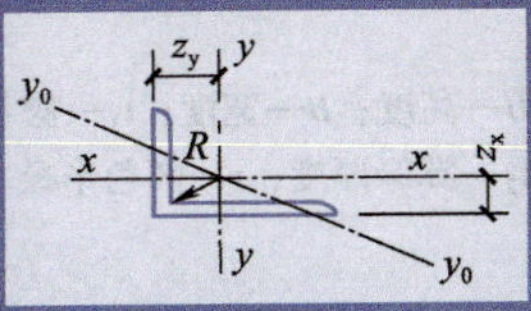

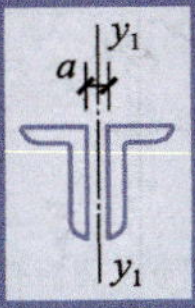

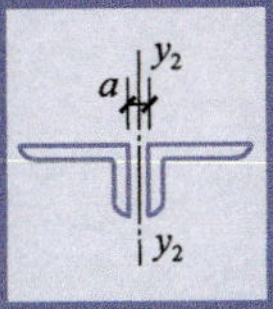

角钢型号		圆角 R	重心距 z_x	重心距 z_y	截面积	质量	惯性矩 I_x	惯性矩 I_y	回转半径 i_x	回转半径 i_y	回转半径 i_{y0}	i_{y1}，当 a 为下列数 6mm	8mm	10mm	12mm	i_{y2}，当 a 为下列数 6mm	8mm	10mm	12mm
		mm	mm	mm	cm^2	kg/m	cm^4	cm^4	cm	cm	cm	cm	cm	cm	cm	cm	cm	cm	cm
∟25×16×	3	3.5	4.2	8.6	1.16	0.91	0.22	0.70	0.44	0.78	0.34	0.84	0.93	1.02	1.11	1.40	1.48	1.57	1.65
	4	3.5	4.6	9.0	1.50	1.18	0.27	0.88	0.43	0.77	0.34	0.87	0.96	1.05	1.14	1.42	1.51	1.60	1.68
∟32×20×	3	3.5	4.9	10.8	1.49	1.17	0.46	1.53	0.55	1.01	0.43	0.97	1.05	1.14	1.22	1.71	1.79	1.88	1.96
	4	3.5	5.3	11.2	1.94	1.52	0.57	1.93	0.54	1.00	0.42	0.99	1.08	1.16	1.25	1.74	1.82	1.90	1.99
∟40×25×	3	4	5.9	13.2	1.89	1.48	0.93	3.03	0.70	1.28	0.54	1.13	1.21	1.30	1.38	2.06	2.14	2.22	2.31
	4	4	6.3	13.7	1.47	1.94	1.18	3.93	0.69	1.26	0.54	1.16	1.24	1.32	1.41	2.09	2.17	2.26	2.34
∟45×28×	3	5	6.4	14.7	2.15	1.69	1.34	4.45	0.79	1.44	0.61	1.23	1.31	1.39	1.47	2.28	2.36	2.44	2.52
	4	5	6.8	15.1	2.81	2.20	1.70	4.69	0.78	1.42	0.60	1.25	1.33	1.41	1.50	2.30	2.38	2.49	2.55
∟50×32×	3	5.5	7.3	16.0	2.43	1.91	2.02	6.24	0.91	1.60	0.70	1.38	1.45	1.53	1.61	2.49	2.56	2.64	2.72
	4	5.5	7.7	16.5	3.18	2.49	2.58	8.02	0.90	1.59	0.69	1.40	1.48	1.56	1.64	2.52	2.59	2.67	2.75
∟56×36×	3	6	8.0	17.8	2.74	2.15	2.92	8.88	1.03	1.80	0.79	1.51	1.58	1.66	1.74	2.75	2.83	2.90	2.98
	4	6	8.5	18.2	3.59	2.82	3.76	11.4	1.02	1.79	0.79	1.54	1.62	1.69	1.77	2.77	2.85	2.93	3.01
	5	6	8.8	18.7	4.41	3.47	4.49	13.9	1.01	1.77	0.78	1.55	1.63	1.71	1.79	2.80	2.87	2.96	3.04
∟63×40×	4	7	9.2	20.4	4.06	3.18	5.23	16.5	1.14	2.02	0.88	1.67	1.74	1.82	1.90	3.09	3.16	3.24	3.32
	5	7	9.5	20.8	4.99	3.92	6.31	20.0	1.12	2.00	0.87	1.68	1.76	1.83	1.91	3.11	3.19	3.27	3.35
	6	7	9.9	21.2	5.91	4.64	7.29	23.4	1.11	1.98	0.86	1.70	1.78	1.86	1.94	3.13	3.21	3.29	3.37
	7	7	10.3	21.5	6.80	5.34	8.24	26.5	1.10	1.96	0.86	1.73	1.80	1.88	1.97	3.15	3.23	3.30	3.39

表 D-5　宽、中、窄翼缘 H 型钢

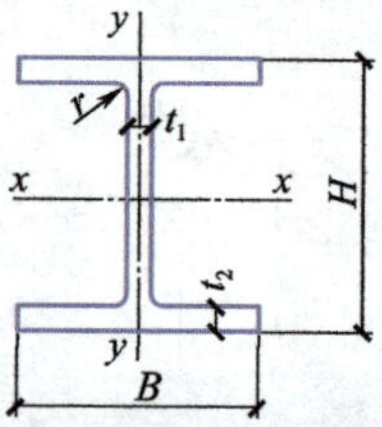

H—高度；B—宽度；t_1—腹板厚度；
t_2—翼缘厚度；r—圆角半径

类别	型号（高度×宽度）	截面尺寸/mm				截面面积/cm^2	理论重量/(kg/m)	截面特性参数					
		$H\times B$	t_1	t_2	r			惯性矩/cm^4		惯性半径/cm		截面模数/cm^3	
								I_x	I_y	i_x	i_y	W_x	W_y
HW	100×100	100×100	6	8	10	21.90	17.2	383	134	4.18	2.47	76.5	26.7
	125×125	125×125	6.5	9	10	30.31	23.8	847	294	5.29	3.11	136	47.0
	150×150	150×150	7	10	13	40.55	31.9	1660	564	6.39	3.73	221	75.1
	175×175	175×175	7.5	11	13	51.43	40.3	2900	984	7.50	4.37	331	112
	200×200	200×200	8	12	16	64.28	50.5	4770	1600	8.61	4.99	477	160
		#200×204	12	12	16	72.28	56.7	5030	1700	8.35	4.85	503	167
	250×250	250×250	9	14	16	92.18	72.4	10800	3650	10.8	6.29	867	292
		#250×255	14	14	16	104.7	82.2	11500	3880	10.5	6.09	919	304
	300×300	#294×302	12	12	20	108.3	85.0	17000	5520	12.5	7.14	1160	365
		300×300	10	15	20	120.4	94.5	20500	6760	13.1	7.49	1370	450
		300×305	15	15	20	135.4	106	21600	7100	12.6	7.24	1440	466
	350×350	#344×348	10	16	20	146.0	115	33300	11200	15.1	8.78	1940	646
		350×350	12	19	20	173.9	137	40300	13600	15.2	8.84	2300	776
	400×400	#388×402	15	15	24	179.2	141	49200	16300	16.6	9.52	2540	809
		#394×398	11	18	24	187.6	147	56400	18900	17.3	10.0	2860	951
		400×400	13	21	24	219.5	172	66900	22400	17.5	10.1	3340	1120
		#400×408	21	21	24	251.5	197	71100	23800	16.8	9.73	3560	1170
		#414×405	18	28	24	296.2	233	93000	31000	17.7	10.2	4490	1530
		#428×407	20	35	24	361.4	284	119000	39400	18.2	10.4	5580	1930
		*458×417	30	50	24	529.3	415	187000	60500	18.8	10.7	8180	2900
		*498×432	45	70	24	770.8	605	298000	94400	19.7	11.1	12000	4370
HM	150×100	148×100	6	9	13	27.25	21.4	1040	151	6.17	2.35	140	30.2
	200×150	194×150	6	9	16	39.76	31.2	2740	508	8.30	3.57	283	67.7
	250×175	244×175	7	11	16	56.24	44.1	6120	985	10.4	4.18	502	113
	300×200	294×200	8	12	20	73.03	57.3	11400	1600	12.5	4.69	779	160
	350×250	340×250	9	14	20	101.5	79.7	21700	3650	14.6	6.00	1280	292
	400×300	390×300	10	16	24	136.7	107	38900	7210	16.9	7.26	2000	481
	450×300	440×300	11	18	24	157.4	124	56100	8110	18.9	7.18	2550	541
	500×300	482×300	11	15	28	146.4	115	60800	6770	20.4	6.80	2520	451
		488×300	11	18	28	164.4	129	71400	8120	20.8	7.03	2930	541

（续）

类别	型号（高度×宽度）	截面尺寸/mm				截面面积/cm^2	理论重量/(kg/m)	截面特性参数					
								惯性矩/cm^4		惯性半径/cm		截面模数/cm^3	
		H×B	t_1	t_2	r			I_x	I_y	i_x	i_y	W_x	W_y
HM	600×300	582×300	12	17	28	174.5	137	103000	7670	24.3	6.63	3530	511
		588×300	12	20	28	192.5	151	118000	9020	24.8	6.85	4020	601
		#594×302	14	23	28	222.4	175	137000	10600	24.9	6.90	4620	701
HN	100×50	100×50	5	7	10	12.16	9.54	192	14.9	3.98	1.11	38.5	5.96
	125×60	125×60	6	8	10	17.01	13.3	417	29.3	4.95	1.31	66.8	9.75
	150×75	150×75	5	7	10	18.16	14.3	679	49.6	6.12	1.65	90.6	13.2
	175×90	175×90	5	8	10	23.21	18.2	1220	97.6	7.26	2.05	140	21.7
	200×100	198×99	4.5	7	13	23.59	18.5	1610	114	8.27	2.20	163	23.0
		200×100	5.5	8	13	27.57	21.7	1880	134	8.25	2.21	188	26.8
	250×125	248×124	5	8	13	32.89	25.8	3560	255	10.4	2.78	287	41.1
		250×125	6	9	13	37.87	29.7	4080	294	10.4	2.79	326	47.0
	300×150	298×149	5.5	8	16	41.55	32.6	6460	443	12.4	3.26	433	59.4
		300×150	6.5	9	16	47.53	37.3	7350	508	12.4	3.27	490	67.7
	350×175	346×174	6	9	16	53.19	41.8	11200	792	14.5	3.86	649	91.0
		350×175	7	11	16	63.66	50.0	13700	985	14.7	3.93	782	113
	#400×150	#400×150	8	13	16	71.12	55.8	18800	734	16.3	3.21	942	97.9
	400×200	396×199	7	11	16	72.16	56.7	20000	1450	16.7	4.48	1010	145
		400×200	8	13	16	84.12	66.0	23700	1740	16.8	4.54	1190	174
	#450×150	#450×150	9	14	20	83.41	65.5	27100	793	18.0	3.08	1200	106
	450×200	446×199	8	12	20	84.95	66.7	29000	1580	18.5	4.31	1300	159
		450×200	9	14	20	97.41	76.5	33700	1870	18.6	4.38	1500	187
	#500×150	#500×150	10	16	20	98.23	77.1	38500	907	19.8	3.04	1540	121
	500×200	496×199	9	14	20	101.3	79.5	41900	1840	20.3	4.27	1690	185
		500×200	10	16	20	114.2	89.6	47800	2140	20.5	4.33	1910	214
		#506×201	11	19	20	131.3	103	56500	2580	20.8	4.43	2230	257
	600×200	596×199	10	15	24	121.2	95.1	69300	1980	23.9	4.04	2330	199
		600×200	11	17	24	135.2	106	78200	2280	24.1	4.11	2610	228
		#606×201	12	20	24	153.3	120	91000	2720	24.4	4.21	3000	271
	700×300	#692×300	13	20	28	211.5	166	172000	9020	28.6	6.53	4980	602
		700×300	13	24	28	235.5	185	201000	10800	29.3	6.78	5760	722
	*800×300	*729×300	14	22	28	243.4	191	254000	9930	32.3	6.39	6400	662
		*800×300	14	26	28	267.4	210	292000	11700	33.0	6.62	7290	782
	*900×300	*890×299	15	23	28	270.9	213	345000	10300	35.7	6.16	7760	688
		*900×300	16	28	28	309.8	243	411000	12600	36.4	6.39	9140	843
		*912×302	18	34	28	364.0	286	498000	15700	37.0	6.56	10900	1040

注：1. “#”表示的规格为非常用规格。

2. “*”表示的规格，目前国内尚未生产。

3. 型号属同一范围的产品，其内侧尺寸高度是一致的。

4. 标记采用：高度 H×宽度 B×腹板厚度 t_1×翼缘厚度 t_2。

5. HW 为宽翼缘，HM 为中翼缘，HN 为窄翼缘。

表 D-6 T 型钢

类别	型号（高度×宽度）	截面尺寸/mm					截面面积/cm^2	理论重量/(kg/m)	截面特性参数							对应 H 型钢系列
		h	B	t_1	t_2	r			惯性矩/cm^4 I_x	惯性矩/cm^4 I_y	惯性半径/cm i_x	惯性半径/cm i_y	截面模数/cm^3 W_x	截面模数/cm^3 W_y	重心/cm C_x	型号
TW	50×100	50	100	6	8	10	10. 95	8. 56	16. 1	66. 9	1. 21	2. 47	4. 03	13. 4	1. 00	100×100
	62. 5×125	62. 5	125	6. 5	9	10	15. 16	11. 9	35. 0	147	1. 52	3. 11	6. 91	23. 5	1. 19	125×125
	75×150	75	150	7	10	13	20. 28	15. 9	66. 4	282	1. 81	3. 73	10. 8	37. 6	1. 37	150×150
	87. 5×175	87. 5	175	7. 5	11	13	25. 71	20. 2	115	492	2. 11	4. 37	15. 9	56. 2	1. 55	175×175
	100×200	100	200	8	12	16	32. 14	25. 2	185	801	2. 40	4. 99	22. 3	80. 1	1. 73	200×200
		#100	204	12	12	16	36. 14	28. 3	256	851	2. 66	4. 85	32. 4	83. 5	2. 09	
	125×250	125	250	9	14	16	46. 09	36. 2	412	1820	2. 99	6. 29	39. 5	146	2. 08	250×250
		#125	255	14	14	16	52. 34	41. 1	589	1940	3. 36	6. 09	59. 4	152	2. 58	
	150×300	#147	302	12	12	20	54. 16	42. 5	858	2760	3. 98	7. 14	72. 3	183	2. 83	300×300
		150	300	10	15	20	60. 22	47. 3	798	3380	3. 64	7. 49	63. 7	225	2. 47	
		150	305	15	15	20	67. 72	53. 1	1110	3550	4. 05	7. 24	92. 5	233	3. 02	
	175×350	#172	348	10	16	20	73. 00	57. 3	1230	5620	4. 11	8. 78	84. 7	323	2. 67	350×350
		175	350	12	19	20	86. 94	68. 2	1520	6790	4. 18	8. 84	104	388	2. 86	
	200×400	#194	402	15	15	24	89. 62	70. 3	2480	8130	5. 26	9. 52	158	405	3. 69	400×400
		#197	398	11	18	24	93. 80	73. 6	2050	9460	4. 67	10. 0	123	476	3. 01	
		200	400	13	21	24	109. 7	86. 1	2480	11200	4. 75	10. 1	147	560	3. 21	
		#200	408	21	21	24	125. 7	98. 7	3650	11900	5. 39	9. 73	229	584	4. 07	
		#207	405	18	28	24	148. 1	116	3620	15500	4. 95	10. 2	213	766	3. 68	
		#214	407	20	35	24	180. 7	142	4380	19700	4. 92	10. 4	250	967	3. 90	
TM	74×100	74	100	6	9	13	13. 63	10. 7	51. 7	75. 4	1. 95	2. 35	8. 80	15. 1	1. 55	150×100
	97×150	97	150	6	9	16	19. 88	15. 6	125	254	2. 50	3. 57	15. 8	33. 9	1. 78	200×150
	122×175	122	175	7	11	16	28. 12	22. 1	289	492	3. 20	4. 18	29. 1	56. 3	2. 27	250×175
	147×200	147	200	8	12	20	36. 52	28. 7	572	802	3. 96	4. 69	48. 2	80. 2	2. 82	300×200
	170×250	170	250	9	14	20	50. 76	39. 9	1020	1830	4. 48	6. 00	73. 1	146	3. 09	350×250
	200×300	195	300	10	16	24	68. 37	53. 7	1730	3600	5. 03	7. 26	108	240	3. 40	400×300
	220×300	220	300	11	18	24	78. 69	61. 8	2680	4060	5. 84	7. 18	150	270	4. 05	450×300
	250×300	241	300	11	15	28	73. 23	57. 5	3420	3380	6. 83	6. 80	178	226	4. 90	500×300
		244	300	11	18	28	82. 23	64. 5	3620	4060	6. 64	7. 03	184	271	4. 65	
	300×300	291	300	12	17	28	87. 25	68. 5	6360	3830	8. 54	6. 63	280	256	6. 39	600×300
		294	300	12	20	28	96. 25	75. 5	6710	4510	8. 35	6. 85	288	301	6. 08	
		#297	302	14	23	28	111. 2	87. 3	7920	5290	8. 44	6. 90	339	351	6. 33	

参考文献

［1］中华人民共和国住房和城乡建设部. 砌体结构设计规范：GB 50003—2011［S］. 北京：中国计划出版社. 2011.

［2］中华人民共和国住房和城乡建设部. 砌体结构工程施工质量验收规范：GB 50203—2011［S］. 北京：中国建筑工业出版社. 2011.

［3］中华人民共和国住房和城乡建设部. 建筑结构可靠性设计统一标准：GB 50068—2018［S］. 北京：中国建筑工业出版社. 2018.

［4］中华人民共和国住房和城乡建设部. 建筑结构荷载规范：GB 50009—2012［S］. 北京：中国建筑工业出版社. 2012.

［5］中华人民共和国住房和城乡建设部. 建筑抗震设计规范：GB 50011—2010［S］. 北京：中国建筑工业出版社. 2010.

［6］中华人民共和国住房和城乡建设部. 混凝土结构设计规范：GB 50010—2010［S］. 北京：中国建筑工业出版社. 2010.